U0659325

高等学校计算机科学与技术专业系列教材

智能终端应用开发基础

杜 鹃 曹建春 张 洁 主编

郭明琦 常 鹏 张雪华 张梦榛 郝炯驹 副主编

清華大学出版社

北 京

内 容 简 介

本书专为智能终端技术的学习者和开发者编写，内容涵盖树莓派的基础操作和复杂的机器人系统开发，包括但不限于操作系统安装、网络配置、编程环境搭建、文件传输、串口通信、ROS基础及其高级应用、SLAM建图与自主导航、机器人视觉、语音识别以及多机器人系统的集成与控制。本书不仅注重理论知识的传授，更强调实践技能的培养，通过丰富的实例和项目指导，引导读者掌握智能终端开发的核心技能，为智能科技领域的创新和发展贡献力量。

本书适合作为高等院校计算机科学与技术、电子信息工程、自动化、智能科学与技术等专业的教材，也适合作为智能终端开发爱好者和专业人士的参考书籍。

图书在版编目（CIP）数据

智能终端应用开发基础 / 杜鹃，曹建春，张洁主编. -- 北京 ：清华大学出版社，2025. 6.
（高等学校计算机科学与技术专业系列教材）. -- ISBN 978-7-302-69407-6

Ⅰ. TP334.1

中国国家版本馆 CIP 数据核字第 20257LD312 号

策划编辑： 盛东亮
责任编辑： 王　芳
封面设计： 傅瑞学
责任校对： 申晓焕
责任印制： 杨　艳

出版发行： 清华大学出版社
网　　址： https://www.tup.com.cn，https://www.wqxuetang.com
地　　址： 北京清华大学学研大厦 A 座　　**邮　　编：** 100084
社 总 机： 010-83470000　　**邮　　购：** 010-62786544
投稿与读者服务： 010-62776969，c-service@tup.tsinghua.edu.cn
质量反馈： 010-62772015，zhiliang@tup.tsinghua.edu.cn
课件下载： https://www.tup.com.cn，010-83470236

印 装 者： 三河市铭诚印务有限公司
经　　销： 全国新华书店
开　　本： 185mm×260mm　　**印　　张：** 19.25　　**字　　数：** 468 千字
版　　次： 2025 年 7 月第 1 版　　**印　　次：** 2025 年 7 月第 1 次印刷
印　　数： 1～1200
定　　价： 59.00 元

产品编号：094916-01

前言

PREFACE

在当今数字化时代，智能终端技术正以前所未有的速度发展，深刻地影响和改变着我们的生活和工作方式。从智能家居到工业自动化，从智慧城市到无人驾驶，智能终端技术的应用前景无限广阔。为了满足这一领域日益增长的人才需求，培养具有创新精神和实践能力的智能终端应用开发者，编写了这本教材。

本书旨在为读者提供一个全面、系统的智能终端应用开发学习路径。无论是初学者还是有一定基础的专业人士，都能通过本书的学习，掌握智能终端开发的核心知识与技能。本书特别注重理论与实践相结合，强调动手操作能力的培养，以期读者能够学以致用，解决实际问题。

本书共分为 14 章，内容涵盖树莓派的简介与操作、编程环境搭建、文件传输与串口通信以及 K210 和 YOLO v3 等先进技术。书中还深入讲解了 ROS 的基础知识、常用组件、机器人平台、SLAM 建图与自主导航、机器人视觉、MoveIt！与机械臂控制以及语音功能和多机器人系统的综合应用。本书具有以下特色。

(1) 系统性：从智能终端的基本概念到复杂系统的应用开发，本书提供了一个连贯的学习路径，帮助读者逐步建立起完整的知识体系。

(2) 实用性：每章都配有实践指导和案例分析，使读者能够通过动手实践巩固理论知识。

(3) 前沿性：涵盖了当前智能终端领域的最新技术，如 ROS(机器人操作系统)、机器人视觉、语音识别等，确保读者能够掌握行业最新动态。

(4) 扩展性：本书不仅介绍了基础开发技能，还探讨了多机器人系统的综合应用，为读者提供了广阔的技术视野和发展空间。

在本书编写过程中，得到了许多同行和专家的宝贵意见与支持，在此向所有提供帮助和支持的个人和机构表示衷心的感谢。

最后，希望本书能够成为读者在智能终端应用开发领域的良师益友，激发创新思维，培养实践技能，共同推动智能科技的发展。

编　者

2025 年 5 月

目录

CONTENTS

第1章

树莓派概述

1.1 树莓派

1.1.1 树莓派发展历史

树莓派(Raspberry Pi)一般简写为 RPi、RasPi 或 RPI,是为计算机编程教育而设计的,图标如图 1-1 所示。它是只有信用卡大小的卡片式计算机,基于 Linux 系统。随着 Windows 10 IoT 的发布,也可以在树莓派上运行 Windows 系统。别看其外表“娇小”,内“心”却很强大,拥有视频、音频播放等功能,可谓是“麻雀虽小,五脏俱全”。自树莓派问世以来,受到众多计算机发烧友和创客的追捧,曾经一“派”难求。它和现在的平板计算机不一样,其底层是一套完整的 Linux 操作系统,而不像 Android 的底层是精简过的 Linux 嵌入式版本。

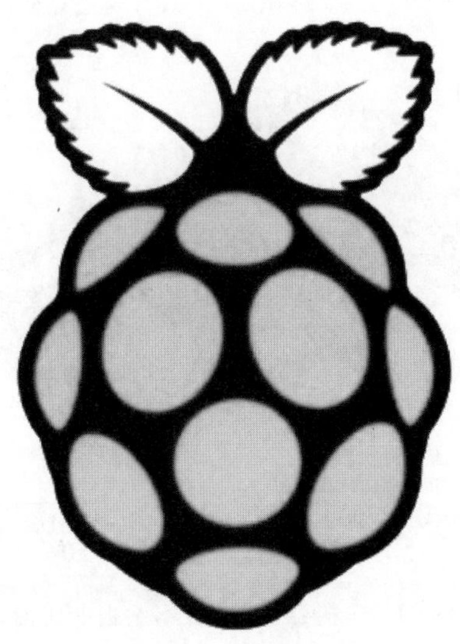

图 1-1 树莓派图标

树莓派是一款基于 ARM 的微型计算机主板，以 SD/micro SD 卡为内存硬盘，卡片主板周围有 1/2/4 个通用串行总线（Universal Serial Bus，USB）接口和一个 10/100 以太网接口（树莓派 A 版本没有网口），可连接键盘、鼠标和网线。同时，拥有视频模拟信号的电视输出接口、高清多媒体接口（High Definition Multimedia Interface，HDMI）和高清视频输出接口，以上器件整合在一张仅有信用卡大小的主板上，具备所有个人计算机（Personal Computer，PC）的基本功能，只需连接电视机、键盘等，就能执行如电子表格、文字处理、玩游戏、播放高清视频等诸多功能。树莓派 B 版本只提供主板，无内存、电源、键盘、机箱和网线。

树莓派由注册于英国的慈善组织——“树莓派基金会”开发，项目带头人为埃本·厄普顿（Eben Upton）。2012 年 3 月，英国剑桥大学的厄普顿正式发售世界上最小的台式机，又称卡片式计算机，外形只有信用卡大小，却具有计算机的所有基本功能，这就是 Raspberry Pi，中文译名“树莓派”。树莓派基金会以提升学校计算机科学及相关学科教育，让计算机变得有趣为宗旨，期望这一款计算机无论是在发展中国家还是在发达国家，会有更多的其他应用被不断地开发出来，并应用到更多领域。树莓派早期概念是基于 Atmel 公司的 ATmega644 单片机的，首批上市的 10000 台树莓派的主板由中国的厂家制造。

目前，仅有 3 家公司通过树莓派的生产许可，分别是 Element 14/Premier Farnell、RS Components 及 Egoman，这 3 家公司均通过互联网公开出售树莓派，在国内也可以通过购物网站购买。树莓派基金会还提供基于 ARM 的 Debian 和 Arch Linux 的发行版供用户下载，计划提供支持 Python 作为主要编程语言，同时支持 Java、BASIC（Beginners' All-Purpose Symbolic Instruction Code）、C 和 Perl（Practical Extraction and Report Language）等编程语言。

树莓派已经发布至第四代，性能也越来越优秀，其每一代均分为 A 版本和 B 版本（2019 年发布的第四代暂时还没有 A 版本），也有比较特殊的型号，比如去掉大部分接口且很小巧的树莓派 Zero 版本、去掉所有接口的树莓派计算型（Compute Module，CM）版本、B 版本的增强型 B+版本等。其中，B 版本最常用，且 A 版本和 B 版本的区别也只在尺寸和接口，片上系统（System on Chip，SoC）是一致的。

图 1-2 所示为树莓派 4B 版本主板的正面。其中，主（大）芯片一般采用 Broadcom 公司

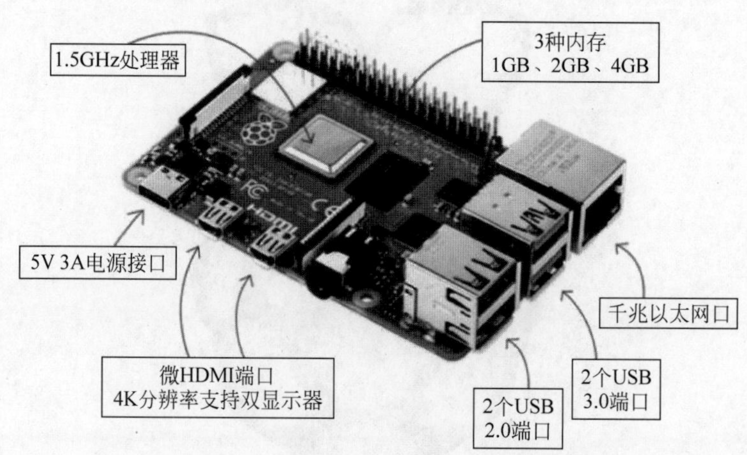

图 1-2　树莓派 4B 版本主板的正面

的 BCM2711BO 芯片，最高主频率为 1.5GHz，包含 4 个 Cortex-A72 内核，支持 64 位操作系统。如果采用小芯片，则一般为 Broadcom 公司的 MXL7704-P4 芯片，该芯片可以控制以太网和 USB 3.0。

1.1.2 树莓派家族

树莓派的研发初衷是制作 BBC Micro 的现代版本。BBC Micro 是于 1981 年上市的微计算机，它启发了一代英国儿童投身到计算机科学事业中。其实，树莓派 A 版本和 B 版本的命名法则也是参考了教育性质的 BBC Micro 计算机。但是，2012 年 2 月 29 日正式发布的树莓派与 BBC Micro 计算机看起来并不相像。在 USB 键盘/鼠标相对普及的年代，它可能并不需要任何内置外设。而最早的树莓派 B 版本就是一部未封装的单板计算机，以下是树莓派的发展历史。

(1) 2012 年 2 月，树莓派 B(Raspberry Pi Model B)版本发行。

(2) 2013 年 2 月，红色中国版树莓派 B 版本发行。

(3) 2013 年 3 月，树莓派 A(Raspberry Pi Model A)版本发行。

(4) 2014 年 7 月，树莓派 B＋(Raspberry Pi Model B＋)版本发行。

(5) 2014 年 11 月，树莓派 A＋(Raspberry Pi Model A＋)版本发行。

(6) 2015 年 2 月，树莓派 2B(Raspberry Pi 2 Model B)版本发行。

(7) 2015 年 11 月，树莓派 Zero(Raspberry Pi Zero)版本发行。

(8) 2016 年 2 月，树莓派 3B(Raspberry Pi 3 Model B)版本发行。

(9) 2017 年 11 月，树莓派 Zero W(Raspberry Pi Zero W)版本发行。

(10) 2018 年 3 月，树莓派 3B＋(Raspberry Pi 3 Model B＋)版本发行。

(11) 2018 年 11 月，树莓派 3A＋(Raspberry Pi 3 Model A＋)版本发行。

(12) 2019 年 6 月，树莓派 4B 版本发行。

第一代的树莓派包括 A、A＋、B、B＋等多个版本，国内常见的是 B 版本。其首先发行的是 B 版本，A 版本是 B 版本的简化版。

1. 树莓派 B 版本

树莓派 B 版本内置 512MB 内存(2012 年 10 月 15 日前发售的 B 版本内存为 256MB)，提供两个 USB 端口和 100Mb/s 有线网接口。其具体构造如图 1-3 所示，具体配置如下。

(1) CPU 采用 Broadcom BCM2835 ARM1176JZF-S 核心(ARM11)，频率为 700MHz。

(2) 内存为 512MB。

(3) 具有双核多媒体协处理器(采用 VideoCore IV 技术)。

(4) 提供的接口包括 1 个 SD/MMC/SDIO 接口、1 个 0/100 以太网接口、2 个 USB host 接口、1 个 3.5mm 音频插孔、1 个 HDMI 视频接口、1 个 RCA 视频接口、1 个 26 针扩展口(支持 SPI、I2C、UART)。

2013 年 2 月，国内厂商深圳市韵动电子有限公司取得该产品在国内的生产及销售权，为便于区分市场，树莓派基金会规定该公司在国内销售的树莓派一律采用红色的印制电路板(Printed Circuit Board，PCB)，并去掉美国联邦通信委员会(Federal Communications Commission，FCC)及 CE(Conformite Europeenne)标识。从此，红板树莓派便来到国内广大树莓派爱好者身边，其具体构造如图 1-4 所示。

图 1-3　树莓派 B 版本

图 1-4　深圳市韵动电子有限公司生产的红板树莓派

2. 树莓派 A 版

树莓派 A 版本基本上可以认为是树莓派 B 版本的廉价版本——没有网络接口，内存容量也进一步缩小。树莓派 A 版本（未发售）内置 256MB 内存，带 1 个 USB 端口，不带有线网接口。

3. 树莓派 B+版本

树莓派 B+版本依然采用 Broadcom BCM2835 处理器以及和上一代树莓派相同的系统软件，具体构造如图 1-5 所示。树莓派 B+版本的内存依然是 512MB，但是在以下几处关键器件做了改进。

（1）提供多达 40 个 GPIO 引脚，老版本为 26 个引脚。

（2）提供 4 个 USB 接口，比老版本多 2 个，并且对热插拔和过流保护做了改良。

（3）用 micro SD 储存卡插口替换了旧 SD 插口。

（4）更低的功耗，功耗降低了 0.5～1W。

（5）音频优化，音频电路采用专用的低噪声电源。

（6）更简洁的外形，B+版本将 USB 接口和电路板边沿对齐，移除了 AV 接口，并在主板上做了 4 个固定孔，以方便固定。

图 1-5 树莓派 B+版本

从配置看，树莓派 B+版本使用了和树莓派 B 版本相同的 Broadcom BCM2835 芯片和 512MB 内存，但与前代产品相比，B+版本的功耗更低，接口也更丰富。B+版本将通用输入输出引脚增加至 40 个，USB 接口也从 B 版本的 2 个增加至 4 个。除此之外，B+版本的功耗降至 0.5～1W，旧款的 SD 卡插槽被换成更美观的推入式 micro SD 卡槽，音频部分则采用低噪供电。从外形上看，USB 接口被移至主板的一边，复合视频移至 3.5mm 音频口的位置，此外还增加了 4 个独立的安装孔。

4. 树莓派 A+版本

树莓派 A+版本是树莓派的低规格和低成本的版本，该版本只有一个 USB 端口，功耗较低，没有以太网端口，内存为 512MB(旧版本的内存为 256MB)。该版本支持同 B 版一样的 micro SD 卡读卡器和 40 针的 GPIO(General Purpose Input/Output，GPIO)连接端口，其他器件包括 Broadcom BCM2385 ARM11 处理器、512/256MB 的内存和 HDMI 输出端口，更小的主板尺寸和完全兼容 HAT、4 通道立体声输出和复合视频端口等，树莓派 A+版本的具体构造如图 1-6 所示。

图 1-6 树莓派 A+版本

5. 树莓派 2B 版本

树莓派 2B 版本采用 Broadcom BCM2836 900MHz 的四核 SoC、1GB 内存，是新一代开

拓者，兼容树莓派 B+版本。但相比之下，树莓派 2B 版本的性能提升了 6 倍，内存翻了一番。树莓派 2B 版本不仅能支持全系列 ARM GNU/Linux 发行版，而且支持 Snappy Ubuntu Core 及 Windows 10。树莓派 2B 版本和树莓派 B+版本曾是最受欢迎的版本之一，不过现在已经被更强大的树莓派 3B 版本和树莓派 4B 版本所取代，其具体构造如图 1-7 所示。

图 1-7　树莓派 2B 版本

6. 树莓派 Zero 版本

2015 年 11 月，树莓派基金会发布一款代号为树莓派 Zero 的版本，该版本使用树莓派基金会推出的超小型超低价卡片式计算机主板。树莓派 Zero 版本是目前所有树莓派中最小、最便宜的一款。现在，最新版是 v1. 3，相对于最初版本多了一个 CSI(Camera Serial Interface,CSI)摄像头接口。树莓派 Zero 版本采用的是 ARM11 内核的 BCM2835 处理器，其经济适用，众多树莓派爱好者爱不释手。树莓派 Zero 版本总共有 3 个系列，分别为 Raspberry Pi Zero、Raspberry Pi W、Raspberry Pi Zero WH。树莓派 Zero 版本系列是针对要求极致体积并且对性能要求不高的场景，比如无人机、探空气球等，又或者是单纯对计算能力要求不高的场景，比如 3D 打印机、自动化农场、掌机等。

树莓派 Zero 版本的配置采用 Broadcom BCM2835 芯片、1GHz 的 ARM11 内核(比树莓派 B 版本快 40%)、512MB 内存，同时支持 1080P 60Hz 视频输出的 mini-HDMI 接口等，其树莓派 Zero 版本的具体构造如图 1-8 所示。

图 1-8　树莓派 Zero 版本

2017 年 3 月，树莓派基金会发布一款代号为树莓派 Zero W 的版本。树莓派该版本是树莓派 Zero 版本的升级款，两者配置几乎一模一样。与树莓派 Zero 版本的唯一区别是，树莓派 Zero W 版本自带 Wi-Fi 和蓝牙，其具体构造如图 1-9 所示。

图 1-9 树莓派 Zero W 版本

2018 年 1 月，树莓派基金会发布一款代号为树莓派 Zero WH(Raspberry Pi Zero WH) 的版本，相当于配备了已焊接的 GPIO 口(预先焊接 40 针的排针)的 Zero W，其具体构造如图 1-10 所示。

图 1-10 树莓派 Zero WH 版本

7. 树莓派 3B 版本

2016 年 2 月，树莓派基金会宣布树莓派 3B 版本发布，此版本提供了一些额外功能，让树莓派的使用更加简单。树莓派 3B 版本的具体构造如图 1-11 所示，其具体配置信息如下。

(1) 树莓派 3B 版本采用的 64 位处理器是基于 Cortex-A53 的 Broadcom BCM2837。BCM2837 为四核处理器，主频由树莓派 2B 版本的 900MHz 提高到 1.2GHz。根据官方提供的数据，这将使 3B 版本的处理速度较 2B 版本提高 50%。如果和 B 版本的 700MHz 单核相比，处理速度提升 3～4 倍。更高的 CPU 速度使得树莓派可以胜任更大负荷的运算工作，如科学计算、机器人路径规划等。

(2) 内置 Wi-Fi，兼容 2.4GHz、802.11b/g/n(无线网络协议，这里指的是 802.11b、802.11g、802.11n)，支持蓝牙 4.1 规范。

(3) 提供的接口包括 4 个 USB 2.0 端口、10/100 以太网接口、HDMI 端口、micro SD 接

口以及 GPIO 接口等。

(4) 视频和 3D 性能进步明显，可提供 3.5mm 音频口和视频输出、CSI 和 DSI(Display Serial Interface，DSI)摄像机及显示连接器。

图 1-11 树莓派 3B 版本

树莓派 3B 版本使用了集成蓝牙 4.0 和 Wi-Fi 的设计，集成通信设计的意义是多方面的。首先，使用者无须再购买额外的 USB 设备，从一定程度上来说，鼓励用户在自己的设计中使用这些通信功能；其次，集成的通信模块可以进行更好的功耗管理，同时 I/O 吞吐的性能也会得到提高；最后，可以更进一步地优化内核，只针对板载的芯片专门进行优化，避免可能出现兼容性或者未优化的驱动导致通信性能下降的问题。

8. 树莓派 3B+版本

2018 年 3 月，树莓派基金会宣布树莓派 3B+版本发布。3B+版本在 3B 版本的基础上进行了强力升级，具体如下。

(1) 处理器采用 Broadcom BCM2837B0，是树莓派 3B 版本处理器的升级版本，更新的版本进行了性能和散热器优化，拥有更好时钟频率和更精准的芯片温度。

(2) 双频无线网卡和蓝牙采用 Cypress CYW43455 单芯片及 Combo 解决方案，使其在 2.4GHz 和 5GHz 的频带有更加优异的表现，除峰值 CPU 时钟频率提高 200MHz 外，有线和无线网络吞吐量约是树莓派 3B 版本的 3 倍，并且能够在更长的时间内保持高性能。

树莓派 3B+版本的具体构造如图 1-12 所示。

9. 树莓派 3A+版本

2018 年 11 月，树莓派基金会宣布树莓派 3A+版本发布。新版本的芯片组与树莓派 3B+版本一样，但是 RAM 缩减至 512MB，USB 口缩减至 1 个，并且取消了以太网接口。树莓派 3A+版本的尺寸同样采用标准的树莓派 A+尺寸，继承了树莓派 3B 版本的 64 位四核 1.4 GHz 处理器、双频 2.4GHz 和 5GHz Wi-Fi 网络、蓝牙 4.2/BLE 以及经过改进的散热管理，其具体构造如图 1-13 所示。

图 1-12　树莓派 3B+版本

图 1-13　树莓派 3A+版本

10. 树莓派 4B 版本

2019 年 6 月，树莓派基金会宣布树莓派 4B 版本发布。与树莓派 3B 版本相比，树莓派 4B 版本在板型方面没有变化，只是部分接口有所改动。如果之前未接触过树莓派 3B 版本，可能第一时间无法区别二者，它另外还增加了许多新功能，相对于树莓派 3B 版本，有着革命性的改进，主要改进如下所述。

(1) 处理器进行了全方位升级，从 64 位 A53 升级至 64 位 A72，主频从 1.2GHz 升级至 1.5GHz。

(2) GPU 核心未做改变，但是主频从 400MHz 提升至 500MHz。

(3) Wi-Fi 升级为 5.0，且支持 BLE(蓝牙低能耗)，对智能产品的开发更加方便。

(4) 供电电路升级至 5V，增加扩展更多模块的可能性。

树莓派 4B 版本的具体构造如图 1-14 所示。

图 1-14 树莓派 4B 版本

11. 其他版本

2014 年树莓派基金会推出第一代计算模块(Compute Module 1,CM1),推出的计算模块主要用于工业。2017 年推出全新一代计算模块(Compute Module 3,CM3),与树莓派 3 采用的是同款处理器,虽然这是第二代计算模块,但是它却被命名为 Compute Module 3,主要是为了跟最新一代的树莓派相匹配。在 CM3 版本中能够运行 Windows IoT,并支持 Linux。

树莓派官方在公告中写道:"新款模块能够驾驭处理器引脚、高速内存接口、核心电源供应等复杂场景应用,而且能通过简单的负载主板提供消费者所需要的外部接口和尺寸形态。"树莓派 CM3 版本的全新升级包括 1GB RAM 及 1.2GHz 的 Broadcom BCM2837 处理器。CM3 版本的 CPU 性能提高了 10 倍,具体构造如图 1-15 所示。相比前一代,CM3 版本还有更灵活的存储选项,CM1 版本只有固定的 4GB eMMC(embedded MultiMedia Card)闪存,而最新一代的 CM3 则有 2 个版本可供选择:标准版搭载的仍然是 4GB eMMC 闪存;Lite 版本(具体构造见图 1-16)的 4GB eMMC 闪存则被 SD 扩展接口所替代。2020 年 10 月,树莓派基金会发布了树莓派第四代计算模块(Raspberry Pi Compute Module 4)。

图 1-15 树莓派 CM3 版本

图 1-16 树莓派 CM4(Lite)版本

2021 年 1 月 21 日,树莓派基金会宣布发布微处理器级树莓派 Pico(Raspberry Pi Pico)。树莓派 Pico 是树莓派基金会的第一个微控制器,采用全新微控制器芯片(RP 2040 芯片)。RP 2040 芯片作为一款微处理器,擅长低时延的 I/O 通信和模拟信号输入,且功耗低。与其他版本树莓派不同的是,树莓派 Pico 的目标是与硬件互动。在某种程度上,可以把它看作 Arduino Nano 的替代品,其具体构造如图 1-17 所示。

图 1-17 树莓派 Pico

1.2 树莓派扩展板

树莓派扩展板(Hardware Attached on Top,HAT)是为支持各类外围模块的接入、丰富树莓派主板功能的外扩版,由第三方提供。这里主要介绍用于音频处理的 HiFi DAC 扩展板和树莓派瑞士军刀(SAKS for RPi)多功能扩展板。

1.2.1 HiFi DAC 扩展板

树莓派主板的集成电路内置音频总线(Inter-IC Sound,IIS),其音频接口存在一个主要问题,即来自 CPU 的时钟只能完美地输出一个频率的时钟,导致音频文件在 44kHz 以及更高频率的情况下采样时，IIS 会发生非常剧烈的抖动。在连接 HiFi DAC 扩展板之后，进入 IIS 的主模式，不让树莓派在 IIS 上输出时钟，而是使用 HiFi DAC 扩展板的输出时钟，树莓派仅发送待播放的音频文件。因为此时同时使用 2 个时钟，所以解决了抖动问题。HiFi DAC 扩展板的具体构造如图 1-18 所示。

图 1-18　HiFi DAC 扩展板

HiFi DAC 扩展板的设计比较独特，3 个频道的电源被分离并且过滤：第一个用于数字端；第二个用于模拟端；第三个用于时钟本身。此外，HiFi DAC 扩展板使用 2 个抖动非常低的振荡器作为时钟单元。

使用扩展板上的 PCM5122 音频解码芯片代替树莓派主板的芯片作为 IIS 的主时钟(master clock)，再加上双低抖动的振荡器以支持更准确的采样频率时钟，可以使用户得到更高级的音乐播放器。

HiFi DAC 扩展板完美适配树莓派，并且支持 Volumio、MoodeAudio 和 OSMC 等功能强大的播放软件，能快速搭建树莓配 HiFi 系统。它能兼容树莓派 A+、B+、2B、3B、3B+、4B、Zero、Zero W 等版本，以及后续对该标准兼容的树莓派系列硬件。为了确保可用性，建议在带有无线网卡的树莓派上使用。

1.2.2　树莓派瑞士军刀扩展板

树莓派瑞士军刀扩展板是由一系列常用电器元件精心构建而成的多功能扩展板，适用于 40 针 GPIO 口的树莓派系列产品。可以基于树莓派主机和本产品开发出丰富的软件，软硬件结合，从而研发出功能丰富的应用。树莓派瑞士军刀扩展板由 NEXZ 公司设计，具体构造如图 1-19 所示。

图 1-19　树莓派瑞士军刀扩展板

树莓派瑞士军刀扩展板的主要特性如下。

(1) 在尺寸上与树莓派 A+、B+、2B、3B、3B+、4B 等版本兼容。

(2) 由常用功能器件高度、合理集成，整合了较多的功能单元。

(3) 配备了专用传感器接口和功能扩展接口。

(4) 集成了时钟模块，可防止由于掉电而导致的时间重置。

(5) 拥有专用芯片驱动数码管(TM1637)、LED(74HC585)，从而效率、效果兼备。

在使用扩展板之前，需要先了解树莓派 GPIO 方面的基础知识，该部分将在后面的章节中说明。在树莓派瑞士军刀扩展板上，LED、数码管和蜂鸣器等器件均为低电平触发。

树莓派瑞士军刀扩展板详细的 GPIO 排布如表 1-1 所示。

表 1-1 树莓派瑞士军刀扩展板 GPIO 排布

功能		注释	BOARD 编码	BMC 编码	wiringPi 编码
LED 排灯 74HC595	DS	74HC595 DS	31	6	22
	SHCP	74HC595 SHCP	35	19	24
	STCP	74HC595 STCP	33	13	23
蜂鸣器	BUZZER-B1	有源蜂鸣器	32	12	26
开关组	KEY-LK	轻触开关(左)	36	16	27
	KEY-RK	轻触开关(右)	38	20	28
	KEY-DIPS-1	拨码开关 (第 2 位)	40	21	29
	KEY-DPS-2	拨码开关 (第 2 位)	37	26	25
4 位数码管 TM1637	DI CLK	TIM1637 DI TM1637 CLK	22 29	25 5	6 21
专用传感器 接口	IR-RCVR	红外接收器	12	18	1
	DS18B20	DS18B20 传感器	7	4	7
功能扩展接口-P1 P1 #1 GND WA RX TX GND 5V GND 5V GND 3V3 GND 3V3	1. WA	EEPRM 写使能	-	-	-
	2. UART-TX	串口 TX	8	14	15
	3～4. VCC-5V	电源 5V	-	-	-
	5～6. VCC-3V3	电源 3V	-	-	-
	8. UART-RX	串口 RX	10	15	16
	9～12. GND	GND	-	-	-

功能		注释	BOARD 编码	BMC 编码	wiringPi 编码
功能扩展接口-P2 P2 #1 MOSI SDA MISO SCL CLK BCM17 CE0 BCM27 CE1 BCM23 BCM22 BCM24	1. SDA	I2C SDA	3	3	8
	2. SCL	I2C SCL	5	3	9
	3. IO-BCM-17	扩展 GPIO-BCM17	11	17	0
	4. IO-BCM-27	扩展 GPIO-BCM27	13	27	2
	5. IO-BCM-23	扩展 GPIO-BCM23	16	23	4
	6. IO-BCM-24	扩展 GPIO-BCM24	18	24	5
	7. MOSI	扩展 GPIO-MOSI	19	10	12
	8. MISO	扩展 GPIO-MISO	21	9	13
	9. CLK	扩展 GPIO-CLK	23	11	14
	10. CE0	扩展 GPIO-CE0	24	8	10
	11. CE1	扩展 GPIO-CE1	26	7	11
	12. IO-BCM-22	扩展 GPIO-BCM22	15	22	3

NEXZ 公司为瑞士军刀扩展板提供了封装良好的软件开发工具包(Software Development Kit,SDK),可以让用户不再投入过多的精力去维护硬件层的逻辑,很大程度上提高了开发效率。

1.2.3 其他扩展板

由于硬件开源,市场上出现了各式各样的树莓派扩展板。每一种扩展板都是针对特定功能。图 1-20 所示的是 GeekWorm 公司推出的 Arduino OLED 扩展板。在开源市场中,很少有为树莓派设计 OLED 显示屏插件的,因为在很多的项目中仅需要树莓派显示非常少的信息,比如系统状态或 IP 地址。但是,当对便携性有很高的要求时,通过 HDMI 连接到显示屏是非常不合适的。因此,GeekWorm 公司推出了微型 OLED 显示屏插件以满足需求。

在工业应用中,通常使用 RS485 作为通信标准,树莓派并没有对这一标准进行实现,当将树莓派用于工业时,需要搭载对应的扩展板。如图 1-21 所示,是由 Waveshare 公司设计

图 1-20 树莓派 Arduino OLED 扩展板

的树莓派 RS-485 CAN 扩展板,该扩展板具备以下功能。

(1) 具备控制器局域网总线(Controller Area Network,CAN)功能,使用 CAN 控制器 MCP2515,搭配收发器 SN65HVD230。

(2) 具备 RS-485 通信功能,使用异步收发传输器(Universal Asynchronous Receiver/Transmitter,UART)控制,支持自动切换收发状态,无须程序控制,收发器为 SP-3485。

(3) 使用板载瞬态电压抑制管(Transient Voltage Suppressor,TVS),确保 RS-485 通信中可有效抑制电路中的浪涌电压和瞬态尖峰电压,同时可防雷防静电。

图 1-21 树莓派 RS-485 CAN 扩展板

1.3 操作系统的选择与安装

通过前面的学习已经了解到,树莓派类似于微型计算机,因此需要为它准备操作系统。仔细观察树莓派的外观,会发现它是没有硬盘结构的,不过在主板的背面有一个插 micro SD 卡的插槽,这是树莓派存储操作系统的位置。由于操作系统需要安装到 micro SD 卡中,因此在安装操作系统之前,要准备一张至少 16GB 的 micro SD 卡,如图 1-22 所示。

截至目前,树莓派基金会官方和第三方开发者为树莓派开发了多个操作系统。官方开发的系统称为 Raspberry Pi OS(Operating System),曾用名 Raspbian,目前更新至 5.10 版本,基本兼容所有的树莓派产品(除了 Pico)。前面也提到,树莓派主要使用的是基于 Linux 内核的操作系统。但是,Windows 的 ARM 版本在树莓派上运行,需要有速度极快的启动

图 1-22　16GB 的 micro SD 卡

设备，比如 U3 级别的 micro SD 卡或固态硬盘等，否则运行起来会感觉非常卡。

除了官方开发的系统，其他第三方开发者开发的操作系统有 Arch Linux ARM、Ark OS、ChameleonPi、FreeBSD、Happi Game Center、Instant WebKiosk、IPFire、Lakka、LibreELEC、Kali Linux、Kano OS、Minepion、Moebius、moOdeaudio、NetBSD、NOOBS、OpenELEC、openSUSE、OpenWrt、OSMC、Pardus ARM、Pidora、Pimusicbox、PiNet、Piplay、Puppy Linux、Raspberry Pi Fedora Remix、Raspbian、Rasplex、Raspbmc、Recalbox、Retropie、RISC OS、Runeaudio、Sailfish OS with Raspberry Pi 2、Slackware ARM、Tiny Core Linux、Ubuntu mate、Volumio、Windows 10 IOT Core、Xbian、XBMC、Xv6 等，树莓派官方推荐的 2 种系统分别为全新开箱即用系统（New Out Of Box System，NOOBS）和 Raspberry Pi OS。

1.3.1　Raspberry Pi OS

Raspberry Pi OS 是树莓派官方的操作系统，它基于 Debian 操作系统，是专门为 ARM 卡片式计算机树莓派定制的版本。有很多人使用 Debian 操作系统，它符合 POSIX 标准，文件系统规范，而且在国内的更新源很多，软件资料丰富，系统安全且稳定。Raspberry Pi OS 集成了很多工具，用于教育、编程以及其他领域，具体来说，它包含了 Python、Scratch、Sonic Pi、Java 和其他一些重要的包。所以，当安装 Raspberry Pi OS 后，不再需要安装基本工具。

Raspberry Pi OS 被积极地维护着的，它也是当前最流行的树莓派操作系统之一，因为其他第三方树莓派操作系统有各自的侧重，甚至可以把 Raspberry Pi OS 当作当前比较平衡的版本，并且后续系统烧录中所用到的系统也是 Raspberry Pi OS，如图 1-23 所示。建议把 Raspberry Pi OS 当作入门选用的操作系统，待 Raspberry Pi OS 使用熟练，需要其他方面支持时再换至其他版本。它共有 3 个版本，分别为 Raspberry Pi OS with desktop and recommended software、Raspberry Pi OS with desktop、Raspberry Pi OS Lite，以上版本均兼容所有 Raspberry Pi 硬件设备。

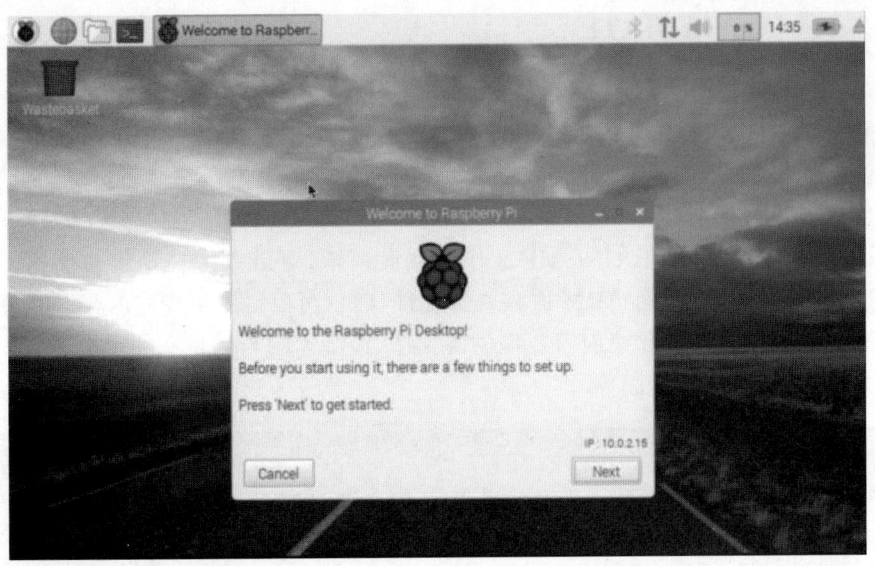

图 1-23 Raspberry Pi OS(图形化桌面系统)界面

1.3.2 NOOBS

NOOBS是树莓派官方发布的工具,是一种新颖的设置程序,如图1-24所示。它可以多系统引导(包含Raspberry Pi OS、Arch、OpenELEC、RaspBMC等),是一个非常好用的多系统引导管理器,可以让第一次接触树莓派和Linux的用户能更轻松地运行树莓派。通过NOOBS,可以抛开各种复杂的网络和镜像安装软件,它本身含有操作系统的全部文件,可以完全不依赖网络而直接安装系统,但安装完成后需更新系统(注意:NOOBS Lite中不含操作系统文件,纯粹是个引导器,需要联网下载)。甚至还可以抛开计算机安装所需的系统,只需要准备一张复制NOOBS文件、容量大于4GB的SD卡就可以实现。推荐使用更大容量、Class10级别的SD卡,这样可以确保有更多可用空间和更高的读写速度。

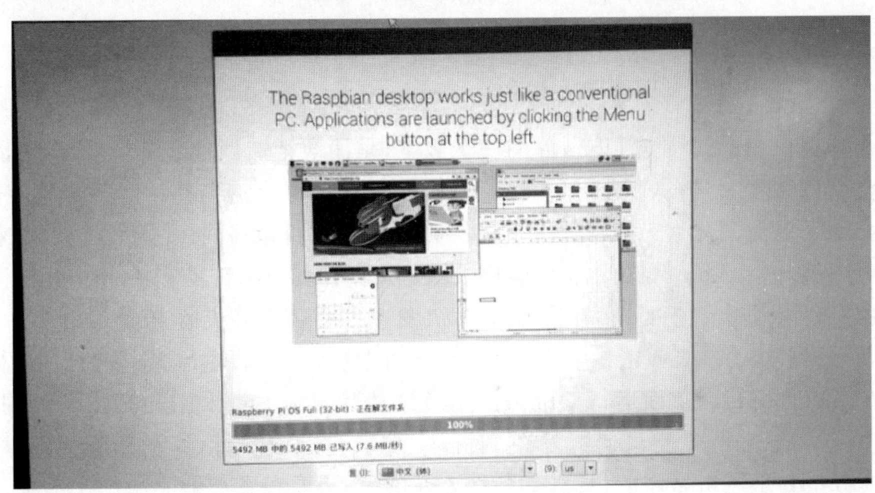

图 1-24 NOOBS系统安装界面

1.3.3 Ubuntu MATE

Ubuntu MATE 是基于 MATE 桌面环境的一个 Ubuntu 的社区发行版本。MATE 桌面是 GNOME 2(the gNU network object model environment)的一个延续版本，如果之前用过其他 Linux 版本，应该对 GNOME 2 桌面不会感到很陌生。它界面美观、易用，初次接触的人也很容易上手。如图 1-25 所示，Ubuntu MATE 是由“Ubuntu 发行版＋ MATE 桌面”组成的操作系统，它基于 GNOME 2 作为桌面环境，可以更加轻量化和快速。因此，对树莓派这样硬件资源有限的 ARM 嵌入式卡片计算机，可以占用更少的内存资源，提供更可靠的桌面服务支持。可视化桌面需要提供的支持，最基本的当然是文件文本图片、文件夹资源管理器，自定义可视化界面等。

图 1-25 Ubuntu MATE 系统界面

1.3.4 Snappy Ubuntu Core

Snappy Ubuntu Core 是 Ubuntu 的一个版本，是面向智能设备的最新平台，可以运行存储在本地或依赖于云端的相同软件，它最大的好处就是可以避免使用者频繁地定期更新。snappy 代表了两种意思：它是一种用来替代 Deb 的新的打包格式；它还是一个用来更新系统的前端，Snappy Ubuntu Core 从 CoreOS、Red Hat 和其他系统借鉴了原子更新想法。自树莓派 2B 版本投入市场，Canonical 公司很快发布了适用于树莓派的 Snappy Core 版本。而第一代树莓派因为 ARM 镜像基于 ARM v6，而 Ubuntu 的 ARM 镜像基于 ARM v7，所以无法在第一代树莓派上面运行 Ubuntu，不过这种状况在 Snappy Ubuntu Core 出现以后发生了改变。Canonical 公司通过发布 Snappy Core 的 RPI2 镜像，向所有见证者证明了 Snappy Ubuntu 是一个崭新的、具有事务性更新的、为云及设备而建立的操作系统。它分为 Snappy Ubuntu Core 为云(cloud)及物联网(Internet of Things，IoT)；Snappy Ubuntu

Persona 为手机、平板计算机及台式计算机。

1.3.5 DietPi

随着树莓派的逐步发展，官方 Raspbian 系统一步步完善和开发，软件和资源也越来越多，这往往也意味着在慢慢地变臃肿。而 DietPi 就是在这样的背景下被开发出来的，它是一款轻量级的 Debian 操作系统，宣称比 Raspbian Lite 操作系统更轻量。如图 1-26 所示，在 DietPi 系统中，默认只有一些必要软件，其他软件在初始化的 DietPi 上都是不存在的。在干净和简洁的同时，在 DietPi 上安装软件也比其他软件方便和简单。虽然它被视作一款轻量级的树莓派操作系统，但它也提供了很多的功能，可以在多个使用场景中派上用场。从简单的软件安装包到备份解决方案，还有很多其他功能值得我们去探索、去发现。

图 1-26 DietPi 系统界面

1.3.6 RISC OS

RISC OS 诞生于 1987 年，最初由 Acorn Computers 公司开发设计。该系统主要针对 ARM 平台，其命名也取自于所支持的精简指令集 RISC 架构。RISC OS 并非 Linux，也不是基于 Windows，而是拥有独特设计架构的桌面系统，如图 1-27 所示。其特点是快速、紧凑、高效，主要适合运行在如树莓派、BeagleBone 之类的单板计算机上。自诞生至 2018 年，RISC OS 一直是商业闭源的操作系统。2018 年后，该操作系统在 GitLab 上完全开源，供更多开发者使用和维护，所以其可靠性和稳定性比较有保障。

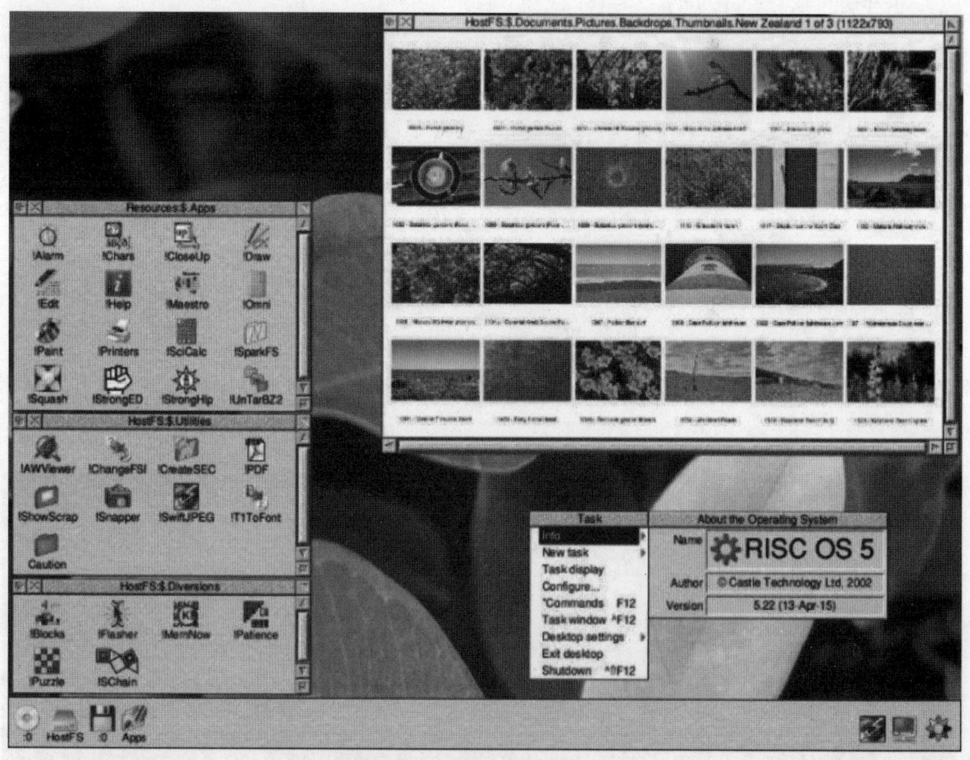

图 1-27　RISC 系统界面

1.3.7　Windows 10 IoT

Windows 10 IoT 是微软生态下的物联网操作系统，如图 1-28 所示，最早发布时即支持树莓派。与以往 Windows 版本不同，Windows 10 IoT Core 主要应用于智能设备和使用物联网的设备，如工业计算机、智能网关等。其硬件也不局限于 x86 架构，同时可以在 ARM 架构上运行。

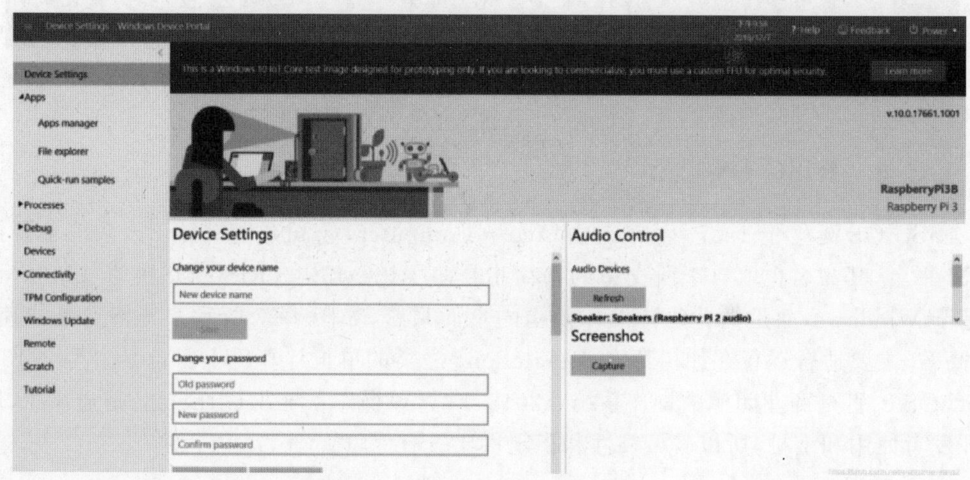

图 1-28　Windows 10 IoT 系统界面

1.3.8　系统的安装

1. 下载 Raspberry Pi OS

可以到树莓派官方网站下载 Raspberry Pi OS，在如图 1-29 所示的下载主页，向下滑动鼠标可以看到 Manually install an operating system image 信息。如图 1-30 所示，单击 See all download options 按钮可以查看 Raspberry Pi OS 的所有版本。

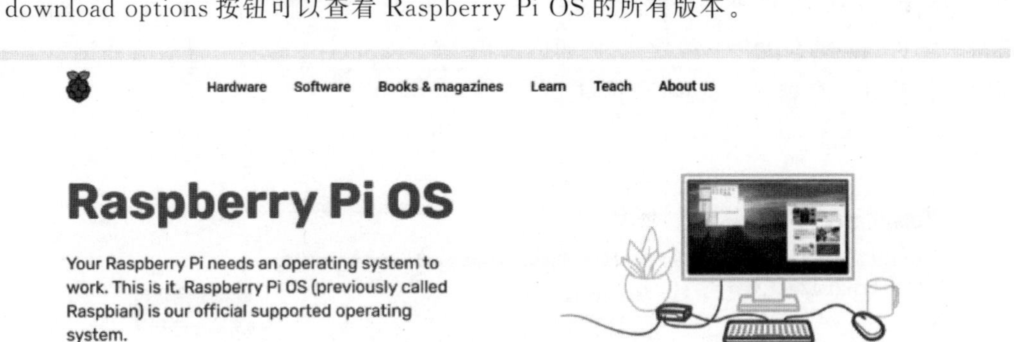

图 1-29　Raspberry Pi OS 下载页面首页

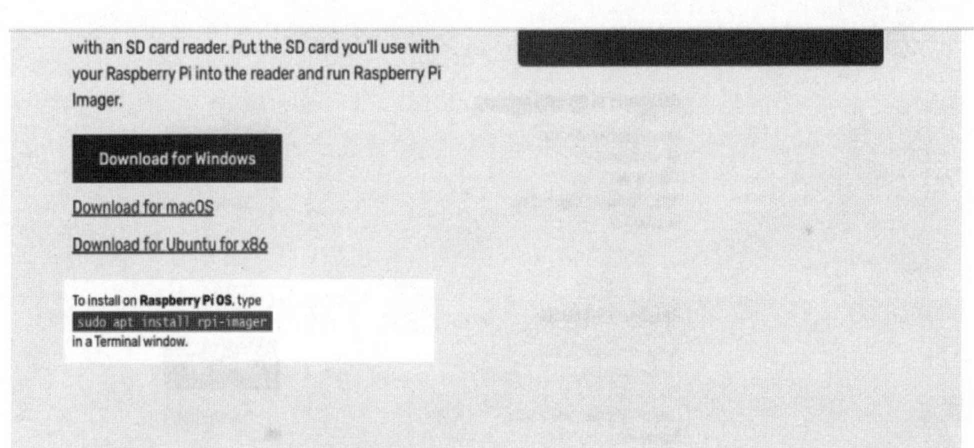

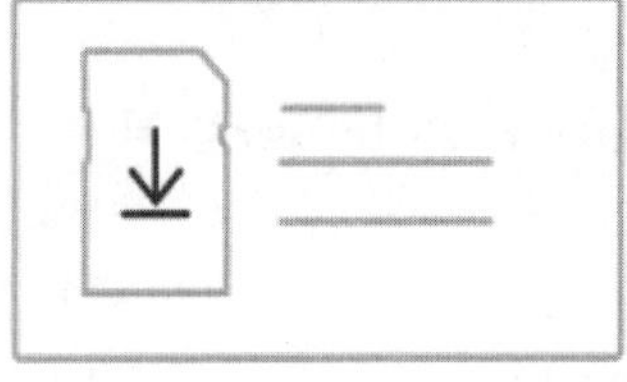

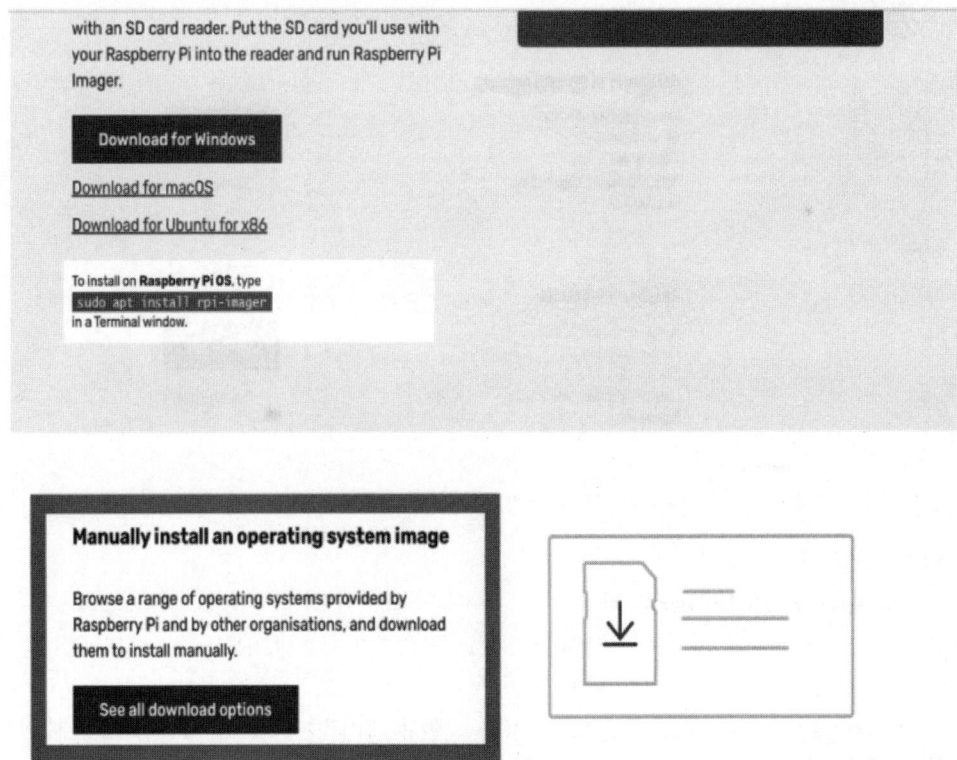

图 1-30　查看 Raspberry Pi OS 的所有版本

打开上述网址后，可以看到有 3 个版本的 Raspberry Pi OS 可供选择，3 个版本均兼容所有的 Raspberry Pi 硬件。第一个版本是带图形化桌面系统及常用软件的版本，最大有 2.8GB；第二个版本是带图形化桌面系统但不带常用软件的版本；第三个版本是不带图形化桌面系统的 Lite 版本，如果安装此版本，意味着只能运行命令行模式。现在的 SD 卡至少有 16GB 的大小，因此不用担心空间不够充足，但最好选择第一个版本或第二个版本。可以直接单击 Download 按钮下载（如图 1-31 所示）；还可以单击 Download torrent 链接，先下载种子文件，再通过 P2P 下载软件（比如迅雷）下载 Raspberry Pi OS，最后按照浏览器的提示将其下载并保存到 Windows 计算机上。

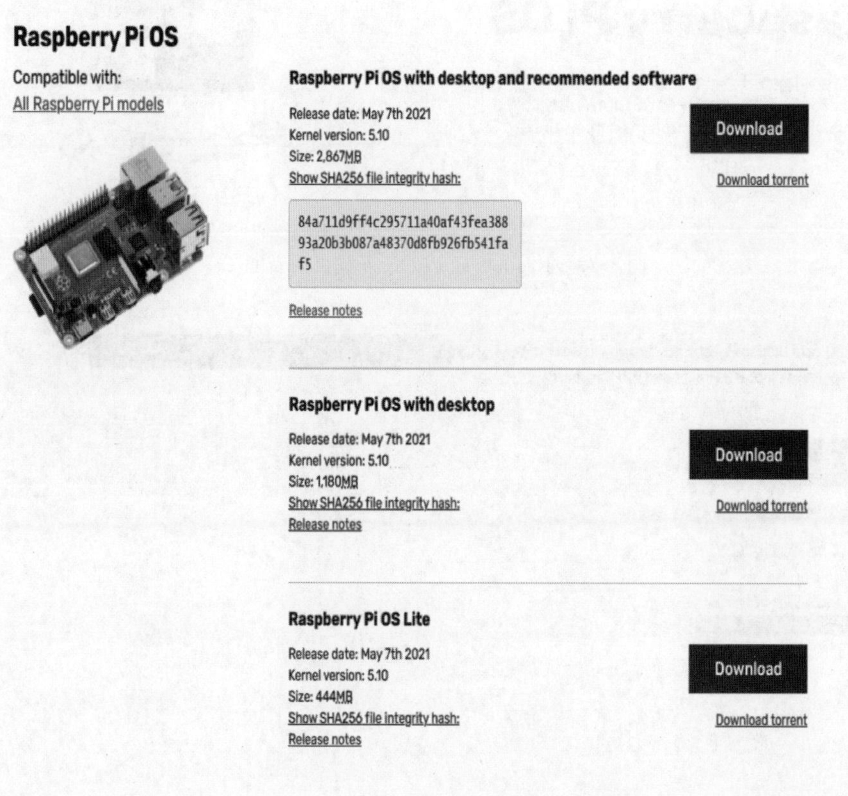

图 1-31　Raspberry Pi OS 下载页

2. 系统烧录

1）使用 Raspberry Pi Imager 烧录

Raspberry Pi Imager 软件运行在 Windows 计算机上，用来将 Raspberry Pi OS 烧录（安装）到 SD 卡上的工具。打开树莓派官方下载网址后，单击 Download for Windows 按钮，下载 Raspberry Pi Imager 烧录工具的 Windows 版本（如图 1-32 所示），并按浏览器的提示将其下载并保存到 Windows 计算机上。通过 Raspberry Pi Imager 用户可以选择想要写入的镜像和想要装载的产品。另外，它还提供包括 Raspbian 的可用镜像、其他基于 Raspbian 的镜像和 LibreELEC，还可使用该工具内提供的其他各类适用工具和擦除产品的功能。

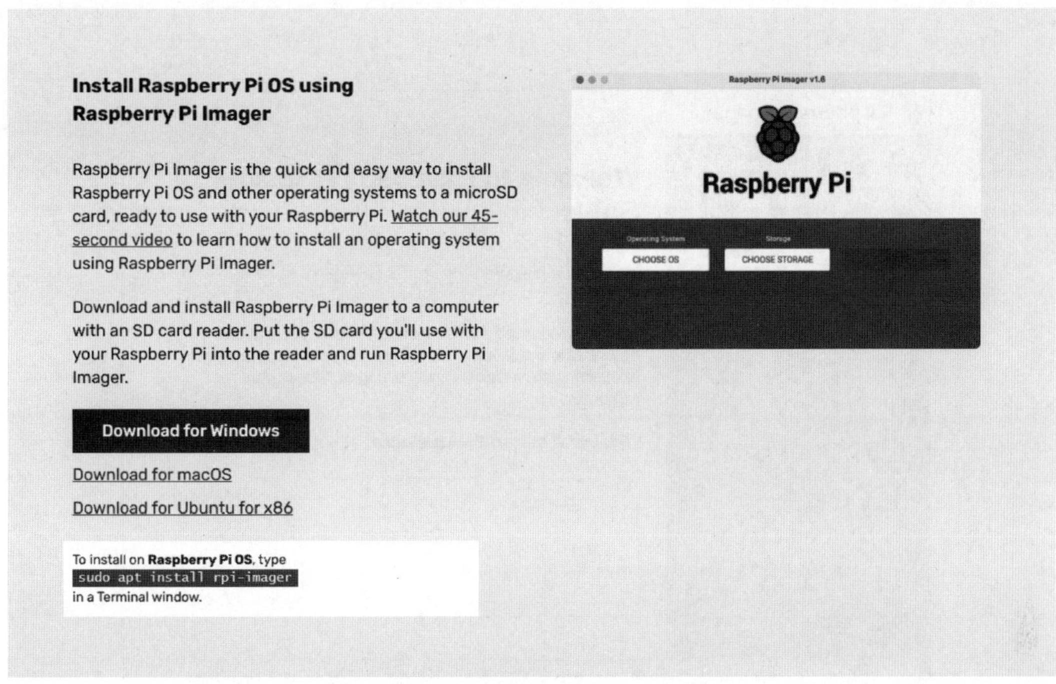

图 1-32　Raspberry Pi Imager 的下载页

通过之前的学习可了解到树莓派的操作系统安装在 SD 卡上，所以要安装操作系统，必须事先准备好一张 SD 卡，通过读卡器正确连接到计算机上，并且确保计算机可识别到这张 SD 卡。具体操作如下：首先在计算机上找到之前下载的 Raspberry Pi Imager 和 Raspberry Pi OS，如图 1-33 所示。

图 1-33　已下载的 Raspberry Pi Imager 和 Raspberry Pi OS

双击 imager_1.6.2.exe，打开安装 Raspberry Pi Imager 启动界面，将 Raspberry Pi Imager 工具安装到 Windows 计算机上，如图 1-34 所示。安装过程非常简单，如图 1-35 所示，按照提示单击 Next 按钮即可完成安装，不需要任何配置，安装完成后的界面如图 1-36 所示。

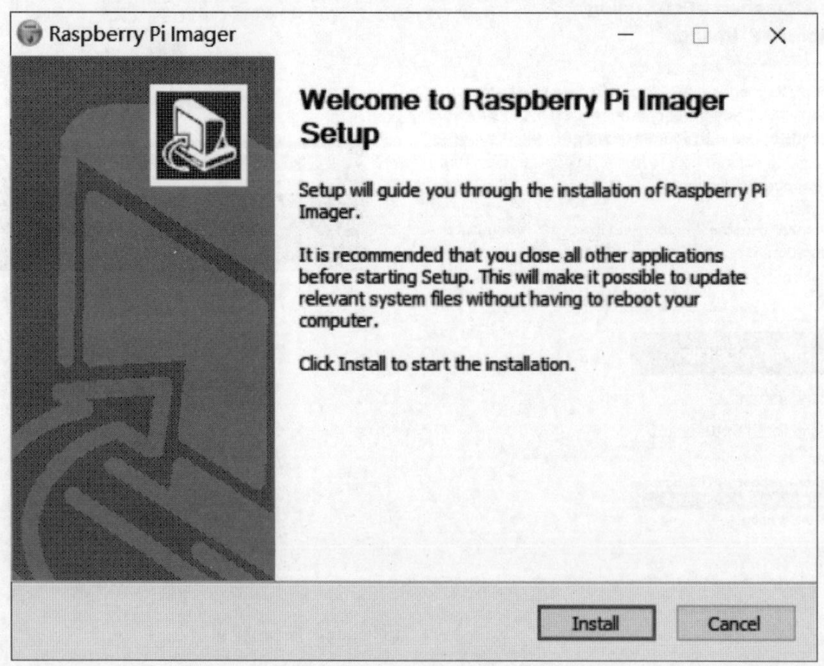

图 1-34 安装 Raspberry Pi Imager 的启动界面

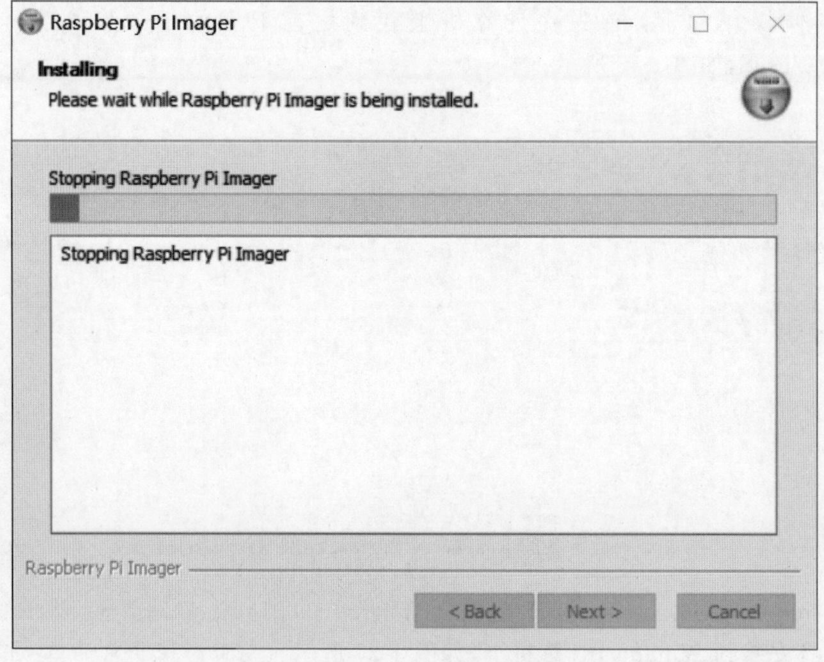

图 1-35 单击 Next 按钮安装

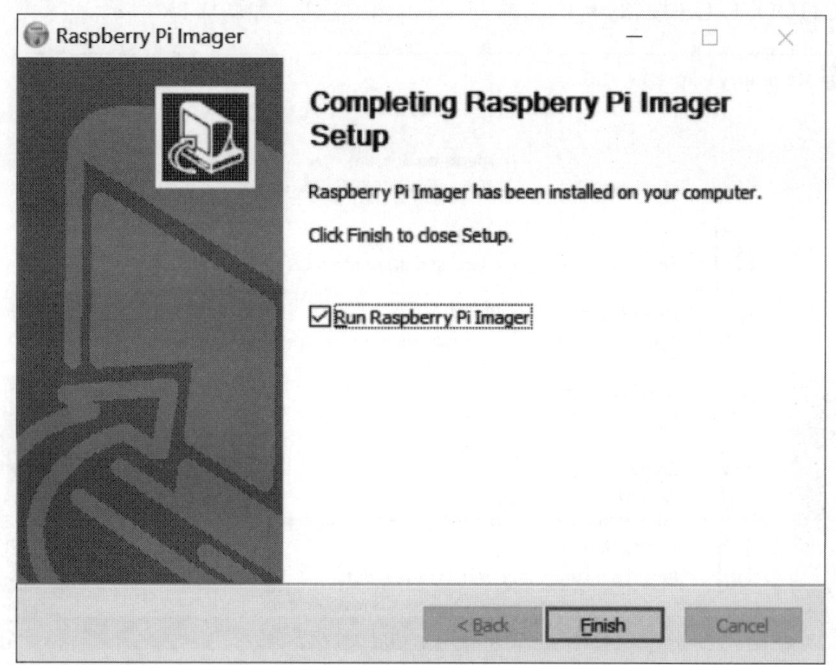

图 1-36 单击 Finish 按钮完成安装

安装完成后会后跳出 Raspberry Pi Imager 的工具界面，返回至启动界面如图 1-37 所示。

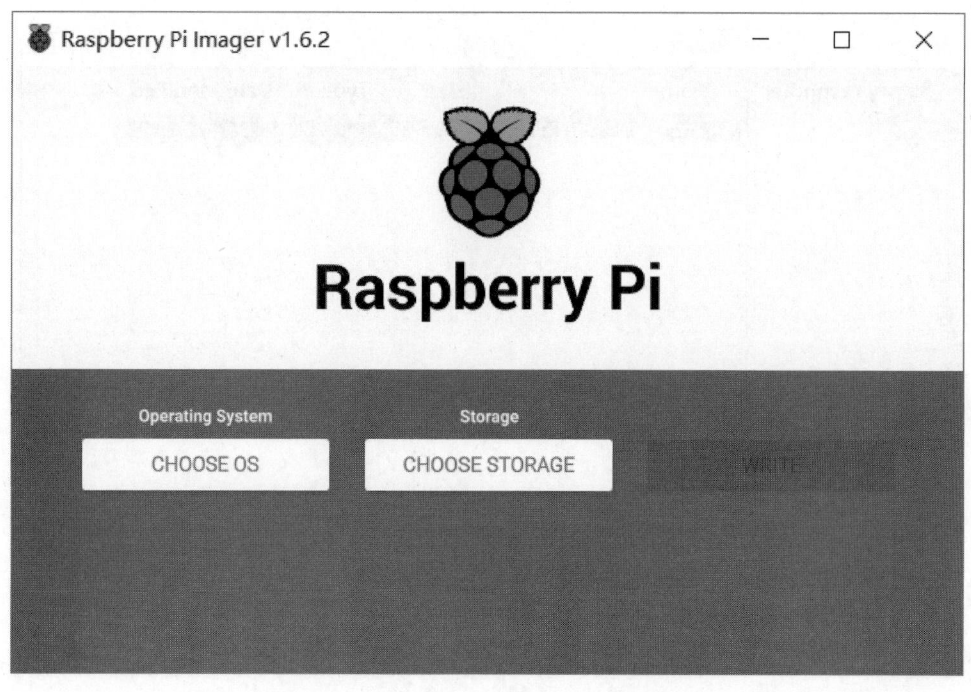

图 1-37 Raspberry Pi Imager 的启动界面

单击 CHOOSE OS 按钮,从中选择 Use custom 选项,如图 1-38 所示。

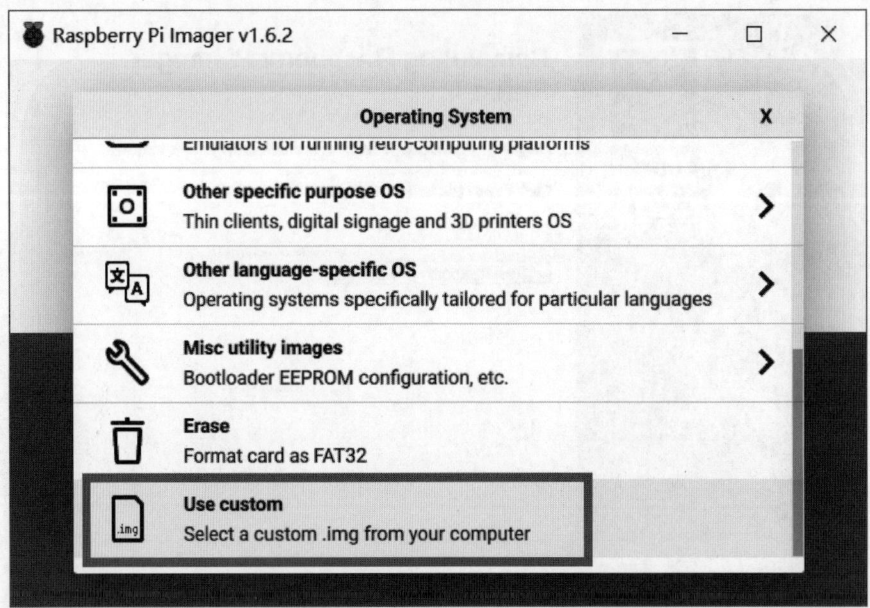

图 1-38 选择 Use custom 界面

从计算机中选择已经下载的 Raspberry Pi OS,然后单击 Open 按钮,如图 1-39 所示。

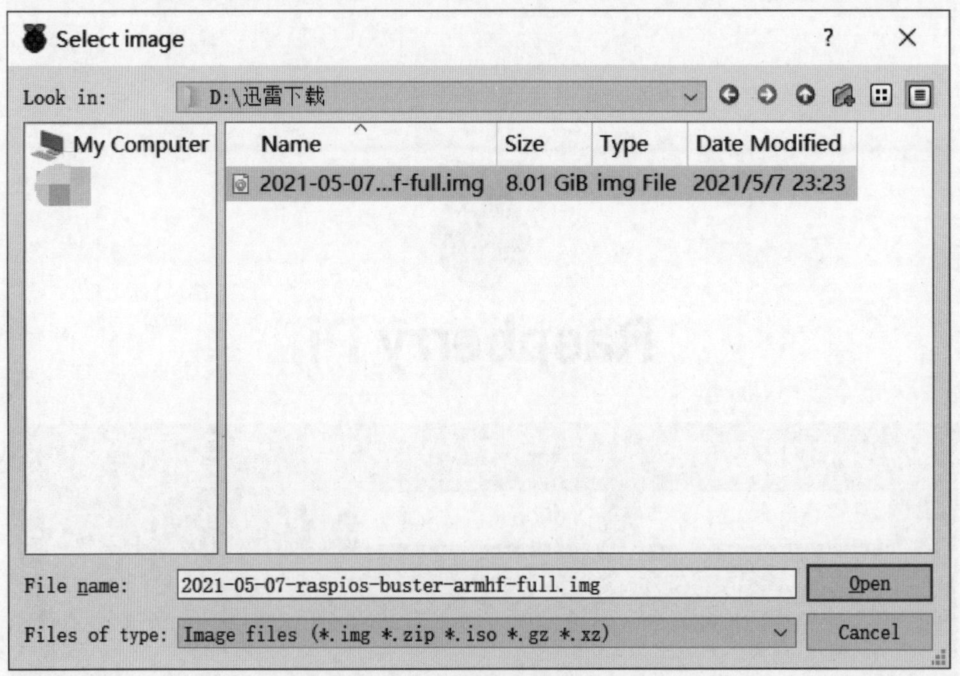

图 1-39 选择烧录系统界面

确保 SD 卡已经通过读卡器连接到计算机,并且已经被识别出后,单击 CHOOSE STORAGE 按钮,如图 1-40 所示。图 1-41 所示为所插入的 SD 卡。

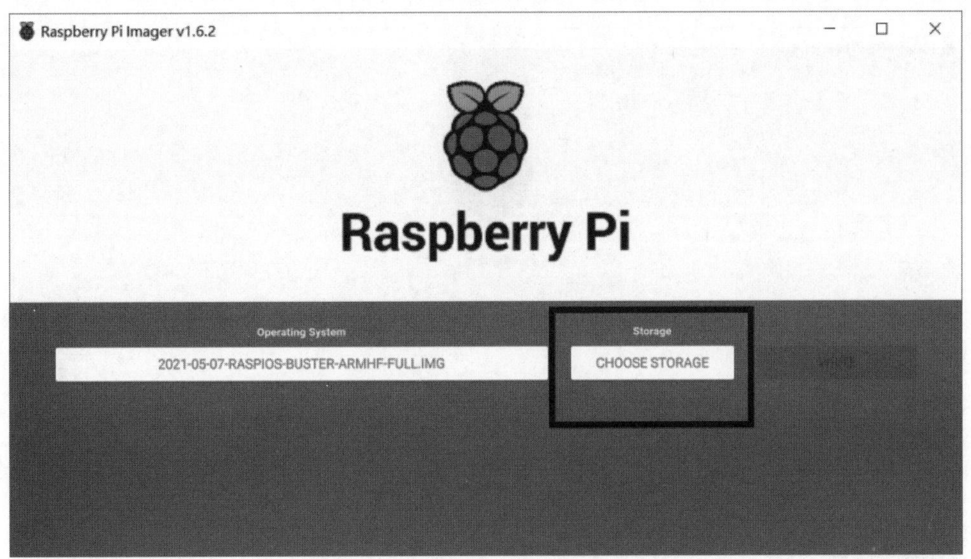

图 1-40　选择 CHOOSE STORAGE

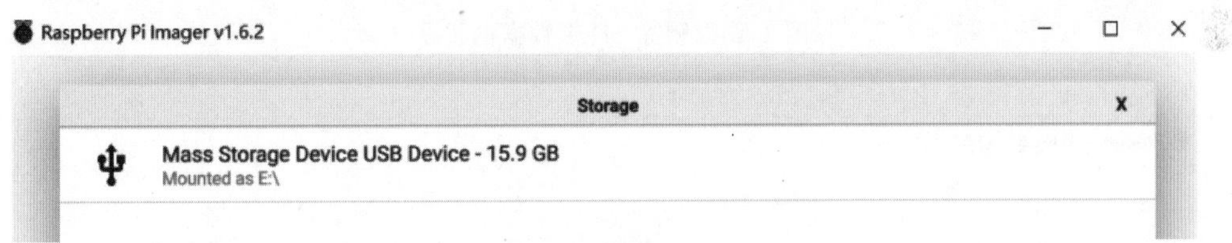

图 1-41　已识别的 SD 卡

选择 SD 卡后会回到启动界面，如图 1-42 所示。单击 WRITE 按钮后会弹出对话框，提示 SD 卡上的所有数据均会被删除，如图 1-43 所示。单击 YES 按钮，开始 Raspberry Pi OS 的安装，如图 1-44 所示。

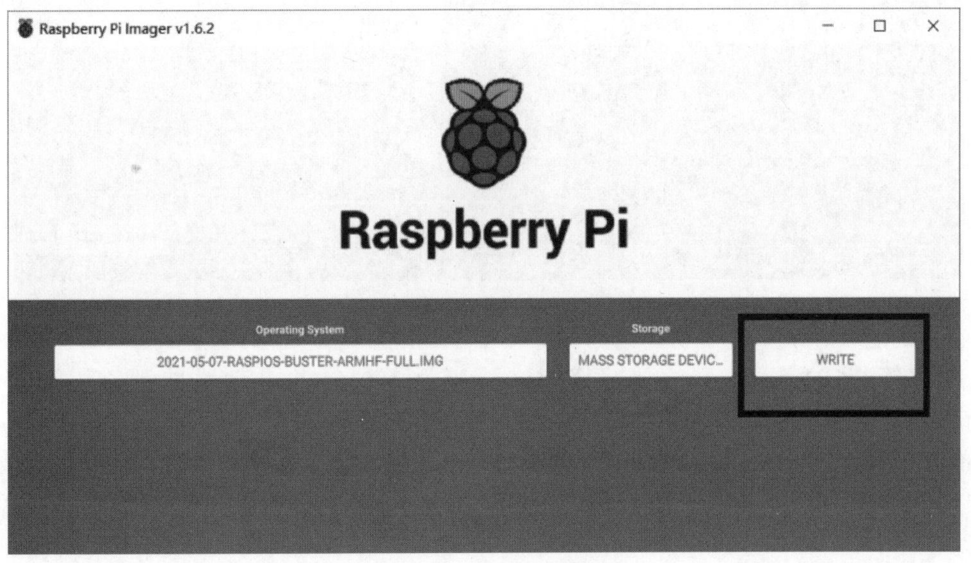

图 1-42　回到启动界面

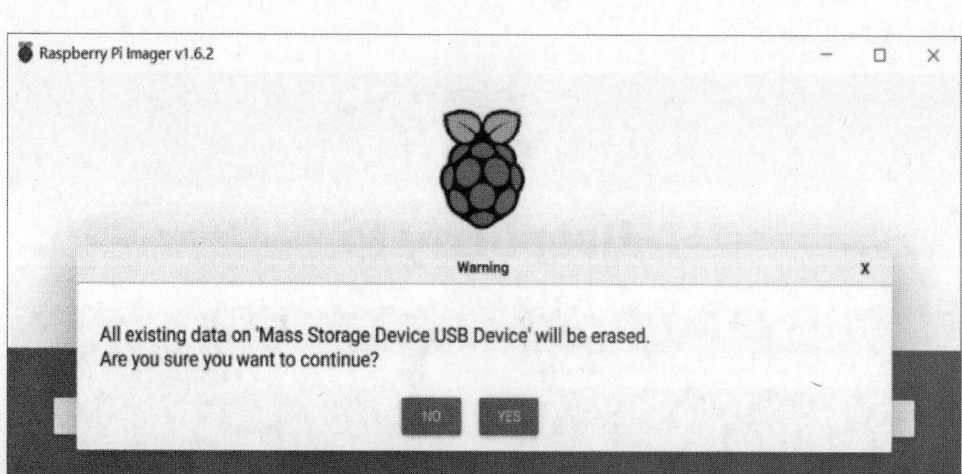

图 1-43　删除 SD 卡数据的提示

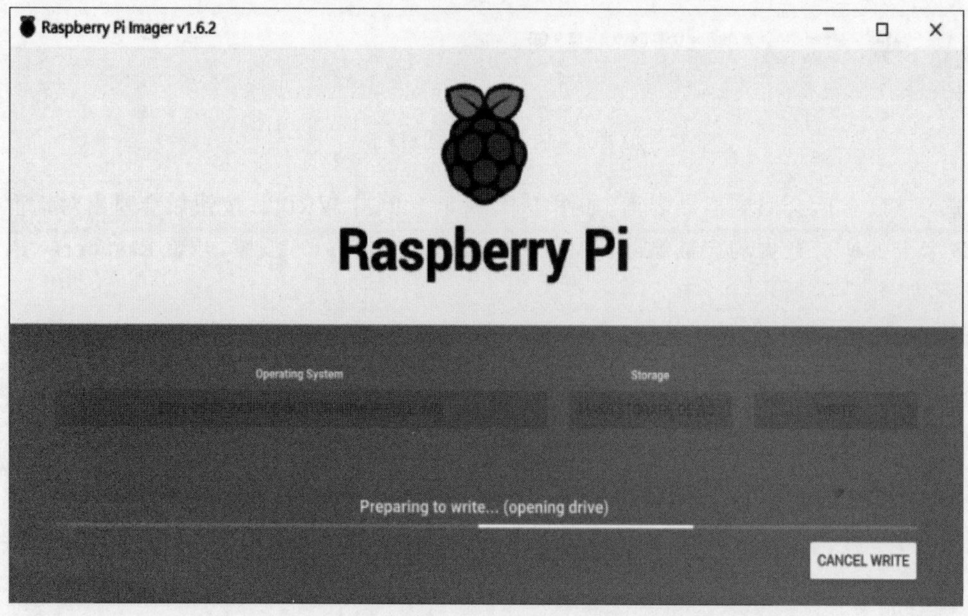

图 1-44　开始安装 Raspberry Pi OS

一直等待,直至 Writing 进度条从 0%变为 100%,并自动跳转到 Verifying,待 Verifying 进度条也从 0%变成 100%,会弹出 Write Successful 对话框,如图 1-45 所示。然后,单击 CONTINUE 按钮,退出 Raspberry Pi Imager 安装工具,至此就完成了树莓派系统的安装。把 SD 卡从计算机上取下,插入至树莓派 SD 卡槽内即可以开始系统的启动和初始化了。

注意:系统烧录成功后,不要按照系统提示将 SD 卡格式化,如图 1-46 所示。

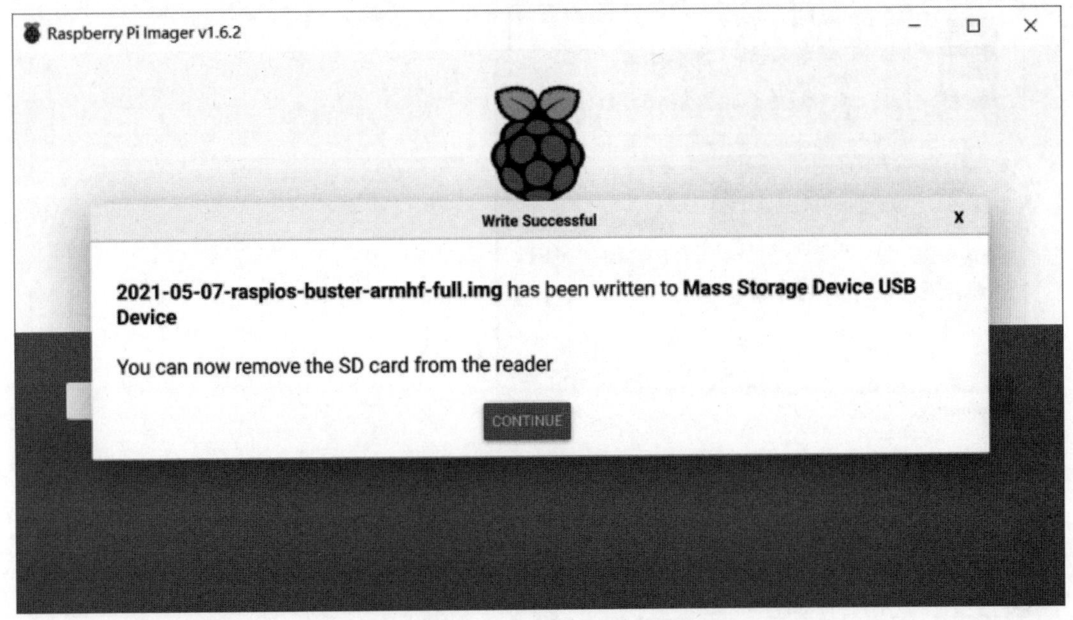

图 1-45　Write Successful 对话框

图 1-46　格式化 SD 卡的信息提示

2）使用 Win32 Disk Imager 烧录

Win32 Disk Imager 是一款功能强大且免费的 Windows 程序，用于保存和恢复可移动驱动器中的系统镜像（如 USB 驱动器、SD 存储卡等）。无论选用的是新卡还是旧卡，最好先进行格式化操作，这时会用到软件 SD Formatter。如果选用的 SD 卡在之前已经烧录过系统，则将 SD 卡插入计算机时显示两个磁盘，一个是 SD 卡的 boot 分区的盘，另一个无法识别内容的盘。如果用系统自带的格式化工具进行格式化，SD 卡是不能完全被格式化的，但是如果使用 SD Formatter 则可以。

使用 SD Formatter 前，首先需要确保计算机读取到 SD 卡的盘，然后单击“更新”按钮，选取 SD 卡插入后新增的第一个盘的盘符，单击“格式化”按钮，再单击“确定”按钮，完成格式化，如图 1-47 所示。

格式化完成后，等待片刻，重新插上 SD 卡，即可看到 SD 卡原空间的大小，如图 1-48 所示。

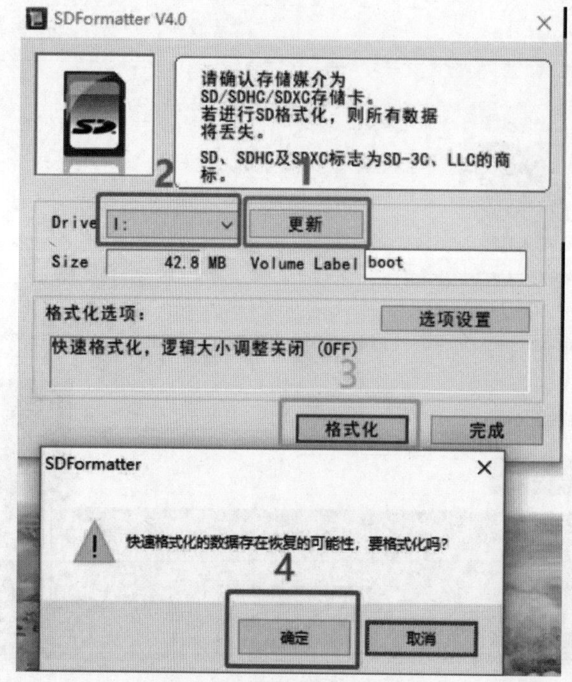

图 1-47　格式化 SD 卡

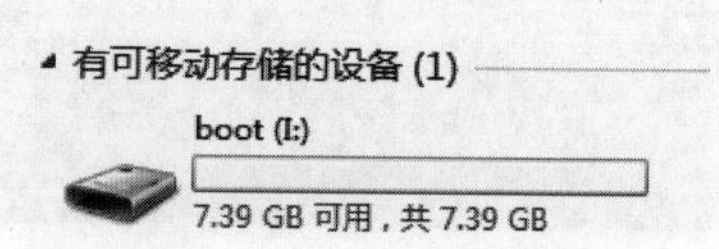

图 1-48　格式化后的 SD 卡

上述格式化 SD 卡的工作完成后，就可以开始进行系统烧录了。首先需要先安装烧录系统的工具 Win32 Disk Imager。在安装 Win32 Disk Imager 时，要注意安装路径中尽量不要出现中文，在安装进行到第五步时，在 Select additional tasks 中要勾选"Create a Desktopicon (创建桌面图标)"多选框，否则可能无法找到该软件。如果不慎没有勾选，可以使用 Windows 开始菜单中的"查找"工具搜索此软件。Win32 Disk Imager 的安装很简单，如果没有路径更换的需求，一直单击 Next 按钮即可完成安装。

首先，需要将格式化好的 SD 卡(TF 卡)插入计算机中，打开 Win32 Disk Imager 软件，如图 1-49 所示。

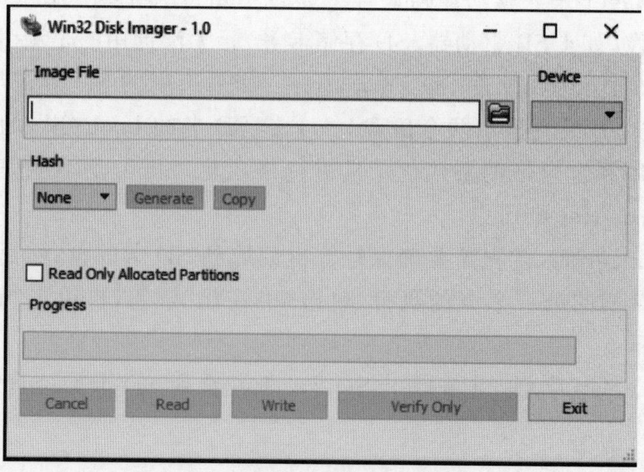

图 1-49　Win32 Disk Imager

第一步，先选择解压后的系统镜像文件；第二步，选择SD卡对应的盘符（根据自己SD卡的情况选择）；第三步，单击Write按钮进行镜像的烧录，如图1-50所示。

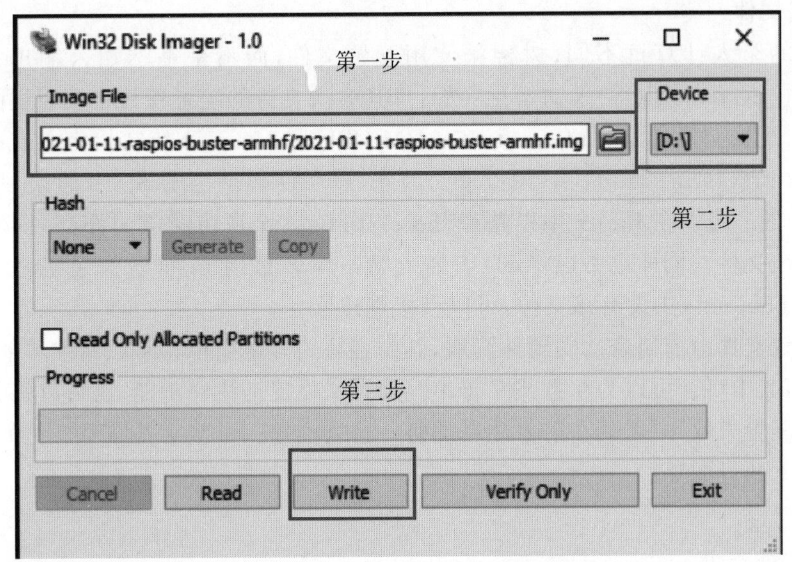

图1-50　使用Win32 Disk Imager进行烧录

使用Win32 Disk Imager烧录成功后，如果页面弹出烧录成功的提示，则说明烧录已经完成，如果不成功，请关闭防火墙等软件，重新插入SD卡进行烧录。如果在安装完发现SD卡剩余内存较小，这是正常现象，因为烧录好树莓派Raspberry Pi OS系统的SD卡被分成2个分区：一个FAT32的boot分区和一个（或数个）EXT4的Linux主分区，这也是Linux系统的典型需求，因为Windows只能识别FAT32分区。

切记，如果Windows提示是否要格式化SD卡，千万不要格式化，如图1-51所示，否则可能导致已烧录在隐藏分区中的系统被擦除而导致系统烧录失败。

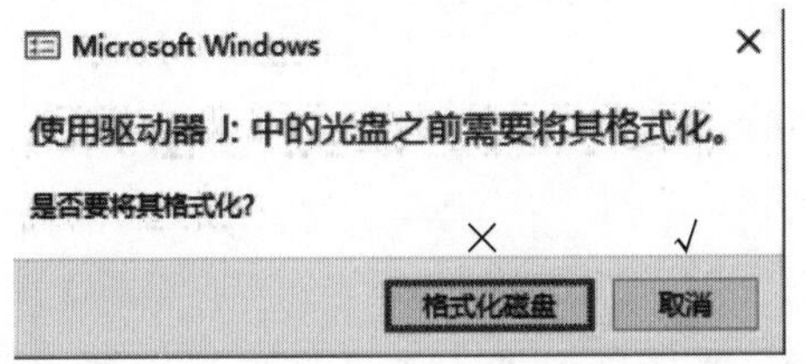

图1-51　格式化SD卡的信息提示

1.4　操作系统初始化

第一次使用树莓派之前，需要对树莓派的操作系统进行初始化。可以通过将树莓派连接到显示器的方式进行初始化，也可以不通过连接显示器的方式，这种方法将在第2章讲述。如果没有物理显示器，可通过远程连接的方式进入树莓派的图形化用户界面进行。

1.4.1 显示设置

1. 配置文件

与传统的个人计算机不同，树莓派使用配置文件，而不是基本输入输出系统（Basic Input Output System，BIOS）来初始化主板。BIOS 所支持的配置参数将会通过配置文件来修改和保存，配置文件名为 config. txt，在 ARM CPU 和 Linux 系统初始化之前被图形处理器（Graphics Processing Unit，GPU）读取。因此，该文件必须位于 SD 卡的第一个分区，也就是 boot 分区。可以在 Linux 中以路径/boot/config. txt 来访问该文件，并且可以以 root 身份来修改该文件。同样也可以将 SD 卡插入 Windows 或者 macOS X 主机来直接访问该文件。如果 boot 分区中没有该文件，可以直接创建。

上述配置文件由前期启动的硬件读取，其内容格式非常简单，即以“属性＝值”的格式排列在每一行，其中“值”可以为整数或字符串。配置文件支持注释功能，也可以将其中的配置注释掉以令配置失效，只需要在需要注释的每一行之前加一个＃字符即可。比如，一个配置文件中有以下两行配置：

```
hdmi_drive = 2
＃hdmi_group = 2
```

则第二行将不会生效。

值得一提的是，每一行中最后被读取的字符长度为 80，当每一行的字符数超过此限制，之后的字符将被忽略。

通过配置文件我们可以修改一系列参数，比如内存、视频与显示、声音、启动、GPIO 和相机等。

2. HDMI 相关参数

(1) hdmi_safe：设置该参数为 1 表示尝试使用 HDMI 最大兼容性启动。如果对 HDMI 设置不了解，可以在配置文件中添加该配置即可。该配置与下面的配置组合有着同样的效果：

```
hdmi_force_hotplug = 1
config_hdmi_boost = 4
hdmi_group = 2
hdmi_mode = 4
```

(2) hdmi_ignore_edid：如果显示器不支持扩展显示器识别数据（Extended Display Identification Data，EDID），可以将该参数设置为 0xA5000080 以允许系统忽略 EDID 显示数据。如果显示器支持 EDID，可以将 hdmi_edid_file 设置为 1 以使 GPU 从 edid. dat 文件中读取 EDID 数据，而不是直接从显示器中读取数据。

在树莓派 4B 版本中，可以使用 hdmi_edid_filename 参数从指定的文件中读取 EDID 数据，由于树莓派 4B 版本拥有 2 个 HDMI 接口，因此需要在该参数中指定端口编号。该参数需要将 hdmile_edid_file 设置为 1 以生效，比如：

```
hdmi_edid_file = 1
hdmi_edid_filename:0 = FileForPortZero.edid
hdmi_edid_filename:1 = FileForPortOne.edid
```

(3) hdmi_blanking：该参数用于当操作系统进入待机模式时，通过使用显示器电源管理系统(Display Power Management System，DPMS)控制显示器进入何种状态。当该参数设置为0时，HDMI将输出黑屏；当参数设置为1时，HDMI将被关闭并且输出黑屏。注意，在树莓派4版本中，当该参数设置为1时，HDMI并不会被关闭，因为该功能未被实现。

(4) hdmi_drive：该参数允许在HDMI和数字视频接口(Digital Visual Interface，DVI)之间选择一种输出模式。当值为1时表示使用普通DVI模式，该模式下不会输出音频；当值为2时表示使用普通HDMI模式，在该模式下，会输出音频。

(5) hdmi_group，hdmi_mode：这2个参数一起定义了HDMI输出的格式，在此介绍它们的主要目的是讲解如何快速简单地写出命令以适配显示器的分辨率。可以使用hdmi_cvt参数来适配显示器，该参数共可接受7个值，前3个值是必需的，它们分别是像素高度、像素宽度以及刷新率。第四个值表示屏幕纵横比，取值范围为1～6，1表示4∶3；2表示14∶9；3表示16∶9；4表示5∶4；5表示16∶10；6表示16∶9。hdmi_group和hdmi_mode搭配该参数使用时，hdmi_group应设置为2，hdmi_mode应设置为87，如下所示为分辨率为800×450的显示器配置：

```
hdmi_cvt = 800 480 60 6
hdmi_group = 2
hdmi_mode = 87
hdmi_drive = 2
```

当给树莓派连接显示屏并供电后，它将会自动开机，可以通过连接鼠标和键盘来使用操作系统，但第一次开机时需要进行一些设置。

1.4.2 更改区域

当启动树莓派后，树莓派会显示如图1-52所示的欢迎界面，并提示进行相关设置，单击Next按钮后，首先需要设置操作系统的区域。

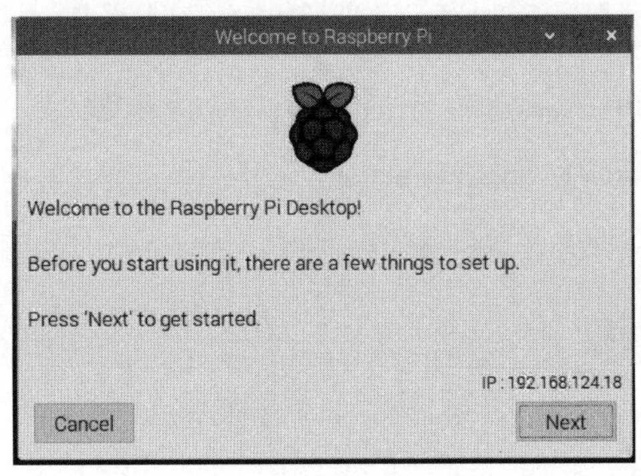

图1-52 树莓派的欢迎界面

默认的区域为英国、操作系统语言为英语、时区为伦敦。当设置完区域(Country选项)为中国后，操作系统语言及时区均会发生改变，操作系统语言会变为中文，时区会变为上海。当系统重启后，设置会生效，但是不要着急重启。

1.4.3 修改密码

树莓派操作系统有一个默认的用户,用户名称为 pi,其默认密码为 raspberry。当修改完操作系统区域后,操作系统会提示修改密码,输入新的密码并验证后,单击 Next 按钮以修改密码,如图 1-53 所示。

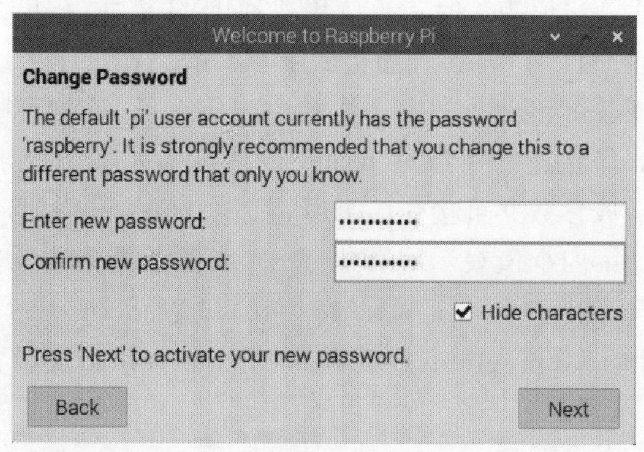

图 1-53 修改树莓派密码

1.4.4 其他工作

在修改完密码之后,可以看到显示器屏幕边缘有黑边,即图像未完全覆盖屏幕,树莓派会提示进行屏幕显示的设置,如图 1-54 所示。如果存在黑边,可以勾选图中所示的复选框,然后单击 Next 按钮,系统重启后该选项将会生效;否则可以直接单击 Next 按钮。

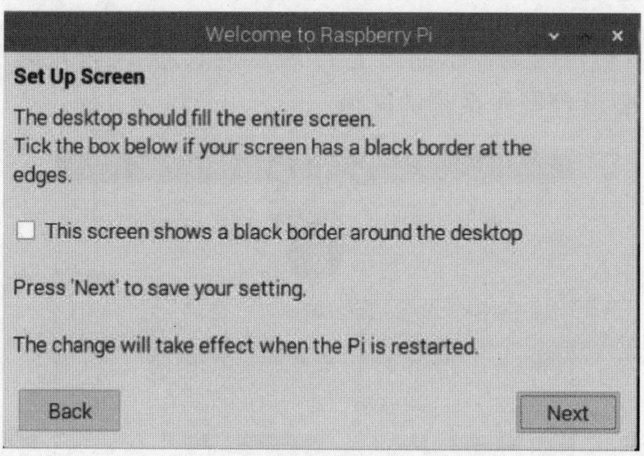

图 1-54 设置屏幕显示

单击 Next 按钮后,树莓派会提示选择连接网络,如果此时已经按照第 1 章的方法以写配置文件的方式,让树莓派在第一次启动时连接了网络,则可以直接跳过这一步;否则在连接至一个新的网络前,系统将继续与远程桌面断开。

接下来确定是否更新系统和应用,如图 1-55 所示。如果单击 Next 按钮,树莓派会先检查是否需要更新,若需要则进行更新。也可以单击 Skip 按钮,直接跳过此环节。

树莓派升级需要连接互联网,并且升级过程会花费几分钟的时间,这由使用的操作系统

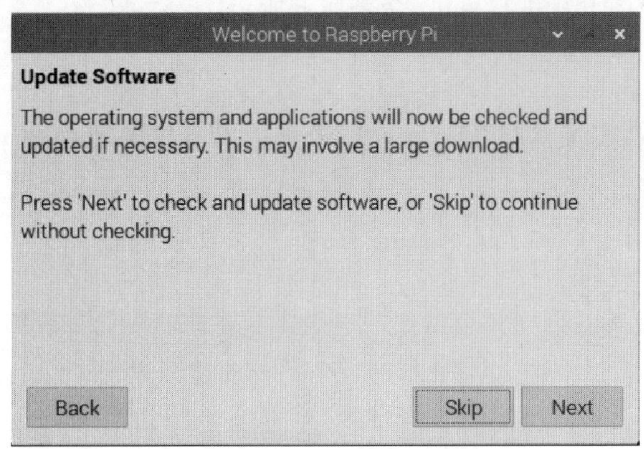

图 1-55 “是否更新”对话框

以及软件的版本和网络状况决定。完成升级后，系统会要求进行重启，如图 1-56 所示。可以单击 Restart 按钮进行重启，或者如果有其他任务需要执行，可以单击 Later 按钮，以后再重启。

图 1-56 “是否重启”对话框

1.4.5 关闭树莓派

可以使用单击左上角树莓派图标的方式，将树莓派关机或者重启，单击 Shutdown options 按钮，会出现关机选项卡。如图 1-57 所示，Shutdown options 有 3 个选项，分别是 Shutdown（关机）、Reboot（重启）和 Exit to command line（退出到命令行）。如果单击 Exit to command line 按钮，树莓派并不会关机。

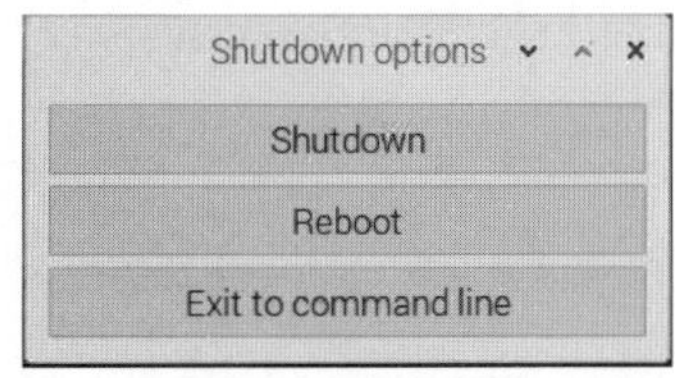

图 1-57 关机选项卡

也可以输入命令的方式进行关机，命令如下所示：

```
> sudo shutdown
```

输入上述命令后，树莓派将在一分钟后关机。也可以使用 now 参数命令树莓派立刻关机：

```
> sudo shutdown now
```

树莓派的网络连接

2.1 有线网络配置

经过第1章的学习,已经对树莓派有了初步的认识与了解。在对树莓派进行系统烧录、初始化等一系列配置后,下面介绍如何通过有线连接的方式获取其IP地址,常见方法有2种。

(1) 通过网线将树莓派和路由器连接。

(2) 通过共享网络的方法获取树莓派的IP地址。

2.1.1 有线连接路由器

树莓派启动后,用网线将其与路由器连接起来,然后在浏览器中输入路由器后台地址(一般是192.168.1.1,根据实际情况而定),在路由器后台查看树莓派的IP地址(名称为raspberrypi),如图2-1所示。

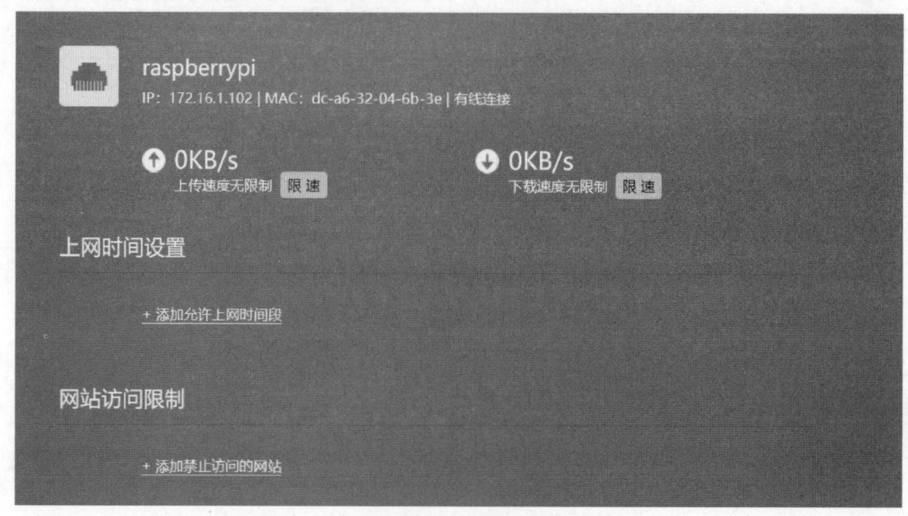

图2-1 通过路由器查看树莓派IP

也可以使用软件 Advanced IP Scanner 查看树莓派的 IP 地址，如图 2-2 所示。

注意：使用 Advanced IP Scanner 进行 IP 地址扫描时，扫描用的计算机与树莓派需要在同一局域网。

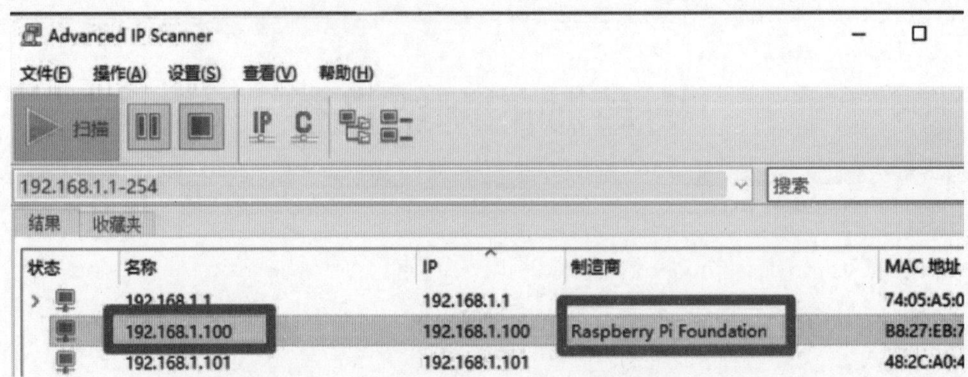

图 2-2 使用 Advanced IP Scanner 查看树莓派 IP 地址

2.1.2 直连计算机

首先，将树莓派通过网线连接到计算机的网络接口。以 Windows 10 操作系统计算机为例，打开“控制面板”→“网络和 Internet”→“网络和共享中心”→“更改适配器设置”，双击 WLAN；单击“属性”按钮，选择“共享”选项卡，勾选“允许其他网络用户通过此计算机的 Internet 连接来连接”选项；在“家庭网络连接”选项中选择“以太网 3”，单击“确定”按钮，如图 2-3 所示。

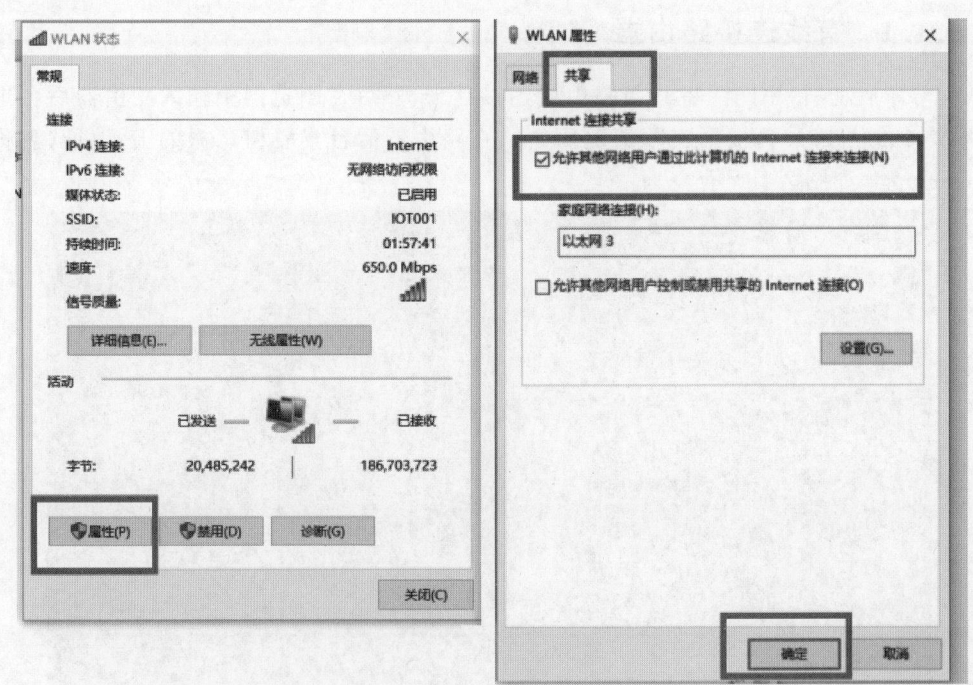

图 2-3 WLAN 网卡配置

完成上述操作后，操作系统会分配给以太网一个静态 IP 地址。在 Windows 10 操作系统中，该 IP 地址通常为 192.168.137.1，显然该 IP 地址属于网络 192.168.137.0/24。建议不要把该 IP 地址修改为其他网段，否则计算机无法通过动态主机配置协议(Dynamic Host Config Protocol，DHCP)为树莓派分配 IP 地址。

树莓派的有线网卡在与计算机直连后会被分配一个 IP 地址，地址解析协议(Address Resolution Protocol，ARP)把此 IP 地址映射到有线网卡的 ARP 缓存列表中。在 Windows 的 DOS(disk operating system)中输入命令：

```
ipconfig -all
```

即可查看以太网卡现在的 IP 地址，如图 2-4 所示(此处以太网的 IP 地址设置为 192.168.137.254)。

```
以太网适配器 以太网:

   连接特定的 DNS 后缀 . . . . . . . :
   描述. . . . . . . . . . . . . . . : Realtek PCIe FE Family Controller
   物理地址. . . . . . . . . . . . . : 98-29-A6-56-08-87
   DHCP 已启用 . . . . . . . . . . . : 否
   自动配置已启用. . . . . . . . . . : 是
   本地链接 IPv6 地址. . . . . . . . : fe80::3d9c:5e18:cb31:bb2d%15(首选)
   IPv4 地址 . . . . . . . . . . . . : 192.168.137.254(首选)
   子网掩码  . . . . . . . . . . . . : 255.255.255.0
   默认网关. . . . . . . . . . . . . :
   DHCPv6 IAID . . . . . . . . . . . : 244853158
   DHCPv6 客户端 DUID  . . . . . . . : 00-01-00-01-25-FC-F2-28-98-29-A6-56-08-87
   DNS 服务器  . . . . . . . . . . . : fec0:0:0:ffff::1%1
                                       fec0:0:0:ffff::2%1
                                       fec0:0:0:ffff::3%1
   TCPIP 上的 NetBIOS  . . . . . . . : 已启用
```

图 2-4　以太网网卡信息

然后，输入命令：

```
arp -a
```

查看 ARP 缓存列表，该命令可以输出所有网卡的 ARP 缓存列表。根据以太网的 IP 地址即可找到正确的缓存列表，如图 2-5 所示。

```
接口: 192.168.137.254 --- 0xf
  Internet 地址         物理地址              类型
  192.168.137.27        dc-a6-32-e5-98-a7     静态
  192.168.137.255       ff-ff-ff-ff-ff-ff     静态
  224.0.0.22            01-00-5e-00-00-16     静态
  224.0.0.251           01-00-5e-00-00-fb     静态
  224.0.0.252           01-00-5e-00-00-fc     静态
  239.255.255.250       01-00-5e-7f-ff-fa     静态
```

图 2-5　以太网 ARP 缓存列表

在图 2-5 中可以看到多个 IP 地址，但在直连情况下，ARP 缓存列表中只会存在一个主机 IP 地址。因此，除常用的组播地址和一个广播地址(此处是 192.168.137.255)，剩下的即是树莓派的 IP 地址。

无论以何种方式配置有线网络，当得到树莓派的 IP 地址并且可以与之通信后，就表明可以通过有线连接的方式对树莓派进行远程连接，接下来介绍树莓派的无线网络配置。

2.2 无线网络配置

本节介绍如何对树莓派操作系统进行无线网络配置，像大多数设备一样，树莓派可以使用 Wi-Fi 进行无线网络连接。首先介绍通过图形化用户界面配置无线网络的方式，此时假设已经通过某种方式（连接显示器或者远程桌面控制）进入操作系统的图形化用户界面，并且可以通过键盘和鼠标控制树莓派。另外，本节还将介绍通过修改相关配置文件的方式来配置无线网络，此方式可以通过两种途径达到目的，其中一种是允许树莓派操作系统第一次开机时连接 Wi-Fi。

2.2.1 通过图形化用户界面配置

通过图形化操作界面配置无线网络连接的步骤较为简单，单击桌面左上角的网络图标，即介于蓝牙图标与声音图标之间的图标。如果树莓派的 Wi-Fi 是关闭的，单击 Turn On Wi-Fi 按钮，打开 Wi-Fi，如图 2-6 所示。

再次单击该图标，将会出现可用的 Wi-Fi 的服务集标识（Service Set Identifier，SSID）。选择需要连接的 SSID，此时树莓派提示需要输入密码，输入正确的密码后单击“确定”按钮进行连接，如图 2-7 所示。

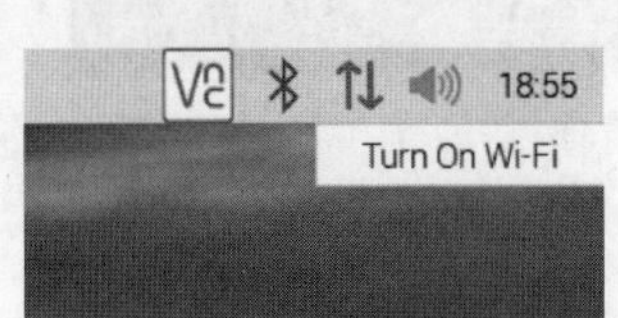

图 2-6 打开树莓派 Wi-Fi

图 2-7 输入密码以连接 Wi-Fi

2.2.2 通过修改配置文件连接 Wi-Fi

如本节开始时所说，首先介绍一种可以让树莓派在第一次开机时可自动连接 Wi-Fi 的方法。在 SD 卡中安装完成树莓派操作系统之后，SD 卡被分成两个分区，包括一个启动分区（boot）和一个根分区（root）。

（1）启动分区所在的文件系统为 FAT32，此文件系统可以被 Windows 系统识别。将 SD 卡插入计算机中，可以进入启动分区查看、修改分区中的文件。

（2）根分区所在的文件系统为延伸文件系统（Extended File System，EXT），此文件系统不能被 Windows 系统识别。

1. 通过根分区文件修改配置信息

如果在根分区中修改文件时，无法找到该文件，则需要使用记事本重建文件名为 wpa_supplicant.conf 的文件，该文件负责通过套接字（socket）与驱动交互上报数据给用户。无论是 wpa_supplicant 与上层的通信，还是 wpa_supplicant 与驱动的通信，均需要通过 socket 实现。用户可以通过 socket 发送命令给 wpa_supplicant，调动驱动对 Wi-Fi 芯片进行操作。简单来说，wpa_supplicant 是 Wi-Fi 驱动和用户（Wi-Fi 应用程序）的中间件，支持相关协议和加密认证。在该文件中加入以下代码：

```
ctrl_interface = DIR = /var/run/wpa_supplicant GROUP = netdev
update_config = 1
network = {
ssid = "Your SSID"
psk = "Password"
key_mgmt = WPA - PSK
}
```

接下来修改上述代码中的两个必要字段：ssid 字段和 psk 字段。在等号右边的双引号中输入正确的 Wi-Fi 名称和密码，key_mgmt 字段要根据所连接 Wi-Fi 的加密方式填写，然后保存该文件。这样，当树莓派启动后将自行读取 wpa_supplicant. conf 配置文件并连接 Wi-Fi 设备。

除修改 wpa_supplicant. conf 配置文件外，也可以在进入操作系统后，使用图形化用户界面或者字符界面修改该配置文件。

2. 图形化界面修改配置信息

如果直接在树莓派界面中单击左上角的文件管理器图标打开配置文件，则无法对该配置文件进行修改，此时需要使用命令

```
sudo pcmanfm
```

打开文件管理器。进入路径/etc/wpa_supplicant，在该路径下可以看到 wpa_supplicant. conf 文件，双击打开该文件，按照之前的描述输入信息并保存。

可以向文件中添加多个 Wi-Fi 信息，只需要在文件中添加一个 network 字段(显然它是一个复合类型的数据)即可，如图 2-8 所示。其添加了两个 Wi-Fi 信息，即一个 SSID 为 ssid1 的 Wi-Fi，另一个 SSID 为 ssid2 的 Wi-Fi。它们有着不同的被 priority 字段确定的优先级，这决定了系统在重启时自动连接哪一个 Wi-Fi，priority 字段的值越大，优先级越高。

*wpa_supplicant.conf - Mousepad

文件(F) 编辑(E) 搜索(S) 视图(V) 文档(D) 帮助(H)

警告：您正在使用root账户，操作不当可能会损害您的系统。

```
ctrl_interface=DIR=/var/run/wpa_supplicant GROUP=netdev
update_config=1
country=CN

network={
        ssid="ssid1"
        psk="password1"
        key_mgmt=WPA-PSK
        priority=1
}

network={
        ssid="ssid2"
        psk="password2"
        key_mgmt=WPA-PSK
        priority=10
}
```

图 2-8 通过图形化界面修改配置信息

3. 通过字符界面修改配置信息

在字符界面输入命令：

```
sudo nano /etc/wpa_supplicant/wpa_supplicant.conf
```

便可以使用 Nano 编辑器修改该配置文件。

2.3 树莓派静态 IP 地址配置

完成网络配置并再次启动树莓派，它会自动获取 IP 地址，并同时接入局域网。但是，为方便管理或远程登录，需要把树莓派的 IP 地址设置为静态 IP 地址，防止每次启动时 DHCP 自动分配的 IP 地址变动，导致远程连接无法实现，同时也可以提高联网速度。

注意：在设置静态 IP 地址与路由地址时，它们应在同一网段。例如，路由器的 IP 地址为 192.168.0.x 网段，则设置的静态 IP 地址应为 192.168.0.x/24。另外，手动配置的静态 IP 地址不能与路由器 DHCP 自动分配的 IP 地址冲突，否则树莓派有可能无法联网。

2.3.1 通过图形化界面设置静态 IP 地址

在树莓派的图形化界面中设置静态 IP，需要先找到带有 HDMI 接口的显示屏和 HDMI 线，利用 HDMI 接口将显示屏与树莓派连接并接入电源，开机并进入系统后，即可开始配置树莓派的静态 IP 地址。如果没有带有 HDMI 接口的显示屏或 HDMI 线，还可以通过虚拟网络控制台(Virtual Network Console，VNC)，以远程连接的方式进入树莓派的系统。至于如何通过 VNC 以远程连接的方式进入树莓派，将在后面章节进行详细介绍。

无论是选用 HDMI 线连接显示屏还是选用 VNC 远程登录的方式进入树莓派图形化界面，进入界面均可以在右上角看到一个 Wi-Fi 图标，然后将鼠标指针放到 Wi-Fi 图标处，右击后选择 Wireless & Wired Network Settings 进行网络设置，如图 2-9 所示。

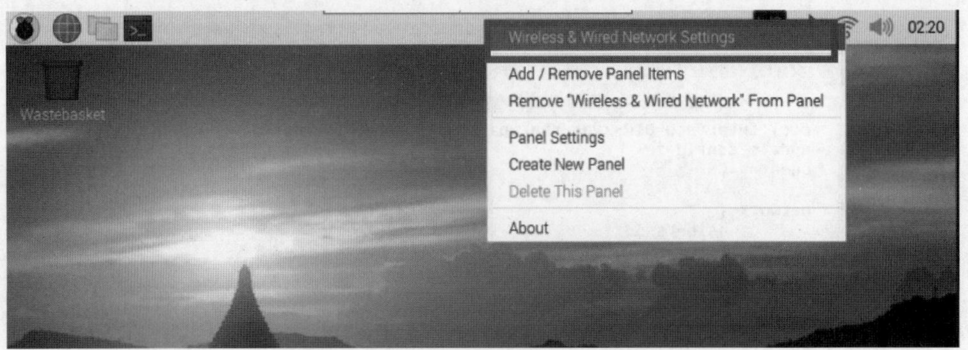

图 2-9 Wireless & Wired Network Settings

选择 Wireless & Wired Network Settings 后，会弹出如图 2-10 所示的对话框，在对话框中直接选择 eth0 或 wlan0 并设置其静态 IP 地址。

(1) eth0 是使用以太网接口的网络接口，也就是通常所讲的使用网线对树莓派进行有线网络连接，但树莓派 A 版本、A+版本、3A+版本及 Zero 版本均没有提供以太网接口。

(2) wlan0 是使用 USB Wi-Fi 无线网卡或者树莓派内置的 Wi-Fi 网卡的网络接口。

树莓派 3 代及以后产品均有内置 Wi-Fi，可以根据实际情况选择是将 eth0 还是 wlan0 设置为静态 IP 地址。如果使用较多的是以太网连接，则可以将 eth0 设置为静态 IP 地址。如果使用较多的是无线连接，则可以将 wlan0 设置为静态 IP 地址。

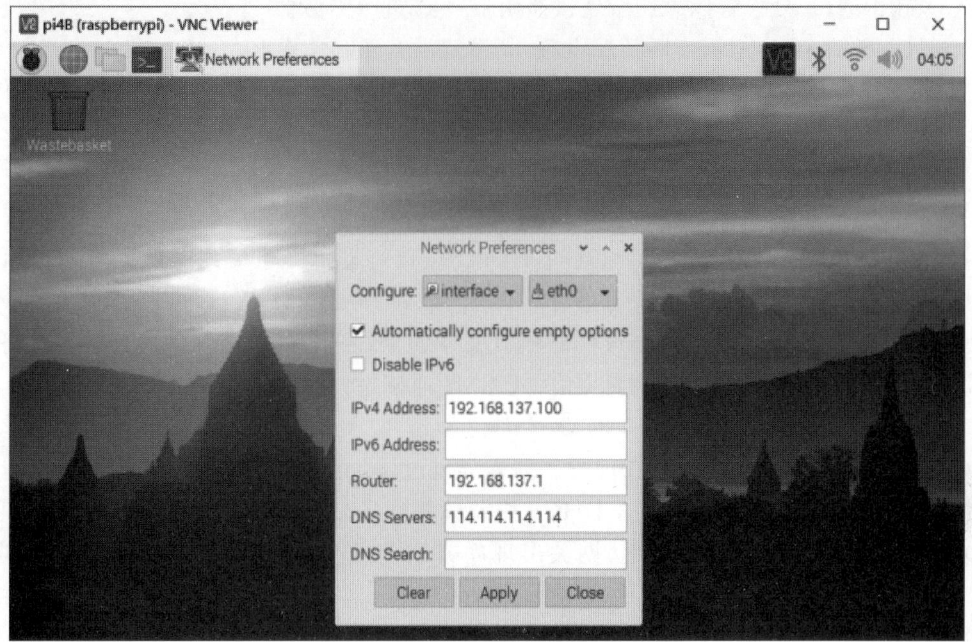

图 2-10 将 eth0 设置为静态 IP 地址

如图 2-11 所示，对于 eth0 静态 IP 地址信息，可以进行如下设置。

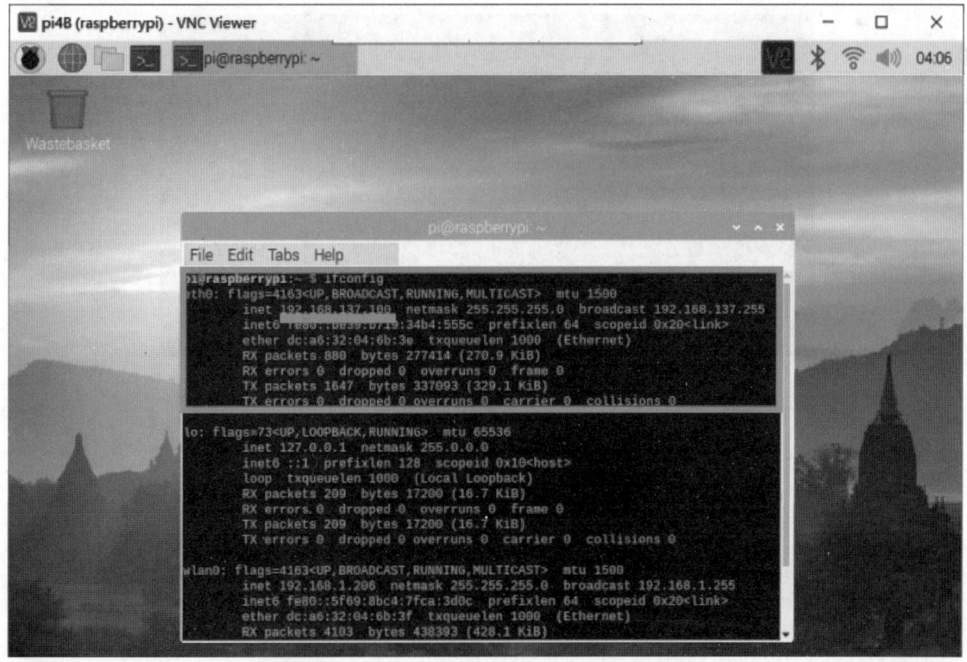

图 2-11 eth0 的静态 IP 地址信息

(1) 将 IPv4 Address 处的 IP 地址设置为静态 IP 地址，同时注意要与以太网所连接的路由器处于同一网段。

(2) IPv6 Address 可以暂时不做任何设置。

(3) 在 Router 处设置以太网所连接路由器/网关的 IP 地址。

(4) DNS Servers，根据实际情况设置，其设置没有强制性要求。

上述操作完成后，单击 Apply 按钮，并重启树莓派使刚才的设置生效。重启后，使用命令 ifconfig 即可查看 IP 地址。

2.3.2 通过修改网络接口文件设置静态 IP 地址

在树莓派外设比较齐全时，可以通过 HDMI 接口将显示屏连接到树莓派，在图形化界面中设置静态 IP 地址。如果既没有带有 HDMI 接口的显示屏或者 HDMI 线，也没有 VNC 可以实现远程连接，还可以通过修改网络接口文件的方式进行静态 IP 地址的设置。这种方式需要使用 SSH 远程连接控制树莓派，关于 SSH 连接，将在后面章节进行详细介绍。

一般使用修改网络接口文件的方式进行静态 IP 地址的设置，均是通过修改/etc/network/ interfaces 配置文件来实现的。如果尝试过该方法，会发现该方法并不是很完美，因为即便已经设置了静态 IP 地址，DHCP 服务依然会自动为树莓派分配动态 IP 地址和动态 DNS 地址，从而导致路由表默认网关出现冲突、手动给定的默认 DNS 不生效的情况出现。解决这一问题的方法特别简单，首先输入命令：

```
sudo vi /etc/network/interfaces
```

在 interfaces 文件的开头注释里可以看到，要设置静态 IP 地址，需要修改的是/etc/dhcpcd.conf 文件，也就是 DHCP 的配置文件，如图 2-12 所示。

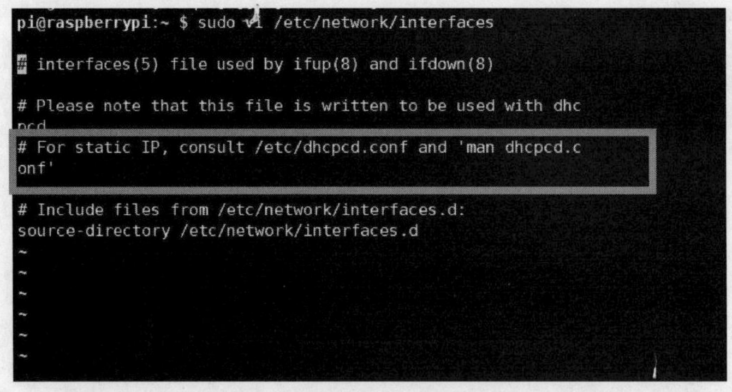

图 2-12 interfaces 文件信息

在命令行窗口输入命令：

```
sudo nano /etc/dhcpcd.conf
```

打开 DHCP 的配置文件 dhcpcd.conf 后，文件内容如图 2-13 所示，可用以下两种方法设置静态 IP 地址。

(1) 直接修改 dhcpcd.conf 文件内的配置信息代码。

(2) 在 dhcpcd.conf 文件后添加另外的代码。

```
pi@raspberrypi:~ $
pi@raspberrypi:~ $ sudo nano /etc/dhcpcd.conf

  GNU nano 3.2              /etc/dhcpcd.conf

# A sample configuration for dhcpcd.
# See dhcpcd.conf(5) for details.

# Allow users of this group to interact with dhcpcd via the control sock$
#controlgroup wheel

# Inform the DHCP server of our hostname for DDNS.
hostname

# Use the hardware address of the interface for the Client ID.
clientid
# or
# Use the same DUID + IAID as set in DHCPv6 for DHCPv4 ClientID as per R$
# Some non-RFC compliant DHCP servers do not reply with this set.
# In this case, comment out duid and enable clientid above.
#duid

# Persist interface configuration when dhcpcd exits.
```

图 2-13　dhcpcd. conf 文件

1. 在 dhcpcd. conf 文件内完成配置

一般情况下，已经对 dhcpcd. conf 文件内的静态 IP 地址进行了设置，在默认状态下这部分代码已使用＃进行注释，只需要找到这部分代码，取消注释并修改相应的配置信息即可。首先需要找到如图 2-14 所示的用来设置静态 IP 地址的代码，代码中各参数的特性如下。

（1）interface，用于指定无线接口 wlan0 或有线接口 eth0。

（2）static ip_address，用于设置指定的静态 IP，后面需要添加子网掩码，子网掩码可以用/24 表示。

（3）static ip6_address，用于对 IPv6 网络地址进行设置。如果此处使用 IPv4，暂时不使用 IPv6，对 IPv4 网络静态 IP 地址的设置也没有太大影响，可以删除或注释掉。

（4）static routers，用于设置路由器或网关的 IP 地址（根据所连接的网络地址而设置）。

（5）static domain_name_servers，用于设置 DNS 服务器。

综上所述，在了解这些代码所代表的意义后，可以先删除前面的注释符号＃，并对其进行修改，修改后的静态 IP 地址设置代码如图 2-15 所示，按组合键 Ctrl＋O 进行保存，再按组合键 Ctrl＋X 退出编辑，最后执行命令：

```
sudo reboot
```

即可完成重启，使配置生效。

此时，输入 ifconfig 命令即可查看为树莓派设置的静态 IP 地址，如图 2-16 所示。

```
# Example static IP configuration:
#interface eth0 ⇨指定接口eth0
#static ip_address=192.168.0.10/24 ⇨指定静态IP，/24表示子网掩码为 255.255.255.0
#static ip6_address=fd51:42f8:caae:d92e::ff/64
#static routers=192.168.0.1 ⇨路由器/网关IP地址
#static domain_name_servers=192.168.0.1 8.8.8.8 fd51:42f8:caae:d92e::1 ⇨手动自定义DNS
```

图 2-14　需修改的 dhcpcd. conf 文件信息

```
interface wlan0
static ip_address=192.168.1.207/24
static routers=192.168.1.1
static domain_name_servers=114.114.114.114
```

图 2-15 设置静态 IP 地址

```
wlan0: flags=4163<UP,BROADCAST,RUNNING,MULTICAST>  mtu 1500
        inet 192.168.1.207  netmask 255.255.255.0  broadcast 192.168.1.25
5
        inet6 fe80::5f69:8bc4:7fca:3d0c  prefixlen 64  scopeid 0x20<link>
        ether dc:a6:32:04:6b:3f  txqueuelen 1000  (Ethernet)
        RX packets 35021  bytes 2702521 (2.5 MiB)
        RX errors 0  dropped 0  overruns 0  frame 0
        TX packets 2545  bytes 596379 (582.4 KiB)
        TX errors 0  dropped 0 overruns 0  carrier 0  collisions 0

pi@raspberrypi:~ $
```

图 2-16 查看静态 IP 地址

2. 在 dhcpcd.conf 文件后添加代码完成配置

还可以通过在 dhcpcd.conf 文件后添加代码的方法进行静态 IP 地址的设置，首先打开 dhcpcd.conf 文件，然后在第一种方法相关注释的后面或者直接在 dhcpcd.conf 文件后面添加如下所示的代码：

```
#for static IP
#指定接口 eth0/wlan0 为静态网络
interface wlan0
#指定静态 IP,/24 表示子网掩码 255.255.255.0
static ip_address = 192.168.1.207/24
#路由器/网关 IP 地址
static routers = 192.168.1.1
#手动自定义 DNS 服务器
static domain_name_servers = 114.114.114.114
```

图 2-17 所示为在 dhcpcd.conf 文件内添加的代码，这里是为了便于做对比，并不做强制性要求。

```
# OR generate Stable Private IPv6 Addresses based from the DUID
slaac private

# Example static IP configuration:
#interface eth0
#static ip_address=192.168.0.10/24
#static ip6_address=fd51:42f8:caae:d92e::ff/64
#static routers=192.168.0.1
#static domain_name_servers=192.168.0.1 8.8.8.8 fd51:42f8:caae:d92e::1

interface wlan0
static ip_address=192.168.1.207/24
static routers=192.168.1.1
static domain_name_servers=114.114.114.114
```

图 2-17 在 dhcpcd.conf 文件内添加代码

2.4　利用SSH远程控制树莓派

将树莓派连接到计算机网络，并且得到静态IP地址后，就可以远程连接到树莓派。本节将介绍安全外壳协议（Secure Shell，SSH），并展示如何使用该协议实现远程控制树莓派。

2.4.1　SSH简介

SSH是远程管理协议，用来代替不支持通信加密的远程终端协议（telnet protocol），该协议允许用户通过互联网（又或者计算机网络）对服务器进行控制和修改。SSH使用加密技术保证客户端与服务器之间的传输是非明文传输，并提供一种用于对远程用户身份验证的机制，将来自客户端的输入转发至服务器，并将来自服务器的输出转发至客户端。

当使用SSH连接服务器时，会进入字符界面的Shell会话，并通过这个界面与服务器交互。在会话期间，在客户端中输入的任何命令均会通过加密的SSH通道被传输到所连接的服务器并运行。

SSH连接一般采用客户端/服务器模型，如果建立一个连接，那么远程服务器中应当运行一个SSH守护进程（SSH daemon），该进程只是SSH服务程序的一部分，并不断运行着。此进程在特定网络端口处监听是否有连接请求，并且验证连接请求。如果请求连接的用户提供了正确凭证，那么该进程将会为本次连接建立合适的环境以支持会话。

同样，用户的本地服务器中也需要有一个SSH客户端程序。该程序可以使用SSH协议与SSH服务程序连接。为建立连接，需要为客户端提供远程服务器的信息以及用于认证的凭证。客户端同样可以指定需要建立的连接类型的一些细节。

2.4.2　SSH认证

SSH客户端通常使用用户名与密码进行认证以连接服务器，但这种方法并不安全。由于自动化机器人和恶意用户会在允许使用密码登录的账户上以暴力破解的方式进行破坏，因此建议使用另外一种认证方式，即SSH key（密钥）。

SSH key是一组匹配的加密密钥，可以用于身份验证。每一组密钥包含一个公开密钥（public key）和一个私人密钥（private key）。公开密钥可以无须考虑安全性，直接对外分享，但是私人密钥需要小心保存。

公开密钥需要被客户端和服务器共同保存，但客户端还需要保存自己的私人密钥。在Linux系统中，公开密钥被统一保存在文件～/. ssh/authorized_keys中，一个公开密钥占一行。

当一个客户端想要通过SSH key认证连接客户端时，客户端会通知服务器，并且告诉服务器应该使用哪一个公开密钥。然后，服务器会检查本地的authorized_keys文件寻找这个公开密钥，如果找到，服务器就会生成一个随机字符串，并且使用这个公开密钥加密该字符串进而形成加密信息，该加密信息只由与公开密钥相匹配的私人密钥来解。所以，服务器会将加密信息发送给尝试连接的客户端来测试该客户端是否与相应的密钥进行了绑定。

当客户端收到这个加密信息后，客户端将会使用自己的私人密钥对信息进行解密进而得到由服务器生成的字符串，并将它与之前客户端与服务器协商好的会话 ID 绑定到一起得到新的信息，然后使用 MD5 哈希算法得到该信息的哈希值。如图 2-18 所示，假设服务器随机生成的字符串是 hello，服务器与客户端之间协商的会话 ID 为 90（现实中所生成的字符串和 ID 要更长），使用 MD5 哈希算法（16 位）得到“hello90”的哈希值，并且客户端将该哈希值发送给服务器。

hello90 —hashMD5_16("hello90")→ 401DB5E5E2B43BA0

图 2-18 使用 MD5（16 位）哈希算法生成的哈希值

哈希算法是不可逆算法，也就是说，一段信息使用哈希算法得到哈希值后，不能通过哈希值再次得到该段信息。而且，不同的内容经过同样的算法得到的哈希值是不一样的。

由于服务器本来有自己生成的字符串和会话 ID，可以使用它们生成一个哈希值并与来自客户端的哈希值进行比较，从而确定该客户端是否拥有对应的私人密钥。需要注意的是，客户端和服务器双方会使用同样的算法来对 hello90 进行运算，因此会生成同样的哈希值。

接下来介绍如何使用支持 SSH 协议的客户端对远程服务器进行控制。首先介绍如何在树莓派中启用 SSH 服务，然后再介绍 PuTTY 客户端的使用。

2.4.3 无显示屏启用 SSH

大多数用户都不会将显示器和键盘连接到树莓派，那此时唯一启用 SSH 的方法是在无头模式（headless mode）下使用一个空的启动文件。

如果 SD 卡中已经安装树莓派操作系统，还需要关闭树莓派设备，然后取出 SD 卡。将 SD 卡插入读卡器并连接到计算机，此时在计算机上可以发现 SD 卡的卷名为 boot，此时需要在 boot 根目录下建立一个空白的 SSH 文件。

在 Windows 操作系统中，可以在该根目录中的空白处右击，然后选择“新建”→“文本文档”，系统会新建一个名为“新建文本文档”的文件，重新将其文件名修改为 ssh，并删除扩展名.txt。

随后将安全弹出的 SD 卡再次插入树莓派，并启动树莓派，这样就为树莓派启用了 SSH 服务。

2.4.4 使用图形化用户界面启用 SSH

如果将显示器连接到树莓派，启用 SSH 将会简单很多。

在图形化界面的左上角单击树莓派的图标，选择“首选项”，然后单击 Raspberry Pi Configuration 按钮，打开如图 2-19 所示的树莓派配置界面。

选择 Interfaces 选项卡，可以看到如图 2-20 所示的内容。在 SSH 配置行处选择 Enable，并单击 OK 按钮以保存配置。

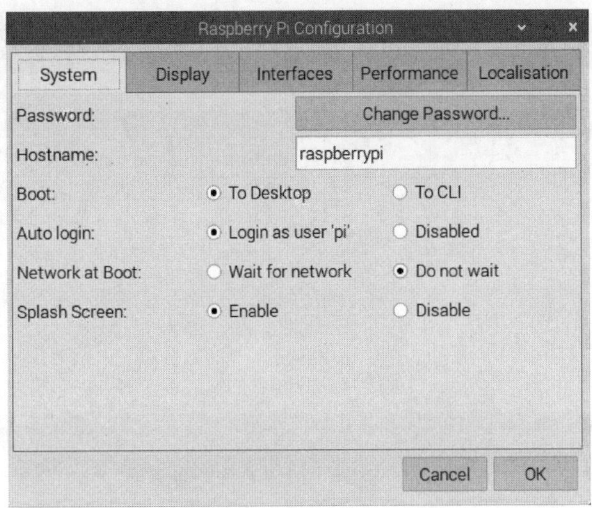

图 2-19 树莓派配置界面

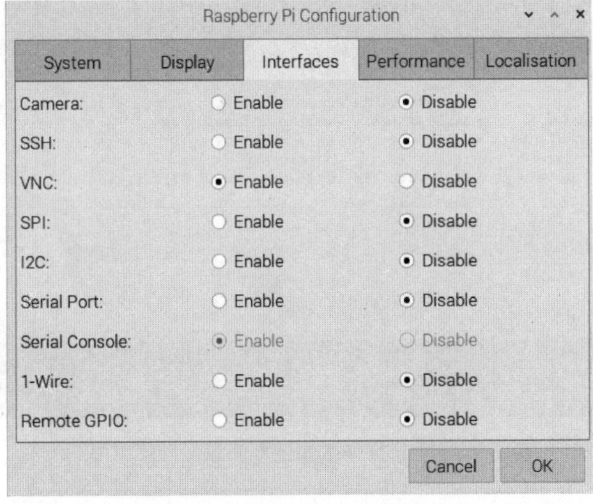

图 2-20 Interfaces 选项卡

2.4.5 使用终端启用 SSH

在终端中输入命令：

```
sudo raspi - config
```

终端中会显示 BIOS 风格的树莓派的配置界面，如图 2-21 所示。

可以通过键盘的上下箭头按键来移动高亮度的红条；使用左右箭头可以将高亮度红条在上边的选项卡之间与底部的选项之间切换。移动到 Interface Options 选项并按 Enter 键。

注意，在有些树莓派操作系统版本中该选项不在第三个参数，并且名称有可能是 Interfacing Options，可能看到的是如图 2-22 所示的界面。

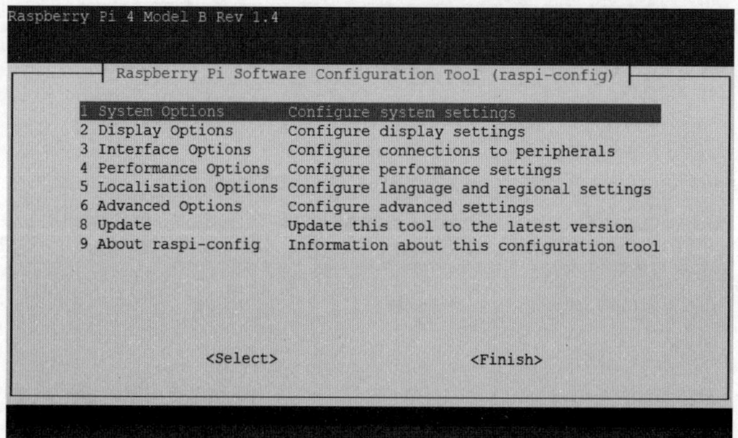

图 2-21 终端中的树莓派配置界面

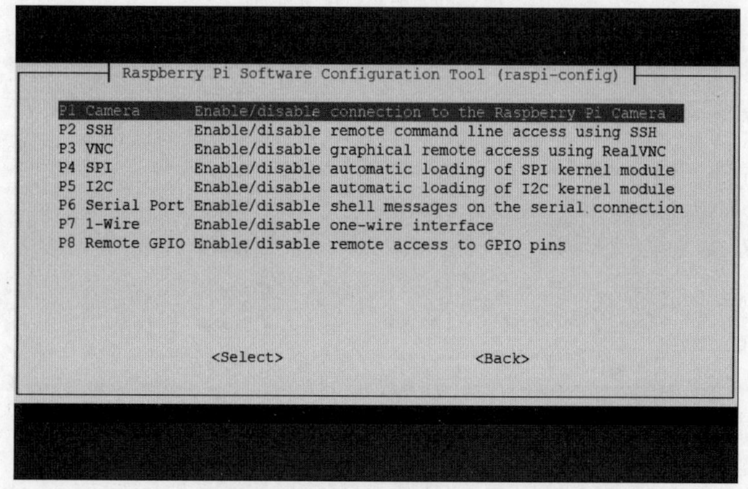

图 2-22 部分树莓派操作系统版本的配置界面

选择 SSH 并按 Enter 键，系统会提示"是否启动 SSH 服务"，选择"是"则可以启动服务，随后单击 Finish 按钮完成配置。

除了使用 rasp-config 命令打开配置界面，还可以使用 systemctl 命令启动树莓派，并输入以下两个命令：

```
sudo systemctl enable ssh
sudo systemctl start ssh
```

2.4.6 PuTTY 通过密码建立 SSH 连接

使用 PuTTY 作为 SSH 客户端连接树莓派，一般有两种连接方式，一种是通过密码认证连接；另一种是通过 SSH keys 认证连接。密码认证连接方式的配置比较方便，但每次连接时均需要输入密码。

打开 PuTTY，选择左边 Session 选项，然后在 Host Name(or IP address)选项中填入树

莓派的 IP 地址或者主机名。如图 2-23 所示，这里使用 IP 地址，Connection type 选项中选择 SSH，Port 设置使用默认的端口 22(如果在树莓派中有其他端口的设置，则此处也要进行相应的修改)。

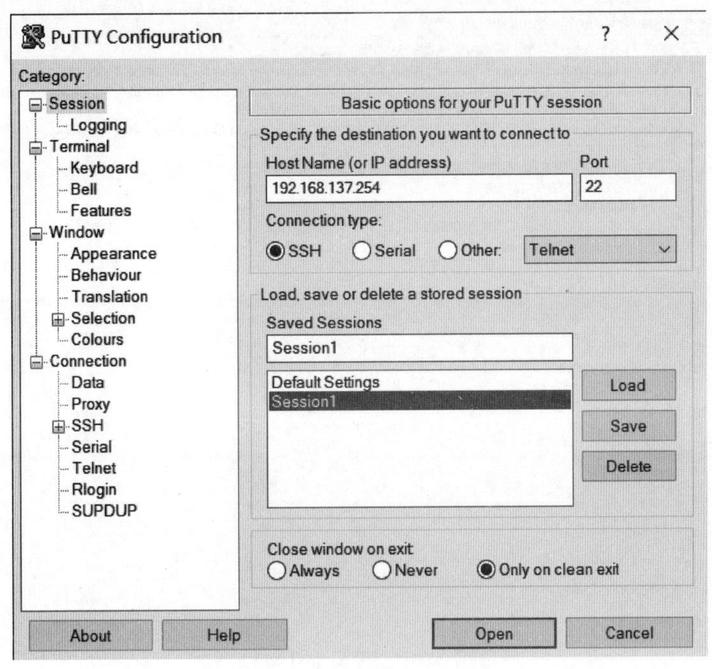

图 2-23　输入会话信息

一般将输入的信息称作会话信息，可以把会话信息保存到一个文件中。在 Saved Sessions 中输入需要保存会话的名字(如图 2-23 所示的 Session1)，在填写完会话信息后，单击 Save 按钮保存，随后会在大文本框内看到 Session1。以后使用 PuTTY 时，不用重复输入会话信息，而是选择保存的会话文件，然后单击 Load 按钮就可以加载所有信息。

单击 Open 按钮，连接到树莓派，此时会在计算机中打开一个字符终端，并且出现 login as:的信息，此时需要输入用户名称(树莓派的默认用户名称为 pi)，输入用户名称并按 Enter 键，系统会要求输入密码，如图 2-24 所示。

图 2-24　输入密码

输入密码并按 Enter 键后，会连接到树莓派的操作系统。

2.4.7　PuTTY 通过 SSH key 建立 SSH 连接

如前所述，SSH key 包括一个公有密钥和一个私有密钥，需要在客户端创建这一对密钥。

打开软件 PuTTY Key Generator，单击 Generate 按钮，随机移动鼠标光标，PuTTY Key Generator 会根据鼠标光标的随机移动生成一对密钥，生成后的界面如图 2-25 所示。

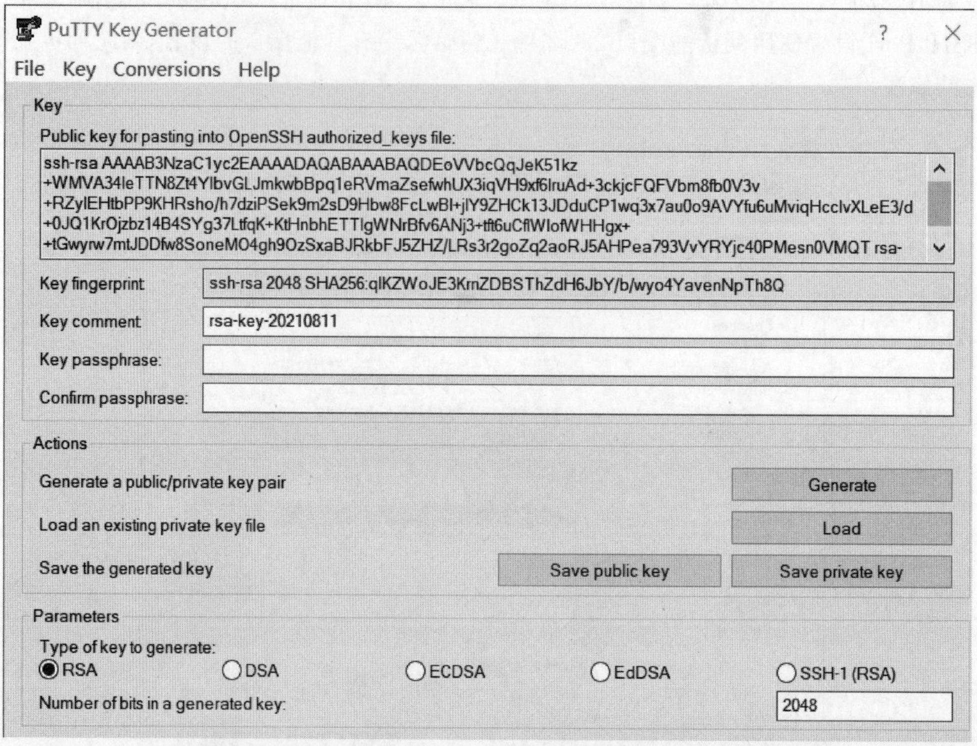

图 2-25　生成一对密钥

公钥在文本框中已经被展示出来，公钥是相当长的一段字符串，需要将其复制到树莓派操作系统的 authorized_keys 文件中。该文件位于～/. ssh 路径下，如果～路径下没有. ssh 目录，需要使用以下命令建立并修改该文件：

```
> mkdir ~/.ssh
> chmod 700 ~/.ssh
```

同样，还需要建立 authorized_keys 文件：

```
> touch ~/.ssh/authorized_keys
> chmod 600 ~/.ssh/authorized_keys
```

然后使用 Nano 编辑器打开 authorized_keys 文件，并将公钥复制到该文件中，使用以下命令打开该文件：

```
> nano ~/.ssh/authorized_keys
```

在编辑器内右击可进行粘贴操作，使用组合键 Ctrl＋O 进行保存，使用组合键 Ctrl＋X 退出编辑器。注意，粘贴时应保证公有密钥仅占用一行。

另外，还需要在客户端中保存私钥，在 PuTTY Key Generator 中单击 Save Private Key 按钮对私钥进行保存。

下面在 PuTTY 中使用生成的密钥连接到树莓派。在 PuTTY 中选择左边的 Connection→SSH→Auth 选项，进入如图 2-26 所示的界面。

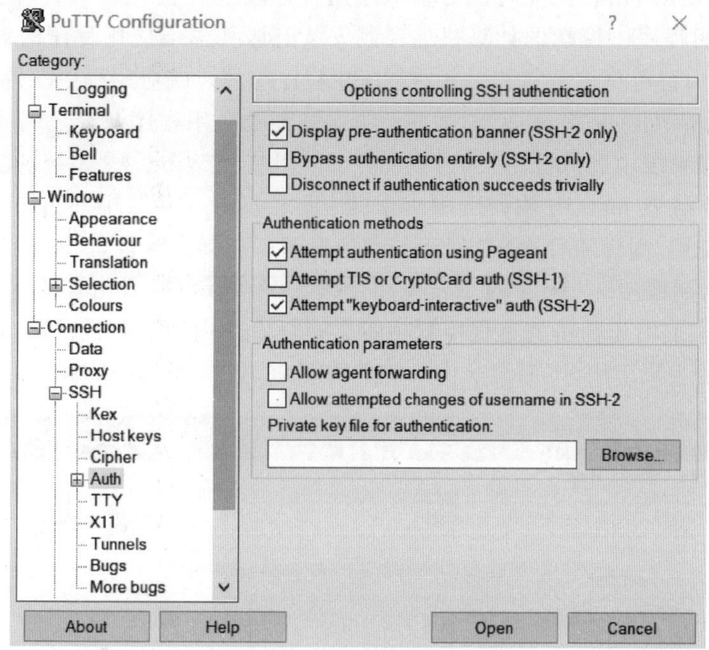

图 2-26　私人密钥选择界面

单击 Browse 按钮，在弹出对话框中选择刚刚保存的密钥，然后在树莓派配置界面选择右侧的 Session 并输入其他会话信息。同样，这个会话信息也可以保存到文件中，再次使用私人密钥时就不再需要进行文件选择了。

最后，单击 Open 按钮，字符终端同样会要求输入用户名称，此处输入 pi（因为 authorized_keys 文件在用户 pi 的用户目录中，因此也只能以 pi 用户进行认证，如果想要使用其他用户进行密钥认证，那么公钥也应当保存在其他用户的 authrized_keys 文件中）并按 Enter 键，则 PuTTY 会使用密钥认证。

2.5　利用 VNC 远程控制树莓派

在对树莓派进行前期配置时，很多情况下除了可以用 SSH 远程控制树莓派，还可以使用 VNC，效果与使用 SSH 相同。本节重点介绍 VNC 以及如何利用 VNC 远程控制树莓派。

2.5.1　VNC 简介

VNC 是由著名的 AT&T（American Telephone & Telegraph，AT&T）的欧洲研究实验室开发的使用远程帧缓冲（Remote Frame Buffer，RFB）协定的屏幕画面分享及远程操作软件。VNC 是在基于 UNIX 和 Linux 操作系统的免费开源软件，其采用通用公共许可证（General Public License，GPL）授权条款，任何人都可免费使用该软件。

VNC 软件主要是由两部分组成：服务器端应用程序（VNC server）和客户端应用程序

(VNC viewer client),用户需先将服务器端应用程序安装在被控端的计算机上,才能在安装有客户端应用程序主控端的计算机上控制安装有服务器端应用程序的被控端计算机。

VNC最大的特色莫过于它的服务器端应用程序与客户端应用程序支持多种操作系统,如UNIX系列、Windows及macOS,因此可将服务器端应用程序及客户端应用程序分别安装在不同的操作系统中进行控制。也就是说,可以用基于Windows系统的主控端计算机控制采用Linux系统或macOS的被控端计算机;反之亦同。需要注意的是,原来的AT&T版本已经不再使用,因为随着VNC使用人群越来越多和其开源性,出现了更多有重大改善的分支版本,包括图2-27所示的RealVNC、图2-28所示的TightVNC、图2-29所示的UltraVNC等,它们对于基本的远程控制功能具有全面的向后兼容性。RealVNC是当前最活跃和最强大的主流应用,下面讲解中所使用的VNC版本是RealVNC。

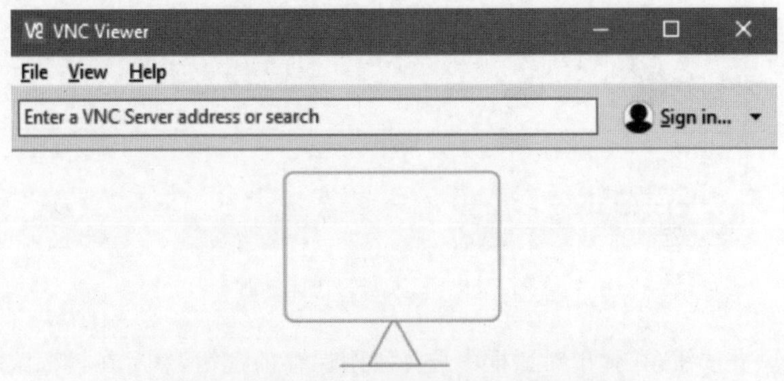

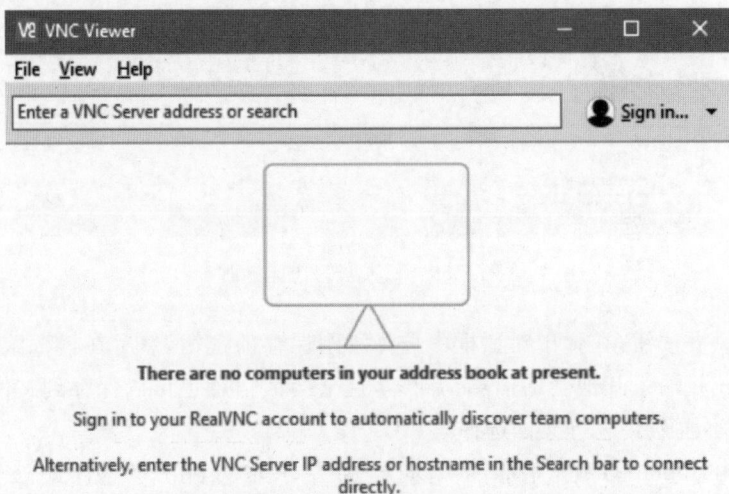

图2-27 RealVNC

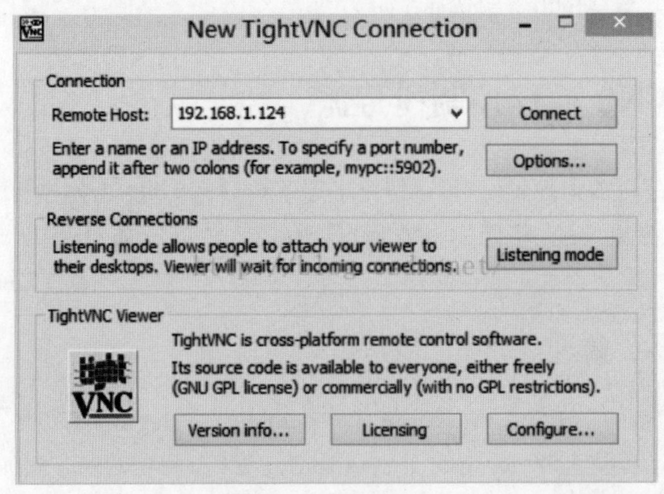

图2-28 TightVNC

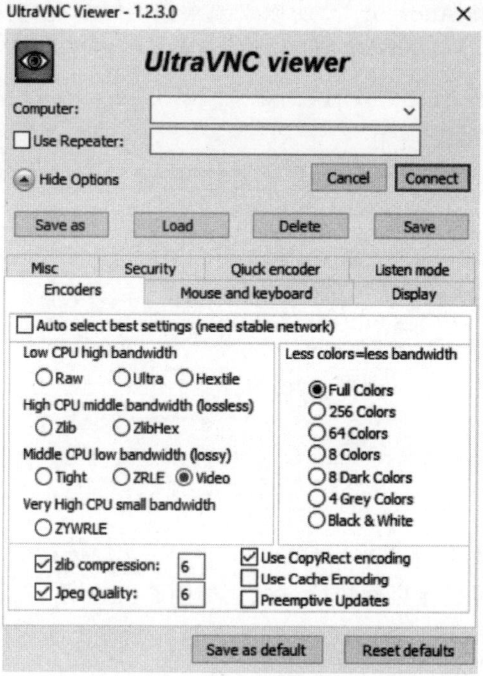

图 2-29　UltraVNC

2.5.2　安装 VNC

早期，树莓派的官方系统并没有自带 VNC，一般需要单独安装，所以可以自定义选用 RealVNC、TightVNC 或 UltraVNC 等中的任何一个。但现在新版的树莓派官方系统已经自带 RealVNC 版的服务器端应用程序，所以本书后续章节均是基于 RealVNC 而不是其他版本的 VNC。

如图 2-30 所示，RealVNC 不仅仅支持 PC 端的 Windows、macOS、Linux 操作系统，同

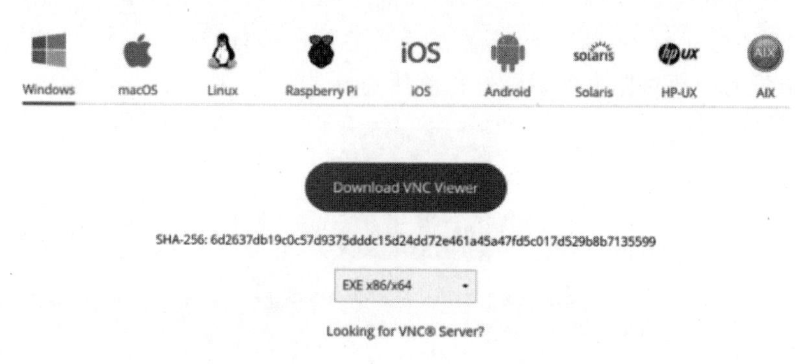

图 2-30　RealVNC Viewer 官方下载页

时还支持移动端的 iOS 和 Android 等，所以需要根据实际情况选择对应的版本下载客户端，例如，选用的是装有 Windows 操作系统的计算机，则所下载客户端的版本应是图中的 Windows 版本。当确定好所要下载的版本以后，单击 Download VNC Viewer 按钮，待下载成功，即可进行下一步的安装使用。

软件下载成功后，找到已下载的安装包并打开，弹出如图 2-31 所示的对话框。首先选择语言，这里默认的是英语，单击 OK 按钮进行下一步操作。

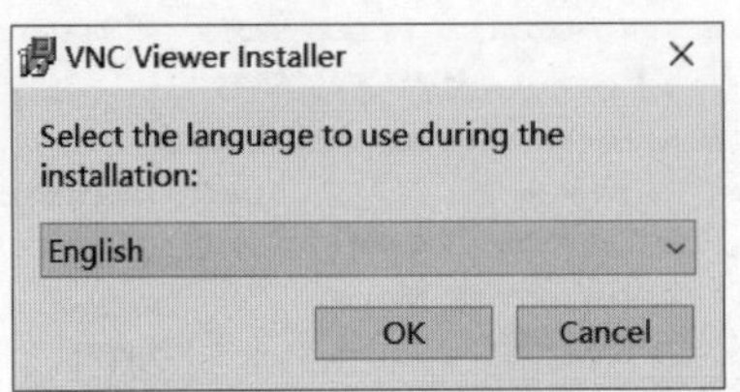

图 2-31　RealVNC 的安装界面

然后单击 Next 按钮，按着提示安装就可以了，当安装进行到 Custom Setup 界面时，选择 Desktop Shotcut，即可设置桌面快捷方式。如图 2-32 所示，在弹出对话框中选择 Will be installed on local hard drive，则可以在安装完成后自动在桌面创建快捷方式。

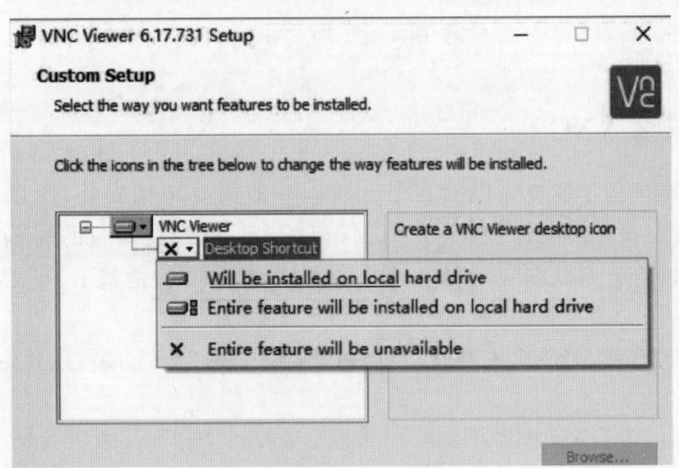

图 2-32　创建桌面快捷方式

以上是在 Windows 系统对 RealVNC 版本的 VNC Viewer 客户端进行的安装，安装后的桌面快捷方式图标如图 2-33 所示。新版的官方系统已经自带 RealVNC 版本的服务器端应用程序，所以没有必要对服务器端再进行单独安装。

图 2-33　RealVNC Viewer 图标

2.5.3 开启 VNC

树莓派官方系统中自带服务器端应用程序，所以说官方系统中自带 VNC 远程登录桌面的功能，但是它和 SSH 服务一样，在默认情况下是关闭的，使用前需要先在系统设置内打开。在开启 VNC 前还有一些前期工作需要准备，如获取树莓派 IP 地址、开启 SSH 服务等，至于如何获取树莓派 IP 地址（有线方式或无线方式获取树莓派的 IP 地址）、开启 SSH 服务，在上面章节已讲过，这里就不再赘述，如果对于获取树莓派 IP 地址或开启 SSH 服务有不懂的地方，可以查看之前章节的内容。

下面介绍树莓派开启 VNC 的 3 种方法。

1. 方法一

在取得树莓派 IP 地址后，需要通过 PuTTY 和 Xshell 等工具先连接到树莓派，默认用户名是 pi，密码是 raspberry。登录到系统后，在命令行输入：

```
Vncserver
```

按 Enter 键后，可以看到满屏信息，在其最后一行找到 New desktop is raspberrypi 后面圆括号中的 IP 地址（如图 2-34 所示），此 IP 地址就是树莓派为 VNC 远程桌面连接分配的 IP 地址。打开之前安装的 RealVNC 版的 VNC Viewer，输入图 2-34 所示的 IP 地址后，可以通过 VNC 远程连接进树莓派系统的图形化界面中。

此处需要注意的是，通过命令行开启的 VNC 是临时的，每当树莓派重新启动后均需要再次开启 VNC，并获取新的 IP 地址。即通过方法一开启的 VNC 是临时的，而通过方法二和方法三开启的 VNC 是永久开启的。

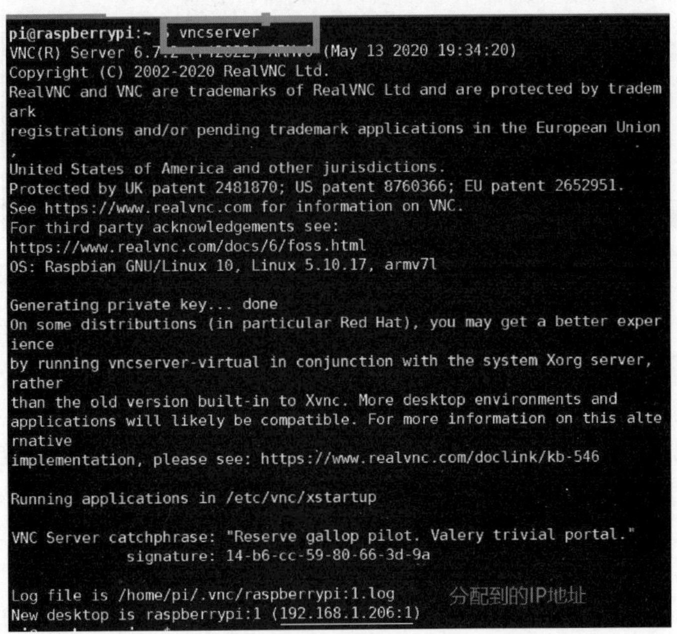

图 2-34 临时开启 VNC

2. 方法二

方法二的前期准备和方法一基本一样，均需要先通过 SSH 登录到树莓派系统中，然后在命令行输入：

```
sudo raspi - config
```

按 Enter 键后会进入树莓派系统的配置界面，如图 2-35 所示。

```
pi@raspberrypi:~ $ sudo raspi-config
```

图 2-35　输入命令进入系统配置界面

进入系统界面后可以看到如图 2-36 所示的系统配置界面，其包含 9 个选项(根据之前烧录的系统不同，可能会与图中内容有些许区别)，此处选择 3 Interface Options(Configure connections to peripherals)，即配置与外围设备的连接。

注意：进入系统配置界面后需要用键盘的部分按键进行不同的选择。

(1) 按 Pg Up 键和 Pg Dn 键移动光标选择进入的设置选项。

(2) 按 Enter 键确定选择的选项。

(3) 按 Tab 键可跳转至下方的 Select 或 Finish 选项。

(4) 按左、右键可以进行左右的移动。

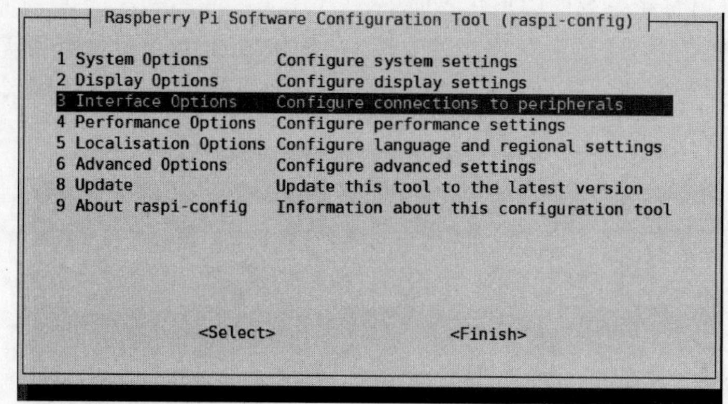

图 2-36　系统配置界面

选择 Interface Options 选项，并选择 Select 确认后，出现如图 2-37 所示的界面，其中包含 8 个选项(根据之前烧录的系统不同，可能会与图中内容有些许区别)，选择 P3 VNC (Enable/disable graphical remote access using RealVNC)，进入 VNC 设置界面。如图 2-38 所示，此时会出现提示 Would you like the VNC Server to be enabled?(您希望启用 VNC 服务器吗?)，Yes 表示开启 VNC，No 表示关闭 VNC。此处选择 Yes。至此，基本完成了 VNC 的设置。

Interface Options 界面中的其他选项，此处暂时不进行设置。

确认开启 VNC 后，会有 The VNC Server is enabled(VNC 服务器已启用)的提示，如图 2-39 所示。单击 OK 按钮，VNC 正式启动成功，最后还需要重启树莓派。

需要注意的是，在配置界面中配置并开启 VNC 的方法，可确保 VNC 是永久开启的，以后可以直接使用 VNC Viewer 登录。

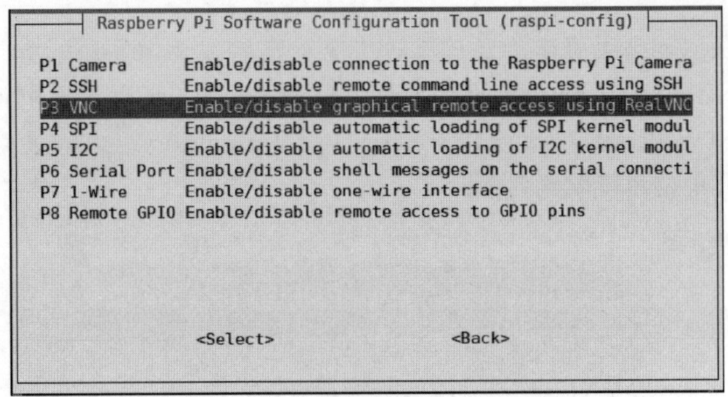

图 2-37　Interface Options 界面

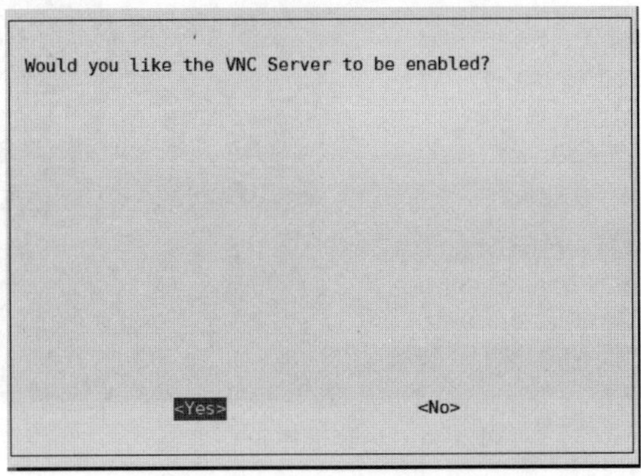

图 2-38　是否开启 VNC 界面

图 2-39　开启 VNC 成功的提示

此时，在树莓派图形化界面中可以看到桌面顶栏上出现了 VNC 的图标，如图 2-40 所示。

图 2-40　VNC 图标

3. 方法三

方法一和方法二均是无可连接显示器的情况下开启 VNC 的方法,如果有可连接显示器,使用方法三开启 VNC 是最方便的。如图 2-41 所示,在图形化界面中,依次选择 Menu(左上角草莓标志)→ Preferences →Raspberry Pi Configuration 选项,进入如图 2-42 所示的树莓派图形化界面的系统配置界面。

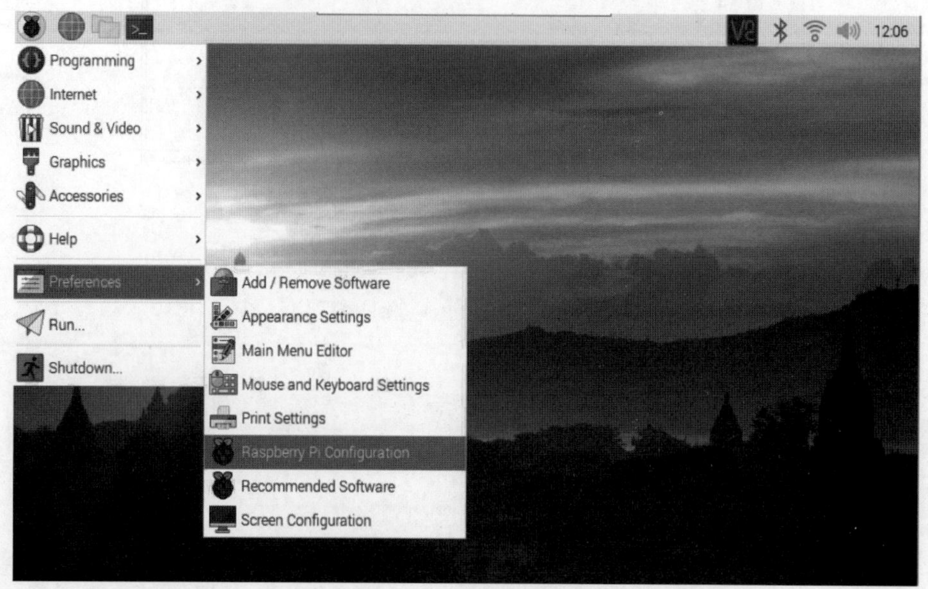

图 2-41 树莓派图形化界面

在 Raspberry Pi Configuration 界面选择 Interfaces 选项卡,可以在 Interfaces 选项卡中看到 9 个可选设置项(根据之前烧录系统的不同,可能会与图中内容有些许区别),在 VNC 设置项中勾选 Enable,开启 VNC 服务,单击 OK 按钮后,就完成了 VNC 服务的开启。

通过方法三开启的 VNC 也是永久有效的。

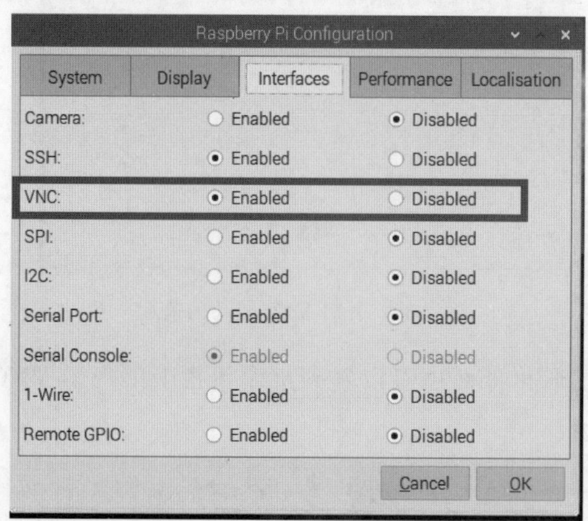

图 2-42 Raspberry Pi Configuration 界面

通过上述3种方法均可以开启树莓派中的VNC，接下来介绍如何使用VNC Viewer远程登录并控制树莓派。

2.5.4　使用VNC远程登录树莓派

至此，已经基本完成使用VNC开启远程连接的前期工作，从本节开始使用VNC远程登录树莓派。在开始远程登录前，需要确保已经完成以下操作。

(1) 启动树莓派，确保树莓派正确接电并启动成功（树莓派启动成功的状态为红灯亮起，绿灯熄灭）。

(2) 确保树莓派中的VNC已经开启。

(3) 确保树莓派已正确联网（有线连接或无线都可以），并已知分配给树莓派的IP地址。

在树莓派成功启动、VNC已开启且连接网络后，打开之前安装的RealVNC版的VNC Viewer，选择File→New connection选项，新建一个连接，如图2-43所示。此时会弹出如图2-44所示的pi-Properties对话框。

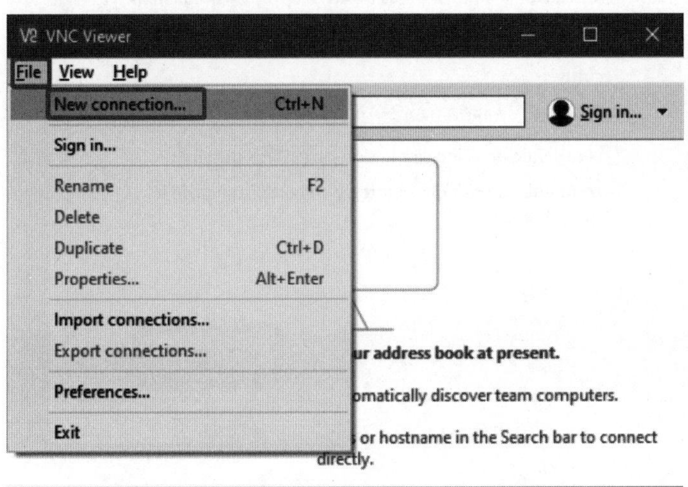

图2-43　新建连接

在pi-Properties对话框中，选择General选项卡，并进行如下配置。

(1) 设置VNC Server为192.168.137.57。

(2) 输入Name为pi。

(3) 其他采用默认设置。

完成以上配置后，单击OK按钮，完成新连接的创建，如图2-44所示。

新连接创建成功后，会生成显示器图标，图标下面的名字即为在Name处设置的，如图2-45所示。

双击打开生成的显示器图标，会弹出如图2-46所示的安全提示。单击Continue按钮继续，弹出如图2-47所示的Authentication对话框。

在Authentication对话框中设置用户名和密码等，具体设置如下。

(1) 在Username一栏中输入pi。

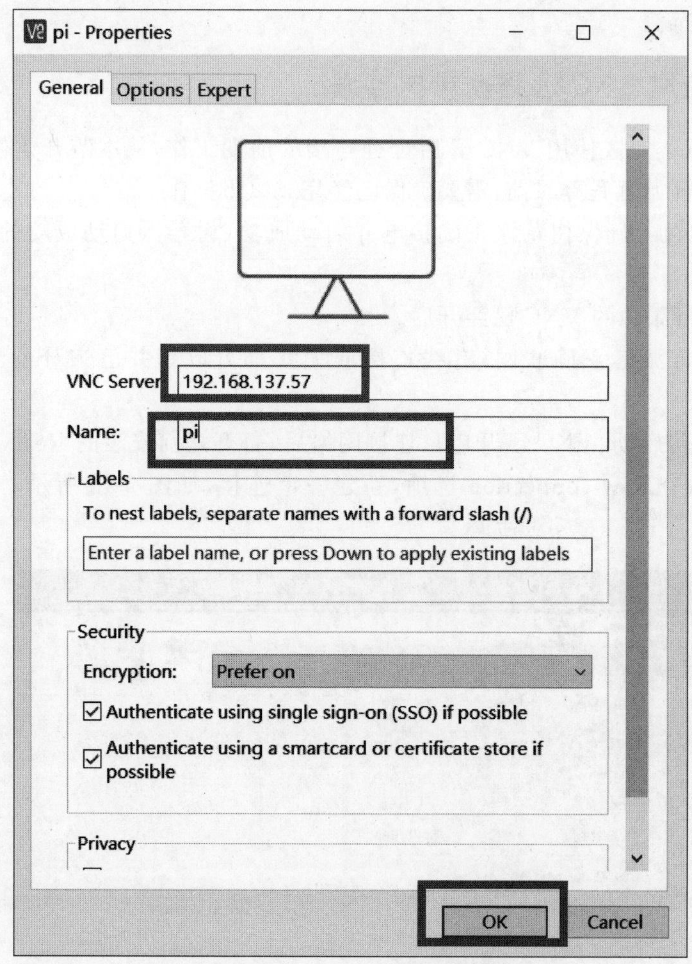

图 2-44　pi-Properties 对话框

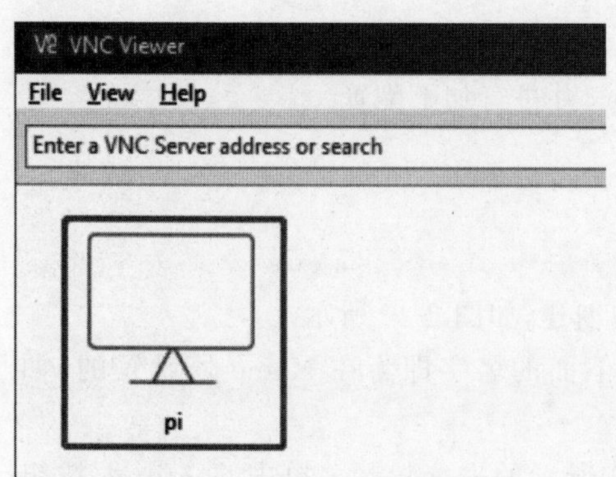

图 2-45　新生成的图标

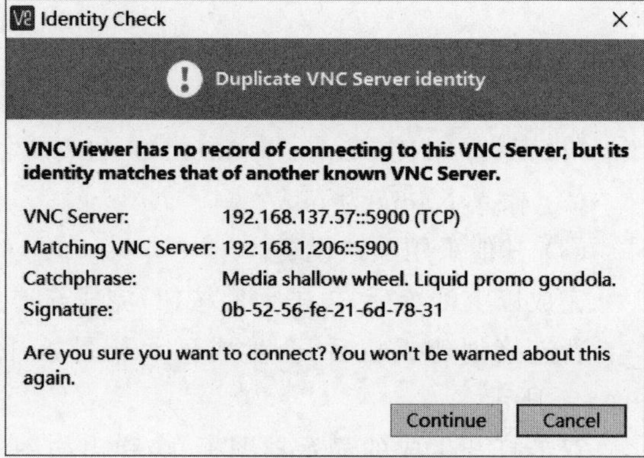

图 2-46　安全提示

(2) 在 Password 一栏中输入相应的密码(此处为 raspberry)。

(3) 勾选 Remember password(提醒设备记住密码,方便下次登录)。

完成上面的操作后,单击 OK 按钮即可登录成功,并进入树莓派图形化界面。

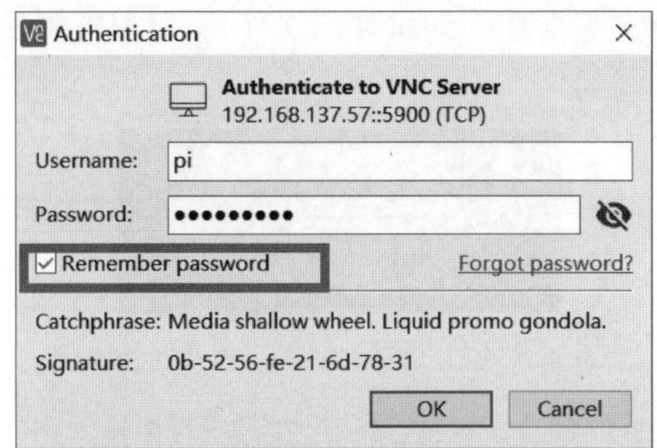

图 2-47　用户登录界面

进入如图 2-48 所示的图形化界面后,可以发现和连接显示器的显示效果是一样的。不过需要注意,一定要保持网络通畅,如果没有网络,连接会自动断开。

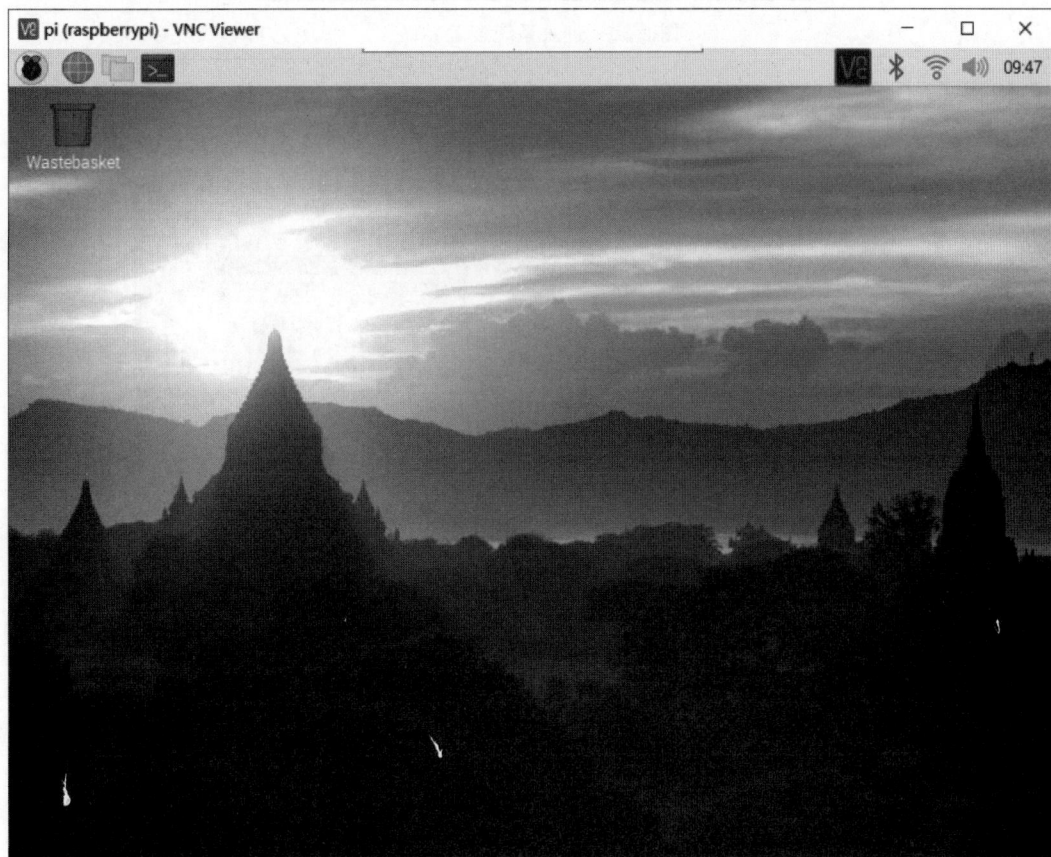

图 2-48　树莓派的图形化界面

2.5.5 无法显示桌面的问题

如果在使用 VNC 远程连接树莓派后，显示器黑屏且出现英文 Cannot currently show the desktop，或者出现窗口不全的问题，如图 2-49 所示。此时需要在系统配置中修改显示器的分辨率。

Cannot currently show the desktop

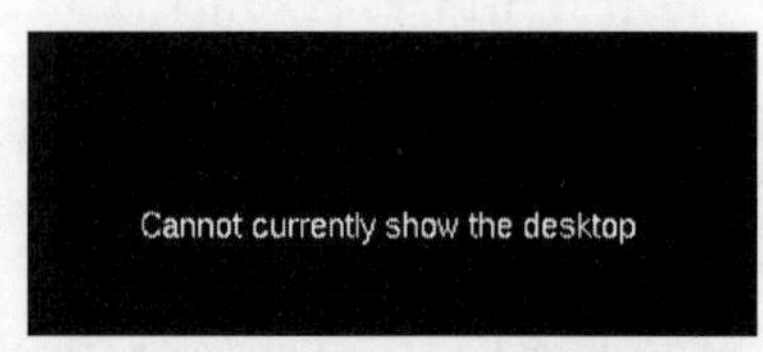

图 2-49　VNC 远程连接时黑屏

如图 2-50 所示，通过 SSH 登录树莓派系统，在命令行中输入：

```
sudo raspi - config
```

按 Enter 键进入树莓派系统的配置界面。

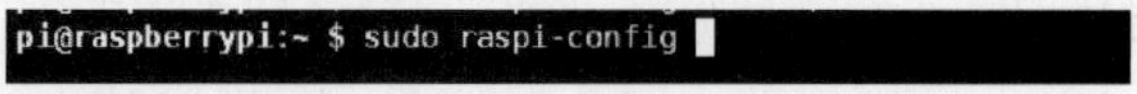

pi@raspberrypi:~ $ sudo raspi-config

图 2-50　进入系统配置界面

在图 2-51 所示的系统配置界面，选择第二个选项 Display Options（根据之前烧录的系统不同，可能会与给出的内容有些许区别）。

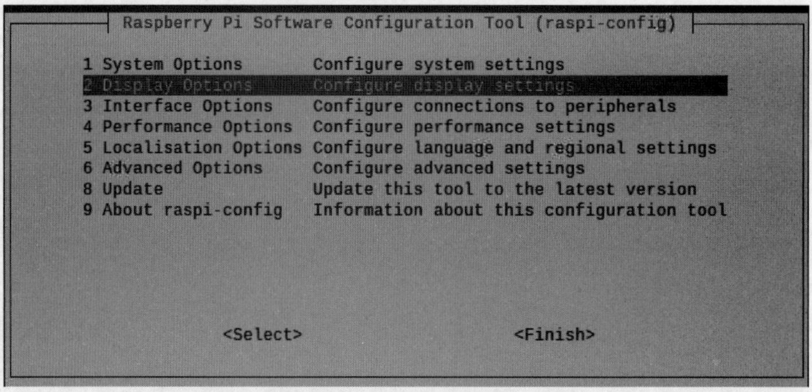

Raspberry Pi Software Configuration Tool (raspi-config)
1 System Options　Configure system settings
2 Display Options　Configure display settings
3 Interface Options　Configure connections to peripherals
4 Performance Options　Configure performance settings
5 Localisation Options　Configure language and regional settings
6 Advanced Options　Configure advanced settings
8 Update　Update this tool to the latest version
9 About raspi-config　Information about this configuration tool
<Select>
<Finish>

图 2-51　系统配置界面

在 Display Options 的配置界面中选择 D1 Resolution Set a specific screen resolution，如图 2-52 所示（由于烧录系统的不同，Resolution 设置项也有可能在 Advanced Options 选项中）。

如图 2-53 所示，根据显示器的不同，可以选择除第一项以外的其他分辨率（例如选择 DMT Mode 16 1024×768 60Hz 4：3），按 Enter 键确定。

注意：第一项 Default 720×480 为预置选项，如果选择该选项，显示器还是会出现黑屏问题。

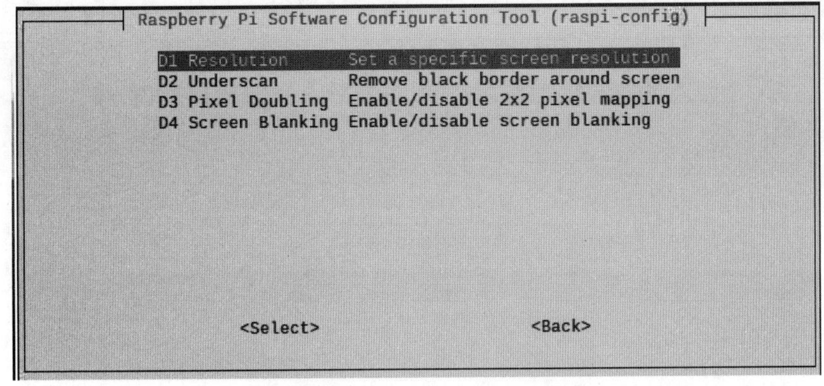

图 2-52 Display Options 配置界面

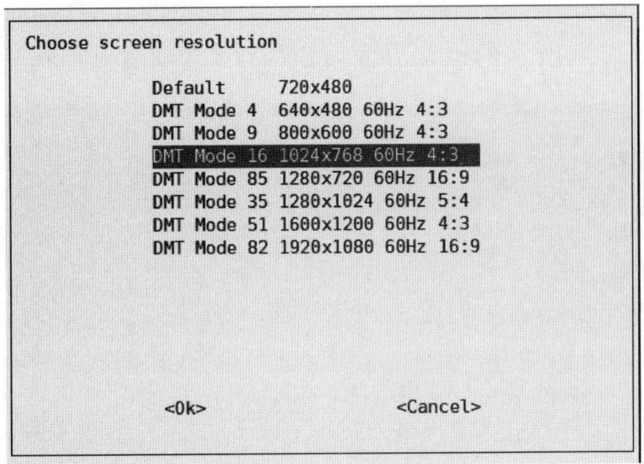

图 2-53 Resolution 配置界面

上述步骤完成后，会弹出如图 2-54 所示的确认界面，并会给出类似 The resolution is set to DMT mode 16 的确认选项，按 Enter 键确认即可。

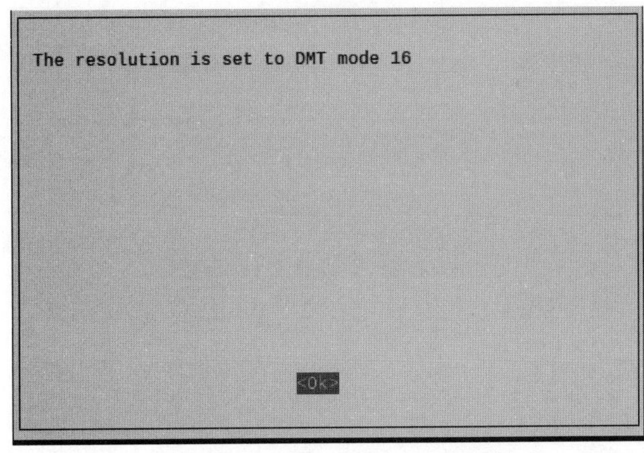

图 2-54 修改分辨率的确认界面

回到系统配置界面,选择 Finish 选项,完成设置,如图 2-55 所示。

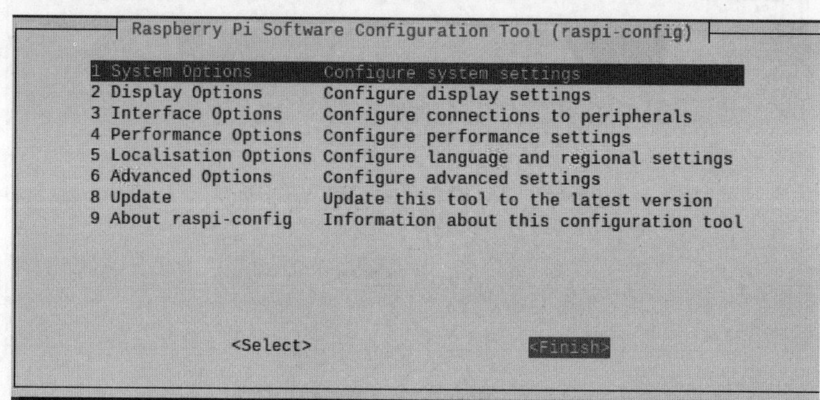

图 2-55 系统配置界面

此时会弹出如图 2-56 所示的确认界面,选择 Yes 选项后重启树莓派使设置生效。

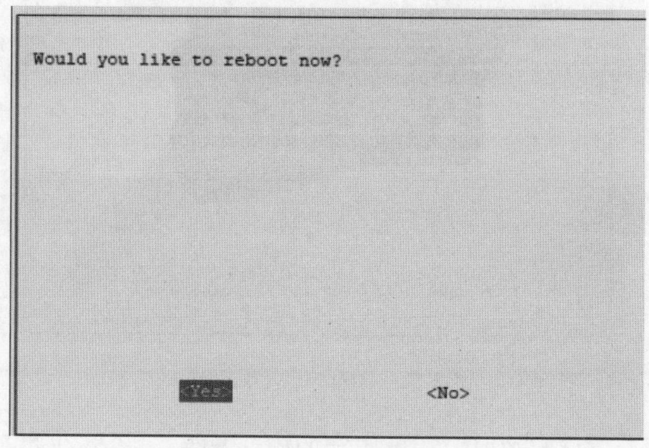

图 2-56 是否重启树莓派

第3章

树莓派的基本操作

3.1 系统目录

在使用树莓派之前，需要对树莓派操作系统目录有初步的了解。

Windows操作系统的目录为森林（forest）结构，而树莓派使用了树形（tree）结构。显然，树林中有多棵树。树莓派操作系统的目录结构如图3-1所示，其中/表示根目录，它处于树根部。在根目录内有一些子目录，这些子目录以自身为“树根”也是一棵“树”，用三角形表示这些子目录以说明它们不是单独的子目录。

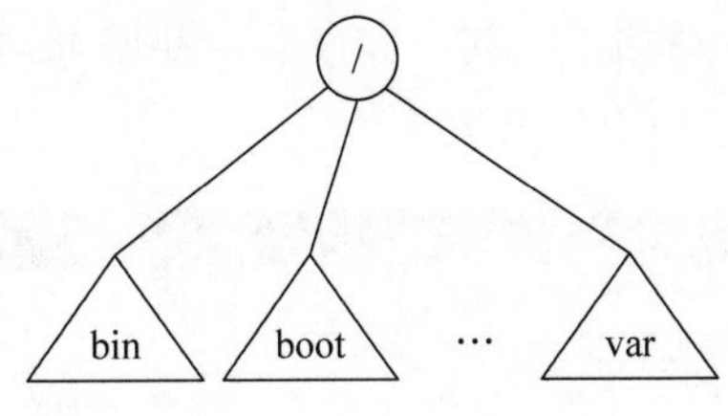

图3-1 目录结构树形图

当使用字符终端连接到树莓派时，默认处于当前登录用户的目录下，比如使用pi用户登录，进入系统后，当前即处于/home/pi目录下。可以在字符终端输入以下命令进入并查看根目录下的内容：

```
> cd /
> ls -a
```

还可以在图形化用户界面中使用资源管理器导航至根目录下，会看到如图3-2所示的子目录，其解释如下。

（1）bin是binaries（二进制文件）的缩写，该目录中存放着一些可执行文件，包括运行图形化界面使用的命令以及所需的可执行文件。

（2）boot目录中存放着启动Linux时所需的核心文件，包括Linux内核和其他用来启动树莓派的软件包。

(3) dev 是 devices(设备)的缩写,该目录下存放的是 Linux 的外部设备信息。

(4) etc 是 etcetera(附加物)的缩写,该目录用来存放所有系统管理所需要的配置文件和子目录。

(5) home 该目录是所有用户的主目录,保存着以用户名命名的子目录。

(6) lib 是 library(库)的缩写,该目录中存放着系统最基本的动态链接共享库,几乎所有的应用程序都需要用到这些共享库。

(7) lost+found 目录一般情况下为空,当系统非法关机后,这里就会存放一些文件。

(8) media 目录用于保存 Linux 系统自动识别的一些设备,例如 U 盘、光驱等。当识别后,Linux 系统会把识别的设备挂载到这个目录下。

(9) mnt 目录是为了让用户临时挂载文件系统时使用,用户可以将光驱挂载在该目录中,进入该目录便可以查看光驱的内容。

(10) opt 是 optional(可选的)的缩写,该目录是为操作系统安装的额外软件所提供的目录。比如,安装的 ORACLE 数据库可以放到这个目录中,该目录默认为空。

(11) proc 是 processes(进程)的缩写,该目录使用了虚拟文件系统(Virtual File System,VFS),其中储存了当前内核运行状态的一系列特殊文件,是一个虚拟目录,是系统内存的映射。可以直接访问该目录来获取系统信息,其内容不是保存在硬盘中,而是保存在内存中。

(12) root 目录是系统管理员用户的主目录。

(13) run 目录是一个临时文件系统,用来存储系统启动以来的信息。当系统给重启时,这个目录下的文件夹应该被删掉或者清除。

(14) sbin 目录中存放着系统管理员使用的系统管理程序,s 表示 super user。

(15) srv 是 service(服务)的缩写,其中存放着一些服务启动后需要提取的数据。

(16) sys 目录中保存了一些操作系统文件。

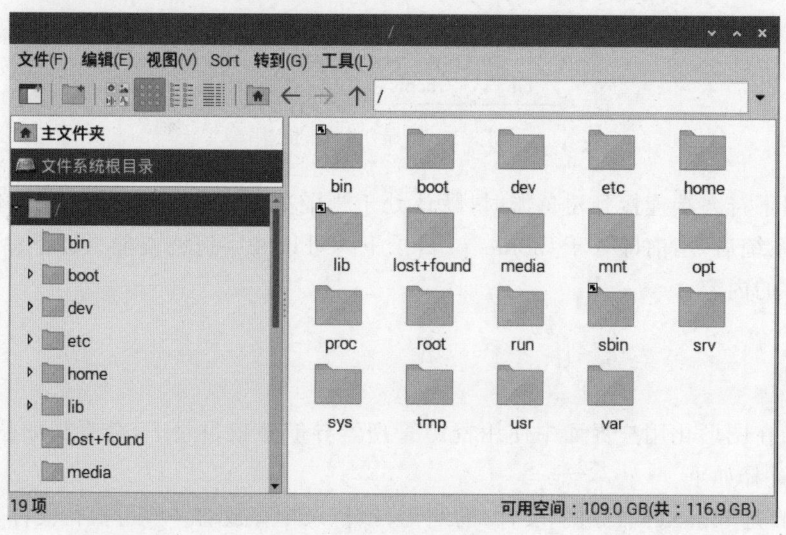

图 3-2 根目录内容

(17)tmp 目录中保存着运行时所产生的临时文件。

(18) usr 是 unix shared resource(UNIX 共享资源)的缩写,是非常重要的目录,用户的很多应用程序和文件均放在这个目录下。

(19) var 是 variable(变量)的缩写,该目录用于保存一些程序数据。

3.2 常用的 Linux 终端快捷键

无论使用何种工具,快捷键均有助于提高效率。所以,在使用命令行时,借助 Linux 快捷键可以提升工作效率。

例如想要持续监听进程运行状态,使用 ps(process status)命令可以一次性列出当前系统中所有进程的状态。如图 3-3 所示,输入命令:

```
ps -ef
```

可以显示所有进程信息。但使用此方式得到的信息缺乏时效性,并且,如果管理员需要实时监控进程运行情况,就必须不停地执行 ps 命令,这显然是缺乏效率的。

此外,Linux 系统还提供了 top 命令,可以动态地持续监听进程的运行状态。此命令还提供了交互界面,用户可以根据需要,人性化地定制自己的输出,进而更清楚地了解进程的运行状态。

top 命令的输出内容是动态的,它默认每隔 3 秒刷新一次。由图 3-4 可以看出,top 命令的输出主要分为两部分。

(1) 前 5 行显示的是整个系统的资源使用状况,通过这些输出可以判断服务器的资源使用状态。

(2) 从第 6 行开始,显示的是系统中进程的信息。

```
pi@raspberrypi:~ $ ps -ef
UID        PID  PPID  C STIME TTY          TIME CMD
root         1     0  0 08:35 ?        00:00:05 /sbin/init splash
root         2     0  0 08:35 ?        00:00:00 [kthreadd]
root         3     2  0 08:35 ?        00:00:00 [rcu_gp]
root         4     2  0 08:35 ?        00:00:00 [rcu_par_gp]
root         7     2  0 08:35 ?        00:00:00 [kworker/u8:0-events_unbo
root         8     2  0 08:35 ?        00:00:00 [mm_percpu_wq]
root         9     2  0 08:35 ?        00:00:00 [rcu_tasks_rude_]
root        10     2  0 08:35 ?        00:00:00 [rcu_tasks_trace]
root        11     2  0 08:35 ?        00:00:00 [ksoftirqd/0]
root        12     2  0 08:35 ?        00:00:00 [rcu_sched]
root        13     2  0 08:35 ?        00:00:00 [migration/0]
root        14     2  0 08:35 ?        00:00:00 [cpuhp/0]
root        15     2  0 08:35 ?        00:00:00 [cpuhp/1]
root        16     2  0 08:35 ?        00:00:00 [migration/1]
root        17     2  0 08:35 ?        00:00:00 [ksoftirqd/1]
root        19     2  0 08:35 ?        00:00:00 [kworker/1:0H-kblockd]
root        20     2  0 08:35 ?        00:00:00 [cpuhp/2]
root        21     2  0 08:35 ?        00:00:00 [migration/2]
root        22     2  0 08:35 ?        00:00:00 [ksoftirqd/2]
```

图 3-3 ps -ef 命令显示的进程信息

常用的 Linux 终端快捷键如下。

1. Tab

在 Linux 命令行下,输入字符后,按两次 Tab 键,终端上会列出以这些字符开头的所有

```
pi@raspberrypi:~ $ top
top - 08:44:09 up 8 min,  3 users,  load average: 0.00, 0.06, 0.06
Tasks: 160 total,   1 running, 159 sleeping,   0 stopped,   0 zombie
%Cpu(s):  0.2 us,  1.3 sy,  0.0 ni, 98.4 id,  0.0 wa,  0.0 hi,  0.0 si,
MiB Mem :   854.5 total,   398.7 free,   151.9 used,   303.9 buff/ca
MiB Swap:   100.0 total,   100.0 free,     0.0 used.   614.7 avail M

  PID USER      PR  NI    VIRT    RES    SHR S  %CPU  %MEM     TIME+
  652 pi         9 -11  367872   8964   7604 S   2.3   1.0   0:04.92
 1456 pi        20   0   10420   3068   2532 R   1.0   0.4   0:00.28
 1481 root      20   0   91208   5004   4404 S   0.7   0.6   0:00.04
   32 root      20   0       0      0      0 I   0.3   0.0   0:00.50
   75 root       1 -19       0      0      0 S   0.3   0.0   0:01.10
   76 root       1 -19       0      0      0 S   0.3   0.0   0:00.54
  506 root      20   0       0      0      0 I   0.3   0.0   0:00.04
  508 root      20   0   11136   3380   2784 S   0.3   0.4   0:00.09
  623 pi        20   0  431392  29636  23528 S   0.3   3.4   0:02.00
    1 root      20   0   33808   8092   6356 S   0.0   0.9   0:04.38
    2 root      20   0       0      0      0 S   0.0   0.0   0:00.00
    3 root       0 -20       0      0      0 I   0.0   0.0   0:00.00
    4 root       0 -20       0      0      0 I   0.0   0.0   0:00.00
    7 root      20   0       0      0      0 I   0.0   0.0   0:00.21
    8 root       0 -20       0      0      0 I   0.0   0.0   0:00.00
    9 root      20   0       0      0      0 S   0.0   0.0   0:00.00
```

图 3-4　top 命令动态地持续监听进程的运行状态

可用命令。除了可用于命令补全，还可用于路径、文件名的补全等。

例如，当需要输入命令 hostname 时，输入 hostn 后，按 Tab 键，会自动补全 hostname 命令，如图 3-5 所示。需要注意的是，输入的部分命令字符在所有的命令中，所匹配的有且只有一个，也就是说当只有一个命令可以匹配时，按一次 Tab 键可自动将这个命令补全，如图 3-6 所示。

```
pi@raspberrypi:~ $
pi@raspberrypi:~ $
pi@raspberrypi:~ $ hostn
```

图 3-5　Tab 键自动补全命令(前)

```
pi@raspberrypi:~ $
pi@raspberrypi:~ $
pi@raspberrypi:~ $ hostname
```

图 3-6　Tab 键自动补全命令(后)

但是，如果当可以匹配的命令不止一个时，则需要按两次 Tab 键。例如，以 host 开头的命令不止一个，所以输入 host 时，按一次 Tab 键，是不会自动补全的。此时，需要按两次 Tab 键，系统将会展示所有以 host 开头的命令，如图 3-7 所示。

```
pi@raspberrypi:~ $ host
host          hostid        hostname      hostnamectl
pi@raspberrypi:~ $
```

图 3-7　按两次 Tab 键以自动补全命令

2. 组合键 Ctrl＋C

组合键 Ctrl＋C 是用于在终端上中断命令或进程的命令，按此组合键将会立刻终止运行的程序。如果想要停止使用某个正在后台运行的程序，只需按组合键 Ctrl＋C，它会发送

SIGINT 信号(中断信号)通知前台进程组中的所有进程,终止当前正在运行的某个程序。这里需要注意的是,组合键 Ctrl+C 不会让所有程序同时结束,只强行中断当前程序的执行。

还以 top 命令为例,当 top 命令正在动态地持续监听进程的运行状态时,此时按组合键 Ctrl+C,会强制结束当前的动态监听进程,如图 3-8 所示。再或者,此时正在运行一个查找文件的命令,此时按组合键 Ctrl+C,会强制结束当前的查找文件进程。

```
  PID USER      PR  NI    VIRT    RES    SHR S  %CPU  %MEM     TIME+
 5641 pi        20   0   10452   3008   2616 R   5.6   0.3   0:00.05
    1 root      20   0   33808   8092   6356 S   0.0   0.9   0:06.66
    2 root      20   0       0      0      0 S   0.0   0.0   0:00.01
    3 root       0 -20       0      0      0 I   0.0   0.0   0:00.00
    4 root       0 -20       0      0      0 I   0.0   0.0   0:00.00
    8 root       0 -20       0      0      0 I   0.0   0.0   0:00.00
    9 root      20   0       0      0      0 S   0.0   0.0   0:00.00
   10 root      20   0       0      0      0 S   0.0   0.0   0:00.00
   11 root      20   0       0      0      0 S   0.0   0.0   0:00.19
   12 root      20   0       0      0      0 I   0.0   0.0   0:00.74
   13 root      rt   0       0      0      0 S   0.0   0.0   0:00.01
   14 root      20   0       0      0      0 S   0.0   0.0   0:00.00
   15 root      20   0       0      0      0 S   0.0   0.0   0:00.00
   16 root      rt   0       0      0      0 S   0.0   0.0   0:00.01
   17 root      20   0       0      0      0 S   0.0   0.0   0:00.12
   19 root       0 -20       0      0      0 I   0.0   0.0   0:00.01
   20 root      20   0       0      0      0 S   0.0   0.0   0:00.00
   21 root      rt   0       0      0      0 S   0.0   0.0   0:00.00
   22 root      20   0       0      0      0 S   0.0   0.0   0:00.10
   25 root      20   0       0      0      0 S   0.0   0.0   0:00.00
   26 root      rt   0       0      0      0 S   0.0   0.0   0:00.00
   27 root      20   0       0      0      0 S   0.0   0.0   0:00.23
   30 root      20   0       0      0      0 S   0.0   0.0   0:00.00
   31 root       0 -20       0      0      0 I   0.0   0.0   0:00.00
   34 root      20   0       0      0      0 I   0.0   0.0   0:00.52
   35 root      20   0       0      0      0 S   0.0   0.0   0:00.00
pi@raspberrypi:~ $
```

图 3-8 组合键 Ctrl+C 终止 top 命令

3. 组合键 Ctrl+Z

按组合键 Ctrl+Z,会发送 SIGTSTP 信号给前台进程组中的进程,将程序中断。但是此程序并没有结束,只是放到后台并维持挂起的状态。用户可以使用 fg 或 bg 命令将程序调到前台或后台执行,fg 命令可重新启动前台被中断的程序,如果后台中有多个命令,可以用 fg %jobnumber 将选中的命令调出;bg 命令把被中断的程序放到后台执行,如果后台中有多个命令,可以用 bg %jobnumber 将选中的命令调出。这里需要注意的是,%jobnumber 是通过 jobs 命令查到的后台正在执行的命令的序号,不是 PID。

例如,正在使用 top 命令动态地持续监听进程的运行状态,此时需要退出来做其他的文件操作,但还想继续监听进程的运行状态。这时可以用组合键 Ctrl+Z 将监听进程挂起,如图 3-9 所示,然后进行其他操作,最后再使用 fg 命令并按 Enter 键后就可以回到 top 命令的动态监听状态。当然,也可以挂起多个进程到后台,然后使用 fg %jobnumber 把挂起的进程返回至前台,如图 3-10 所示。配合 fg 命令和 bg 命令进行前后台的切换会非常方便,如图 3-11 所示。

4. 组合键 Ctrl+D

组合键 Ctrl+D 用于退出当前终端,它和使用 exit 命令的效果是一样的,如图 3-12 所示。如果正在使用 SSH 连接,则 SSH 连接将会关闭。如果当前仅使用一个终端,则该终端

```
  PID USER      PR  NI    VIRT    RES    SHR S  %CPU  %MEM     TIME+
  652 pi         9 -11  367872   8972   7604 S   1.0   1.0   1:24.79
   75 root       1 -19       0      0      0 S   0.2   0.0   0:20.20
  623 pi        20   0  431656  29824  23528 S   0.2   3.4   0:20.36
  516 root      20   0  165744  56260  40380 S   0.2   6.4   0:19.34
   76 root       1 -19       0      0      0 S   0.1   0.0   0:09.61
  653 root      20   0   31088  17296  14808 S   0.1   2.0   0:06.03
    1 root      20   0   33808   8092   6356 S   0.0   0.9   0:07.88
  351 message+  20   0    6968   3804   3052 S   0.0   0.4   0:03.19
 7361 root      20   0       0      0      0 I   0.0   0.0   0:00.23
  958 root      20   0   12748   2760   2228 S   0.0   0.3   0:01.70
  462 root      20   0   38328  14028   9400 S   0.0   1.6   0:01.60
 7179 root      20   0       0      0      0 I   0.0   0.0   0:00.18
 7386 root      20   0       0      0      0 I   0.0   0.0   0:00.08
 7936 root      20   0   91208   4988   4388 S   0.0   0.6   0:00.03
   12 root      20   0       0      0      0 I   0.0   0.0   0:01.10
  221 root      -2   0       0      0      0 S   0.0   0.0   0:00.94
  222 root      -2   0       0      0      0 S   0.0   0.0   0:01.19
  465 root      20   0   41536   8380   6928 S   0.0   1.0   0:00.97
  508 root      20   0   11136   3380   2784 S   0.0   0.4   0:01.36
 5899 root      20   0       0      0      0 I   0.0   0.0   0:00.67
 6774 pi        20   0   10420   3000   2464 R   0.0   0.3   0:08.81
 7888 root      20   0       0      0      0 I   0.0   0.0   0:00.02
   34 root      20   0       0      0      0 I   0.0   0.0   0:00.85
   39 root      20   0       0      0      0 S   0.0   0.0   0:00.63
   86 root      20   0       0      0      0 S   0.0   0.0   0:00.19
                                        2308 S   0.0   0.3   0:02.63
[1]+  Stopped                 top
```

图 3-9　中断 top 命令

```
top - 10:54:07 up  2:18,  3 users,  load average: 0.00, 0.02, 0.00
Tasks: 159 total,   1 running, 158 sleeping,   0 stopped,   0 zombie
%Cpu(s):  0.2 us,  0.3 sy,  0.0 ni, 99.5 id,  0.0 wa,  0.0 hi,  0.0 si,
MiB Mem :    854.5 total,    393.6 free,    152.5 used,    308.4 buff/ca
MiB Swap:    100.0 total,    100.0 free,      0.0 used.    614.0 avail M

top - 10:55:51 up  2:20,  3 users,  load average: 0.00, 0.01, 0.00
Tasks: 157 total,   1 running, 156 sleeping,   0 stopped,   0 zombie
%Cpu(s):  1.4 us,  1.1 sy,  0.0 ni, 97.5 id,  0.0 wa,  0.0 hi,  0.0 si,
MiB Mem :    854.5 total,    393.7 free,    152.3 used,    308.5 buff/ca
MiB Swap:    100.0 total,    100.0 free,      0.0 used.    614.2 avail M

  PID USER      PR  NI    VIRT    RES    SHR S  %CPU  %MEM     TIME+
  653 root      20   0   31088  17296  14808 S   0.7   2.0   0:06.11
 8021 root      20   0   91208   4836   4236 S   0.7   0.6   0:00.02
    1 root      20   0   33808   8092   6356 S   0.3   0.9   0:07.93
   17 root      20   0       0      0      0 S   0.3   0.0   0:00.14
  516 root      20   0  165744  56268  40388 S   0.3   6.4   0:19.55
  623 pi        20   0  431656  29824  23528 S   0.3   3.4   0:20.60
  652 pi         9 -11  367872   8972   7604 S   0.3   1.0   1:25.87
 6774 pi        20   0   10420   3000   2464 R   0.3   0.3   0:08.88
```

图 3-10　重新启动前台被中断的程序

```
pi@raspberrypi:~ $ bg
[1]+ top &
pi@raspberrypi:~ $
```

图 3-11　将被中断的程序放至后台执行

将会立刻关闭。可以把组合键 Ctrl+D 当作“退出”命令。

例如，利用 Xshell 远程连接树莓派，按组合键 Ctrl+D，SSH 连接将会关闭，当然也会退出远程连接。如果此时没有其他的远程连接，再次按组合键 Ctrl+D，将会关闭 Xshell。

```
to set a new password.

pi@raspberrypi:~ $ logout
Connection closing...Socket close.

Connection closed by foreign host.

Disconnected from remote host(pi4b) at 18:24:30.

Type `help' to learn how to use Xshell prompt.
[D:\~]$ 
```

图 3-12 使用组合键 Ctrl+D 关闭 SSH 连接

5. 组合键 Ctrl+L

如果大家使用过 DOS 或者 Windows 的 CMD,应该知道 cls 命令,此命令可以用来清除屏幕信息。但 Linux 系统中是没有 cls 命令的,不过可以使用组合键 Ctrl+L 代替 clear 命令,也可以达到和使用 cls 命令同样清除屏幕信息的同样效果。

例如,使用 vi/Vim 编辑文件时,如果发现屏幕显示有些混乱,可以使用组合键 Ctrl+L 让屏幕显示恢复正常。再或者,使用 ifconfig 命令显示当前网络设备信息,如图 3-13 所示,然后按组合键 Ctrl+L,清除屏幕中显示的网络设备信息,如图 3-14 所示。

```
1 pi4b
pi@raspberrypi:~ $ ifconfig
eth0: flags=4099<UP,BROADCAST,MULTICAST>  mtu 1500
        ether dc:a6:32:04:6b:3e  txqueuelen 1000  (Ethernet)
        RX packets 0  bytes 0 (0.0 B)
        RX errors 0  dropped 0  overruns 0  frame 0
        TX packets 0  bytes 0 (0.0 B)
        TX errors 0  dropped 0 overruns 0  carrier 0  collisions 0

lo: flags=73<UP,LOOPBACK,RUNNING>  mtu 65536
        inet 127.0.0.1  netmask 255.0.0.0
        inet6 ::1  prefixlen 128  scopeid 0x10<host>
        loop  txqueuelen 1000  (Local Loopback)
        RX packets 12  bytes 4316 (4.2 KiB)
        RX errors 0  dropped 0  overruns 0  frame 0
        TX packets 12  bytes 4316 (4.2 KiB)
        TX errors 0  dropped 0 overruns 0  carrier 0  collisions 0

wlan0: flags=4163<UP,BROADCAST,RUNNING,MULTICAST>  mtu 1500
        inet 192.168.0.102  netmask 255.255.255.0  broadcast 192.168.0.25
5
        inet6 fe80::d3fa:44e4:9399:5ed5  prefixlen 64  scopeid 0x20<link>
        ether dc:a6:32:04:6b:3f  txqueuelen 1000  (Ethernet)
        RX packets 6416  bytes 1151209 (1.0 MiB)
        RX errors 0  dropped 0  overruns 0  frame 0
        TX packets 6801  bytes 5269830 (5.0 MiB)
        TX errors 0  dropped 0 overruns 0  carrier 0  collisions 0

pi@raspberrypi:~ $ 
```

图 3-13 使用 ifconfig 命令显示网络设备信息

图 3-14 使用 Ctrl+L 命令清除屏幕中显示的网络设备信息

6. 组合键 Ctrl+A

组合键 Ctrl+A 可以将光标移动至其所在的行首。假设在终端中输入了一个很长的命令或路径，并且想要回到它的开头，但使用方向键移动光标将花费大量的时间。

注意：无论是在 DOS、Windows 系统，还是在 Linux 系统中进行命令行操作，均无法使用鼠标将光标移动至行首，而组合键 Ctrl＋A 可以，这就是组合键 Ctrl＋A 节省时间的地方。

7. 组合键 Ctrl＋E

组合键 Ctrl＋E 与组合键 Ctrl＋A 相反。组合键 Ctrl＋A 是将光标移动至行首，组合键 Ctrl＋E 是将光标移动至行尾。无论是在 DOS、Windows 系统，还是在 Linux 系统中进行命令行操作，均无法使用鼠标将光标移动至行尾。

8. 组合键 Ctrl＋U

如果在 Linux 系统的终端中输入了错误的命令，可以用组合键 Ctrl＋U 代替 Backspace 键来丢弃当前命令。该组合键会擦除从当前光标位置至行首的全部内容，不再需要逐个字符删除。

9. 组合键 Ctrl＋K

组合键 Ctrl＋K，与组合键 Ctrl＋U 的功能有点像。唯一的不同是，它擦除的是从当前光标位置至行尾的全部内容。

10. 组合键 Ctrl＋W

使用组合键 Ctrl＋W 可以擦除光标位置前的单词。如果光标在一个单词上，它将擦除从光标位置到词首的全部字符。最好的方法是用它移动光标到要删除单词后的一个空格上，然后使用组合键 Ctrl＋W。

11. 组合键 Ctrl＋Y

如果删除了错误的文本或需要在某处使用已擦除的文本内容，此时可以使用组合键 Ctrl＋Y 恢复组合键 Ctrl＋W、Ctrl＋U 或 Ctrl＋K 擦除的所有文本内容。

12. 组合键 Ctrl＋P

组合键 Ctrl＋P 用于查看上一条命令。可以反复使用该组合键，返回至历史命令。在很多终端里，使用键盘上的"↑"键也可以实现相同的功能。

13. 组合键 Ctrl＋N

可以结合组合键 Ctrl＋P，使用组合键 Ctrl＋N。组合键 Ctrl＋N 可以用于显示下一条命令。如果使用组合键 Ctrl＋P 查看上一条命令，可以使用组合键 Ctrl＋N 来回导航。许多终端都把此组合键映射到键盘上的"↓"键。

14. 组合键 Ctrl＋R

在 Linux 系统中，可使用"↑""↓"键或者组合键 Ctrl＋P 和 Ctrl＋N 查找以前输入的命令，是很方便的，但是查找较早输入的命令，此方法的效率不是很高，甚至可以说浪费时间，此时可以用组合键 Ctrl＋R 搜索历史命令。

按下组合键 Ctrl＋R 后，系统会进入反向搜索状态。输入一个字符或字符串，系统会找到最近包含此字符或字符串的命令，如果不是要找的命令，可以继续输入，系统会继续查找最近包含所输入的字符或字符串的命令，直到找到要找的命令。找到要找的命令后，可以按 Enter 键执行此命令，还可以按"↑""↓"键查找该命令前后的命令、按"←""→"键移动光标并修改此命令。为提高查找效率，可以输入所要查找命令中最特别的字符或字符串，即最好输入的是其他命令不包含的字符或字符串。

例如需要进入树莓派系统配置，之前通过 SSH 或者 VNC 方式连接时，有输入过 sudo raspi-config 命令，那么只需要使用组合键 Ctrl＋R 进行搜索。如图 3-15 所示，图中用方框圈起来的内容是使用组合键 Ctrl＋R 所显示的内容(reverse-i-search)`'：。此时输入命令 sudo raspi-config 中的一个字符进行查找，例如使用字符 r 进行查找，结果如图 3-16 所示，很显然该结果不是想要的；继续使用组合键 Ctrl＋R 进行查找，最终找到如图 3-17 所示的命令，按 Enter 键可以执行这条命令。

图 3-15 使用组合键 Ctrl＋R 进行搜索

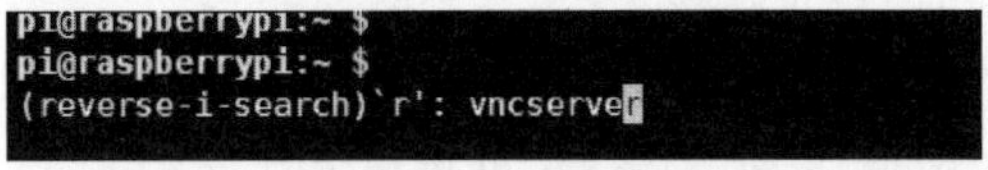

图 3-16 使用组合键 Ctrl＋R 搜索含字符 r 的命令

图 3-17 使用组合键 Ctrl＋R 搜索得到想要的结果

3.3 磁盘管理

树莓派主要使用的是基于 Linux 内核的操作系统，因此，对树莓派的磁盘管理其实也可以理解为 Linux 系统下的磁盘管理部分的使用。磁盘管理直接关系到整个系统的性能。

Linux 系统磁盘管理常用的 3 个命令分别为 df(disk free)、fdisk 和 du。

3.3.1 df 命令

df 命令用于显示当前文件系统的磁盘使用情况，即可以利用 df 命令获取磁盘被占用了多少空间以及目前还剩多少空间等信息，如图 3-18 所示。

如图 3-18 所示，使用 df 命令查看磁盘分区的使用情况。

(1) Filesystem 指定文件系统对应的设备文件的路径名。

(2) 1K-blocks 分区包含的数据块(1024byte)的数目。

(3) Used 已使用的数据块的数目情况。

(4) Available 剩余数据块的数目。

(5) Use%：已使用的数据块的百分比。

(6) Mounted on 指定磁盘的挂载点。

df 命令格式为：

```
df [参数][指定文件]
```

```
root@raspberrypi:/home/pi# df
Filesystem     1K-blocks    Used Available Use% Mounted on
/dev/root       14988544 3108452  11217808  22% /
devtmpfs          305420       0    305420   0% /dev
tmpfs             437516       0    437516   0% /dev/shm
tmpfs             437516    6004    431512   2% /run
tmpfs               5120       4      5116   1% /run/lock
tmpfs             437516       0    437516   0% /sys/fs/cgroup
/dev/mmcblk0p1    258095   48782    209313  19% /boot
tmpfs              87500       8     87492   1% /run/user/1000
root@raspberrypi:/home/pi#
```

图 3-18　df 命令

常见的参数如下所述。

(1) -a：显示所有文件系统的磁盘使用情况，包括 0 块(block)的文件系统。

(2) -h：以较易阅读的 GBytes、MBytes、KBytes 等格式显示，如图 3-19 所述。

(3) -m：以 MBytes 列出容量，显示各文件系统。

(4) -k：以 KBytes 列出容量，显示各文件系统。

(5) -H：以 M=1000K 取代 M=1024K 的进位方式。

(6) -l：限制列出的文件结构，只显示本地文件系统。

(7) -T：输出所有已挂载文件系统的类型。

(8) -i：以 inode(文件节点)的数量来显示磁盘的使用情况。如果 inode 已达到最大值，即使有空间也不能存储，如图 3-20 所示。

```
root@raspberrypi:/home/pi# df -h
Filesystem      Size  Used Avail Use% Mounted on
/dev/root        15G  3.0G   11G  22% /
devtmpfs        299M     0  299M   0% /dev
tmpfs           428M     0  428M   0% /dev/shm
tmpfs           428M  5.9M  422M   2% /run
tmpfs           5.0M  4.0K  5.0M   1% /run/lock
tmpfs           428M     0  428M   0% /sys/fs/cgroup
/dev/mmcblk0p1  253M   48M  205M  19% /boot
tmpfs            86M  8.0K   86M   1% /run/user/1000
```

图 3-19　df -h 命令

```
root@raspberrypi:/home/pi# df -i
Filesystem     Inodes  IUsed  IFree IUse% Mounted on
/dev/root      947232 112841 834391   12% /
devtmpfs        76355    410  75945    1% /dev
tmpfs          109379      1 109378    1% /dev/shm
tmpfs          109379    569 108810    1% /run
tmpfs          109379      3 109376    1% /run/lock
tmpfs          109379     15 109364    1% /sys/fs/cgroup
/dev/mmcblk0p1      0      0      0     - /boot
tmpfs          109379     21 109358    1% /run/user/1000
root@raspberrypi:/home/pi#
```

图 3-20　df -i 命令

3.3.2　fdisk 命令

fdisk 命令用于在交互式操作环境中管理磁盘分区。Linux 中有专门的分区命令 fdisk 和 parted，fdisk 命令较为常用，但不支持对大于 2TB 的分区进行操作；如果需要对大于 2TB 的分区进行操作，则需要使用 parted 命令。当然，parted 命令也能用于操作较小的分区。

fdisk 命令格式：

```
fdisk [必要参数][选择参数]
```

必要参数包括：

(1) -l：列出所有分区表，如图 3-21 所示。

(2) -u：与参数 -l 搭配使用，以显示分区数目。

选择参数包括：

(1) -s：与分区编号一起使用，用于列出指定分区的大小；

(2) -v：显示版本信息，如图 3-22 所示。

```
Disk /dev/ram14: 4 MiB, 4194304 bytes, 8192 sectors
Units: sectors of 1 * 512 = 512 bytes
Sector size (logical/physical): 512 bytes / 4096 bytes
I/O size (minimum/optimal): 4096 bytes / 4096 bytes


Disk /dev/ram15: 4 MiB, 4194304 bytes, 8192 sectors
Units: sectors of 1 * 512 = 512 bytes
Sector size (logical/physical): 512 bytes / 4096 bytes
I/O size (minimum/optimal): 4096 bytes / 4096 bytes


Disk /dev/mmcblk0: 14.9 GiB, 15931539456 bytes, 31116288 sectors
Units: sectors of 1 * 512 = 512 bytes
Sector size (logical/physical): 512 bytes / 512 bytes
I/O size (minimum/optimal): 512 bytes / 512 bytes
Disklabel type: dos
Disk identifier: 0xa32d6390

Device         Boot  Start      End  Sectors  Size Id Type
/dev/mmcblk0p1        8192   532479   524288  256M  c W95 FAT32 (LBA)
/dev/mmcblk0p2      532480 31116287 30583808 14.6G 83 Linux
root@raspberrypi:/home/pi#
```

图 3-21　fdisk -l 命令

```
root@raspberrypi:/home/pi# fdisk -v
fdisk from util-linux 2.33.1
root@raspberrypi:/home/pi#
```

图 3-22　fdisk -v 命令

3.3.3　du 命令

如图 3-23 所示，du(disk usage)命令用于统计目录(或文件)所占磁盘空间的大小，也可用于查看磁盘空间的使用情况。与 df 命令不同的是，du 命令是对文件和目录磁盘已使用空间大小的查看，和 df 命令还是有一些区别的。

du 命令格式：

```
du [ - ahskm] [文件或目录名]
```

常见参数如下所述。

(1) -a：列出所有的文件与目录容量，默认仅统计目录下的文件量而已。

(2) -h：以较易读的容量格式(G/M)显示。

(3) -s：列出总量，而不列出单个目录的占用容量，如图 3-24 所示。

(4) -S：不包括对子目录容量的统计，与-s 略有差别。

(5) -k：以 KBytes 列出容量显示。

(6) -m：以 MBytes 列出容量显示。

```
root@raspberrypi:/home/pi# du
4       ./Documents
4       ./Videos
24604   ./Bookshelf
8       ./.config/lxterminal
52      ./.config/pulse
8       ./.config/lxpanel/LXDE-pi/panels
16      ./.config/lxpanel/LXDE-pi
20      ./.config/lxpanel
8       ./.config/chromium/Subresource Filter/Unindexed Rules/9.28.0/_met
adata
168     ./.config/chromium/Subresource Filter/Unindexed Rules/9.28.0
172     ./.config/chromium/Subresource Filter/Unindexed Rules
188     ./.config/chromium/Subresource Filter/Indexed Rules/27/9.28.0
192     ./.config/chromium/Subresource Filter/Indexed Rules/27
196     ./.config/chromium/Subresource Filter/Indexed Rules
372     ./.config/chromium/Subresource Filter
8       ./.config/chromium/OriginTrials/1.0.0.8/_metadata
20      ./.config/chromium/OriginTrials/1.0.0.8
24      ./.config/chromium/OriginTrials
8       ./.config/chromium/Crowd Deny/2021.7.19.1143/_metadata
40      ./.config/chromium/Crowd Deny/2021.7.19.1143
44      ./.config/chromium/Crowd Deny
8       ./.config/chromium/SafetyTips/2671/_metadata
```

图 3-23　du 命令

```
root@raspberrypi:/home/pi# du -s
37744   .
root@raspberrypi:/home/pi#
```

图 3-24　du -s 命令

3.4　文件管理

3.3 节介绍了树莓派的磁盘管理，本节重点介绍树莓派的基本文件管理操作。树莓派的文件管理操作，可以在 SSH 远程连接中使用命令行的方式进行，也可以在 VNC 远程连接的图形化界面中进行。

3.4.1　SSH 远程连接下的文件管理

在 SSH 远程连接中使用命令行的方式进行文件管理，文件管理的命令有很多，比如 ls(list file)、cp(copy file)、mkdir(make directory)、rm(remove)、cd、mv、touch、file、pwd 等，接下来重点介绍比较常见的 ls、cp、mkdir 和 rm 命令。

1. ls 命令

ls 命令用于显示指定工作目录下的内容(列出当前工作目录所包含的文件及子目录)，是 Linux 系统中最常用的命令之一。对于目录，ls 命令将列出其中的所有子目录与文件；对于文件，ls 命令将输出其文件名以及所要求的其他信息。

默认情况下，ls 命令的输出内容按字母顺序排序，如图 3-25 所示。当未给出目录名或文件名时，则显示当前目录的信息。

ls 命令格式：

```
ls [选项][目录名]
```

常见参数如下所述。

(1) -a：列出目录下的所有文件，包括以.开头的隐含文件，如图 3-26 所示。

(2) -l：列出文件的详细信息，通常称为"长格式"，如图 3-27 所示。

(3) -d：输入参数是目录时，只显示该目录本身。

(4) -A：显示除.和..开头的所有文件。

(5) -R：递归地列出所有子目录下的文件。

(6) -h：以易读的容量格式显示文件大小。

(7) -S：以文件大小排序输出。

(8) -t：将文件按照建立时间的先后次序列出。

```
pi@raspberrypi:~ $ ls
Bookshelf  Documents  Music     Public     Videos
Desktop    Downloads  Pictures  Templates
pi@raspberrypi:~ $
```

图 3-25　ls 命令

```
pi@raspberrypi:~ $ ls -a
.              .config   .xsession-errors      Pictures
..             .cups     .xsession-errors.old  Public
.Xauthority    .gnupg    Bookshelf             Templates
.bash_history  .local    Desktop               Videos
.bash_logout   .pki      Documents
.bashrc        .profile  Downloads
.cache         .vnc      Music
```

图 3-26　ls -a 命令

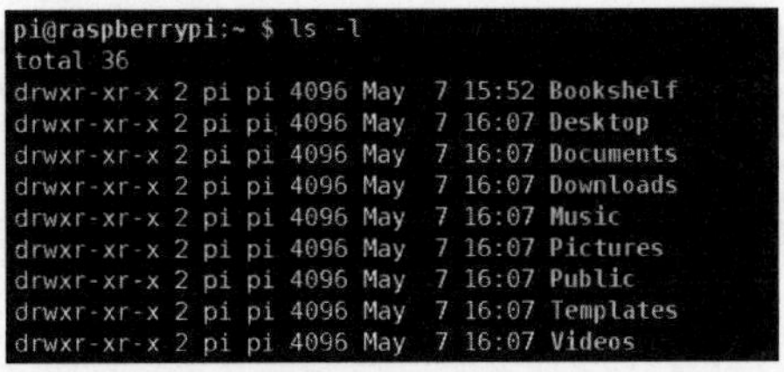

```
pi@raspberrypi:~ $ ls -l
total 36
drwxr-xr-x 2 pi pi 4096 May  7 15:52 Bookshelf
drwxr-xr-x 2 pi pi 4096 May  7 16:07 Desktop
drwxr-xr-x 2 pi pi 4096 May  7 16:07 Documents
drwxr-xr-x 2 pi pi 4096 May  7 16:07 Downloads
drwxr-xr-x 2 pi pi 4096 May  7 16:07 Music
drwxr-xr-x 2 pi pi 4096 May  7 16:07 Pictures
drwxr-xr-x 2 pi pi 4096 May  7 16:07 Public
drwxr-xr-x 2 pi pi 4096 May  7 16:07 Templates
drwxr-xr-x 2 pi pi 4096 May  7 16:07 Videos
```

图 3-27　ls -l 命令

2. cp 命令

cp 命令用来复制文件或目录，若复制的目标文件或目录已存在，则会被覆盖。可以将多个源文件复制到目标目录中，也可以将源目录复制为指定的目标目录(在目标目录不存在的情况下)，还可以将源目录复制到指定的目标目录中。需要注意的是，默认情况下 cp 命令是不能复制目录的，除非使用-r/-R 选项。所有目标文件指定的目录必须是已经存在的，cp 命令不能创建目录，文件路径可以是绝对路径名，也可以是相对路径名。

cp 命令格式：

```
cp [参数] [源文件] [目标文件]
```

常见参数如下所述。

(1) -a：通常在复制目录时使用，用于保留链接、文件属性，并复制目录下的所有内容。其作用相当于-dpR 参数组合。

(2) -R 和-r：递归地复制目录及目录内的所有文件，如图 3-28 所示。

(3) -p：在复制文件过程中保留文件属性，包括属主、组、权限与时间戳。

(4) -l：不复制文件，只是生成链接文件。

(5) -d：当复制带有符号链接的源文件时，目标文件也将创建符号链接且指向源文件所链接的原始文件。

(6) -f：覆盖已经存在的目标文件且不给出提示。

(7) -i：交互式地复制，覆盖文件前需要确认。

(8) -U：只有当源文件比目标文件更新或目标文件不存在时才进行复制。

```
pi@raspberrypi:~/Desktop $ cp -r test/testtt test2
pi@raspberrypi:~/Desktop $ cd test2
pi@raspberrypi:~/Desktop/test2 $ ls
testtt
pi@raspberrypi:~/Desktop/test2 $ 
```

图 3-28 cp -r 命令

3. mkdir 命令

mkdir 命令用来创建目录，如图 3-29 所示。默认状态下，如果需要创建的目录已经存在，则会提示目录已存在，不会继续创建目录。在创建目录时，新建的目录与它所在目录下的文件不能重名。另外，mkdir 命令还可以同时创建多个目录，如图 3-30 所示。

```
pi@raspberrypi:~/Desktop $ mkdir test
pi@raspberrypi:~/Desktop $ ls
test
```

图 3-29 创建 test 目录

```
pi@raspberrypi:~/Desktop $ mkdir -p test/test000
pi@raspberrypi:~/Desktop $ ls
test
pi@raspberrypi:~/Desktop $ cd test
pi@raspberrypi:~/Desktop/test $ ls
test000
pi@raspberrypi:~/Desktop/test $ 
```

图 3-30 创建递归目录

mkdir 命令格式：

```
mkdir [参数] [目录名]
```

常见参数如下所述。

(1) -p：递归创建多级目录。

(2) -M：建立目录的同时，设置目录的权限。

(3) -V：显示版本信息。

4. rm 命令

rm 命令可以删除一个或多个文件/目录，在默认情况下并不能移除目录。但是，当给定参数-r 或-R 时，指定目录下的整个目录树都会被移除，它也可以将某个目录及其所有文件及子目录均删除，如图 3-31 所示。

```
pi@raspberrypi:~/Desktop $ ls
test  test1  test2  test3
pi@raspberrypi:~/Desktop $ rm -r test
pi@raspberrypi:~/Desktop $ ls
test1  test2  test3
pi@raspberrypi:~/Desktop $ 
```

图 3-31 rm -r 命令

rm 命令格式：

```
rm [参数] [文件或目录]
```

常见参数如下所述。

(1) -f：强行删除文件或目录，不进行提示。

(2) -i：删除文件或目录时，提示用户确认。

(3) -r：递归删除整个目录树。

3.4.2 VNC 远程连接下的文件管理

进入图形化界面后，依次选择“菜单”(左上角草莓图标)→“附件”→“文件管理器”，进入文件管理器，如图 3-32 所示。

图 3-32 打开文件管理器

或者选择菜单栏上的文件管理器图标进入文件管理器，如图 3-33 所示。

图 3-33 打开文件管理器

打开文件管理器，会进入 pi 目录，可以存储和创建文件或子目录，如图 3-34 所示。

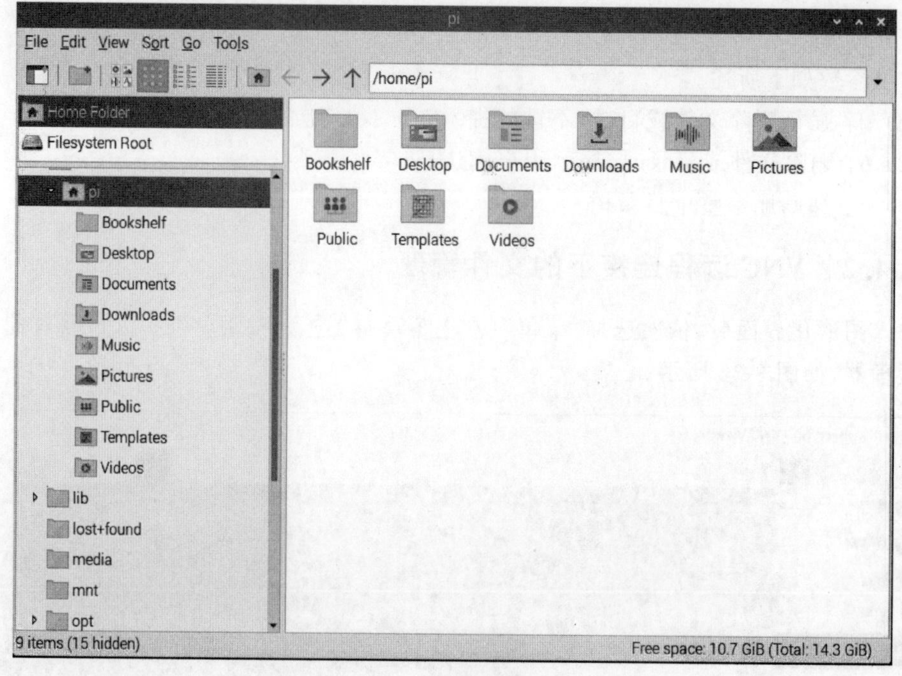

图 3-34　文件管理器

假设在桌面新建一个 test 目录，打开图 3-34 左侧所示的 Desktop 目录，即可以看到此目录。

反之，如果在 Desktop 目录内新建一个 test 子目录，如图 3-35 所示，在桌面上也可以看到，如图 3-36 所示。

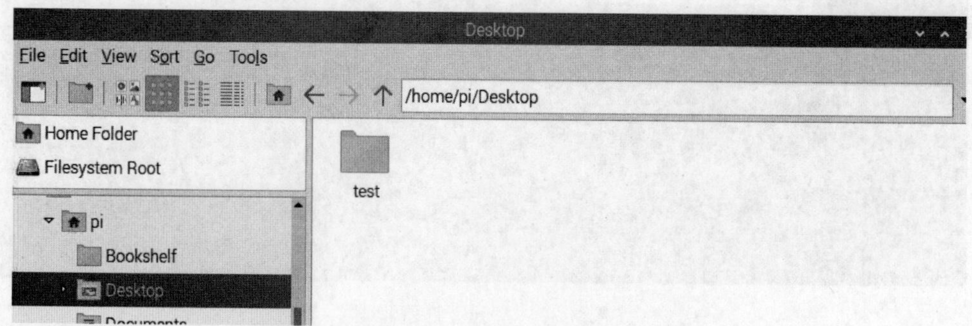

图 3-35　在 Desktop 目录内创建 test 子目录

图 3-36　桌面上的 test 子目录

3.5 配置 NFS 服务端

3.5.1 NFS 简介

网络文件系统(Network File System,NFS)是由 SUN 公司开发的分布式文件系统协议,该协议允许在服务器上向多个客户端通过网络来分享文件或目录。

被分享的文件或文件夹通常建立在文件服务器中,文件服务器中运行着 NFS 服务。用户可以向特定的目录中添加文件,拥有权限的用户可以远程访问这些文件。

NFS 以服务器/客户端的架构实现,因此需要在将要进行文件分享的主机中安装并配置 NFS 服务程序。

NFS 客户端一般是应用服务器,比如 Web。可以通过挂载的方式将 NFS 服务器端共享的目录挂载至 NFS 客户端的本地目录下。NFS 在文件传送过程中依赖远程过程调用(Remote Procedure Call,RPC)协议,其自身没有提供信息传送的协议和功能,但是能够通过网络进行图片、视频和附件等资源的分享。只要使用 NFS 服务,均需要启动 RPC 服务,无论是 NFS 服务的客户端,还是服务器。

3.5.2 NFS 的工作原理

首先,在服务器端启动 RPC 服务,该服务所绑定的端口号为 111。然后,在服务器端启动 NFS 服务,并向 RPF(Routing Policy Function,RPF)注册端口信息。客户端启动 RPC 服务(在不同的系统中,RPC 服务的实现可能不一样),并向服务器的 RPC 服务请求服务端的 NFS 端口,如果请求成功,服务端的 RPF 服务将 NFS 端口信息返回至客户端,客户端则可以利用获得的端口信息与服务端的 NFS 服务建立,并进行数据的传输。连接如图 3-37 所示,直接连接的其实是 2 个 RPC 服务,通信采用的是 TCP/IP 协议。

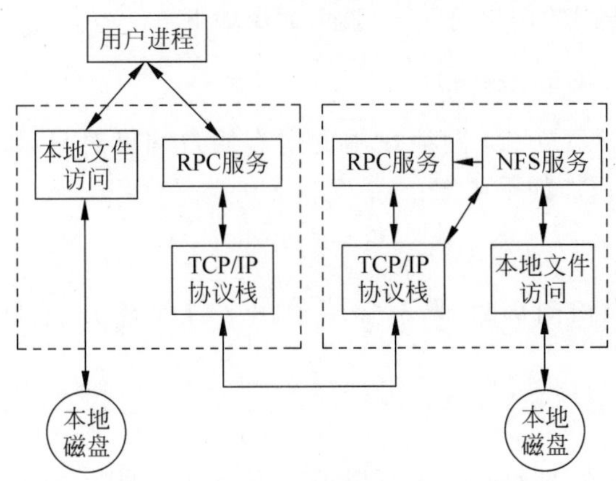

图 3-37 NFS 的工作原理

3.5.3 安装 NFS 服务器组件

可以使用 apt-get 命令进行 NFS 服务器组件安装。在使用树莓派或者 Linux 系统进行开发的过程中,该命令经常会被用到。首先,运行如下命令更新软件包列表:

```
> sudo apt - get update
```

然后,使用如下命令安装 NFS 服务器程序:

```
> sudo apt - get install nfs - common nfs - server - y
```

在安装结束后,需要创建一个 NFS 共享目录(也可以使用现有的目录),使用下面的命令新建一个目录:

```
> sudo mkdir /mnt/nfsserver
```

如果需要适当修改该目录的访问权限,则使用如下命令:

```
> sudo chmod 777 /mnt/nfsserver
```

目录 nfsserver 修改后的权限为所有用户均可读写。但是,mnt 目录下的其他子目录可以有不同的权限。被用作共享的目录将会是 NFS 服务中目录共享的根目录。

仅仅创建一个目录并不能共享,还需要在 NFS 的配置文件中添加一条指令对其进行共享。配置文件的路径为/etc/exports,使用如下命令,通过 Nano 编辑器打开该文件:

```
> sudo nano /etc/exports
```

文件中的每一行均表示一项配置,其语法为:

```
directory {clientIP}(access)
```

其中,directory 表示被共享的目录路径,clientIP 表示具有访问权限的主机 IP,access 表示对 clientIP 的访问权限。

directory 后可以跟多个{clientIP}(access)以允许多个主机访问该目录,如下语句表示主机 IP 为 192.168.1.1 的用户可以对目录/mnt/nfsserver 进行读写:

```
/mnt/nfsserver 192.168.1.1(rw)
```

也可以允许某个子网的用户访问该目录,命令如下:

```
directory {subnetIP}/{subnetMask}(access)
```

比如,允许 192.168.1.0/24 网络段中的所有用户均可对目录/mnt/nfsserver 进行读写,可以在配置文件中添加如下语句:

```
/mnt/nfsserver 192.168.1.0/24(rw)
```

可以允许所有用户访问该目录,只需要使用 * 号代替 IP 地址或者 IP 地址段即可,比如:

```
/mnt/nfsserver * (rw)
```

access 表示多个参数,即小括号中可以填写多个类型的参数,每个类型决定了 NFS 服务器在提供访问服务时的行为。此处不再列举出所有参数,感兴趣的读者可以自行查阅相关资料。

3.5.4 启动 NFS 服务

首先,使用如下命令启动 RPC 服务:

```
> sudo update - rc.d rpcbind enable
> sudo service rpcbind restart
```

然后，使用如下命令启动 NFS 服务：

```
> sudo systemctl start nfs - server
```

最后，使用如下命令将 NFS 服务设置为开机启动：

```
> sudo systemctl enable nfs - server
```

3.6 配置 NFS 客户端

3.6.1 安装 NFS 客户端组件

使用如下命令安装 NFS 客户端组件：

```
> sudo apt - get install nfs - common  - y
```

3.6.2 从服务端挂载共享文件

为将服务器共享的文件系统挂载至本地，需要在客户端主机中创建一个目录，并将该目录作为挂载点。该目录为虚拟目录，可以通过该目录访问服务器中的文件。建议在/mnt 下创建该目录，命令如下：

```
> sudo mkdir/mnt/nfs
```

其中，nfs 是该目录的名称，可以根据需要创建具有合适名称的目录。

使用 mount 命令可以挂载被服务器共享的文件夹，如命令：

```
> sudo mount  - t nfs 192.168.1.100:/mnt/nfsserver /mnt/nfs
```

可以将服务端所在主机中的共享目录/mnt/nfsserver 挂载至客户端主机的/mnt/nfs 挂载点中。其中，192.168.1.100 为服务端所在主机的 IP 地址。

将上述命令中的 IP 地址替换为自己的 NFS 服务器主机 IP，将/mnt/nfsserver 替换为自己的 NFS 服务器中共享的目录路径，将/mnt/nfs 替换为自己的 NFS 客户端主机挂载点路径，就可以在客户端主机中的/mnt/nfs 目录中访问服务端中的共享目录了。

3.6.3 卸载文件

如果不再需要共享的文件，可以使用如下命令卸载已挂载的目录：

```
> sudo umount /mnt/nfs
```

第4章

树莓派编程环境

4.1 Python 概述

Python 是一种解释型、面向对象、动态数据类型的高级程序设计语言，由 Guido van Rossum 于 1989 年底发明，第一个公开发行版发行于 1991 年。由于 Python 具有简洁性、易读性以及可扩展性，它目前已经成为一种主流的、最受欢迎的程序开发语言之一。自 20 世纪 90 年代初 Python 语言诞生至今，它逐渐被广泛应用于系统管理任务的处理和 Web 编程。

Python 是创始人 Guido van Rossum 于 1989 年圣诞节期间，在阿姆斯特丹为打发圣诞节的无趣，决心开发的新脚本解释程序，是对 ABC（由 Amoeba 公司开发的高级编程语言）的一种继承，其名字取自 20 世纪 70 年代首播的英国喜剧 *Monty Python's Flying Circus*。

4.1.1 什么是 Python

Python 是用途非常广泛的编程语言，具有非常清晰的语法特点，是由 ABC、Modula-3、C、C++、ALGoL 68、Smalltalk、UNIX Shell 等诸多编程语言和其他的脚本语言发展而来的，适用于 Windows、UNIX 等多种操作系统，其源代码遵循 GPL（GNU General Public License，简称 Gun GPL 或 GPL）。目前，Python 在国际上非常流行，正在得到越来越多的应用，其官方网站提供了很多的相关资料。

Python 使用方便，不需要进行复杂的编译，用途非常广泛，适合各种软件的开发，比如网站制作、图形用户界面(Graphical User Interface，GUI)程序开发、网络编程、数据库编程、图形图像处理、科学计算、手机编程等。

目前，使用 Python 最多的应该是 Google 公司，Google 搜索引擎就是该公司的产品。微软公司、全球著名的手机厂商 Nokia 公司早已开始提供基于 Python 语言的相关软件。此外，还有很多游戏也是使用 Python 开发的，目前已经有成百上千的 Python 公共资源供用户使用。

国外使用 Python 做科学计算的研究机构日益增多，一些知名大学已经采用 Python 教授“程序设计”课程，卡内基-梅隆大学的“编程基础”课程、麻省理工学院的“计算机科学及编程导论”课程均使用 Python 语言讲授。

众多开源的科学计算包均提供 Python 调用接口，例如著名的计算机视觉库 OpenCV、3D 可视化库 VTK、医学图像处理库 ITK。Python 专用的科学计算扩展库有很多，如 NumPy、SciPy 和 Matplotlib 等，它们分别为 Python 提供快速数据处理、数值运算以及绘图功能。Python 及其众多的扩展库所构成的开发环境十分适用于工程技术和科研人员处理实验数据、制作图表，甚至开发科学计算应用程序。

据统计，在 Python 推出以前，C、C++ 和 Java 一直排在热门编程语言排行榜的前 3 位，远远领先其他语言，但 Python 的加入改变了这一格局。Python 是当今大学中用于教学的第一语言，在统计领域、人工智能编程领域、脚本编写、系统测试等领域均排名第一。除此之外，还在 Web 编程和科学计算方面处于领先地位，如图 4-1 所示。总之，Python 无处不在。

Aug 2021	Aug 2020	Change	Programming Language	Ratings	Change
1	1		C	12.57%	-4.41%
2	3	^	Python	11.86%	+2.17%
3	2	˅	Java	10.43%	-4.00%
4	4		C++	7.36%	+0.52%
5	5		C#	5.14%	+0.46%
6	6		Visual Basic	4.67%	+0.01%
7	7		JavaScript	2.95%	+0.07%
8	9	^	PHP	2.19%	-0.05%
9	14	^^	Assembly language	2.03%	+0.99%
10	10		SQL	1.47%	+0.02%

图 4-1 2021 年 8 月的 TIOBE 编程语言排行榜(每月更新)

4.1.2 Python 的特点

Python 是结合了解释性、编译性、互动性和面向对象的高层次的脚本语言。Python 的设计具有很强的可读性，与其他语言相比，它较少使用关键字，更有特色。

1. 结构特点

Python 具有以下结构特点。

(1) Python 是交互式语言。可以在 Python 提示符下，直接互动地执行程序。

(2) Python 是面向对象语言。Python 支持面向对象的风格或代码封装在对象内的编程技术。

(3) Python 是初学者的语言。对初级程序员而言，Python 是一种伟大的语言，它支持广泛的应用程序开发,如简单的文字处理、浏览器开发、游戏开发等。

2. 兼容性特点

Python 语言具有以下兼容性特点。

(1) 易于学习：有相对较少的关键字和明确定义的语法,其结构简单,学习起来更加容易。

(2) 易于阅读：其代码定义更清晰。

(3) 易于维护：其源代码容易维护。

(4) 广泛的标准库：其最大的优势之一是具有丰富、跨平台的标准库,与 UNIX、Windows 和 Macintosh 系统的兼容性较好。

(5) 互动模式：该模式支持从终端输入执行代码并获得结果,并且支持互动测试和代码片断调试。

(6) 可移植：基于其开放源代码的特性,Python 已经被移植至许多平台。

(7) 可扩展：如果需要一段运行很快的关键代码,或者是想要编写一些不对外公开的算法,可以使用 C 或 C++完成相关部分,然后从 Python 中调用。

(8) 广泛的数据库接口：提供了主要的商业数据库接口。

(9) GUI 编程：支持将创建的 GUI 移植至其他系统。

(10) 可嵌入：可以将 Python 程序嵌入 C 或 C++程序中,使用者可获得"脚本化"的能力。

3. 其他功能

除了上述功能外,Python 还有很多其他优秀的功能,它支持功能和结构化编程方法以及面向对象编程(Object Oriented Programming,OOP),可以用作脚本语言,也可以编译为字节码来构建大型应用程序,提供高级的动态数据类型,并支持动态类型检查、支持自动垃圾收集,可以很容易地与 C、C ++、COM、ActiveX、CORBA 和 Java 集成。

4.2 Python 程序开发

Python 的设计目标之一是让代码具备高度的可读性,即尽量使用其他语言经常使用的符号和命令,让代码看起来整洁美观。它不像其他的静态语言如 C、Pascal 那样需要重复书写声明语句,也不像它们的语法那样经常有特殊情况和意外。

Python 的开发者有意让违反缩进规则的代码不能通过编译,以此强制程序员养成良好的编程习惯。Python 使用"缩进"表示语句块的开始和退出(Off-side 规则),而非使用花括号或者某关键字,即增加"缩进"表示语句块的开始,而减少"缩进"则表示语句块的退出。"缩进"成为语法的一部分,例如 Python 3 中的 if 语句：

```
age = int(input ("请输入您的年龄: "))
if age < 21:
    print("您不能买酒.")
  print("不过,您能买口香糖.")
print("这句话在 if 语句块的外面.")
```

4.2.1 部分控制语句

1. if 语句

if 语句是最常见的条件控制语句，条件成立时，执行语句块，经常与 else、elif（相当于 else if）配合使用。Python 中，用 elif 代替了 else if，所以 if 语句的关键字为 if-elif-else。

if 语句的一般形式如下所示：

```
if condition_1:
    statement_block_1
elif condition_2:
    statement_block_2
else:
    statement_block_3
```

此代码段的运行过程如下。

（1）如果 condition_1 为 True，则执行 statement_block_1 语句块。

（2）如果 condition_1 为 False，则判断 condition_2。

（3）如果 condition_2 为 True，则执行 statement_block_2 语句块。

（4）如果 condition_2 为 False，则执行 statement_block_3 语句块。

if 语句的注意事项如下。

（1）每个条件后要使用冒号":"，后面是满足条件后要执行的语句块。

（2）使用"缩进"来划分语句块，缩进数相同的语句组成一个语句块。

（3）Python 中没有 switch-case 语句。

2. while 语句

在 while 语句中，当条件为真时，循环执行语句块。其一般形式为

```
while 判断条件:
    语句
```

使用 while 语句需要注意以下问题。

（1）判断条件后有冒号。

（2）语句部分要缩进。

（3）Python 中没有 do-while 循环。

3. try 语句

try 语句一般与 Exception、finally 配合使用，处理在程序运行中出现的异常情况。

4.2.2 迭代器和生成器

1. 迭代器

迭代（iterable）是 Python 最强大的功能之一，是访问集合元素的一种方式。

迭代器具有以下特征。

（1）可以记住遍历的位置的对象。

（2）从集合的第一个元素开始访问，直至所有元素被访问完时结束。

（3）只能向前，不能后退。

(4) 有 2 个基本方法：iter()和 next()。

(5) 字符串、列表或元组对象均可用于创建迭代器，迭代器对象可以使用常规 for 语句进行遍历。

2. 生成器

在 Python 中，使用关键字 yield 的函数被称为生成器(generator)。与普通函数不同的是，生成器是返回迭代器的函数，只能用于迭代操作，即实质是迭代器。

在调用生成器的过程中，每次遇到关键字 yield 时，函数会暂停并保存当前所有的运行信息，返回 yield 的值，并在下一次执行 next()方法时从当前位置继续运行。

4.2.3 表达式

Python 的表达式语法与 C 或 C++类似，只有部分语法有所差别。

Python 主要的算术运算符与 C 或 C++类似。

(1) +、-、*、/、//、*、~、%分别表示加法或者取正、减法或者取负、乘法、除法、整除、乘方、取补、取余。

(2) and、or、not 表示逻辑运算。

(3) is、is not 用于比较 2 个变量是否为同一个对象。

(4) in、not in 用于判断一个对象是否属于另一个对象。

Python 使用 lambda 表示匿名函数，匿名函数体只能是表达式。比如：

```
>>> add = lambda x,y : x + y
>>> add (3, 2)
```

Python 的函数支持递归、默认参数值、可变参数，但不支持函数重载。为增强代码的可读性，可以在函数后书写"文档字符串"(documentation strings，简称 docstrings)，用于解释函数的作用、参数的类型与意义、返回值类型与取值范围等，并可以使用内置函数 help()打印出函数的使用帮助，比如：

```
>>> def randint(a,b) :
..."Return random integer in range[a,b],including both end points."…
>>> help(randint)
Help on function randint in module_ main__ :
randint(a,b)
Return random integer inrange[a, b], including both end points.
```

4.2.4 对象的方法

对象的方法是指绑定到对象的函数。调用对象方法的语法是 instance. method (arguments)，等价于调用 Class. method (instance，arguments)。当定义对象方法时，必须显式地定义第一个参数。该参数名一般使用 self，用于访问对象的内部数据。self 与 C++、Java 中的 this 不完全一样，它可以被看作一个习惯性用法，如下所示：

```
class Fish:
    def eat(self, food):
        if food is not None:
```

```
            self. hungry = False
class User:
    def__init__(self, name):
        self.name = name
```

f=Fish() ＃构造 Fish()方法的实例,以下两种调用形式是等价的。

```
Fish.eat(f, "earthworm")
f.eat("earthworm")
u = User ('username?')
print(u. name)
```

4.3 运行 Python 程序

树莓派系统中自带 Python IDE,在最新的树莓派系统中自带的 Python IDE 是 Thonny,因此不用安装其他 Python IDE,即可直接使用 Thonny 编写 Python 代码。也可以在计算机上编写 Python 代码,然后将所要运行的代码文件传输到树莓派中并运行,至于如何向树莓派传输文件,将在第 5 章进行详细讲解。

4.3.1 Thonny Python 的界面

登录树莓派图形化界面,选择 Menu→编程,可找到 Thonny Python IDE 图标,然后单击该图标即可运行,如图 4-2 所示。

图 4-2 树莓派中的 Thonny Python IDE

Thonny 的界面主要分为 2 个区域,即代码编辑区和 Shell 窗口,如图 4-3 所示。代码编辑区用来编写代码,Shell 窗口可以用来更加直接地进行交互,并且运行结果也显示在 Shell 窗口中。

Thonny 的调试(debug)模式与其他 IDE 有很大区别,在 Thonny 的调试模式中可以逐行运行代码,同时可以看到所有对象或变量的状态。而在其他 IDE 中,需要先设置断点再进行调试,Thonny 不需要设置断点,因此更加简单方便。

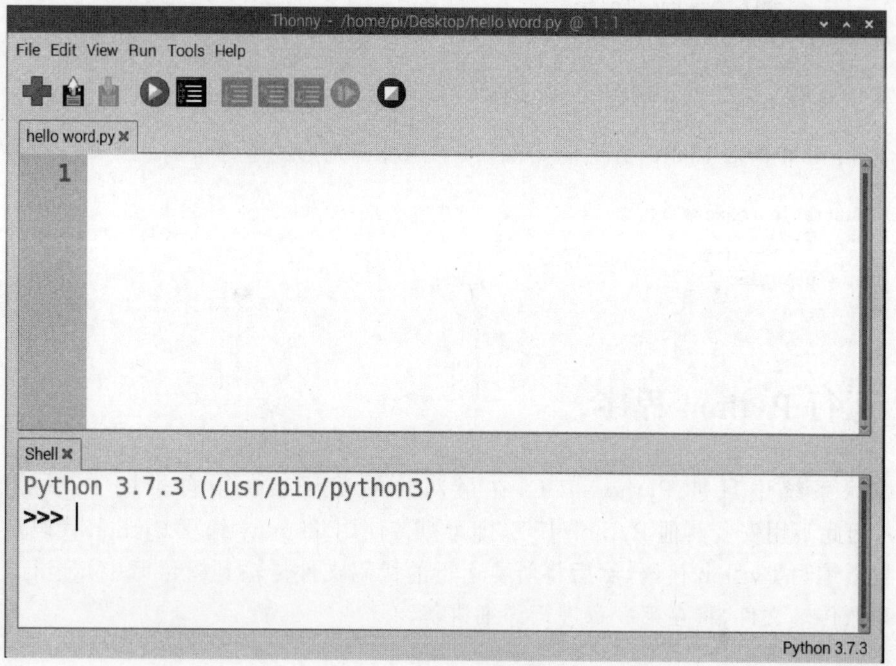

图 4-3　Thonny 的界面

4.3.2　Thonny 的 View 选项

在 Thonny 界面的菜单栏中选择 View 选项，即可对部分窗口组件进行显示或关闭设置，如图 4-4 所示。其中，经常用到的 4 个窗口组件如下所示。

（1）Files：用来显示文件浏览器。

（2）Outline：用来显示代码结构。

（3）Variables：用来显示代码中的变量。

（4）Shell：用来显示直接与 Python 解释器的交互、执行命令测试代码片段，或查看即时的输出结果。

其他的组件使用不是很频繁，此处不多做介绍，读者可以根据需要和兴趣进行选择性地了解。

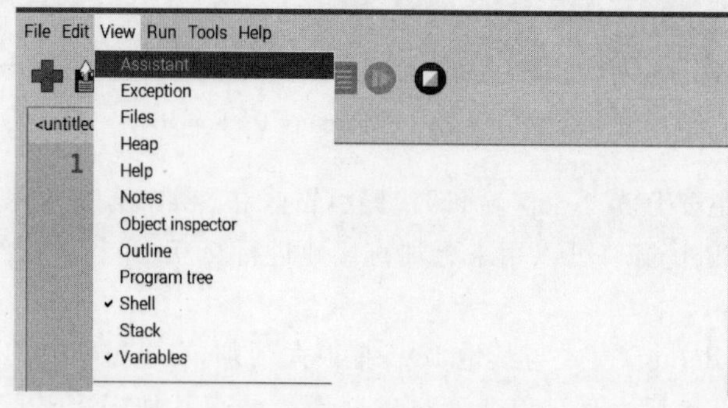

图 4-4　Thonny View 选项

4.3.3 Thonny 的 Options 选项

Thonny 是树莓派自带的编辑器，默认情况下不需要为 Thonny 配置 Python 环境。如果要修改配置，可以选择 Tools → Options 选项，在相应的设置界面依次进行设置，该界面主要包括以下设置选项。

（1）General：常规设置，可以设置语言为简体中文。

（2）Interpreter：解释器，用来设置 Python 解释器或虚拟环境。

（3）Editor：编辑器。

（4）Theme&Font：主题和字体。

（5）Run&Debug：运行和调试。

（6）Terminal：终端，对运行脚本进行设置。

（7）Shell、Assistant：助手。

可以在图 4-5 所示的 Language 处设置，将语言设置为简体中文，然后重启 Thonny。

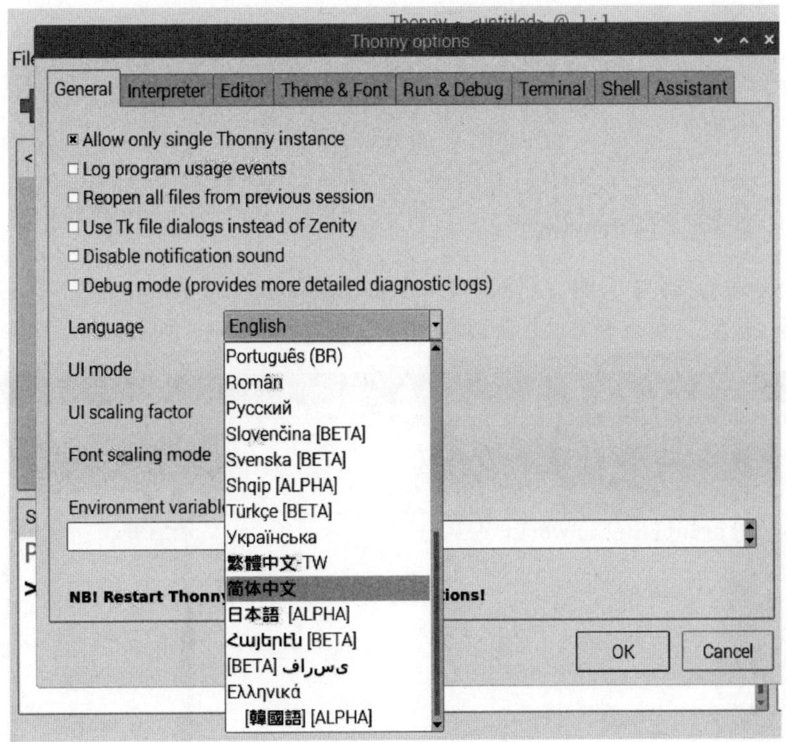

图 4-5 Thonny Options 界面

如果之前了解过 Python，应该会知道所有的 Python 软件包均托管在 PyPI（Python Package Index，PyPI）上，PyPI 是 Python 的包索引，同时也是 Python 的官方索引。通常使用 pip（Python 软件包管理器）从 PyPI 安装所需的软件包，可以使用 GUI 来管理软件包。打开工具→管理包选项，在搜索栏中输入程序包名称，然后单击 Search on PyPI 按钮进行搜索，它将搜索 PyPI 索引并显示与名称匹配的软件包列表，如图 4-6 所示。

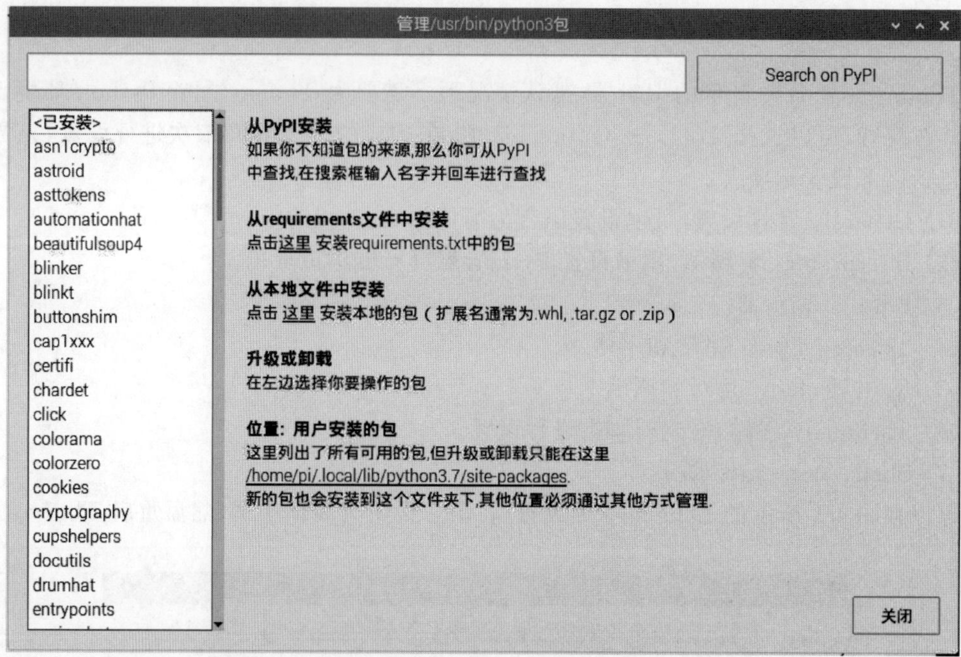

图 4-6　管理包的界面

4.3.4　编写 Python 程序

对 Thonny 有了简单了解后，使用 Thonny 编写第一个 Python 程序，即打印"Hello，world"。运行成功后，可以在 Shell 窗口看到打印结果，如图 4-7 所示。

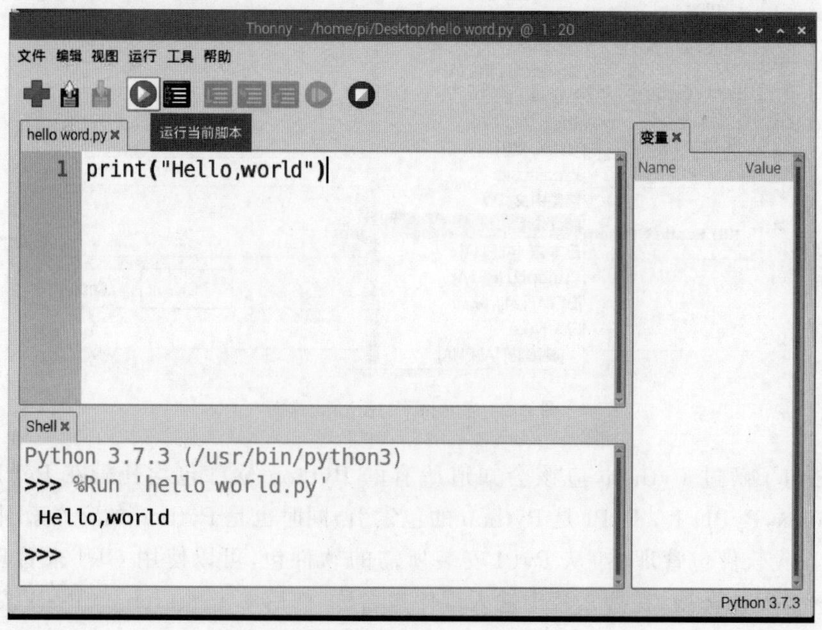

图 4-7　第一个 Python 程序

第5章 WinSCP

5.1 WinSCP 的安装

WinSCP 是在 Windows 环境下使用 SSH 的开源图形化 SFTP(SSH File Transfer Protocol)客户端，同时还支持 SCP(Secure Copy Protocol)协议，即可使用 WinSCP 连接至一台提供 SFTP 或 SCP 服务的 SSH 服务器(通常是 UNIX 服务器)。WinSCP 同时支持 SSH-1 和 SSH-2，SFTP 包含于 SSH-2 包，SCP 包含于 SSH-1 包，两种协议均能运行在以后的 SSH 版本上。

WinSCP 的主要功能是在本地与远程计算机之间安全地复制文件，并且可以直接编辑远程计算机中的文件，也可以连接至其他系统，如 Linux 系统。一般情况下，在本地计算机与树莓派之间传输文件可以选用 WinSCP，它的优点较多，如下所述。

(1) 图形化用户界面；

(2) 界面有多种语言，包括简体、繁体中文等；

(3) 与 Windows 完美集成(包括拖曳、URL、快捷方式等)；

(4) 支持所有的常用文件操作；

(5) 支持基于 SSH-1、SSH-2 的 SFTP 和 SCP 协议；

(6) 支持批处理脚本和命令行方式；

(7) 支持多种半自动、自动的目录同步方式；

(8) 内置文本编辑器；

(9) 支持 SSH 密码、键盘交互、公钥和 Kerberos(一种计算机网络认证协议)验证；

(10) 通过与 Pageant(PuTTY Agent)集成，支持各种类型的公钥验证；

(11) 提供 Windows Explorer 与 Norton Commander 2 种界面；

(12) 可存储会话信息；

(13) 可使用单独的配置文件，也就是可将设置存放置配置文件中而非注册表中，适合在移动介质上进行操作。

进入如图 5-1 所示的 WinSCP 官网，单击方框中的 DOWNLOAD WINSCP 5.19.2 按钮，即可开始下载软件安装包。

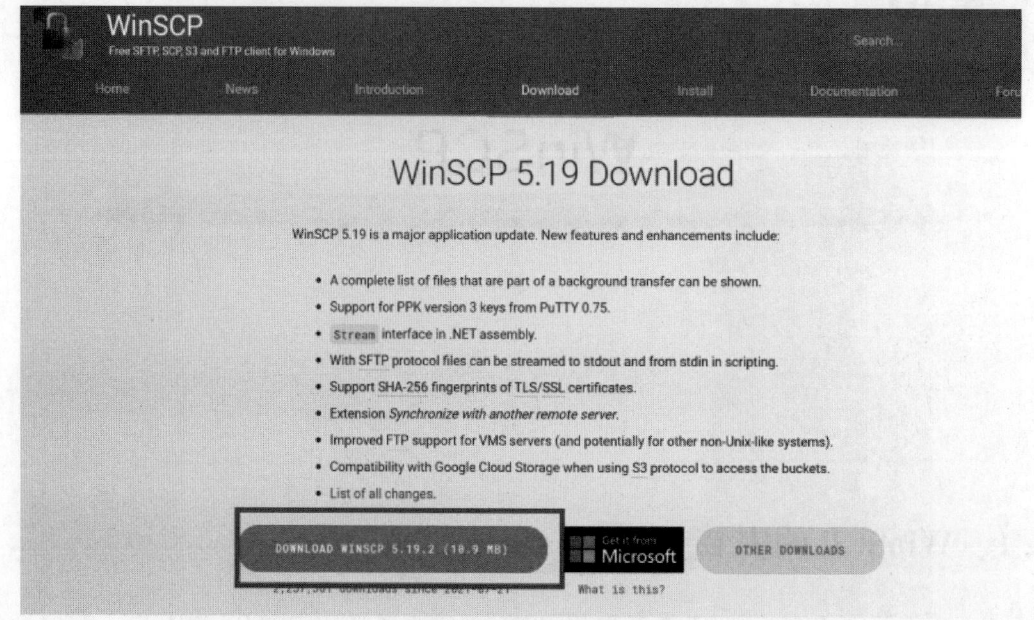

图 5-1　WinSCP 官方下载页

下载完成后，在相应的下载目录下找到已下载的安装包，双击安装包进行程序安装。此时会弹出如图 5-2 所示的界面，选择安装程序模式，一般建议选择“为所有用户安装”选项。

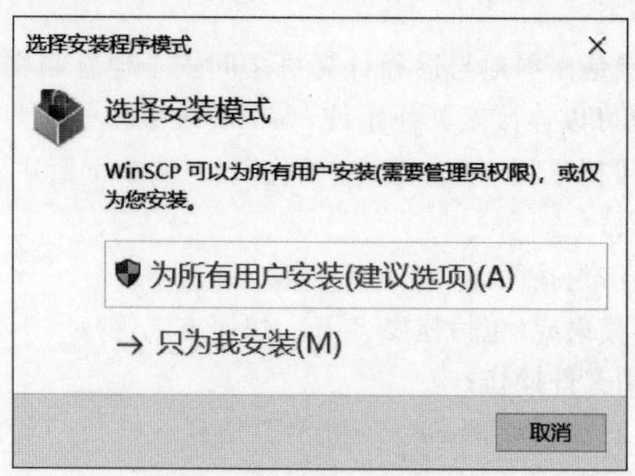

图 5-2　选择安装模式

选择安装程序模式后是许可协议的确认，如图 5-3 所示，单击“接受”按钮，进行下一步。

下一步是安装类型的选择，如图 5-4 所示，建议此处选择“自定义安装”，默认的安装路径在 C 盘，不但不容易找到安装位置，还可能会影响计算机的运行速度。选择完安装类型，单击“下一步”按钮。

如果前面选择的是“自定义安装”，下一步将选择目标的安装位置，也就是选择 WinSCP 所要安装的位置。如图 5-5 所示，单击“浏览”按钮后，选择自定义安装的位置，单击“下一步”按钮。

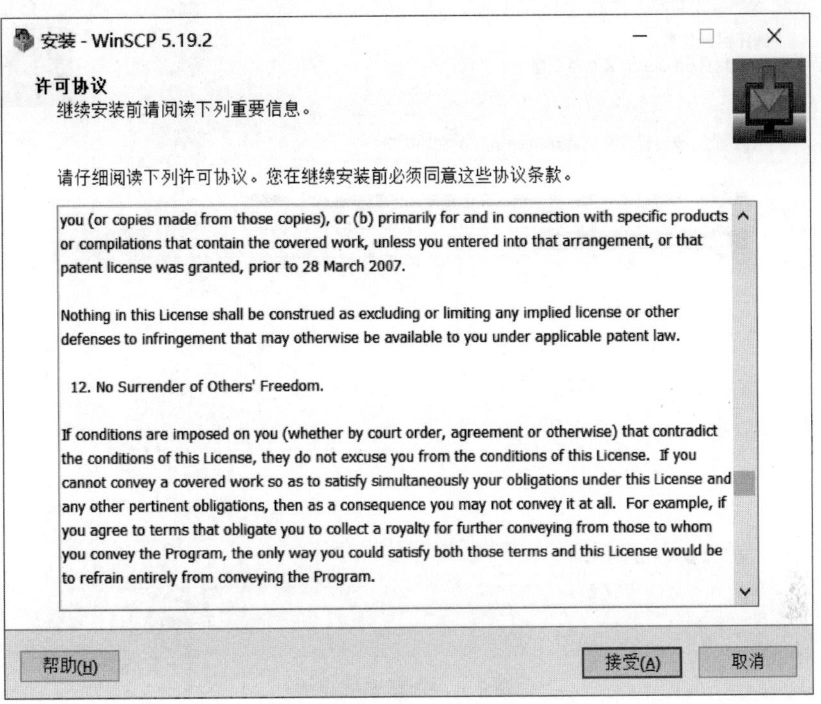

图 5-3 许可协议

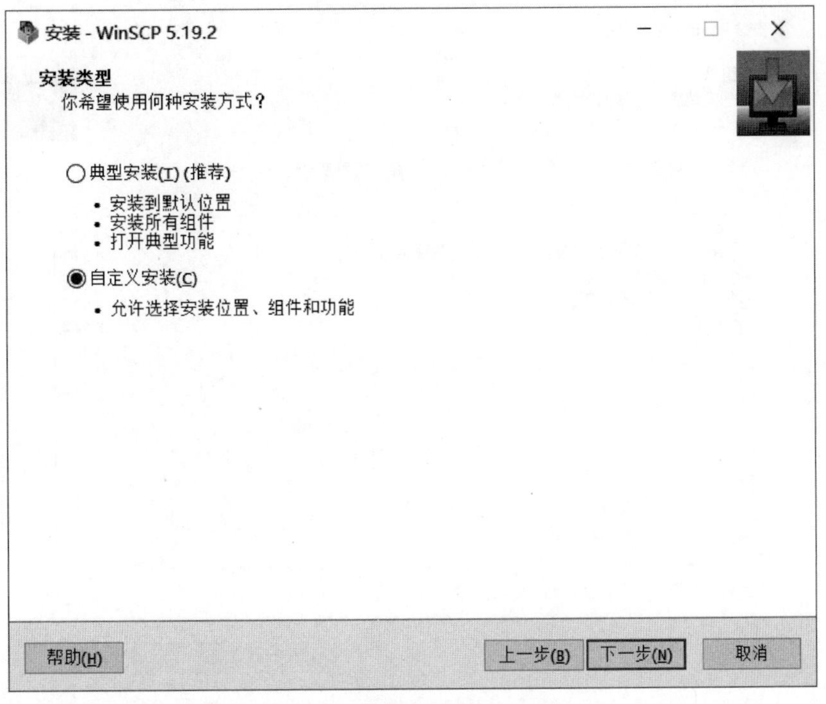

图 5-4 选择安装程序的类型

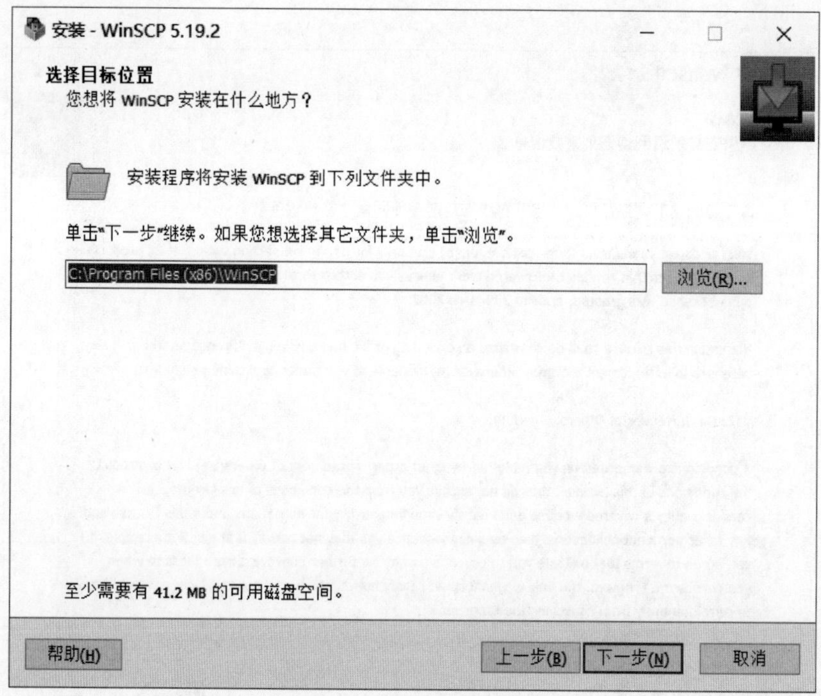

图 5-5　选择安装位置

根据需要进行组件的选择，如图 5-6 所示完成后，单击“下一步”按钮。

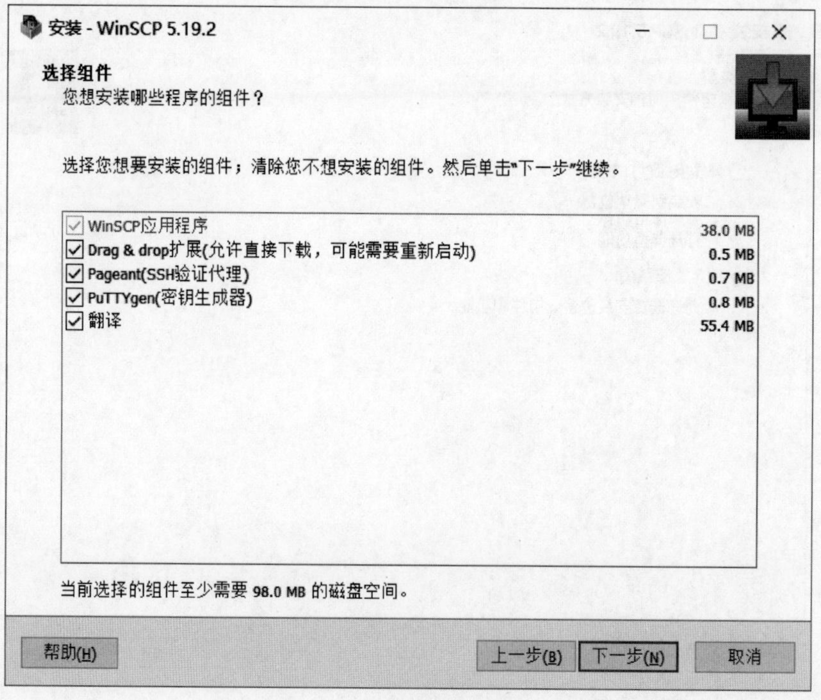

图 5-6　选择要安装的组件

继续进行下一步，即选择附加任务，可以根据个人喜好选择，没有强制性要求。如图 5-7 所示，选择完成后，单击“下一步”按钮。

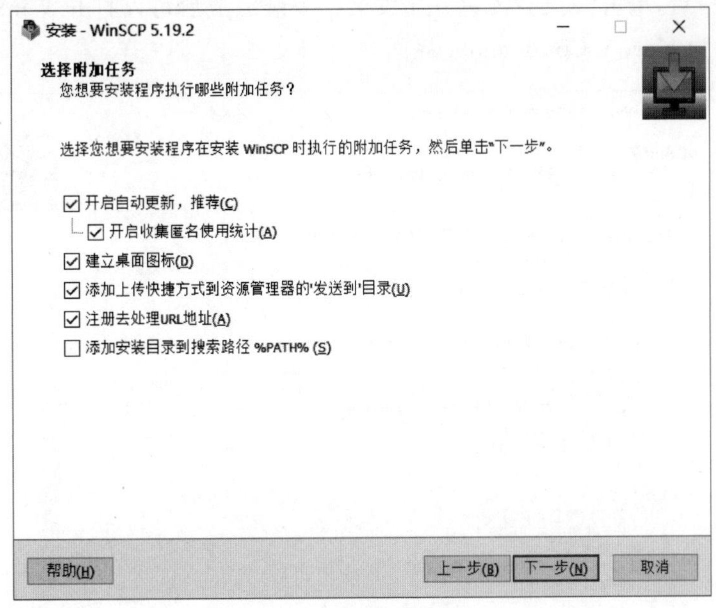

图 5-7 选择附加任务

此时，可进行初始化用户的设置，即选择用户界面风格，如图 5-8 所示。WinSCP 有 2 种界面可供选择，选择 Commander 选项即可进入 Norton Commander 界面，此界面更注重方便的键盘操作，可以完全脱离鼠标，更快地进行操作；选择 Explorer 选项即可进入 Windows Explorer 界面，Windows 用户比较熟悉此界面。在安装时，可以先选择喜欢的界面，在以后的使用过程中可以随时重新设置。设置完成后，单击“下一步”按钮。

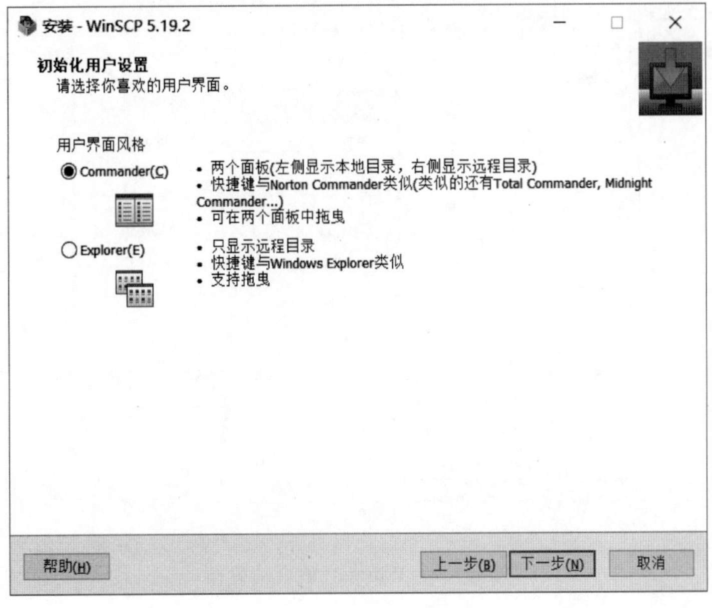

图 5-8 初始化用户设置

在“准备安装”界面，可以对设置进行最后确认，检查安装位置、安装类型、选择安装的组件、附加任务等，如图 5-9 所示。如果需要修改，可单击“上一步”按钮，返回至前一界面进行修改。确认完毕后，单击“安装”按钮开始安装。安装完成后可以打开 WinSCP 查看界面，如图 5-10 所示为 Norton Commander 界面。

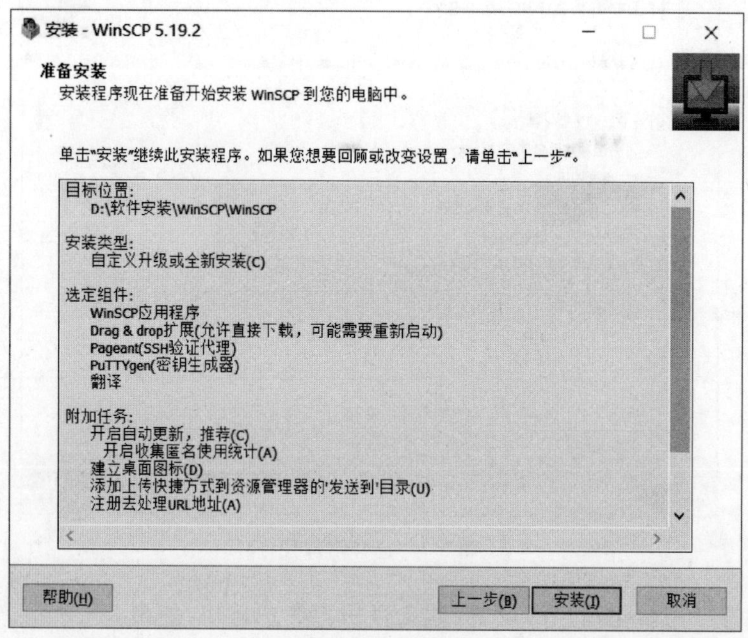

图 5-9　准备安装

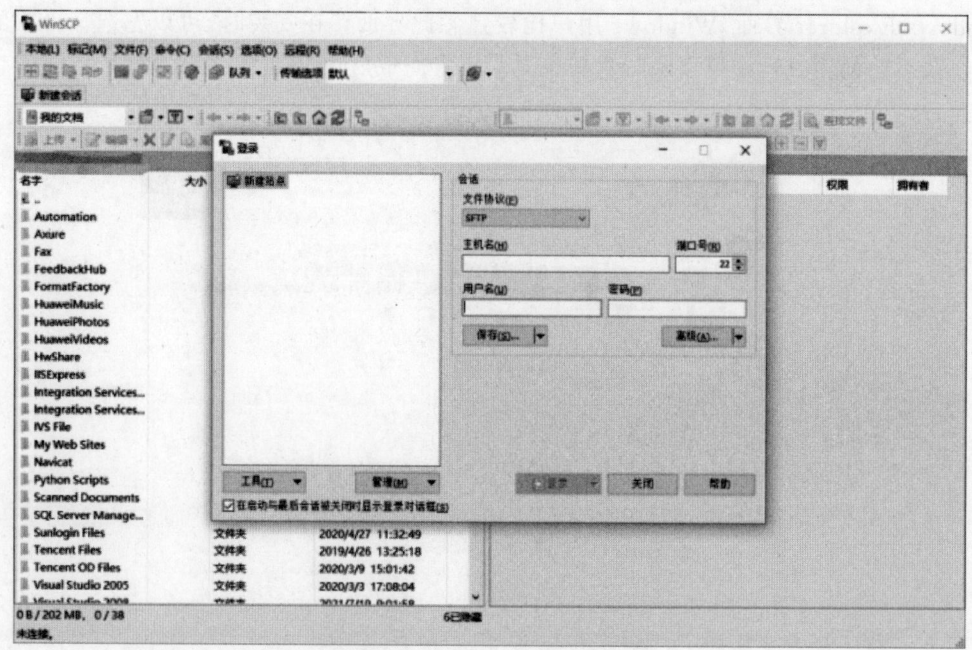

图 5-10　WinSCP 的启动界面

5.2 导入文件至树莓派

简单了解 WinSCP 并进行安装后，本节将介绍通过 WinSCP 向树莓派导入文件。首先，通过 WinSCP 远程登录至树莓派，即打开 WinSCP，弹出登录窗口，在“主机名”处输入树莓派的 IP 地址；需要注意的是端口号，如果端口号有更改，要输入更改后的新端口号，否则会被拒绝登录。如果树莓派的端口号是默认的 22，直接登录即可，如图 5-11 所示。在登录界面可以选择保存当前登录的主机的信息，避免每次重新输入。单击“登录”按钮后，若出现“警告”提示，单击“更新”按钮即可。

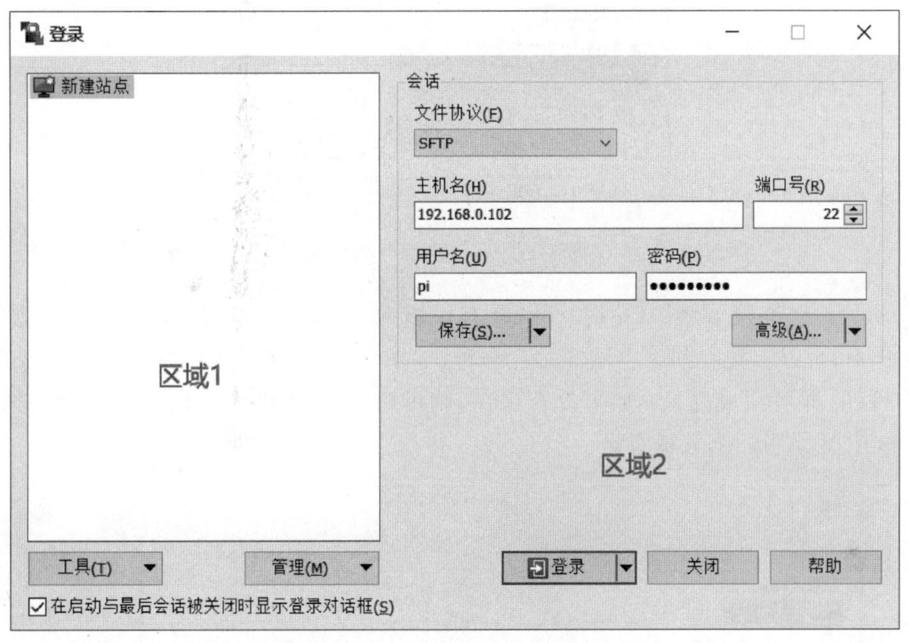

图 5-11　WinSCP 的登录界面

如图 5-11 所示，选择“区域 1”中的“新建站点”项，即可在“区域 2”中出现“文件协议”“主机名”“端口号”“用户名”“密码”等设置项。对各设置项进行选择配置后，相应配置会在“区域 1”中显示。

WinSCP 的传输模式支持 FTP、SFTP、SCP、WebDAV、Amazon S3 共 5 种文件协议，如图 5-12 所示。文件协议默认选择为 SFTP，一般建议选择 SFTP 或 SCP。

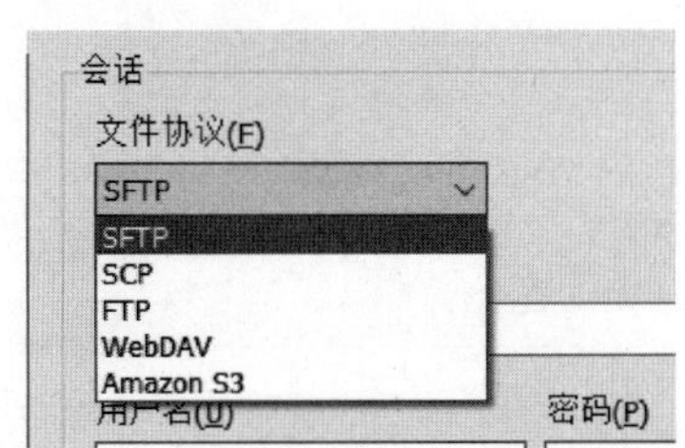

图 5-12　WinSCP 的文件协议

在“主机名”处输入树莓派的主机名，一般为树莓派的 IP 地址。如果没有修改，则端口号为 22。在输入对应的用户名和密码后，单击“保存”按钮。此时弹出如图 5-13 所示的对话框，在对话框中为保存的站点设置一个容易识别的名称并放置在相应文件夹中，进行统一管理。在图 5-13 所示的对话框中，有 2 个可选项：“保存密码”和“建立桌面快捷方式”。安全起见，建议在保存站点时不要输入密码，并勾选“保存密码”复选框。如果保存的站点是常用站点，可以勾选“建立桌面快捷方式”复选框，方便后续使用。最后，单击“确定”按钮，完成站点的保存。

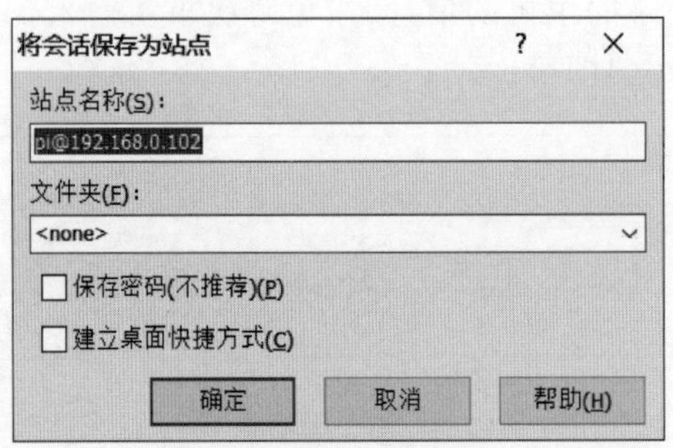

图 5-13　将会话保存为站点

至此，将站点保存在 WinSCP 中的工作就完成了。如果之前已经将站点保存在 WinSCP 中，可以直接找到已存储的站点名称(如图 5-14 左侧所示的“树莓派 demo”)，单击“登录”按钮，即可完成登录；如果没有保存，则可以通过新建站点，输入要登录的树莓派信息，再单击“登录”按钮，完成登录。

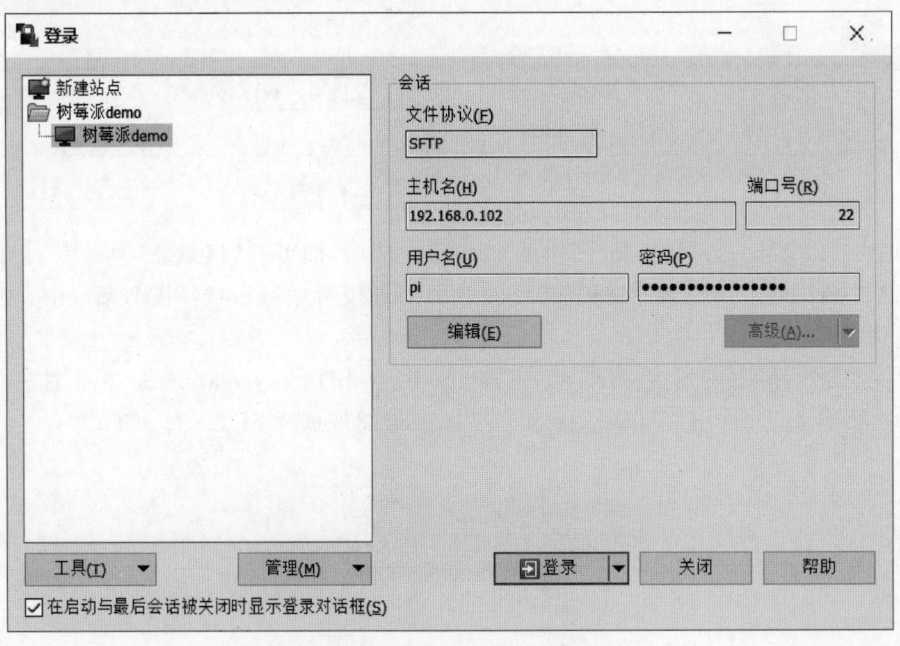

图 5-14　保存站点后的登录界面

首次登录时会弹出警告信息,提示并显示服务器主机的密钥问题,单击“是”按钮,继续进行下一步即可,如图 5-15 所示。

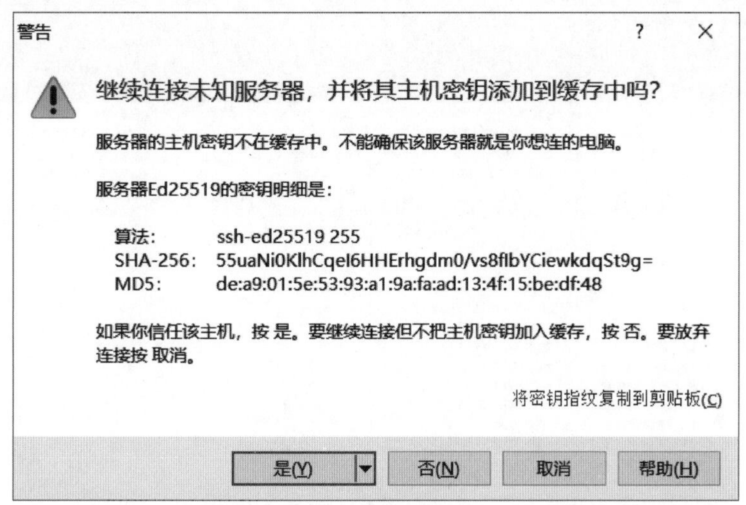

图 5-15　警告信息

随后会弹出登录窗口,默认登录至/home/pi 目录,如要管理树莓派中的文件,双击图 5-16 所示的图标即可。

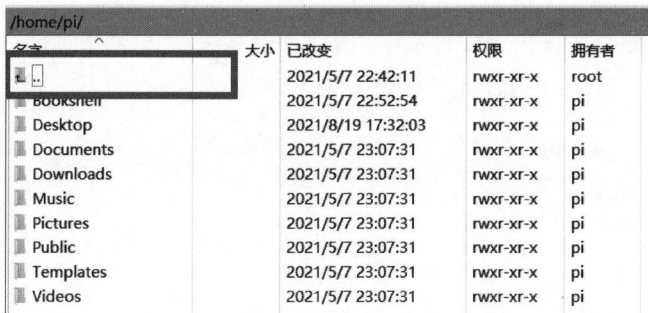

/home/pi/

名字	大小	已改变	权限	拥有者
..		2021/5/7 22:42:11	rwxr-xr-x	root
Bookshelf		2021/5/7 22:52:54	rwxr-xr-x	pi
Desktop		2021/8/19 17:32:03	rwxr-xr-x	pi
Documents		2021/5/7 23:07:31	rwxr-xr-x	pi
Downloads		2021/5/7 23:07:31	rwxr-xr-x	pi
Music		2021/5/7 23:07:31	rwxr-xr-x	pi
Pictures		2021/5/7 23:07:31	rwxr-xr-x	pi
Public		2021/5/7 23:07:31	rwxr-xr-x	pi
Templates		2021/5/7 23:07:31	rwxr-xr-x	pi
Videos		2021/5/7 23:07:31	rwxr-xr-x	pi

图 5-16　树莓派的目录

如图 5-17 所示,从左侧选择所要上传的文件,从右侧选择接收文件的目录,用鼠标将左侧的文件拖动至右侧即可完成上传。

此处需要注意的是,若文件传输失败,一般是树莓派的权限设置问题,此时需要将相关目录的权限设置为最高权限,相关命令如下:

```
chmod 777 树莓派目录名
```

如果在通过 SSH 上传文件时出现错误 Encountered 1 error during the transfer,则可能的原因如下。

(1) 登录树莓派系统时的权限问题,要给予树莓派目的目录最高权限。

(2) Windows 系统的权限不够,将待上传文件移动至桌面即可解决。

(3) Windows 文件的路径和文件名不能带圆括号(),否则会出现传输错误。

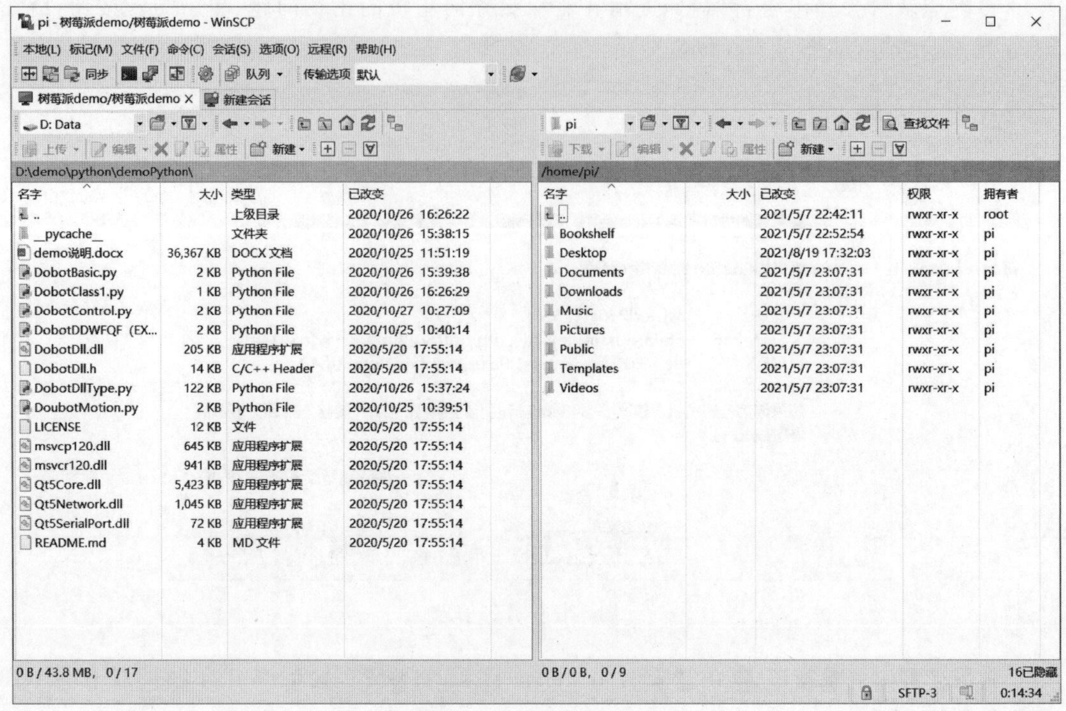

图 5-17　传输文件界面

前面提到，左侧是要导出的文件或文件夹，右侧是要导入文件的目录，使用鼠标将文件从左侧拖动至右侧即可。例如，将左侧 DobotBasic. py 文件拖动至右侧的 Desktop 目录内，如图 5-18 所示。

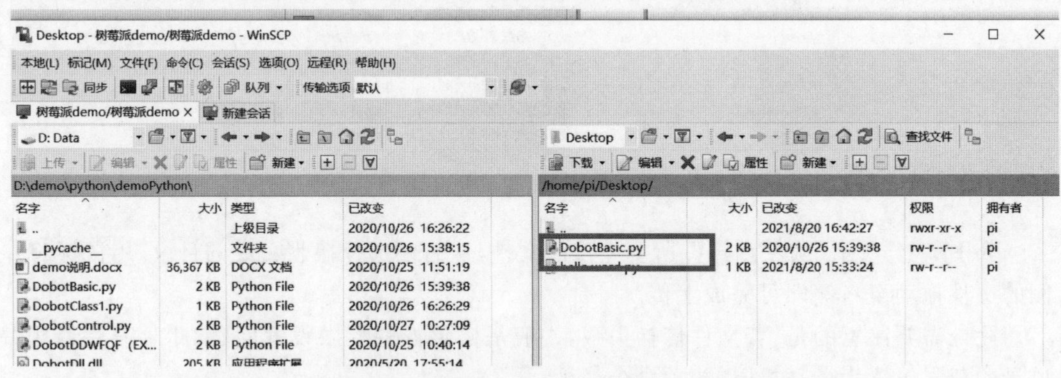

图 5-18　向树莓派的 Desktop 目录传输 Python 文件

如图 5-19 所示，左侧的本地资源窗口有上传功能选项，右侧的树莓派资源窗口有下载功能选项，通过它们也可以轻易地实现文件的传输。例如，需要将左侧的 DobotControl. py 文件上传至右侧的 Desktop 目录中，先在左侧选择文件，然后单击"上传"按钮，弹出图 5-20 所示的对话框，选择所要传输至的目录，此处选择的是 Desktop 目录，再单击"确定"按钮即可。

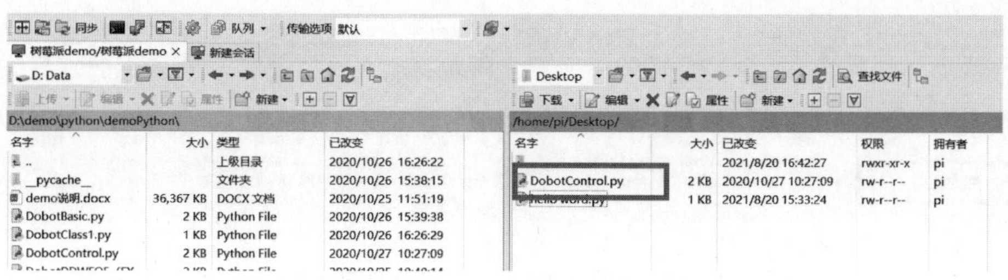

图 5-19 从本地资源窗口向 Desktop 目录上传 DobotControl. py 文件

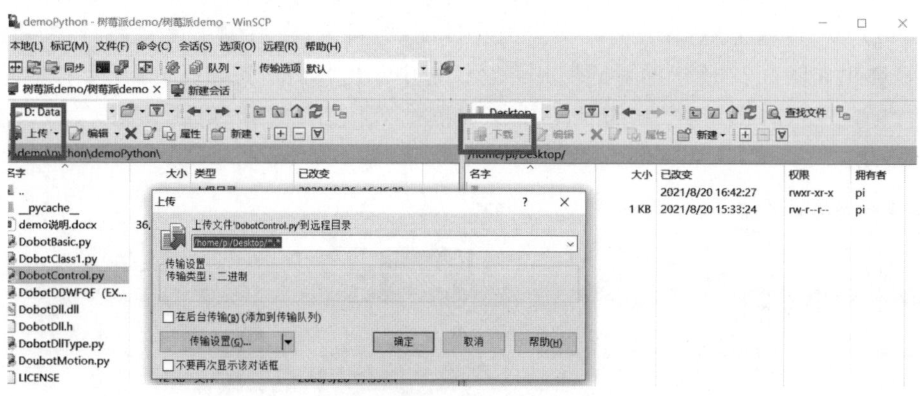

图 5-20 从本地资源窗口上传 DobotControl. py 文件

5.3 从树莓派中导出文件

5.2 节介绍了如何通过 WinSCP 向树莓派中导入文件。既然可以向树莓派中导入文件，就可以将树莓派中的文件导出至本地，其导入与导出基本上是差不多的。二者的区别在于，文件导入是鼠标拖动文件从左侧至右侧(这里简记为从左往右)或者在本地资源窗口上传文件，文件导出则是鼠标拖动文件从右侧至左侧(这里简记为从右往左)或者在树莓派资源窗口下载文件。本节重点介绍如何从树莓派中导出文件至本地。

如图 5-21 所示，在对话框中填写导出文件所在的目录，即可将右侧树莓派资源窗口中的 hello world. py 文件传输至左侧本地资源窗口中的"树莓派导出文件测试"目录，如图 5-22 所示。

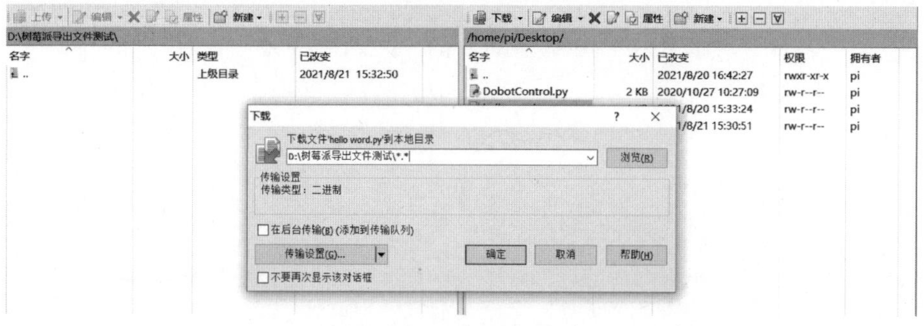

图 5-21 从树莓派中导出 hello world. py 文件

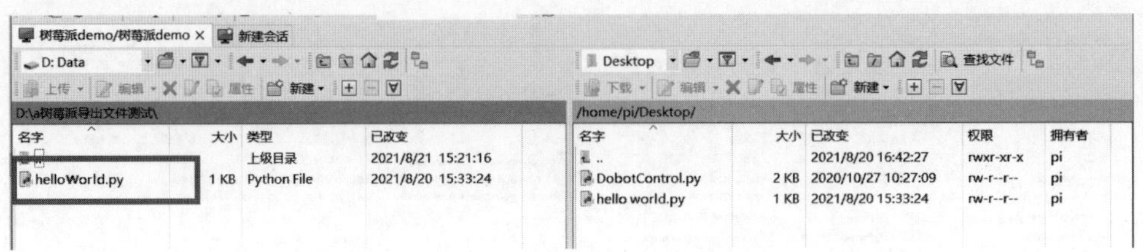

图 5-22　导出 hello world. py 文件至本地

右侧的树莓派资源窗口具有下载功能，可以轻松实现文件的传输。例如需要将右侧的“测试 demo. py”传输至左侧的“树莓派导出文件测试”目录，在右侧选择文件，然后单击“下载”按钮，弹出如图 5-23 所示的对话框。在对话框中单击“浏览”按钮，选择所要传输至的目录，单击“确定”按钮，即可在“树莓派导出文件测试”目录中看到“测试 demo. py”文件，如图 5-24 所示。

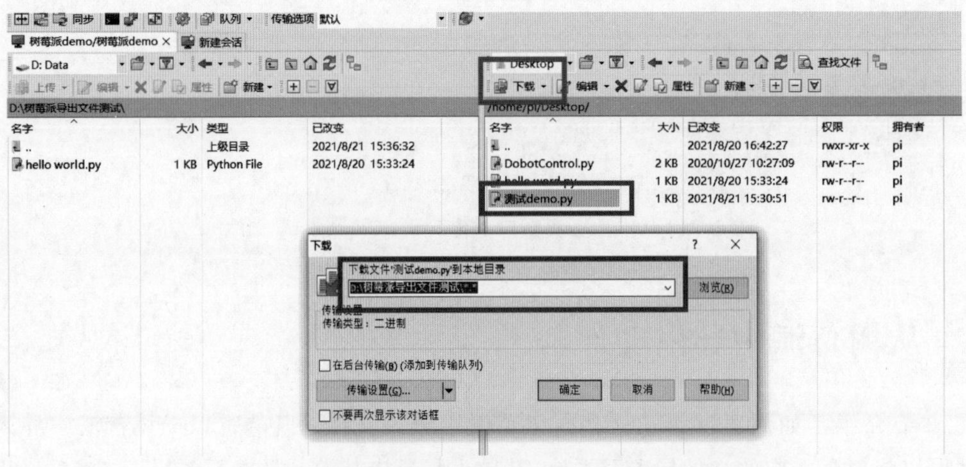

图 5-23　从树莓派中下载“测试 demo. py”文件

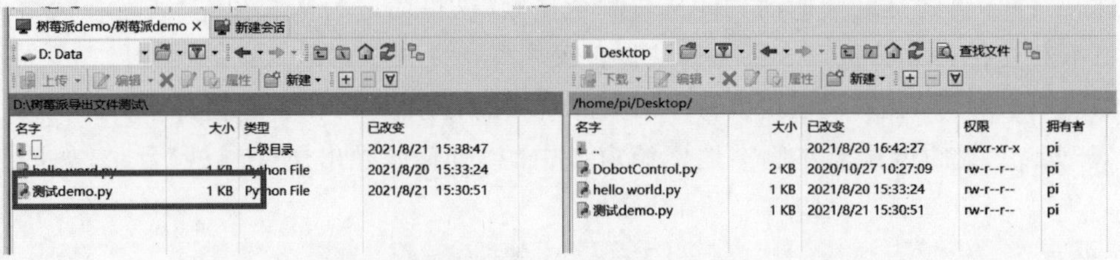

图 5-24　下载“测试 demo. py”文件至本地

第6章

树莓派的串口通信

6.1 什么是串口通信

串口通信(serial communications)是指外设和计算机之间通过数据信号线、地线、控制线等,按位(bit)进行传输数据的一种通信方式。这种通信方式使用的数据线少,在远距离通信中可以节约通信成本,但其传输速度比并行传输低。

串口是串行接口(serial port)的简称,也称为串行通信接口或 COM 接口,是一种接口标准,规定了接口的电气标准,但是没有规定接口插件电缆以及使用的协议。它还是计算机上一种非常通用的设备通信协议,大多数计算机(不包括笔记本计算机)均包含 2 个基于 RS-232 标准的串口,也还是仪器仪表设备通用的通信协议,很多通用接口总线(General Purpose Interface Bus,GPIB)兼容的设备也带有 RS-232 串口。同时,串口通信协议也可以用于获取远程采集设备的数据。

6.1.1 串口通信的原理

串口通信的原理非常简单,即按位发送和接收字节。尽管比按字节(byte)的并行通信慢,但是串口可以在使用一根线发送数据的同时,使用另一根线接收数据。它很简单,并且能够实现远距离通信。例如,IEEE-488 并行总线接口标准定义并行通信状态时规定设备线总长不得超过 20m,并且任意 2 台设备间的长度不得超过 2m,而串口的设备线长度可达 1200m。串口还可用于美国信息交换标准代码(American Standard Code for Information Interchange,ASCII)码字符的传输。串口通信使用 3 根线完成,分别是地线、发送、接收。串口通信是异步的,能够在一根线上发送数据同时,在另一根线上接收数据,其他线用于“握手”,但不是必需的。串口通信中最重要的参数是波特率、数据位、停止位和奇偶校验,对于两个进行通信的端口,以上参数必须匹配。

1. 波特率

波特率是指数据信号对载波的调制速率,它用单位时间内载波调制状态改变的次数来表示，其单位是波特(Baud)。典型的串口波特率有 600b/s、1200b/s、2400b/s、4800b/s、9600b/s、19200b/s、38400b/s 等。例如，PLC/PC 与称重仪表通信时，最常用的波特率是 9600b/s 或 19200b/s；PLC/PC 或仪表与大屏幕通信时，最常用的波特率是 600。

2. 数据位

数据位表示一组数据实际包含的数据位数。利用串口转换器或调制解调器在线路上传输串行数据时，每传送一组数据，均要包含相应的控制数据，包括开始发送数据(起始位)、结束发送数据(停止位)等，还包括起始位、校验位、停止位、波特率等，其中最重要的是数据位，即实际发送的信息内容。不同的通信环境下，规定不同的数据位和结束位数量。数据位紧跟起始位之后，是通信中真正有效的信息其位数由通信双方共同约定，一般可以是 6 位、7 位或 8 位。例如，基础 ASCII 码是 0～127(7 位)，扩展 ASCII 码是 0～255(8 位)。数据传输时，先传送低位的字符，后传送高位的字符，即最低有效位(Least Significant Bit，LSB)在前，最高有效位(Most Significant Bit，MSB)在后。

3. 奇偶校验位

奇偶校验位是串口通信中一种简单的检错方式。串口通信提供了 4 种检错方式，即偶校验、奇校验、高位校验和低位校验。针对偶校验和奇校验，串口会设置校验位(数据位后面的一位)，用一个数值确保传输的数据有偶数个或奇数个逻辑高位。例如数据是 011，那么对于偶校验，校验位为 0，保证逻辑高的位数是偶数个；如果是奇校验，校验位为 1，这样就有 3 个逻辑高位。高位和低位不真正的检查数据，简单置位逻辑高或者逻辑低校验。这样使得接收设备能够知道一个位的状态，有机会判断是否有噪声干扰了通信或者是否传输和接收数据不同步。

4. 停止位

停止位用于表示单个数据包的最后一位，是按长度来计算的，典型的值为 1 位、1.5 位和 2 位。由于数据是在传输线上定时的，并且每一台设备都有自己的时钟，通信中很可能出现两台设备不同步的情况。停止位不仅表示传输的结束，还提供了计算机校正时钟同步的机会。适用于停止位的位数越多，不同时钟同步的容忍程度越大，数据传输速度也越慢。

综上所述，串口通信的数据是一个字符一个字符地传输，每个字符是一位一位地传输。在传输一个字符时，总是以起始位开始，以停止位结束，字符之间没有固定的时间间隔要求。每一个字符前面均有一位起始位(低电平)，字符本身由 7 位数据位组成，如图 6-1 所示。字符位后是一位校验位(检验位可以是奇校验位、偶校验位或无校验位)，最后是 1 位、1.5 位或 2 位的停止位。停止位后是不定长的空闲位，停止位和空闲位均规定为高电平。实际传输时，每一位的信号宽度与波特率有关，波特率越高，宽度越小。在进行传输之前，双方一定要设置相同的波特率。

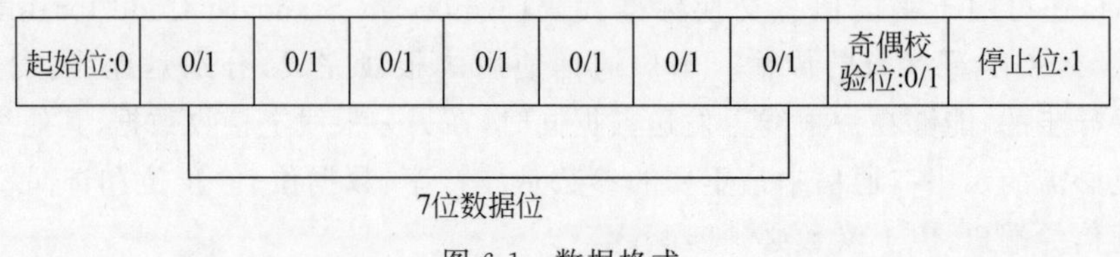

图 6-1 数据格式

6.1.2 串口通信的方式

串口通信可以分为单工通信模式、半双工通信模式、全双工通信模式 3 种。

单工通信模式(simplex communication)的数据传输是单向的。通信双方中,一方固定为发送端,另一方固定为接收端。信息只能沿一个方向并使用一根传输线传输,如图 6-2 所示。

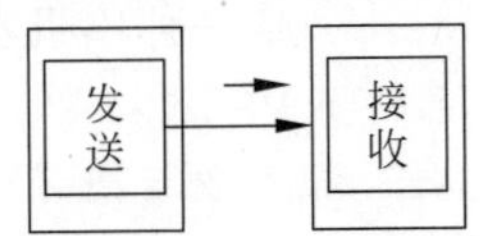

图 6-2　单工通信模式

半双工通信模式(half duplex)的通信是使用同一根传输线,既可以发送数据,又可以接收数据,但不能同时进行发送和接收,如图 6-3 所示。允许数据在 2 个方向上传输,但在任何时刻只能由其中一方发送数据,另一方接收数据。因此,半双工通信模式中既可以使用 1 条数据线,也可以使用 2 条数据线。半双工通信中,每端需有一个收发切换电子开关,通过切换来决定数据向哪个方向传输。因为有数据切换,会产生时间延迟,因此信息传输效率较低。

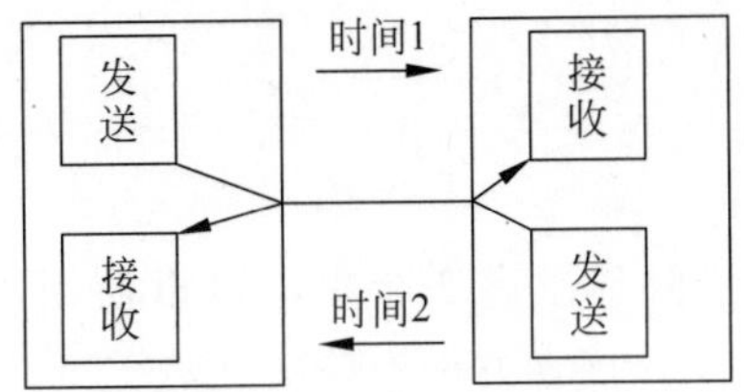

图 6-3　半双工通信模式

全双工通信模式(full duplex)通信允许数据同时在两个方向上传输。因此,全双工通信是 2 种单工通信方式的结合,它要求发送设备和接收设备均具有独立的接收和发送能力,如图 6-4 所示。在全双工通信模式中,每一端都有发送器和接收器,且有 2 条传输线,信息传输效率高。显然,在其他参数均一样的情况下,全双工通信模式比半双工通信模式传输速度要快,效率要高。

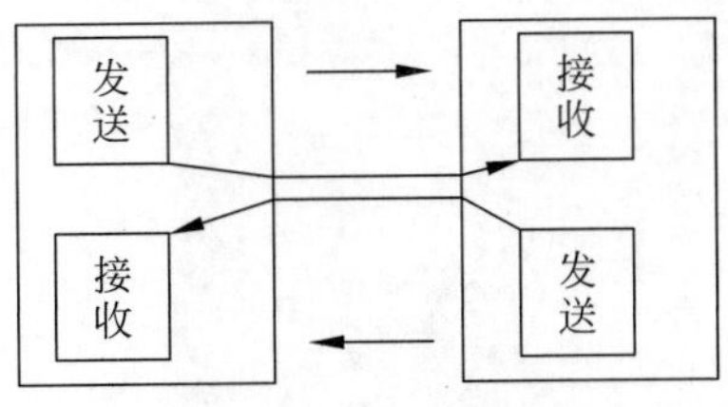

图 6-4　全双工通信模式

6.1.3 串口通信接口标准

串口通信中常用的接口标准有 RS-232、RS-422、RS-485,最初均是由美国电子工业协会(Electronic Industries Association,EIA)制定并发布。由于 EIA 提出的建议标准均是以推荐标准(recommeded standard)的首字母缩写 RS 作为前缀,所以在通信工业领域,习惯将上述标准以 RS 作为前缀。

RS-232 于 1970 年发布,命名为 EIA-232-E,作为工业标准保证不同厂家产品之间的兼容性。

RS-422 由 RS-232 发展而来,是为改进 RS-232 通信距离短(最大传输距离为 15m)、传输速率低(最大传输速率为 20kb/s)的缺点而提出的。RS-422 定义了一种平衡通信接口,将传输速率提高至 10Mb/s,传输距离延长至 1200m(速率低于 100kb/s 时),并允许在一条平衡总线上最多连接 10 个接收器。RS-422 是一种单机发送、多机接收的单向、平衡传输规范,被命名为 TIA/EIA-422-A 标准,简称为 RS-422。

EIA 为扩展应用范围,于 1983 年在 RS-422 基础上制定了 RS-485 标准,增加了多点、双向通信能力,即允许多个发送器连接至同一条总线,同时增加了发送器的驱动能力和冲突保护特性,扩展了总线共模范围,后来被命名为 TIA/EIA-485-A 标准,简称为 RS-485。因 RS-485 为半双工通信模式的,当用于多站互连时,可节省信号线,便于高速、远距离传送。许多智能仪器设备均配有 RS-485 总线接口。

RS-232、RS-422 与 RS-485 接口标准只对接口的电气特性(如电压、阻抗等)做出规定,不涉及接插件、电缆或协议,在此基础上用户可以建立自己的高层通信协议。关于串口通信接口标准,此处不做过多详细介绍,简单了解即可。

6.2 树莓派串口

在介绍树莓派时,曾经提到树莓派有 2 个串口可以使用,一个是硬件串口(官方称为 PL011 UART),另一个是 mini 串口(官方称为 mini UART)。硬件串口有单独的波特率时钟源,性能好,稳定性强;mini 串口功能简单,稳定性较差。波特率由 CPU 内核时钟提供,受内核时钟影响。树莓派 2B/B+等老版本的设计,均是将"硬件串口"分配给 GPIO 中的 UART(GPIO14 和 GPIO15),因此可以独立调整串口的速率和模式。而树莓派第 3、4 代板载蓝牙模块,默认的硬件串口是分配给蓝牙模块使用的,而性能较差的 mini 串口则分配给 GPIO 串口 TXD0、RXD0,如图 6-5 所示。

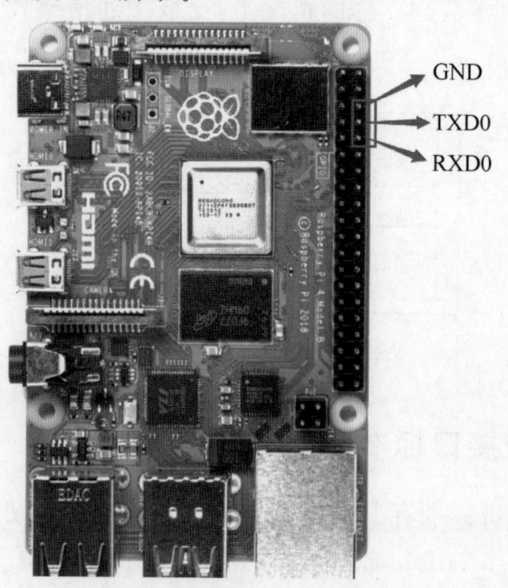

图 6-5　树莓派 4B 上的串口

如图 6-6 所示，树莓派的 I/O 口共有 40 个引脚，方框所示的内容为引出的串口 I/O。

Raspberry Pi GPIO Header + PoE Header

Pin#	NAME	NAME	Pin#
01	3.3v DC Power	DC Power 5v	02
03	GPIO02 (SDA1 , I²C)	DC Power 5v	04
05	GPIO03 (SCL1 , I²C)	Ground	06
07	GPIO04 (GPIO_GCLK)	(TXD0) GPIO14	08
09	Ground	(RXD0) GPIO15	10
11	GPIO17 (GPIO_GEN0)	(GPIO_GEN1) GPIO18	12
13	GPIO27 (GPIO_GEN2)	Ground	14
15	GPIO22 (GPIO_GEN3)	(GPIO_GEN4) GPIO23	16
17	3.3v DC Power	(GPIO_GEN5) GPIO24	18
19	GPIO10 (SPI_MOSI)	Ground	20
21	GPIO09 (SPI_MISO)	(GPIO_GEN6) GPIO25	22
23	GPIO11 (SPI_CLK)	(SPI_CE0_N) GPIO08	24
25	Ground	(SPI_CE1_N) GPIO07	26
27	ID_SD (I²C ID EEPROM)	(I²C ID EEPROM) ID_SC	28
29	GPIO05	Ground	30
31	GPIO06	GPIO12	32
33	GPIO13	Ground	34
35	GPIO19	GPIO16	36
37	GPIO26	GPIO20	38
39	Ground	GPIO21	40

Pin#	NAME	NAME	Pin#
01	TR01	TR00	02
03	TR03	TR02	04

图 6-6　树莓派的引脚

如果需要通过 UART 外接模块，默认情况下必须使用性能很低的 mini 串口。波特率随着内核主频的变化而变化，从而导致通信失败，并最终导致串口无法正常使用。如果可以恢复硬件串口与 GPIO14/15 的映射关系，则可以通过 GPIO 使用高性能的硬件串口进行串口通信或者进行串口设备的连接。输入命令

```
ls -l /dev
```

可以查看默认的串口分配方式。

如图 6-7 所示，在默认情况下，mini URAT 用于登录连接并控制树莓派。此时，mini UART 还不能用于通信，只有 serial1（蓝牙）默认使用的是 PL011 UART（ttyAMA0）硬件串口，因此要先启用 mini UART 的通信功能。可以通过 VNC 远程进入树莓派图形化界面，然后在图形化界面中开启 Serial Port，其具体步骤为：选择 Menu（菜单，左上角草莓标

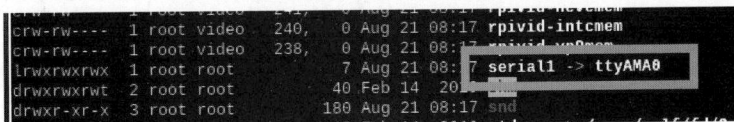

```
crw-rw----  1 root video   240,   0 Aug 21 08:17 rpivid-intcmem
crw-rw----  1 root video   238,   0 Aug 21 08:1
lrwxrwxrwx  1 root root          7 Aug 21 08:17 serial1 -> ttyAMA0
drwxrwxrwt  2 root root         40 Feb 14  201
drwxr-xr-x  3 root root        180 Aug 21 08:17 snd
```

图 6-7　默认分配的串口

志)→ Preferences(首选项)→Raspberry Pi Configuration 选项,进入树莓派图形化界面的系统配置界面,如图 6-8 所示。

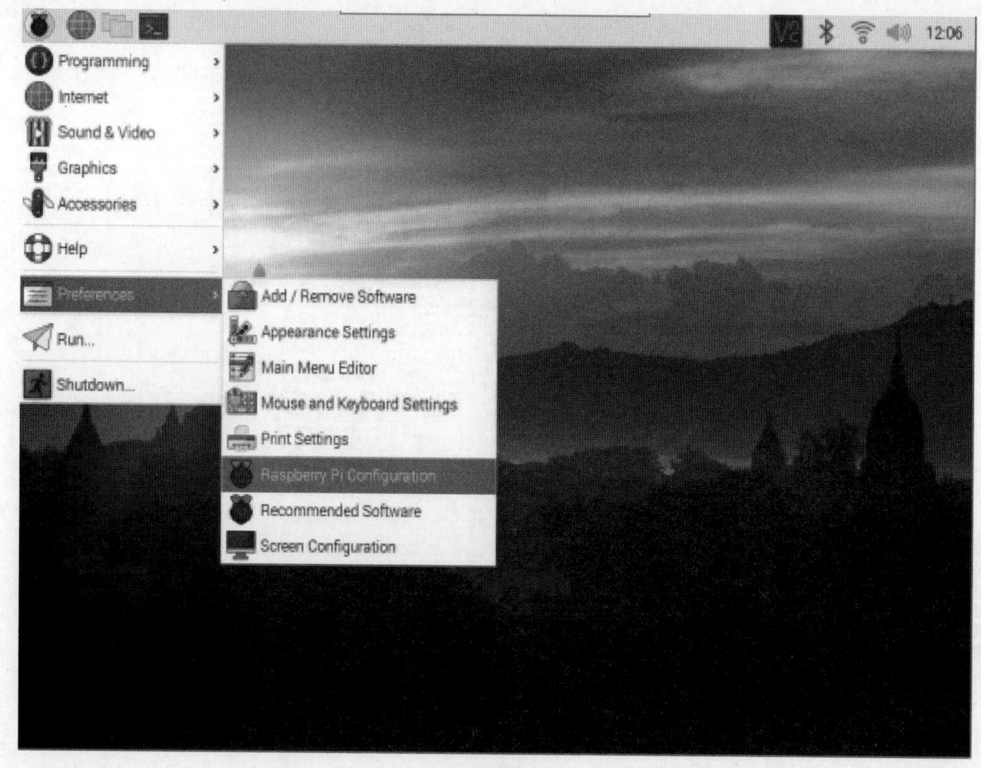

图 6-8 图形化界面

在弹出的窗口中选择 Interfaces 选项栏,在 Interfaces 选项栏中可以看到 9 个可设置项(根据之前烧录系统的不同,此处可能会与图 6-8 的内容有些许区别),然后在 Serial Port 处选择 Enable,开启 Serial Port 服务,启用 mini UART 的通信功能,如图 6-9 所示。

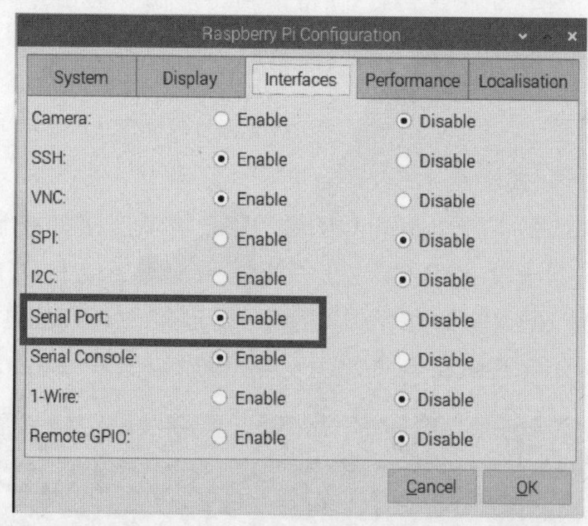

图 6-9 Raspberry Pi Configuration

再次输入命令

```
ls -l /dev
```

查看 2 个串口的分配方式。如图 6-10 所示，serial0(GPIO 串口已启用)使用的是 ttyS0 设备(mini UART)，serial1(蓝牙)使用的是 ttyAMA0 设备(硬件串口 PL011)。

```
drwxr-xr-x   2 root root            60 Jan  1  1970 raw
crw-rw-r--   1 root netdev   10,    57 Aug 26 14:56 rfkill
lrwxrwxrwx   1 root root             5 Aug 26 14:56 serial0 -> ttyS0
lrwxrwxrwx   1 root root             7 Aug 26 14:56 serial1 -> ttyAMA0
drwxrwxrwt   2 root root            40 Feb 14  2019 shm
drwxr-xr-x   3 root root           160 Aug 26 14:56 snd
crw-rw----   1 root spi     153,     0 Aug 26 14:56 spidev0.0
crw-rw----   1 root spi     153,     1 Aug 26 14:56 spidev0.1
```

图 6-10　2 个串口的分配方式

通过上述设置，树莓派的 2 个串口均已启用。接下来需要交换映射关系，设置硬件串口为 GPIO 串口，对串口进行重新分配。如图 6-11 所示，首先输入命令

```
sudo nano/boot/config.txt
```

编辑/boot 目录下的 config.txt 文件，并添加如下 2 行代码：

```
dtoverlay = pi3 - miniuart - bt
force_turbo = 1
```

修改后，按组合键 Ctrl+O 保存 config.txt 文件。如果此时出现警告信息 File Name to Write：/boot/config.txt，按 Enter 键即可。然后按组合键 Ctrl+X 退出 config.txt 文件，最后输入命令：

```
sudo reboot
```

完成树莓派的重启。

```
#dtparam=i2s=on
#dtparam=spi=on

# Uncomment this to enable infrared communication.
#dtoverlay=gpio-ir,gpio_pin=17
#dtoverlay=gpio-ir-tx,gpio_pin=18

# Additional overlays and parameters are documented /boot/overlays/README

# Enable audio (loads snd_bcm2835)
dtparam=audio=on
dtoverlay=pi3-miniuart-bt
force_turbo=1

[pi4]
```

图 6-11　config.txt 文件的编辑

重启树莓派后，再次输入命令：

```
ls -l /dev
```

可以看到两个串口已经互换位置，如图 6-12 所示。

综上所述，通过修改映射关系对串口进行重新分配，将硬件串口分配给 GPIO 串口。此

```
drwxr-xr-x   2 root root        60 Jan  1  1970 raw
crw-rw-r--   1 root netdev  10,  57 Aug 26 11:55 rfkill
lrwxrwxrwx   1 root root         7 Aug 26 11:55 serial0 -> ttyAMA0
lrwxrwxrwx   1 root root         5 Aug 26 11:55 serial1 -> ttyS0
drwxrwxrwt   2 root root        40 Feb 14  2019 shm
drwxr-xr-x   3 root root       160 Aug 26 11:55 snd
crw-rw----   1 root spi     153,   0 Aug 26 11:55 spidev0.0
crw-rw----   1 root spi     153,   1 Aug 26 11:55 spidev0.1
```

图 6-12　重新分配后的 2 个串口

后，就可以使用性能好、稳定性强的硬件串口进行串口通信。设置完成后，还可以通过串口助手进行测试。

6.3　利用串口与计算机通信

在对树莓派串口进行简单地了解，并且经过修改映射关系将硬件串口分配给 GPIO 串口后，本节介绍如何利用 GPIO 串口进行串口通信。

首先需要在树莓派中安装一个串口调试工具——minicom。minicom 是 Linux 平台串口调试工具，类似于 Windows 平台的串口调试助手。在树莓派 LX 终端中输入命令：

```
sudo apt - get install minicom
```

安装 minicom。在安装时，如果出现提示信息“Do you want to continue?”，输入 Y，然后按 Enter 键继续安装，如图 6-13 所示。

```
pi@raspberrypi:~ $ sudo apt-get install minicom
Reading package lists... Done
Building dependency tree
Reading state information... Done
The following additional packages will be installed:
  lrzsz
The following NEW packages will be installed:
  lrzsz minicom
0 upgraded, 2 newly installed, 0 to remove and 0 not upgraded.
Need to get 329 kB of archives.
After this operation, 1222 kB of additional disk space will be used.
Do you want to continue? [Y/n]
```

图 6-13　安装 minicom

完成 minicom 的安装后，执行命令：

```
sudo minicom - s
```

开始在 minicom 中对串口进行配置。

如图 6-14 所示，在弹出的菜单中选择 Serial port setup，按 Enter 键进入，可以看到多

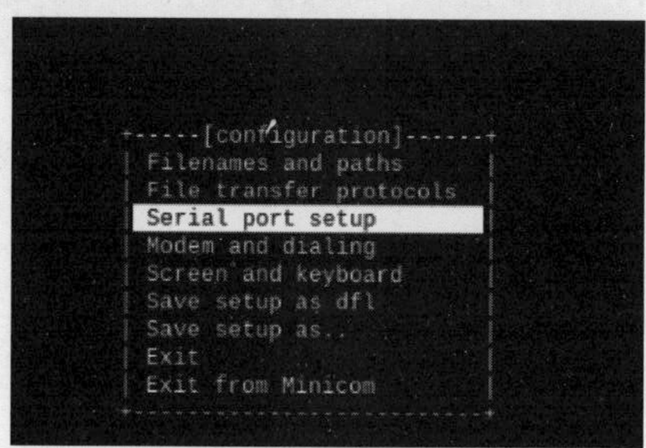

图 6-14　设置 minicom

个配置项，此时光标处在最下方。如果需要修改某配置，输入对应的字母，光标会跳转至对应项。编辑后，按 Enter 键确认，光标会再次返回到最下方。将 Serial port setup 的默认设置修改为如图 6-15 所示的内容。

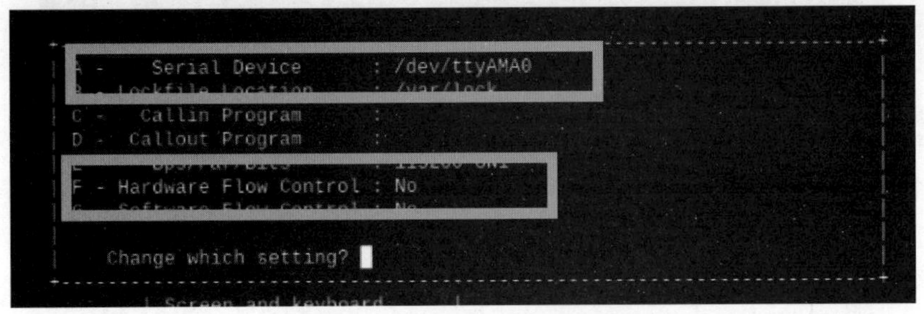

图 6-15　配置 Serial port setup

修改后，上下移动光标并选择 Save setup as dfl 进行保存，然后选择 Exit from Minicom 退出，如图 6-16 所示。

```
+-----[configuration]------+
| Filenames and paths      |
| File transfer protocols  |
| Serial port setup        |
| Modem and dialing        |
| Screen and keyboard      |
| Save setup as dfl        |
| Save setup as..          |
| Exit                     |
| Exit from Minicom        |
+--------------------------+
```

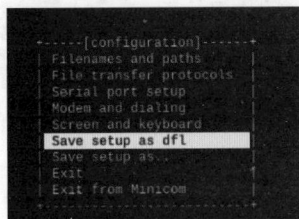

图 6-16　保存串口配置

设置完 minicom 后，进行串口回环测试。先用杜邦线将树莓派的 Pin8(TXD0)和 Pin10(RXD0)引脚短接，然后在 LX 终端输入命令：

```
minicom -D /dev/ttyAMA0 -b 9600
```

启动 minicom。其中，参数-D 表示选择串口/dev/ttyAMA0；参数-b 用来设置波特率为 9600，此参数也可以不用设置，默认是 115200。需要注意的是，在 root 用户下才能运行此命令。

命令运行后，会提示“Entry "9600" not found. Enter dialdir?”，选择 No，然后按 Enter 键启动 minicom，如图 6-17 所示。

```
Compiled on Aug 13 2017, 15:25:34.
Port /dev/ttyAMA0, 10:52:43

Press CTRL-A Z for+------------------------------------------+
                  |  Entry "9600" not found. Enter dialdir?  |
                  |           Yes        No                  |
                  +------------------------------------------+
```

图 6-17　保存串口配置

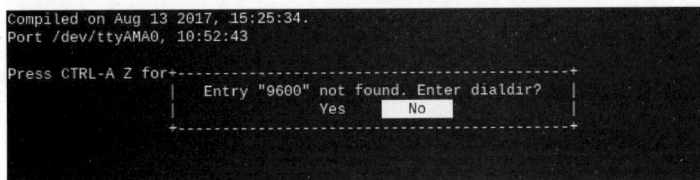

启动 minicom 后，按组合键 Ctrl+A，并按下 E 即可进入回显状态，即输入一个字符，并同时返回一个同样的字符，说明设置成功，如图 6-18 所示。

```
bash: warning: setlocale: LC_ALL: cannot change locale (zh_CN.GB18030)
root@raspberrypi:/home/pi# minicom -D /dev/ttyAMA0 -b 9600


Welcome to minicom 2.7.1

OPTIONS: I18n
Compiled on Aug 13 2017, 15:25:34.
Port /dev/ttyAMA0, 03:46:05

Press CTRL-A Z for help on special keys
```

图 6-18　启动 minicom

例如输入字符 d，可以看到回显的内容也是字符 d，如图 6-19 所示。

```
File  Edit  Tabs  Help

Welcome to minicom 2.7.1

OPTIONS: I18n
Compiled on Aug 13 2017, 15:25:34.
Port /dev/ttyAMA0, 05:55:13

Press CTRL-A Z for help on special keys

dd
```

图 6-19　启动 minicom 成功的范例

除了使用杜邦线将树莓派的 TXD0 和 RXD0 引脚短接以测试串口通信，还可以使用 USB 转 TTL 模块实现树莓派与计算机的串口通信，此处不再做详细介绍。

第7章

K210芯片和YOLO v3简介

7.1 K210

K210 是由嘉楠科技推出的一款微控制单元(Microcontroller Unit,MCU),又称单片微型计算机或单片机,其芯片架构中包含自主研发的神经网络硬件加速器——知识处理单元(Knowledge Processing Unit,KPU),可以高性能地进行卷积神经网络运算。

7.1.1 K210 简介

K210 是一款基于 RISC-V(即第五代 RISC)精简指令集的 MCU(也就是通常所说的单片机)。在 MCU 的 AI 计算方面,K210 芯片的算力也是非常优秀的。根据嘉楠科技的官网描述,K210 的 KPU 算力能够达到 0.8TFLOPS(floating-point operations per second,每秒所执行的浮点运算次数),最新版本的树莓派 4B 的算力不到 0.1TFLOPS,而以神经网络处理为卖点的 Jetson Nano 拥有 128 个 CUDA 单元,其算力也仅仅是 0.47TFLOPS。通过以上简单对比,可见至少在 AI 计算方面,K210 的算力是非常可观的。

除 KPU 优秀的算力外,K210 芯片还有一些其他特色,比如芯片内部是双核 CPU、指令集为 64 位 RISC-V、每个核心内置独立的浮点运算单元(Float Point Unit,FPU)可以单独进行浮点运算等,其芯片架构如图 7-1 所示。为了更好地在机器视觉和听觉上发挥作用,K210 芯片自带计算卷积人工神经网络加速器 KPU 以及处理麦克风阵列的加速处理器(Accelerated Processing Unit,APU),能够进行高性能机器视觉和听觉的处理。不仅如此,K210 芯片还内置快速傅里叶变换加速器,可以进行复数快速傅里叶变换(Fast Fourier Transform,FFT)计算。在注重强劲性能的前提下,K210 芯片还很注重安全性,内置了高级加密标准(Advanced Encryption Standard,AES)和 SHA256,可以为用户的数据安全提供有效保障。其中,SHA256 是安全散列算法(Secure Hash Algorithm,SHA)系列之一,其摘要长度为 256b,即 32 字节,故称为 SHA256 算法加速器。

另外,K210 芯片还具有丰富的外设单元,包括 DVP、JTAG、OTP、FPIOA、GPIO、

UART、SPI、RTC、I2S、I2C、WDT、TIMER、PWM，这些外设在实际使用中发挥着巨大的作用，基本满足大部分 MCU 外设的需求。K210 芯片还拥有高性能、低功耗的 SRAM 静态随机存取存储器，容量共计 8MB。其中，2MB 专用于 AI 计算，另外 6MB 用于程序运行。K210 芯片还有专用外置 Flash 接口，用于增加自身的储存空间。其数据传输可使用功能强大的直接存储器访问(Direct Memory Access，DMA)，数据吞吐能力优异。

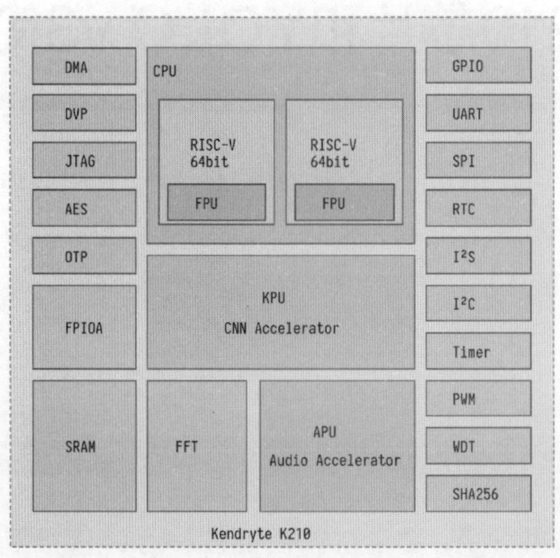

图 7-1　K210 芯片架构

基于 K210 芯片的开发板(正面)如图 7-2 所示，包括如下套件。

(1) Type-C 接口：用于供电、下载固件和串口调试等。

图 7-2　基于 K210 芯片的开发板套件(正面)

(2) 状态指示灯：用于指示开发板的3.3V和1.8V电压是否正常，正常则亮灯；还可以指示ESP模块的状态。

(3) ESP模块串口和按键：可用于烧录ESP模块的固件或与K210芯片串口通信。

(4) 拨轮开关keypad：即三通道拨轮开关。

(5) RESET键：即K210芯片的复位键。

(6) 触摸板接口：用于连接触摸板排线，排线的金手指向上。

(7) 显示器接口：用于连接显示器排线，排线的金手指向上。

(8) K210芯片：即开发板主芯片，整个开发板的核心处理器。

(9) 外扩排针：开发板已经把K210芯片的所有IO口引出，可供外部设备连接使用。

(10) I2C接口：可外接I2C从机设备进行通信。

(11) RGB灯：可设置3个IO口电平，可以点亮不同颜色。

(12) 麦克风：用于收录声音。

(13) LED：有2个，即LED0和LED1。

(14) 麦克风阵列接口：用于连接麦克风阵列。

(15) BOOT键：该按键是K210芯片的功能按键，也可以作为自定义功能按键使用。

基于K210芯片的开发板(背面)如图7-3所示，包括如下套件。

(1) 扬声器：用于播放声音。

(2) 摄像头接口：用于连接摄像头。

(3) Wi-Fi模块：采用ESP8285芯片，可以联网实现IoT功能。

(4) CH340芯片：提供下载固件和串口调试功能。

(5) 电源开关：开发板电源总开关，拨向ON为开，拨向OFF为关。

(6) Flash芯片：用于存储固件和数据。

(7) 六轴姿态传感器：是由1个三轴陀螺仪和1个三轴加速度计组成。

(8) TF卡槽：用于插入TF卡，金手指朝向开发板。

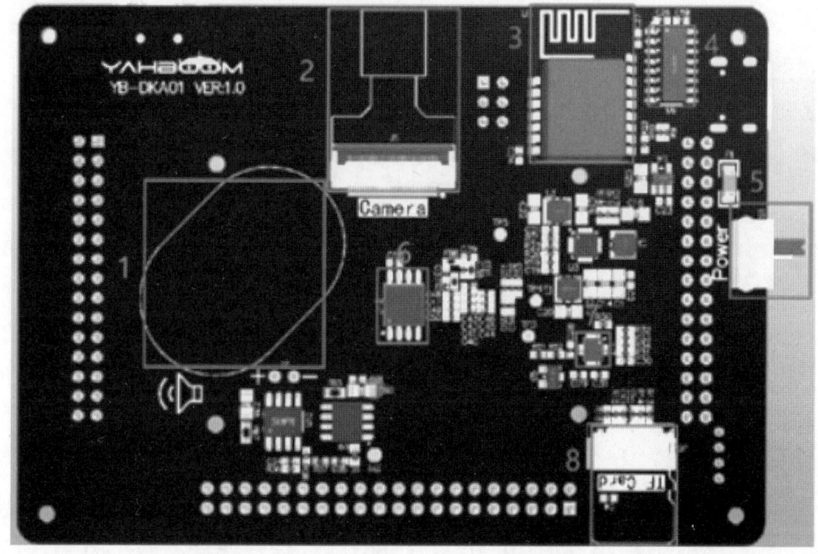

图7-3 基于K210芯片的开发板套件(背面)

7.1.2 基于 K210 芯片的开发环境搭建

用 Type-C 数据线将基于 K210 芯片的开发板和计算机连接，然后右击桌面，选择“此电脑”→“属性”→“设备管理器”→“端口(COM 和 LPT)”选项，会识别到相应的 CH340(USB 转串口 Windows 驱动程序的安装包)端口，如图 7-4 所示。需要注意的是，每台计算机的端口号可能会不一样，识别到的 CH340，即是基于 K210 芯片的开发板需要的端口。

图 7-4　在设备管理器中查看串口

如果无法自动识别，则需要手动安装该驱动程序安装包，此处不做过多介绍。

驱动程序安装成功后，则可以识别到基于 K210 芯片的开发板，现在开始对其开发环境进行搭建。基于 K210 芯片的开发板支持多种编程环境，从最基本的 CMake 命令行开发环境到 IDE 开发环境，再到 Python 脚本式开发环境。在 Windows 10 系统下，官方提供的是 IDE，官方的 IDE 是基于 Visual Studio Code(软件开发者工具，简称 VS Code)开发的。通过 VS Code 编辑器搭建基于 K210 芯片开发板的开发环境，需要用到以下工具。

(1) CMake：CMake 是众多 Make 工具中的一种，具有跨平台、跨编译器等特性，它可以用简单的语句来描述所有平台的安装(编译过程)，是一种非常实用的工具。其官方下载页如图 7-5 所示。

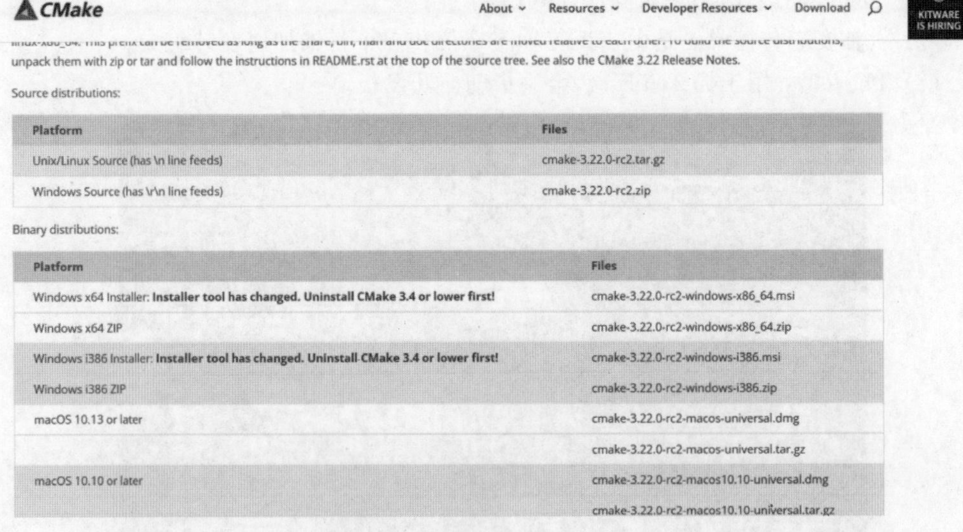

Platform	Files
Unix/Linux Source (has \n line feeds)	cmake-3.22.0-rc2.tar.gz
Windows Source (has \r\n line feeds)	cmake-3.22.0-rc2.zip

Platform	Files
Windows x64 Installer: **Installer tool has changed. Uninstall CMake 3.4 or lower first!**	cmake-3.22.0-rc2-windows-x86_64.msi
Windows x64 ZIP	cmake-3.22.0-rc2-windows-x86_64.zip
Windows i386 Installer: **Installer tool has changed. Uninstall CMake 3.4 or lower first!**	cmake-3.22.0-rc2-windows-i386.msi
Windows i386 ZIP	cmake-3.22.0-rc2-windows-i386.zip
macOS 10.13 or later	cmake-3.22.0-rc2-macos-universal.dmg
	cmake-3.22.0-rc2-macos-universal.tar.gz
macOS 10.10 or later	cmake-3.22.0-rc2-macos10.10-universal.dmg
	cmake-3.22.0-rc2-macos10.10-universal.tar.gz

图 7-5　CMake 的官方下载页

(2) Toolchain：交叉编译器 Toolchain 是用于调试开发板的工具和相关库的集合，也称为工具链。一般内附有程式编译器(如 GCC)，可以进行程式编译或跨平台编译。

(3) VS Code：VS Code 是 Microsoft 公司出品的一款开源代码编辑器，支持多种插件，可扩展性强，具有代码高亮及自动补全等功能，其官方下载页如图 7-6 所示。可以根据自己系统版本进行选择，Windows 用户下载后为 EXE 文件，可以直接安装，并且可以提供给所有用户使用。

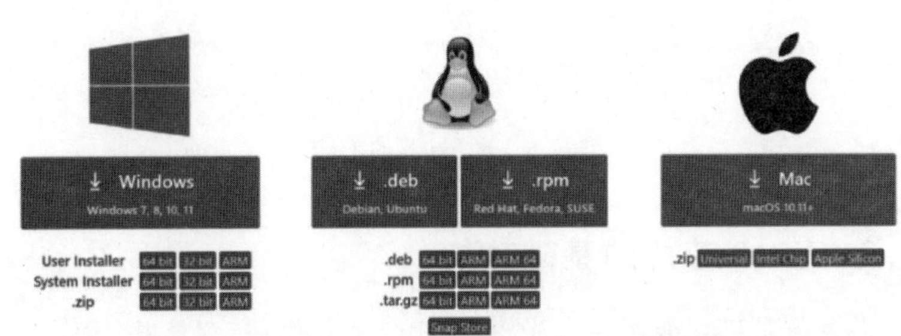

图 7-6　VS Code 的官方下载页

(4) K210-SDK：该 SDK 是由开发 K210 芯片的嘉楠科技官方推出，是开发 K210 芯片的基础，自带芯片的各种驱动。官方提供了 2 个版本的 SDK，一个是裸机版 SDK，另一个是 FreeRTOS(小型实时操作系统内核)SDK。K210 裸机版 SDK 的下载页如图 7-7 所示。单击右侧的 Code 按钮(有的显示的是 Clone or Download)，在弹出的对话框中选择 Download ZIP 可下载裸机版 SDK。

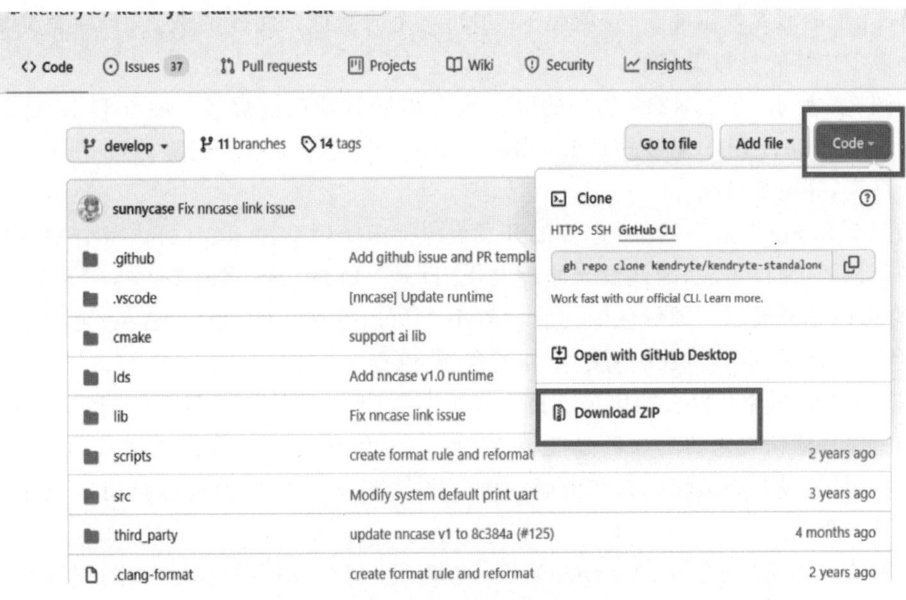

图 7-7　K210-SDK 的 GitHub 下载页

(5) K-Flash：K210 芯片烧录程序的工具下载页如图 7-8 所示，下载最新版即可。

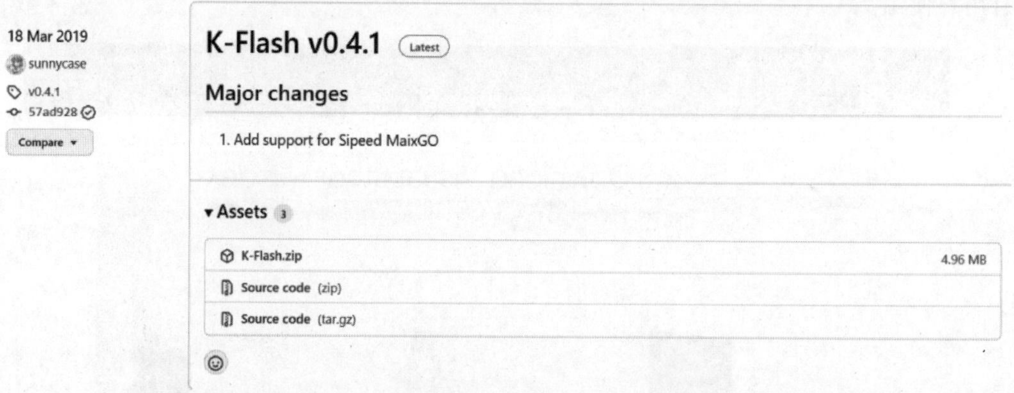

图 7-8　K-Flash 的 GitHub 下载页

7.1.3　K210 芯片的基础功能

K210 芯片的基础功能包括发光模块、串口通信模块、双核并行等。

发光二极管(Light Emitting Diode，LED)是一种能够将电能转化为光能的固态半导体器件，可以直接把电转化为光。其内部是一个半导体晶片，晶片的一端附在一个支架上，作为负极；另一端连接电源的正极，使整个晶片被环氧树脂封装起来。给正极输入正极电压，负极接地，形成回路后可以点亮 LED。

半导体晶片由两部分组成，一端是 P 型半导体，其中空穴占主导地位；另一端是 N 型半导体，占主导地位的是电子。把 P 型半导体和 N 型半导体连接起来，它们之间形成一个 PN 结。当电流通过导线作用于该晶片时，电子会被推向 P 区，P 区中的电子跟空穴复合后，会以光子的形式发出能量，这就是 LED 灯发光的原理。而光的波长，也就是光的颜色，是由形成 PN 结的材料决定的。

如图 7-9 所示，基于 K210 芯片的开发板在出厂时默认已焊接 LED0 和 LED1。LED0 连接的是 Pin100，LED1 连接的是 Pin1017。LED0 为红灯，LED1 为绿灯，2 颗 LED 灯均是低电平灯亮，高电平灯灭。

如图 7-10 所示，基于 K210 芯片的开发板包括 RGB 灯，该 RGB 灯内部分别是由红色、绿色和蓝色的 LED 组成，因此发光原理与 LED 是一样的。不同的是，3 颗 LED 灯靠得很近，这样可以达到展示不同颜色的功能。RGB 灯可以点亮红色、绿色、蓝色，再根据红色、绿色、蓝色的不同亮度组合成其他颜色，如黄色、紫色等。

基于 K210 芯片开发板的串口支持全双工通信，即一根线发送数据的同时，另一根线接收数据。串口通信最重要的参数是波特率、数据位、停止位和奇偶校验，2 个相互通信的端口，这些参数的设置必须相同。在前面的树莓派章节，有对串口通信进行简单地介绍，此处不再做过多介绍。

如图 7-11 所示，开发板的 Type-C 接口连接至串口芯片，具有供电和串口传输数据的功能，下载程序也是通过串口把固件(设备内部保存的设备驱动程序)传输到 K210 芯片上的。

图 7-9　开发板的 LED 灯

图 7-10　开发板的 RGB 灯

Type-C 接口是目前主流的数据传输连接接口，市面上很多智能手机也是使用 Type-C 接口为手机充电和传输数据。Type-C 接口可以正反插，不用担心拿反而插不进去的问题。

图 7-11　开发板的 Type-C 接口

开发板上还有 1 个 CH340 串口芯片(图 7-12)，该芯片是 USB 总线的转接芯片，可以实现 USB 转串口。同时，该芯片还具有全速 USB 设备接口、硬件全双工串口，内置收发缓冲区，支持通信波特率为 50b/s～2Mb/s，兼容 USB 2.0 等特点。

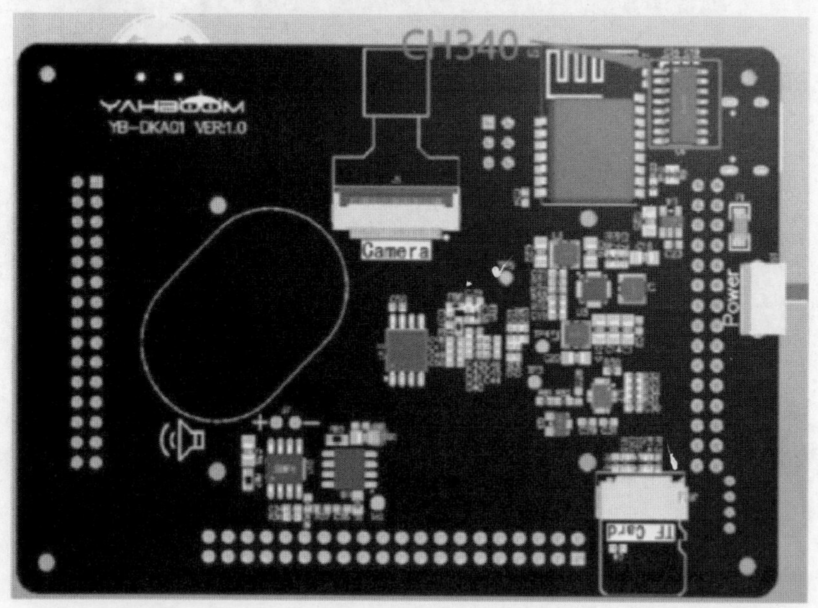

图 7-12　开发板的 CH340 串口芯片

K210 芯片是双核 CPU，即在 1 个 CPU 中拥有 2 个一样功能的处理器芯片，从而可以提高计算能力。K210 的双核 CPU 分别为 core0 和 core1，都可以单独工作，系统默认使用的是 core0。如果要使用 core1，需要手动开启 core1 的服务。K210 芯片搭载基于 RISC-V ISA 的双核、64 位的高性能低功耗 CPU，如图 7-13 所示。浮点运算单元是集成于 CPU 中，专用于浮点运算的处理器。K210 的 core0 和 core1 均具备独立的 FPU，满足 lEEE 754-2008 标准，计算流程以流水线方式进行，具备很强的运算能力，且每个 FPU 均具备除法器和平方根运算器，支持单精度和双精度浮点硬件加速运算。

图 7-13　开发板的 K210 芯片

7.1.4　K210 芯片的高级功能

K210 芯片具有非常优秀的算力，因此可以使用基于 K210 芯片的开发板实现人脸检测、物体分类、声源识别、多色块检测等。

K210 芯片具备的机器视觉功能可以实现零门槛机器视觉嵌入式方案，可以在低功耗情况下进行卷积神经网络计算，该芯片可以实现如下机器视觉功能。

（1）基于卷积神经网络的一般目标检测。

（2）基于卷积神经网络的图像分类任务。

（3）人脸检测和人脸识别。

（4）实时获取被检测目标的大小与坐标。

（5）实时获取被检测目标的种类。

K210 芯片架构中包含自主研发的神经网络硬件加速器——KPU。KPU 是通用的神经网络处理器，可以在低功耗情况下实现卷积神经网络计算，实时获取被检测目标的大小、坐标和种类，对人脸或者物体进行检测和分类。

K210 芯片中的 KPU 主要有如下特点。

（1）支持主流训练框架按照特定限制规则训练出来的定点化模型，对网络层数无直接限制。

(2) 支持每层卷积神经网络参数单独配置,包括输入输出的通道数目、输入输出的行宽列高。

(3) 支持 2 种卷积内核,即 1×1 和 3×3; 支持任意形式的激活函数。

(4) 实时工作时,最大支持神经网络参数大小为 5.5MiB 至 5.9MiB。

(5) 非实时工作时,最大支持网络参数大小为 Flash 容量与软件体积之差。

通过基于 K210 芯片的开发板进行实时人脸识别,首先通过人脸检测检测出图片中的人脸,并能够标示出人脸的位置。人脸检测技术主要完成 2 项工作,即判断图片中是否包含人脸区域; 如果图片中包含人脸,则将人脸的位置预测出来。

7.2 YOLO v3

7.2.1 YOLO v3 简介

YOLO(You Only Look Once,YOLO) v3 的算法是在 YOLO v1 和 YOLO v2 的基础上形成的,在介绍 YOLO v3 之前,先简单介绍 YOLO v1 和 YOLO v2。

1. YOLO v1

YOLO v1 将输入图像分成 $S \times S$ 个网格(gridcell),若某个物体的基准真实值(ground truth)的中心位置坐标落入某个网格,那么该网格负责检测出这个物体。每个网格预测 B 个边界框(bounding box,bbox)、置信度(confidence score)以及 C 个类别概率。边界框信息(x,y,w,h)为物体的中心位置相对网格位置的偏移、宽度和高度,且均可以使用归一化值。置信度反映是否包含物体以及包含物体情况下其定位位置的准确性。

YOLO v1 网络借鉴了 GoogLeNet 分类网络结构。不同的是,YOLO v1 未使用 Inception 模块,而是使用 1×1 卷积层(此处 1×1 卷积层的存在是为了跨通道信息整合)和 3×3 卷积层简单替代。YOLO v1 网络使用全连接层进行类别输出,因此全连接层的输出维度是 $S \times S\ (B \times 5 + C)$。YOLO v1 网络比 VGG16 快(浮点数少于 VGG 的 1/3),但准确率稍差。

虽然 YOLO v1 性能优越,但还存在如下缺陷。

(1) 输入尺寸固定: 由于输出层为全连接层,因此,检测时 YOLO v1 训练模型只支持与训练图像相同的输入分辨率,其他分辨率需要缩放成该分辨率。

(2) 占比较小的目标检测效果不好: 虽然每个网格可以预测 B 个边界框,但是最终只选择交并比(Intersection Over Union,IOU)最高的边界框作为物体检测输出,即每个网格最多只预测出一个物体。当物体占画面比例较小,如图像中有畜群或鸟群时,每个网格包含多个物体,只能检测出其中一个物体。

2. YOLO v2

为提高物体定位的精准性和召回率,YOLO v1 的提出者 Joseph Redmon 和 Ali Farhadi 在 *CVPR 2017* 发表文章 *YOLO9000: Better, Faster, Stronger*,引入了 Faster R-CNN 中 anchor box(锚框)的思想,对网络结构的设计进行了改进,即输出层使用卷积层替代 YOLO 的全连接层,联合使用 COCO(微软提供的大型、丰富的物体检测数据集)物体检测标注数据和 ImageNet 物体分类标注数据训练物体检测模型。相比 YOLO v1，YOLO9000(即 YOLO v2)在识别种类、精度、速度和定位准确性等方面均有很大提升。YOLO v1 与 Fast R-CNN 相比有较大的定位误差，与基于候选区域(region proposal)的方法相比具有较低的召回率。

与 YOLO v1 相比，YOLO v2 主要是提高了召回率和定位能力，具体如下。

(1) 批归一化(Batch Normalization，BN)：YOLO v1 中也大量用了批归一化，但在定位层后使用了 Dropout(避免发生过拟合)，YOLO v2 中取消了 Dropout，在卷积层全部使用批归一化。

(2) 高分辨率分类器：YOLO v1 中使用 224×224 的尺寸训练分类器网络，YOLO v2 将 ImageNet 以 448×448 的尺寸微调最初的分类网络，迭代次数为 10。

(3) 锚框：YOLO v1 中直接在卷积层之后使用全连接层预测边界框的坐标。YOLO v2 借鉴 Faster R-CNN 的思想预测边界框的偏移。移除全连接层，并且删掉 1 个池化(pooling)层，使特征的分辨率更大。另外，YOLO v2 调整了网络的输入即由 448×448 调整到 416×416(448→416)，如果位置坐标是奇数，则只有一个中心点；YOLO v1 使用池化层进行下采样，需要有 5 个大小(size)为 2、步长(stride)为 2 的最大池化层(max pooling)，而卷积层没有降低大小，因此，最后的特征为 $416/2^5=13$。YOLO v1 中每张图片预测 7×7×2=98 个框(box)，而 YOLO v2 加上锚框可以预测超过 1000 个框。

(4) 细粒度特征(fine grain feature)：Faster R-CNN 和 SSD 均使用了不同的特征图(feature map)以适应不同尺寸的目标。YOLO v2 则使用了不同的方法，即简单添加一个穿过层(pass through layer)，把浅层特征图(大小为 26×26)连接至深层特征图(连接至新加入的 3 个卷积核尺寸为 3×3 的卷积层作为最后一层的输入)。通过叠加浅层特征图相邻特征至不同通道(而非空间位置)，类似于 ResNet 中的恒等映射(identity mapping)。这个方法把 26×26×512 的特征图叠加成 13×13×2048 的特征图，与原生的深层特征图相连接，使模型有了细粒度特征，此方法使模型的性能获得了 1%的提升。

(5) Multi-Scale Training：和 YOLO v1 训练时网络输入的图像尺寸固定不变不同，YOLO v2(在配置文件中设置 random 为 1 时)每隔几次迭代则微调网络的输入尺寸。训练时每迭代 10 次，则随机选择新的输入图像尺寸。因为 YOLO v2 的网络使用的下采样倍率为 32，所以使用 32 的倍数调整输入图像尺寸{320，352，…，608}。训练使用的最小的图像尺寸为 320×320，最大的图像尺寸为 608×608，这使得网络可以适应多种不同尺寸的输入。

3. YOLO v3

YOLO v3 作为 YOLO 系列目标检测算法的第 3 个版本，于 2018 年由 Joseph Redmon 和 Ali Farhadi 提出。YOLO v3 在 YOLO v2 的基础上进行了一系列改进，进一步提高了目标检测的准确性和性能，更适合小目标检测。

使用 YOLO v3 检测物体，如果训练集中某个基准真实值对应的边界框中心恰好落在输入图像的某一个网格单元(grid cell)中，那么，该网格单元负责预测此物体的边界框，于是该网格单元所对应的目标分数(objectness score)被赋为 1，其余网格单元所对应的目标分数则被赋为 0。此外，每个网格单元还被赋予 3 个不同大小的先验框(prior box)，如图 7-14 所示。在学习过程中，该网格单元会逐渐学会选择何种尺寸的先验框，以及对这个先验框进行微调(即 offset/coordinate)。网格单元如果要确定选取何种尺寸先验框,可以依据规则——只选取与基准真实值边界框的 IOU 重合度最高的先验框。

对于每个网格单元中的 3 个预设不同尺寸的先验框,在训练前,提前将 COCO 数据集中的所有边界框使用 K 均值聚类(K-means clustering)分成 9 个类别,每 3 个类别对应 1 个尺寸(scale),共 3 个尺寸。遵循的原则是,特征图的尺寸越小,分配的锚框尺寸越大。不同锚框对图像感知的视野不同。这种关于锚框尺寸的先验信息能极大地帮助网络准确预测每个框的微调,因为从直观上,尺寸合适的 box 会使网络更快速精准地学习。

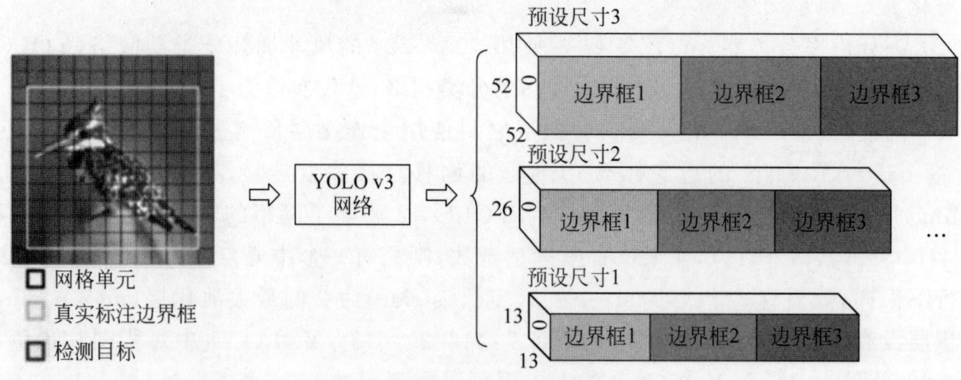

图 7-14 YOLO v3 检测物体的过程

相较于 YOLO v2,YOLO v3 的主要改进如下。

(1) 调整了网络结构。

(2) 利用多尺寸特征进行对象检测。

(3) 对象分类用 Logistic 回归模型取代了 Softmax 函数。

7.2.2 训练 YOLO v3 模型

1. 单图片检测

使用 YOLO v3 的预训练模型进行单图片检测,具体步骤如下。

(1) 如果尚未安装 DarkNet,则应首先进行安装,方法如图 7-15 所示。

```
git clone https://github.com/pjreddie/darknet
cd darknet
make
```

图 7-15 安装 DarkNet

(2) 下载预训练模型的权重文件,命令如下:

```
wget https://pjreddie.com/nedia/ files/yolov3.weights
```

(3) 对单图片进行检测,命令如下:

```
./darknet detect cfg/yoLov3.cfg yolov3.weights data/dog.jpg
```

(4) 查看日志信息,如图 7-16 所示。

```
layer     filters    size              input                output
    0 conv     32  3 x 3 / 1   416 x 416 x   3   ->   416 x 416 x  32  0.299 BFLOPs
    1 conv     64  3 x 3 / 2   416 x 416 x  32   ->   208 x 208 x  64  1.595 BFLOPs

  105 conv    255  1 x 1 / 1    52 x  52 x 256   ->    52 x  52 x 255  0.353 BFLOPs
  106 detection
truth_thresh: Using default '1.000000'
Loading weights from yolov3.weights...Done!
data/dog.jpg: Predicted in 0.029329 seconds.
dog: 99%
truck: 93%
bicycle: 99%
```

图 7-16　日志信息

检测结果如图 7-17 所示。

图 7-17　检测结果

2. 多图片检测

对多图片检测,一般不建议在命令行中每次给定一张图片,而是不设定图片参数,连续尝试检测多张图片。当配置和权重加载完成,可以看到输入图片路径的提示。默认情况下,YOLO v3 仅显示置信度为 0.25 或更高的图片。如果想要改变置信度的阈值,可以将 thresh < val >标志传递给 YOLO 命令。例如,要显示所有检测的图片,可以将置信度的阈值设置为 0,命令如下:

```
./darknet detect cfg/yolov3.cfg yolov3.weights data/dog.jpg - thresh 0
```

如果想使用不同的训练方式、超参数或数据集,则可以从头开始训练 YOLO。例如,可以在 COCO 数据集上从头训练 YOLO。要训练 YOLO,需要所有的 COCO 数据集和标签。脚本 scripts/get_ coco_ dataset. sh 将执行此操作。预先设定要放置 COCO 数据集的位置,如图 7-18 所示。

然后,切换至 Darknet 目录,更改配置文件 cfg/coco. data,以指向要下载的数据,如图 7-19 所示。

```
cp scripts/get_coco_dataset.sh data
cd data
bash get_coco_dataset.sh
```

图 7-18　设置 COCO 数据集放置的位置

```
classes= 80
train  = <path-to-coco>/trainvalno5k.txt
valid  = <path-to-coco>/5k.txt
names = data/coco.names
backup = backup
```

图 7-19　更改配置文件

用放置 COCO 数据集的目录替换< path-to-coco >，还应该修改模型的配置文件，即 cfg 目录下的 yolo. cfg 以进行训练，如图 7-20 所示。

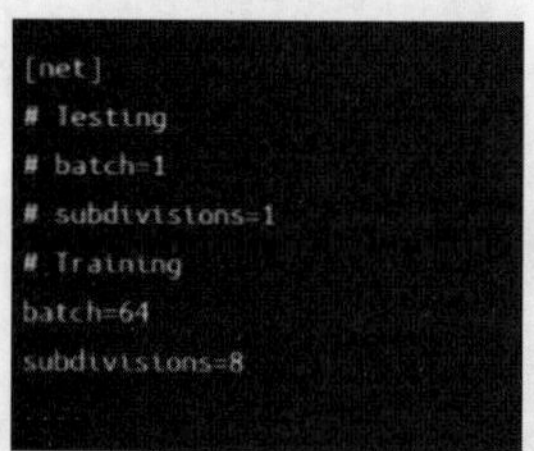

[net]
# Testing
# batch=1
# subdivisions=1
# Training
batch=64
subdivisions=8

图 7-20　cfg 目录下的 yolo. cfg 文件

使用命令在 COCO 数据集上训练 YOLO 模型，命令如下：

```
./darknet detector train cfg/coco.data cfg/yolov3.cfg darknet53. conv.74
```

进行多 GPU 训练，命令如下：

```
./darknet detector train cfg/coco data cfg/yoLov3.cfg darknet53. conv.74 - gpus 0,1,2,3
```

从某个断点处继续训练，命令如下：

```
./darknet detector train cfg/coco.data cfg/yoLov3.cfg backup/yolov3. backup - gpus 0,1,2,3
```

第8章

ROS简介与基础

20 世纪七八十年代以来，在计算机技术、传感器技术、电子技术等新技术发展的推动下，机器人技术进入了迅猛发展的黄金时期，正从传统工业制造领域向家庭服务、医疗看护、教育娱乐、救援探索、军事应用等领域迅速扩张。

如今，随着人工智能的发展，机器人技术迎来了全新的发展机遇。机器人与人工智能大潮的喷发必将像互联网一般，再次为人们的现代生活带来一次全新的革命。

机器人操作系统(Robot Operating System，ROS)是用于编写机器人软件程序的一种具有高度灵活性的软件架构。ROS 源自斯坦福大学的斯坦福人工智能机器人(STanford Artificial Intelligence Robot，STAIR)和个人机器人(Personal Robot，PR)项目。

8.1 初识 ROS

8.1.1 ROS 简介

维基百科给出的 ROS 定义为：ROS 是一个面向机器人的开源的元操作系统，可以提供类似操作系统的服务，包括硬件抽象、底层设备控制、常用函数实现、进程间消息传递以及包管理等。同时，它也提供用于获取、编译、编写和跨平台运行代码所需的工具和库函数。

ROS 的主要目标是为机器人研究和开发提供代码复用支持。它是一个分布式的进程(也就是节点)框架，且进程被封装在易于分享和发布的程序包及功能包中。ROS 支持类似代码储存库的联合系统，该系统可以实现工程的协作及发布，此设计可以使工程的开发和实现从文件系统到用户接口完全独立决策(不受 ROS 限制)。同时，所有工程均可利用 ROS 的基础工具整合在一起。

8.1.2 ROS 的历史

ROS 是一个由来已久、贡献者众多的大型软件项目。在 ROS 诞生之前，很多学者认为机器人研究需要开放式的协作框架，并且已经有不少类似的项目致力于实现这样的框架。斯坦福大学于 2000 年年中开展了一系列相关研究，包括斯坦福人工智能机器人和个人机器人项目等。在上述项目的研究过程中，通过对具有代表性、集成式人工智能系统的研究，斯坦福大学创立了适用于室内场景的、高灵活性的动态软件系统，可用于机器人研究。

Willow Garage 是美国硅谷一家为支援其他企业开发机器人而成立的风险企业。该公司主要开展开发、推广 ROS 机器人开源软件平台。2007 年，Willow Garage 提供大量资源，将斯坦福大学项目中的软件系统进行了扩展与完善。同时，在无数研究人员的共同努力下，ROS 的核心思想和基本软件包逐渐得到完善。

截至 2021 年，ROS 已经历经了数次迭代和更新。从 ROS 的初代版本至今，各个版本的信息如表 8-1 所示。

表 8-1 ROS 的版本信息

版本名称	发布日期	版本生命周期	操作系统平台
ROS Noetic Ninjemys	2020 年 5 月	2025 年 5 月	Ubuntu 20.04
ROS Melodic Morenia	2018 年 5 月	2023 年 5 月	Ubuntu 17.10、Ubuntu 18.04、Debian 9、Windows 10
ROS Lunar Loggerhead	2017 年 5 月	2019 年 5 月	Ubuntu 16.04、Ubuntu 16.10、Ubuntu 17.04、Debian 9
ROS Kinetic Kame	2016 年 5 月	2021 年 4 月	Ubuntu 15.10、Ubuntu 16.04、Debian 8
ROS Jade Turtle	2015 年 5 月	2017 年 5 月	Ubuntu 14.04、Ubuntu 14.10、Ubuntu 15.04
ROS Indigo Igloo	2014 年 7 月	2019 年 4 月	Ubuntu 13.04、Ubuntu 14.04
ROS Hydro Medusa	2013 年 9 月	2015 年 5 月	Ubuntu 12.04、Ubuntu 12.10、Ubuntu 13.04
ROS Groovy Galapagos	2012 年 12 月	2014 年 7 月	Ubuntu 11.10、Ubuntu 12.04、Ubuntu 12.10
ROS Fuerte Turtle	2012 年 4 月	—	Ubuntu 10.04、Ubuntu 11.10、Ubuntu 12.04
ROS Electric Emys	2011 年 8 月	—	Ubuntu 10.04、Ubuntu 10.10、Ubuntu 11.04、Ubuntu 11.10
ROS Diamondback	2011 年 3 月	—	Ubuntu 10.04、Ubuntu 10.10、Ubuntu 11.04
ROS C Turtle	2010 年 8 月	—	Ubuntu 9.04、Ubuntu 9.10、Ubuntu 10.04、Ubuntu 10.10
ROS Box Turtle	2010 年 3 月	—	Ubuntu 8.04、Ubuntu 9.04、Ubuntu 9.10、Ubuntu 10.04

8.1.3 ROS 的特点

ROS 的核心——分布式网络，使用了基于 TCP/IP 的通信方式，实现了模块间点对点的松耦合连接，可以执行若干类型的通信，包括基于话题(topic)的异步数据流通信，基于服务(service)的同步数据流通信，以及参数服务器上的数据存储等。总而言之，ROS 主要有以下特点。

1. 点对点的设计

在 ROS 中，每一个进程均以节点的形式运行，且可以分布于多个不同主机。节点间的通信消息通过带有发布和订阅功能的 RPC 传输系统，从发布节点传送至接收节点。这种点对点的设计可以分散定位、导航等功能带来的实时计算压力，适应于多机器人的协同项目。

2. 多语言支持

为支持更多应用的移植和开发，ROS 被设计成为一种语言弱相关的框架结构。它使用简洁、中立的定义语言描述模块间的消息接口，在编译过程中再产生所使用语言的目标文件，为消息交互提供支持，同时也允许消息接口的嵌套使用。目前已经支持 Python、C++、Java、Octave 和 LISP 等多种不同语言，也可以同时使用这些语言完成不同模块的编程。

3. 架构精简、集成度高

在已有的繁杂机器人应用中，软件的复用是一个巨大的问题。很多驱动程序、应用算法、功能模块的设计过于混乱，导致其很难在其他机器人或应用中进行移植和二次开发。而 ROS 框架的模块化特点使得每个功能节点可以进行单独编译，并且使用统一的消息接口让模块的移植、复用更加便捷。同时，ROS 开源社区中移植、集成了大量已有开源项目中的代码，例如 Open Source Computer Vision Library（OpenCV 库）、Point Cloud Library（PCL 库）等，开发者可以使用丰富的资源实现机器人应用的快速开发。

4. 组件化工具包丰富

移动机器人的开发往往需要一些友好的可视化工具和仿真软件，ROS 采用组件化的方法将这些工具和软件集成到系统中，并可以作为一个组件直接使用。例如 3D 可视化工具 RViz(robot visualizer)，开发者可以根据 ROS 定义的接口在其中显示机器人 3D 模型、周围环境地图、机器人导航路线等信息。此外，ROS 中还有消息查看工具、物理仿真环境等组件，可提高机器人开发的效率。

5. 免费并且开源

ROS 遵照 BSD 许可给使用者较大的自由，允许其修改和重新发布其中的应用代码，甚至可以进行商业化开发与销售。ROS 开源社区中的应用代码依维护者来分类，主要包含由 Willow Garage 公司和一些开发者设计、维护的核心库部分，以及由不同国家的 ROS 社区组织开发和维护的全球范围的开源代码。在短短的几年里，ROS 软件包的数量呈指数级增长，开发者可以在社区中下载、复用琳琅满目的机器人功能模块，这大大加速了机器人的应用开发。

8.2 ROS 的安装与配置

目前，ROS 主要支持 Ubuntu 操作系统，同时也可以在 macOS、Android、Arch、Debian 等系统上运行。近几年，随着嵌入式系统的快速发展，ROS 也针对 ARM 处理器编译了核心库和部分功能包。

本书以 2018 年发布的长期支持版本 ROS Melodic Morenia 为例进行介绍，这也是 ROS 发布的第 10 个版本，ROS 官方为该版本提供长达 5 年的支持与服务，并保证其与 Ubuntu 18.04 长期支持版的生命周期同步。

下面开始 ROS 的安装，在网络连接正常的 Ubuntu 18.04 的机器上进行以下步骤。

1. 配置 Ubuntu 软件仓库

以软件源安装为例，首先需要配置 3 种软件源，分别是 restricted（不完全的自由软件）、universe（Ubuntu 官方不提供支持与补丁，全靠社区支持）、multiverse（非自由软件，完全不提供支持和补丁）。如果未对软件源做过修改，Ubuntu 系统安装完毕后会默认允许以上 3 种软件源。为保证配置无误，建议打开 Ubuntu 软件中心的软件源配置界面，检查各选项是否与图 8-1 所示内容相同。

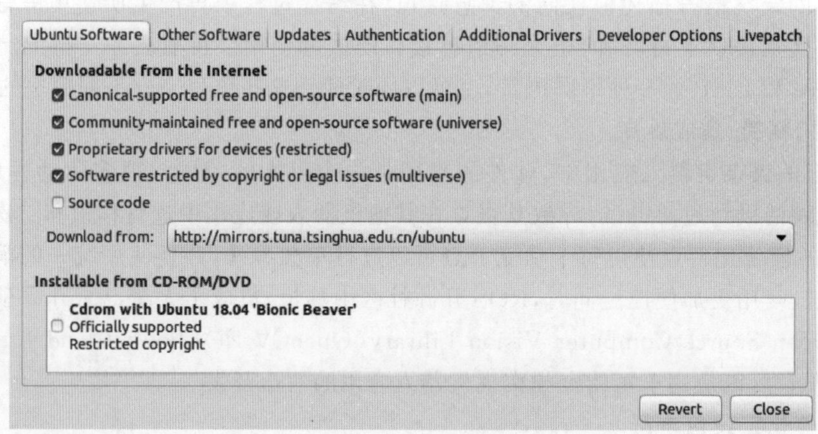

图 8-1　Ubuntu 软件源配置界面

2. 添加软件源至 sources. list 中

sources. list 是 Ubuntu 系统保存软件源地址的文件，位于/etc/apt 目录下，在这一步中需要将 ROS 的软件源地址添加至该文件中，以确保后续安装可以正确找到 ROS 相关软件的下载地址。

打开终端，输入如下命令，即可添加 ROS 官方软件源镜像：

```
$ sudo sh - c 'echo "deb http://packages. ros. org/ros/ubuntu $ (lsb_release - sc) main" > /etc/apt/sources. list. d/ros - latest. list'
```

为提高软件的下载、安装速度，也可以采用国内的镜像源，例如清华大学的 ROS 软件源，具体命令如下：

```
$ sudo sh - c '. /etc/lsb - release && echo "deb http://mirrors. tuna. tsinghua. edu. cn/ros/ubuntu/ `lsb_release - cs` main" > /etc/apt/sources. list. d/ros - latest. list'
```

3. 设置密钥

设置密钥的命令如下：

```
$ sudo apt install curl
$ curl - s https://raw. githubusercontent. com/ros/rosdistro/master/ros. asc | sudo apt - key add -
```

4. 安装软件包

首先，使用以下命令确保 Debian 软件包的索引是最新的：

```
$ sudo apt - get update
```

ROS 非常庞大，包含众多功能包、函数库和工具，所以 ROS 官方为用户提供了多种 Debian 的安装版本。

（1）桌面完整版安装（推荐）包含 ROS、RQT、RViz、机器人通用库、2D/3D 模拟器、导航以及 2D/3D 感知等，安装命令如下

```
$ sudo apt-get install ros-melodic-desktop-full
```

（2）桌面版安装包含 ROS、RQT、RViz 以及通用机器人函数库，安装命令如下：

```
$ sudo apt-get install ros-melodic-desktop
```

（3）基础版安装包含 ROS 核心软件包、构建工具以及通信相关的程序库，无 GUI 工具，安装命令如下：

```
$ sudo apt-get install ros-melodic-ros-base
```

（4）单个软件包安装的命令如下：

```
$ sudo apt-get install ros-melodic-PACKAGE
```

也可以安装某个指定的 ROS 软件包（使用软件包名称替换 PACKAGE），例如：

```
$ sudo apt-get install ros-melodic-slam-gmapping
```

5. 环境变量配置

为能在终端中使用 ROS 的软件包，必须正确设置环境变量，从而使得 Bash 能够正确找到指定的软件并运行它，设置环境变量的命令如下：

```
$ echo "source /opt/ros/melodic/setup.bash" >> ~/.bashrc
$ source ~/.bashrc
```

如果安装有多个 ROS 版本，~/.bashrc 必须为当前使用版本对应的 setup.bash。

如果只想改变当前终端下的环境变量，可以执行以下命令：

```
$ source /opt/ros/melodic/setup.bash
```

如果使用 ZSH 替换其中的 Bash，可以用以下命令设置 Shell：

```
$ echo "source /opt/ros/melodic/setup.zsh" >> ~/.zshrc
$ source ~/.zshrc
```

6. 配置开发依赖

截至目前，已经安装了运行核心 ROS 包所需的内容。为创建和管理自己的 ROS 工作区，需要安装各种各样的工具和依赖。例如，rosinstall 是一个经常使用的命令行工具，使用此工具能够轻松地使用一个命令下载许多 ROS 包的源分支。

安装这个工具和其他构建 ROS 包的依赖项的命令如下：

```
$ sudo apt-get install python-rosinstall python-rosinstall-generator python-wstool build-essential
```

7. 初始化 rosdep

在使用 ROS 之前，需要初始化 rosdep。在需要编译某些源码时，rosdep 可以为其安装

一些系统依赖。同时，rosdep 也是某些 ROS 核心功能组件必须用到的工具。初始化 rosdep 的命令如下：

```
$ sudo rosdep init
$ rosdep update
```

8. 完成安装

至此，ROS 已经安装至计算机中。现在，打开终端，输入 roscore 命令，可以看到 ROS 正在运行，如图 8-2 所示。

```
u18@u18-pc:~$ roscore
... logging to /home/u18/.ros/log/ce606d58-4aaa-11ec-beed-000c29555193/roslaunch-u18-pc-32151.log
Checking log directory for disk usage. This may take a while.
Press Ctrl-C to interrupt
Done checking log file disk usage. Usage is <1GB.

started roslaunch server http://u18-pc:37207/
ros_comm version 1.14.12


SUMMARY
========

PARAMETERS
 * /rosdistro: melodic
 * /rosversion: 1.14.12

NODES

auto-starting new master
process[master]: started with pid [32162]
ROS_MASTER_URI=http://u18-pc:11311/

setting /run_id to ce606d58-4aaa-11ec-beed-000c29555193
process[rosout-1]: started with pid [32173]
started core service [/rosout]
```

图 8-2　正在运行的 ROS

8.3　ROS 架构

8.3.1　ROS 架构简介

ROS 架构如图 8-3 所示，可以将其分为 3 个层次，即 OS 层、中间层和应用层。

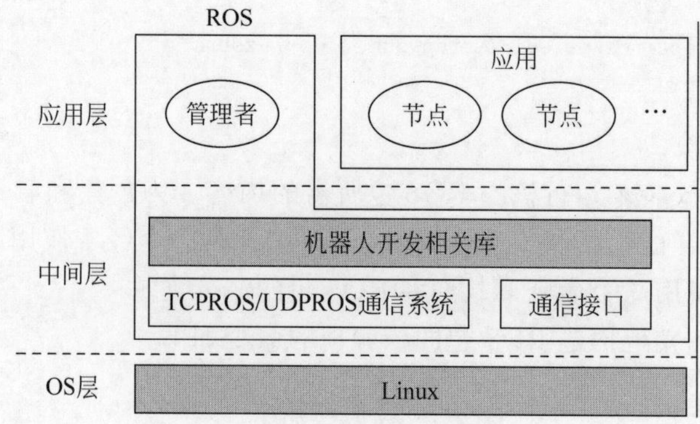

图 8-3　ROS 架构

1. OS 层

ROS 并不是传统意义上的操作系统，无法像 Windows 或 Linux 一样直接运行在计算机的硬件之上，而是需要依托于 Linux 系统。所以，在 OS 层可以直接使用 ROS 官方支持度最好的 Ubuntu 操作系统，也可以使用 macOS、Arch、Debian 等操作系统。

2. 中间层

Linux 是通用系统，并没有针对机器人开发提供特殊的中间件。所以 ROS 在中间层做了大量工作，其中最为重要的就是基于 TCPROS/UDPROS 的通信系统。ROS 的通信系统基于 TCP/UDP 网络，在此之上进行了再次封装，也就是 TCPROS/UDPROS。通信系统使用发布/订阅、客户端/服务器等模型，实现多种通信机制的数据传输。除 TCPROS/UDPROS 通信机制外，ROS 还提供一种进程内的通信方法——Nodelet，可以为多进程通信提供更优化的数据传输方式，适合对数据传输实时性有较高要求的应用。在通信机制之上，ROS 提供了大量机器人开发相关的库，如数据类型定义、坐标变换、运动控制等，可以提供给应用层使用。

3. 应用层

在应用层，ROS 需要运行一个管理者——Master，负责管理整个系统的正常运行。ROS 社区内共享了大量的机器人应用功能包，这些功能包内的模块以节点为单位运行，以 ROS 标准的输入输出为接口，开发者不需要关注模块的内部实现机制，只需要了解接口规则即可实现复用，这极大地提高了开发效率。

按照系统实现划分的角度，ROS 架构可划分为如图 8-4 所示的 3 个级别，分别为计算图、文件系统和开源社区。

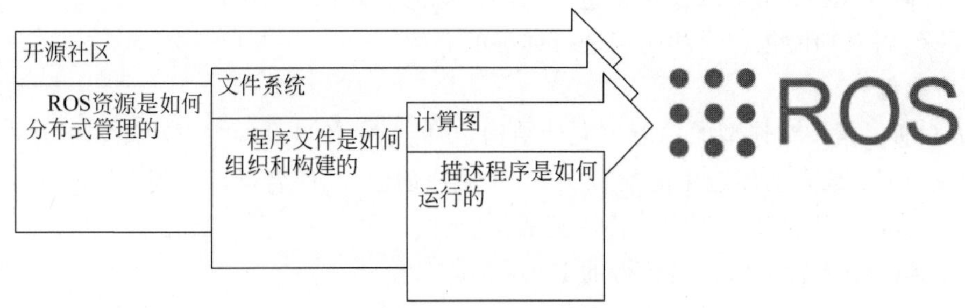

图 8-4　基于系统实现划分的 ROS 架构

8.3.2　文件系统

文件系统方面，主要涵盖 ROS 文件资源在磁盘中存储的方式以及对各种文件作用的描述。与大多数系统类似，ROS 也按照一定规则将其文件组织起来，并存放在不同的目录中，ROS 的文件系统如图 8-5 所示。

图 8-5 中的各种文件类型分别解释如下。

(1) 功能包(package)：功能包是 ROS 中的基本单元，包含 ROS 节点、库、配置文件等。

(2) 功能包清单(package manifest)：每个功能包均包含一个名为 package. xml 的功能包清单，用于记录功能包的基本信息，包含作者信息、许可信息、依赖选项、编译标志等。

(3) 元功能包(meta package)：在新版本的 ROS 中，将原有功能包集(stack)的概念升

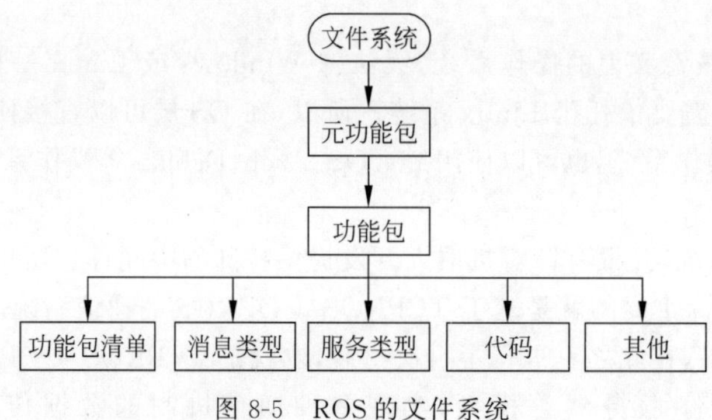

图 8-5 ROS 的文件系统

级为元功能包,主要作用均是组织多个用于同一目的的功能包。例如,ROS 导航的元功能包中会包含建模、定位、导航等多个功能包。

(4) 元功能包清单:在图 8-5 中并未显示,类似功能包清单,不同之处在于元功能包清单中可能会包含运行时需要依赖的功能包或者声明一些引用的标签。

(5) 消息(message)类型:消息是 ROS 各节点之间发布或订阅的通信信息,可以使用 ROS 提供的消息类型,也可以使用 MSG 文件在功能包的 msg 目录下自定义所需要的消息类型。

(6) 服务(service)类型:服务类型定义了 ROS 客户端/服务器通信模型下的请求与应答数据类型,可以使用 ROS 提供的服务类型,也可以使用. srv 文件在功能包的 srv 目录中进行定义。

(7) 代码(code):用来放置功能包节点源代码的目录。

接下来,将对功能包和元功能包进行详细的介绍。

1. 功能包

图 8-6 所示是一个典型的功能包文件结构,功能包中各目录的主要功能如下。

(1) config:放置功能包中的配置文件,由用户创建,文件名可以不同。

(2) include:放置功能包中需要用到的头文件。

(3) scripts:放置可以直接运行的 Python 脚本。

(4) src:放置需要编译的 C++代码。

(5) launch:放置功能包中的所有启动文件。

(6) msg:放置功能包自定义的消息类型。

(7) srv:放置功能包自定义的服务类型。

(8) action:放置功能包自定义的动作指令。

(9) CMakeLists. txt:放置编译器编译功能包的规则。

(10) package. xml:功能包清单,图 8-7 所示为一个典型的功能包清单示例。

从功能包清单中可以清晰地看到该功能包的名称、版本号、信息描述、作者信息和许可信息。除此之外,< build_depend ></build_depend >标签定义了功能包中代码编译所依赖的其他功能包,而< run_depend ></run_depend >标签定义了功能包中可执行程序运行时所依赖的其他功能包。在开发 ROS 功能包的过程中,这些信息需要根据功能包的具体内容进行修改。

图 8-6 典型的功能包文件结构

```xml
<?xml version="1.0"?>
<package>
  <name>turtlesim</name>
  <version>0.7.1</version>
  <description>
    turtlesim is a tool made for teaching ROS and ROS packages.
  </description>
  <maintainer email="dthomas@osrfoundation.org">Dirk Thomas</maintainer>
  <license>BSD</license>

  <url type="website">http://www.ros.org/wiki/turtlesim</url>
  <url type="bugtracker">https://github.com/ros/ros_tutorials/issues</url>
  <url type="repository">https://github.com/ros/ros_tutorials</url>
  <author>Josh Faust</author>

  <buildtool_depend>catkin</buildtool_depend>

  <build_depend>geometry_msgs</build_depend>
  <build_depend>qtbase5-dev</build_depend>
  ......

  <run_depend>geometry_msgs</run_depend>
  <run_depend>libqt5-core</run_depend>
  <run_depend>libqt5-gui</run_depend>
  ......
</package>
```

图 8-7 功能包清单示例

ROS 针对功能包的创建、编译、修改、运行设计了一系列命令，表 8-2 简要列出了这些命令的作用，后续内容会多次涉及这些命令的使用，可以在实践中不断加深对这些命令的理解。

表 8-2 ROS 中针对功能包的命令

命 令	作 用
catkin_create_pkg	创建功能包
rospack	获取功能包的信息
catkin_make	编译工作空间中的功能包
rosdep	自动安装功能包依赖的其他包
roscd	功能包目录跳转
roscp	复制功能包中的文件
rosed	编辑功能包中的文件
rosrun	运行功能包中的可执行文件
roslaunch	运行启动文件

2. 元功能包

元功能包是一种特殊的功能包，只包含一个 package. xml 元功能包清单文件。它的主要作用是将多个功能包整合成为一个逻辑上独立的功能包，类似功能包集合的概念。

虽然元功能包清单的 package. xml 文件与功能包的 package. xml 文件类似，但是需要包含如下的引用标签：

```
< export >
    < metapackage/>
</export >
```

此外，元功能包清单不需要< buildtool_depend ></buildtool_depend >标签声明编译过程依赖的其他功能包，只需要使用< run_depend ></run_depend >标签声明功能包运行时依赖的其他功能包。以导航元功能包为例，可以通过命令

```
roscd navigation
gedit package.xml
```

查看该元功能包中 package. xml 文件的内容，如图 8-8 所示。

```
<package>
    <name>navigation</name>
    <version>1.14.9</version>
    <description>
        A 2D navigation stack that takes in information from odometry, sensor
        streams, and a goal pose and outputs safe velocity commands that are sent
        to a mobile base.
    </description>
    <maintainer email="davidvlu@gmail.com">David V. Lu!!</maintainer>
    <maintainer email="mfergs7@gmail.com">Michael Ferguson</maintainer>
    <maintainer email="ahoy@fetchrobotics.com">Aaron Hoy</maintainer>
    <author>contradict@gmail.com</author>
    <author>Eitan Marder-Eppstein</author>
    <license>BSD,LGPL,LGPL (amcl)</license>
    <url>http://wiki.ros.org/navigation</url>

    <buildtool_depend>catkin</buildtool_depend>

    <run_depend>amcl</run_depend>
    <run_depend>carrot_planner</run_depend>
    ......

    <export>
        <metapackage/>
    </export>
</package>
```

图 8-8　元功能包中 package. xml 文件的内容

8.3.3　计算图

从计算图的角度来看，ROS 软件的功能模块以节点为单位独立运行，可以分布于多个相同或不同的服务器中，在系统运行时通过端对端的拓扑结构进行连接。

1. 节点

节点是执行运算任务的进程，一个系统一般由多个节点组成，也可以称为软件模块。节点概念的引入使得基于 ROS 的系统在运行时更加形象：当许多节点同时运行时，可以很方便地将端对端的通信绘制成如图 8-9 所示的节点关系图。在此图中，进程是图中的节点，而端对端的连接关系是节点之间的连线。

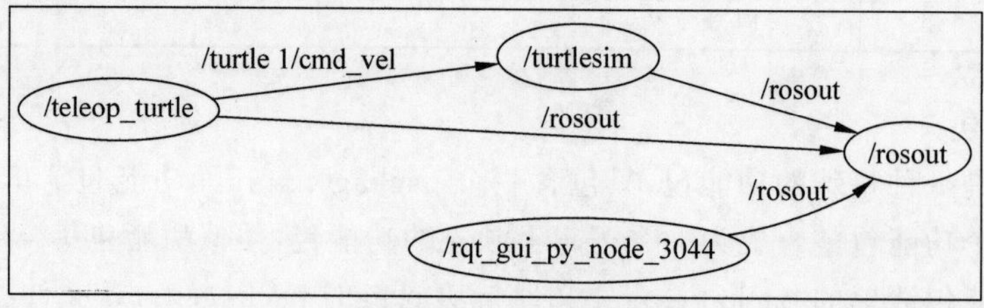

图 8-9　节点关系图

2. 消息

节点之间最重要的通信机制是基于发布/订阅模型的消息(message)通信。每一个消息都是一种严格的数据结构,支持标准数据类型(整型、浮点型、布尔型等),也支持嵌套结构和数组(类似C语言的结构体struct),还可以根据需求由开发者自主定义。

3. 话题

消息以一种发布/订阅(publish/subscribe)的方式传递。如图8-10所示,一个节点可以针对一个给定的话题(topic)发布消息,称为发布者(talker),也可以关注某个话题并订阅特定类型的数据,称为订阅者(listener)。发布者和订阅者并不了解彼此的存在,系统中可能同时有多个节点发布或者订阅同一个话题的消息。

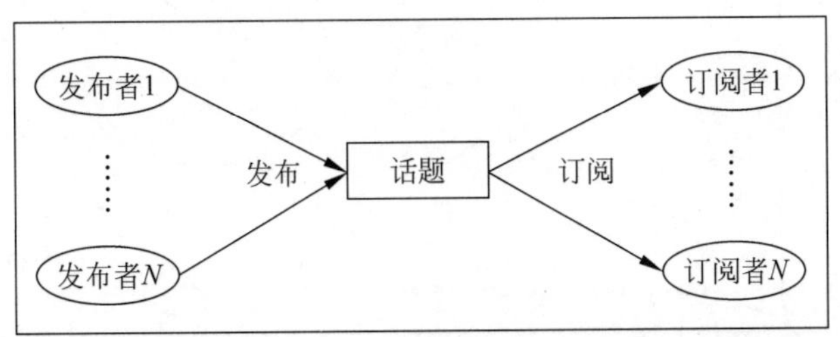

图8-10 话题的发布和订阅

4. 服务

虽然基于话题的发布/订阅模型是一种很灵活的通信模式,但是对于双向的同步传输模式并不适合。在ROS中,称这种同步传输模式为服务(service),其基于客户端/服务器(client/server)模型,包含两个部分的通信数据类型:一部分用于请求;另一部分用于应答,类似于Web服务器。与话题不同的是,ROS中只允许有一个节点提供指定命名的服务。

5. 节点管理器

为统筹管理,系统中需要有一个控制器使得所有节点有条不紊地执行,这就是ROS节点管理器(ROS master)。ROS master通过远程过程调用(Remote Procedure Call,RPC)提供登记列表和对其他计算图表的查找功能,帮助ROS节点之间相互查找、建立连接,同时还为系统提供参数服务器,管理全局参数。ROS Master是一个管理者,没有它的话,节点将无法找到彼此,也无法交换消息或调用服务,整个系统将会瘫痪,由此可见其在ROS系统中的重要性。

8.3.4 开源社区

ROS开源社区中的资源非常丰富,而且可以通过网络共享如图8-11所示的软件和知识。

(1) 发行版(distribution):类似于Linux发行版,ROS发行版包括一系列带有版本号、可以直接安装的功能包,这使得ROS的软件管理和安装更加容易,而且可以通过软件集合来维持统一的版本号。

(2) 软件源(repository):ROS依赖于共享网络上的开源代码,不同的组织机构可以开发或者共享自己的机器人软件。

(3) ROS Wiki:记录ROS信息的主要论坛。所有人均可注册、登录该论坛,并上传自己的开发文档、进行更新、编写教程。

(4) 邮件列表(mailing list)：ROS 邮件列表是交流 ROS 更新的主要渠道，同时也可以交流有关 ROS 开发的各种疑问。

(5) ROS Answers：是一个咨询 ROS 相关问题的网站，用户可以在该网站提交自己的问题，得到其他开发者的回答。

(6) ROS Blog：用于 ROS 社区中的新闻、图片、视频的发布。

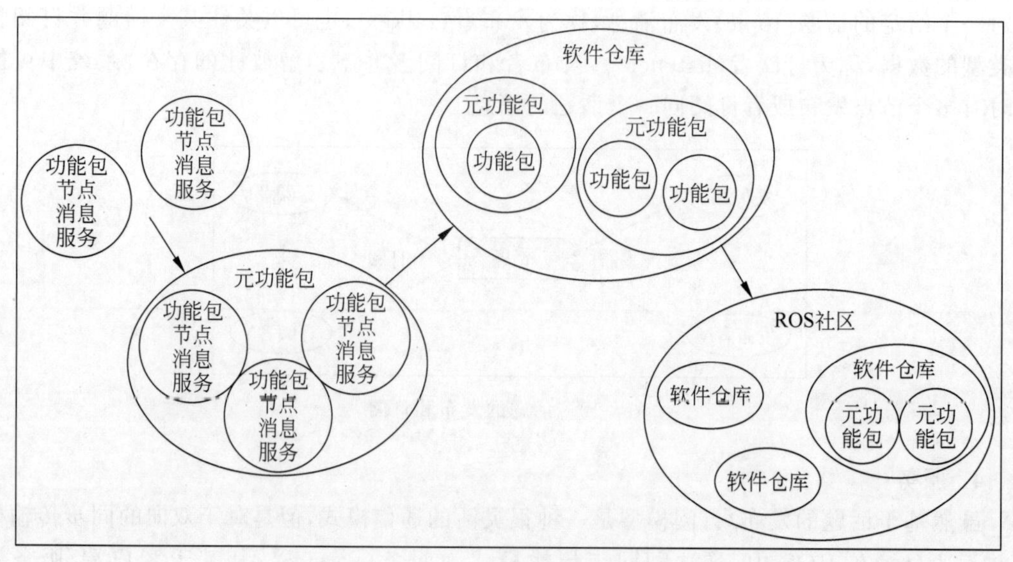

图 8-11 ROS 开源社区的共享内容

8.4 通信机制

ROS 是一个分布式框架，为用户提供多节点(进程)之间的通信服务，所有软件功能和工具均建立在其分布式通信机制上，所以其通信机制是最底层，也是最核心的技术。在大多数应用场景下，尽管不需要关注底层通信的实现机制，但了解其相关原理一定会有助于在开发过程中更好地使用 ROS。以下就 ROS 最核心的 3 种通信机制进行介绍。

8.4.1 话题通信机制

话题在 ROS 中的使用最为频繁，其通信模型也较为复杂。如图 8-12 所示，在 ROS 中有 2 个节点：一个是发布者(talker)；另一个是订阅者(listener)。2 个节点分别发布、订阅同一个话题，启动顺序没有强制要求。此处假设发布者首先启动，其话题通信机制可分解成图 8-12 中所示的 7 步详细过程。

1. 发布者注册

发布者启动服务，通过 1234 端口使用 RPC 向 ROS 节点管理器注册发布者的信息，包含所发布消息的话题名；ROS 节点管理器会将节点的注册信息加入注册列表中。

2. 订阅者注册

订阅者启动服务，同样通过 RPC 向 ROS 节点管理器注册订阅者的信息，包含需要订阅

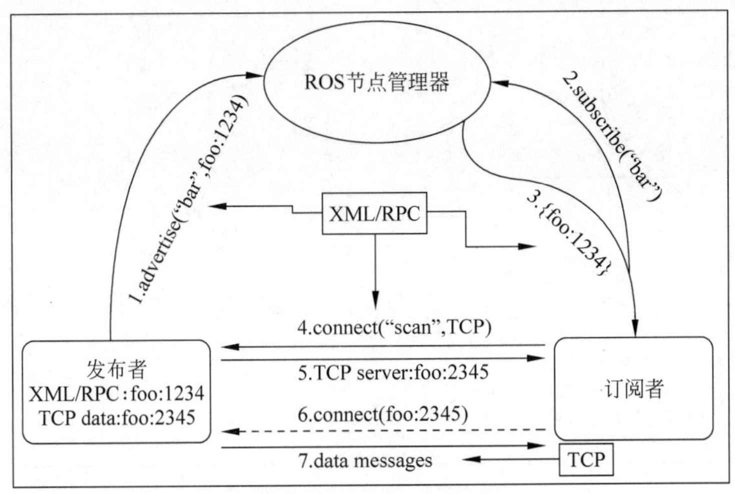

图 8-12 话题通信机制

的话题名。

3. ROS 节点管理器进行信息匹配

节点管理器根据订阅者的订阅信息从注册列表中进行查找，如果没有找到匹配的发布者，则等待发布者的加入；如果找到匹配的发布者信息，则通过 RPC 向订阅者发送发布者的 RPC 地址信息。

4. 订阅者发送连接请求

订阅者接收到节点管理器发回的发布者地址信息，尝试通过 RPC 向发布者发送连接请求，传输订阅的话题名、消息类型以及通信协议（TCP/UDP）。

5. 发布者确认连接请求

发布者接收到订阅者发送的连接请求后，继续通过 RPC 向订阅者确认连接信息，其中包含自身的 TCP 地址信息。

6. 订阅者尝试与发布者建立网络连接

订阅者接收到确认信息后，使用 TCP 协议尝试与发布者建立网络连接。

7. 发布者向订阅者发布数据

成功建立连接后，发布者开始向订阅者发送话题消息数据。从上面的分析中可以发现，前 5 个步骤使用的通信协议均是 RPC，最后发布数据的过程才用到 TCP。ROS 节点管理器在节点建立连接的过程中起到了重要作用，但是并不参与节点之间最终的数据传输。

> **提示：** 节点建立连接后，可以关掉 ROS 节点管理器，节点之间的数据传输并不会受到影响，但是其他节点也无法加入这 2 个节点之间的网络。

8.4.2 服务通信机制

服务是一种带有应答的通信机制，通信原理如图 8-13 所示，与话题的通信相比，其减少了订阅者与发布者之间的 RPC 通信。

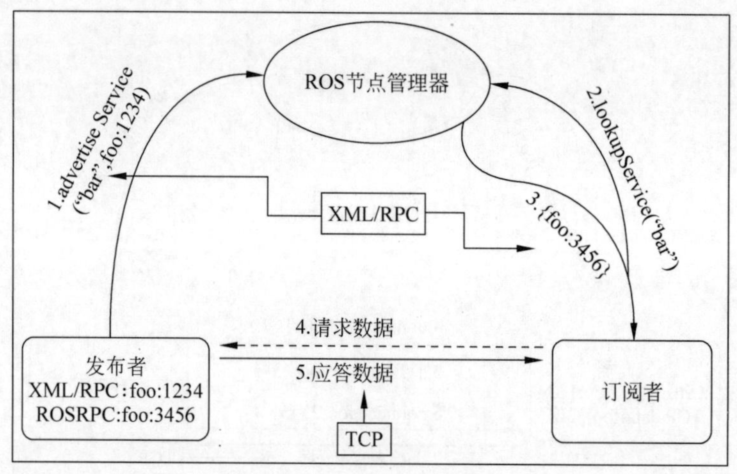

图 8-13 服务通信机制

1. 发布者注册

发布者启动服务，通过 1234 端口使用 RPC 向 ROS 节点管理器注册发布者的信息，包含所提供的服务名；ROS 节点管理器会将节点的注册信息加入注册列表中。

2. 订阅者注册

订阅者启动服务，同样通过 RPC 向 ROS 节点管理器注册订阅者的信息，包含需要查找的服务名。

3. ROS 节点管理器进行信息匹配

节点管理器根据订阅者的订阅信息从注册列表中进行查找，如果没有找到匹配的服务提供者，则等待该服务的提供者加入；如果找到匹配的服务提供者信息，则通过 RPC 向订阅者发送发布者的 TCP 地址信息。

4. 订阅者与发布者建立网络连接

订阅者接收到确认信息后，使用 TCP 尝试与发布者建立网络连接，并且发送服务的请求数据。

5. 发布者向订阅者发布服务应答数据

发布者接收到服务请求和参数后，开始执行服务功能，执行完成后，向订阅者发送应答数据。

8.4.3 参数管理机制

参数类似 ROS 中的全局变量，由 ROS 节点管理器进行管理，其通信机制较为简单，不涉及 TCP/UDP 通信，如图 8-14 所示。

1. 发布者设置变量

发布者使用 RPC 向 ROS 节点管理器发送参数设置数据，包含参数名和参数值；ROS 节点管理器将参数名和参数值保存至参数列表中。

2. 订阅者查询参数值

订阅者通过 RPC 向 ROS 节点管理器发送参数查找请求，包含所要查找的参数名。

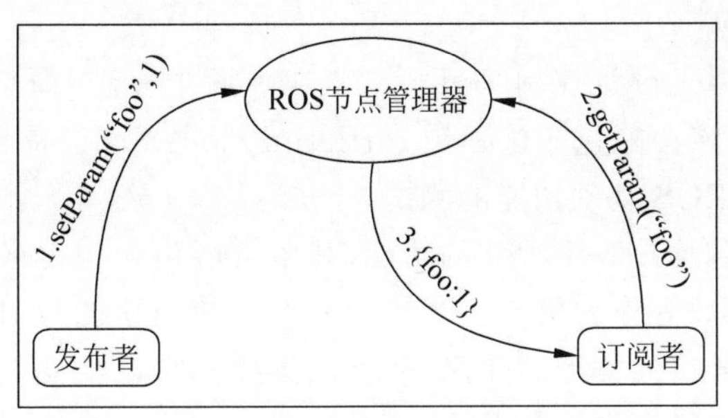

图 8-14 参数管理机制

3. ROS 节点管理器向订阅者发送参数值

节点管理器根据订阅者的查找请求从参数列表中进行查找，查找到参数后，使用 RPC 将参数值发送给订阅者。需要注意的是，如果发布者向节点管理器更新参数值，订阅者在不重新查询参数值的情况下是无法知晓参数值已经被更新的。

8.4.4 话题和服务的区别

话题和服务是 ROS 中最基础也是使用最多的通信方式，从上述内容介绍的 ROS 通信机制中可以看到这两者有明确的差别，具体总结如表 8-3 所示。

表 8-3 话题和服务的区别

	话　　题	服　　务
同步性	异步	同步
通信模型	发布/订阅	客户端/服务器
底层协议	ROSTCP/ROSUDP	ROSTCP/ROSUDP
反馈机制	无	有
缓冲区	有	无
实时性	弱	强
节点关系	多对多	一对多(一个 Server)
适用场景	数据传输	逻辑处理

总之，话题是 ROS 中基于发布/订阅模型的异步通信模式，这种方式将数据的产生和使用双方解耦，常用于不断更新的、含有较少逻辑处理的数据通信；而服务多用于处理 ROS 中的同步通信，采用客户端/服务器模型，常用于数据量较小，但有强逻辑处理的数据交换。

8.5 ROS 开发基础

本节将介绍如何搭建 ROS 开发环境，以及如何编写基础的 ROS 程序包。

8.5.1 小乌龟例程

ROS 的开发将从其提供的入门功能包开始，通过使用此功能包，可以对 ROS 有初步的认识，并学习一些 ROS 辅助工具的使用。

1. turtlesim 功能包

在此例程中,可以通过键盘控制一只小乌龟在界面中移动,而且会接触到第一个 ROS 功能包——turtlesim。该功能包的核心是 turtlesim_node 节点,提供一个可视化的乌龟仿真器,可以实现对很多 ROS 基础功能的测试。

每一个 ROS 功能包均是一个独立的功能,其中可能包含一个或者多个节点,这些功能对外使用话题、服务、参数等作为接口。其他开发者在使用功能包时,可以不用关注内部的代码实现,只需要知道接口的类型和作用,就可以集成到自己的系统中。现在,我们来看一下 turtlesim 功能包的接口是如何实现的。

1)话题与服务

表 8-4 给出了 turtlesim 功能包的话题和服务接口。

表 8-4 turtlesim 功能包的话题和服务接口

	名　称	类　型	描　述
话题订阅	turtleX/cmd_vel	geometry_msgs/Twist	控制乌龟角速度与线速度的输入指令
话题发布	turtleX/pose	turtlesim/Pose	乌龟的姿态信息,包括 x 与 y 的坐标位置、角度、线速度和角速度
服务	clear	std_srvs/Empty	清除仿真器中的背景颜色
	reset	std_srvs/Empty	复位仿真器至初始配置
	kill	turtlesim/Kill	删除一只乌龟
	spawn	turtlesim/Spawn	新生一只乌龟
	turtleX/set_pen	turtlesim/SetPen	设置画笔的颜色和线宽
	turtleX/teleport_absolute	turtlesim/TeleportAbsolute	移动乌龟至指定姿态
	turtleX/teleport_relative	turtlesim/TeleportRelative	移动乌龟至指定的角度和距离

2)参数

表 8-5 所示内容是 turtlesim 功能包中的参数,开发者可以通过命令、程序等方式来获取这些参数,并进行修改。

表 8-5 turtlesim 功能包参数

参　数	类　型	默认值	描　述
~background_b	int	255	设置蓝色背景通道颜色值
~background_g	int	86	设置绿色背景通道颜色值
~background_r	int	69	设置红色背景通道颜色值

turtlesim 功能包订阅速度控制指令,实现乌龟在仿真器中的移动,同时发布乌龟的实时位姿信息,更新仿真器中的乌龟状态。也可以通过服务调用实现删除、新生乌龟等功能。

在正式开始运行乌龟例程之前,需要使用如下命令安装 turtlesim 功能包。

```
sudo apt-get install ros-melodic-turtlesim
```

2. 控制乌龟运动

在 Ubuntu 系统中打开一个终端,输入以下命令:

```
roscore
```

运行 ROS 的节点管理器——ROS Master，这是 ROS 必须运行的节点管理器。

注意：在同一个 ROS 环境中同时只能存在一个 roscore，当已经存在 roscore 的情况下运行上述命令，则可能会出现以下错误信息：

```
roscore cannot run as another roscore/master is already running.
Please kill other roscore/master processes before relaunching
```

如果 ROS 安装成功，则可以在终端中看到如图 8-15 所示的输出信息。

```
roscore http://roser-u16:11311/
o
roser@roser-u16:~$ roscore
... logging to /home/roser/.ros/log/28a19450-31aa-11ec-81d0-000c291ed3b0/roslaun
ch-roser-u16-3315.log
Checking log directory for disk usage. This may take awhile.
Press Ctrl-C to interrupt
Done checking log file disk usage. Usage is <1GB.

started roslaunch server http://roser-u16:37005/
ros_comm version 1.12.17


SUMMARY
========

PARAMETERS
 * /rosdistro: kinetic
 * /rosversion: 1.12.17

NODES

auto-starting new master
process[master]: started with pid [3326]
ROS_MASTER_URI=http://roser-u16:11311/

setting /run_id to 28a19450-31aa-11ec-81d0-000c291ed3b0
process[rosout-1]: started with pid [3339]
started core service [/rosout]
```

图 8-15 ROS 安装成功

然后，打开一个新终端，使用 rosrun 命令启动 turtlesim 仿真器节点：

```
rosrun turtlesim turtlesim_node
```

命令运行后，会出现如图 8-16 所示的可视化仿真器界面。

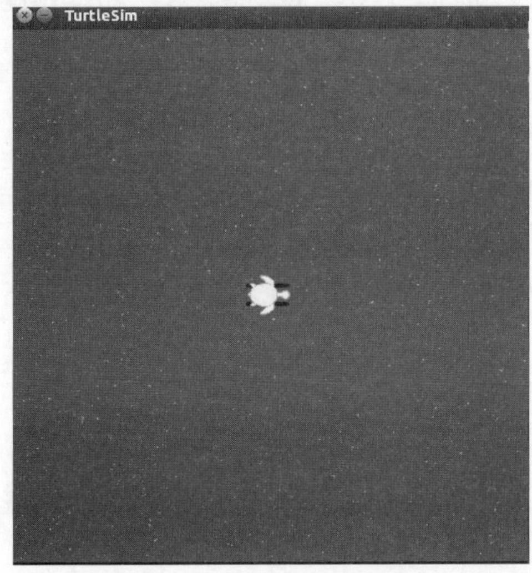

图 8-16 可视化仿真器界面

现在，仿真界面已经出现，还需要打开一个新终端，运行键盘控制的节点：

```
rosrun turtlesim turtle_teleop_key
```

运行成功后，终端中会出现一些键盘控制的相关说明，如图 8-17 所示。

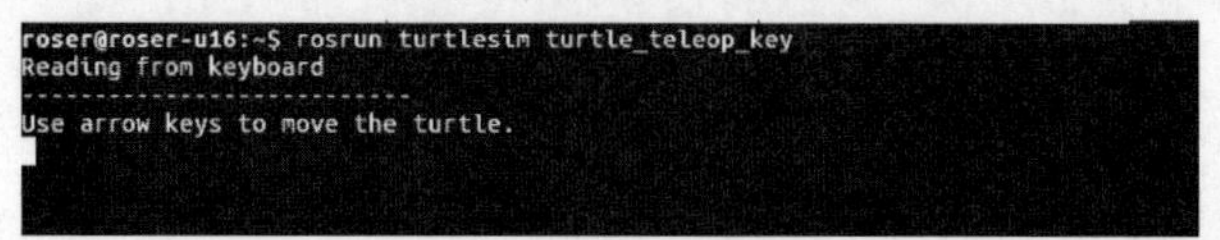
```
roser@roser-u16:~$ rosrun turtlesim turtle_teleop_key
Reading from keyboard
---------------------------
Use arrow keys to move the turtle.
```

图 8-17　终端中出现的相关说明

此时，在保证键盘控制终端激活的前提下，按键盘上的方向键，仿真器中的小乌龟会按照我们控制的方向键的方向移动，而且在小乌龟的尾部会显示移动轨迹，如图 8-18 所示。

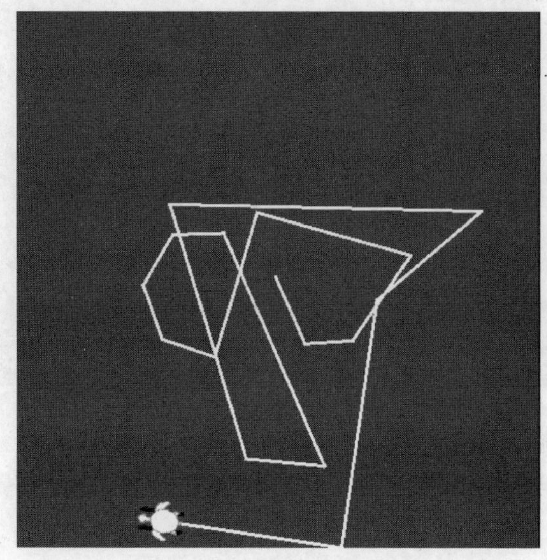

图 8-18　小乌龟移动轨迹

至此，本例程就结束了。将光标定位在某个正在运行 ROS 程序的终端，按组合键 Ctrl+C 即可结束该程序。

8.5.2　创建工作空间和功能包

ROS 功能包的项目源代码存放在一个固定的空间内，这个空间就是工作空间(workspace)。

工作空间是一个存放工程开发相关文件的目录。Fuerte 版本之后的 ROS 默认使用的是 Catkin 编译系统，一个典型 Catkin 编译系统下的工作空间结构如图 8-19 所示。

典型的工作空间一般包括以下 4 个目录空间。

(1) src：代码空间(source space)，开发过程中最常用的目录，用来存储所有 ROS 功能包的源码文件。

(2) build：编译空间(build space)，用来存储工作空间编译过程中产生的缓存信息和中间文件。

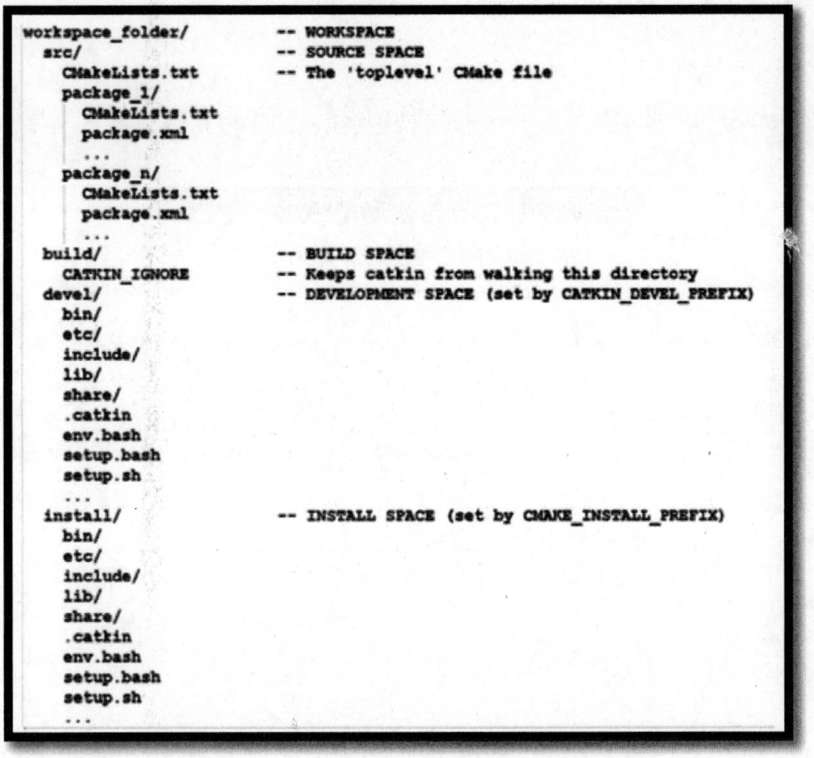

```
workspace_folder/        -- WORKSPACE
  src/                   -- SOURCE SPACE
    CMakeLists.txt       -- The 'toplevel' CMake file
    package_1/
      CMakeLists.txt
      package.xml
      ...
    package_n/
      CMakeLists.txt
      package.xml
      ...
  build/                 -- BUILD SPACE
    CATKIN_IGNORE        -- Keeps catkin from walking this directory
  devel/                 -- DEVELOPMENT SPACE (set by CATKIN_DEVEL_PREFIX)
    bin/
    etc/
    include/
    lib/
    share/
    .catkin
    env.bash
    setup.bash
    setup.sh
    ...
  install/               -- INSTALL SPACE (set by CMAKE_INSTALL_PREFIX)
    bin/
    etc/
    include/
    lib/
    share/
    .catkin
    env.bash
    setup.bash
    setup.sh
    ...
```

图 8-19　Catkin 编译系统下的工作空间结构

（3）devel：开发空间（development space），用来放置编译生成的可执行文件。

（4）install：安装空间（install space），编译成功后，可以使用 make install 命令将可执行文件安装至该空间。运行该空间中的环境变量脚本，即可在终端中运行这些可执行文件。安装空间并不是必需的，很多工作空间中可能并没有该目录。

1. 创建工作空间

创建工作空间的命令比较简单，首先使用系统命令创建工作空间目录，然后运行 ROS 的工作空间初始化命令即可完成创建过程：

```
mkdir -p ~/catkin_ws/src
cd ~/catkin_ws/src
catkin_init_workspace
```

创建完成后，可以在工作空间的根目录下使用 catkin_make 命令编译整个工作空间：

```
cd ~/catkin_ws/src
catkin_make
```

编译过程中，在工作空间的根目录里会自动产生 build 和 devel 2 个子目录及其中的文件。编译完成后，在 devel 目录中会产生数个 setup.* sh 形式的环境变量设置脚本。使用 source 命令运行这些脚本文件，使工作空间中的环境变量生效：

```
source devel/setup.bash
```

为确保环境变量已经生效，可以使用如下命令进行检查：

```
echo $ROS_PACKAGE_PATH
```

如果打印的路径中已经包含当前工作空间的路径，则说明环境变量设置成功，如图 8-20 所示。

```
roser@roser-u16:~/catkin_ws$ echo $ROS_PACKAGE_PATH
/home/roser/catkin_ws/src:/opt/ros/kinetic/share
```

图 8-20　环境变量设置成功的标识

提示：在终端中使用 source 命令设置的环境变量只能在当前终端中生效，如果希望环境变量在所有终端中有效，则需要在终端的配置文件中加入环境变量的设置：

echo "source/WORKSPACE/devel/setup.bash" >> ~/.bashrc

2. 创建功能包

ROS 中功能包的形式如下：

```
my_package/
    CMakeLists.txt
    package.xml
    …
```

package.xml 文件提供了功能包的元信息，也就是描述功能包属性的信息。CMakeLists.txt 文件记录了功能包的编译规则。

注意：ROS 不允许在某个功能包中嵌套其他功能包，多个功能包必须平行放置在代码空间中。

ROS 提供直接创建功能包的命令 catkin_create_pkg，该命令的使用方法如下：

```
catkin_create_pkg name [dependencies [dependencies …]]
```

在运行 catkin_create_pkg 命令时，用户需要输入功能包的名称(package_name)和所依赖的其他功能包名称(如 depend1、depend2、depend3)。例如，需要创建一个 beginner_tutorials 功能包，该功能包依赖于 std_msgs、roscpp 和 rospy 功能包。首先进入代码空间，使用 catkin_create_pkg 命令创建功能包：

```
$ cd ~/catkin_ws/src
$ catkin_create_pkg beginner_tutorials std_msgs rospy roscpp
```

创建完成后，代码空间 src 中会生成一个 beginner_tutorials 功能包，其中已经包含 package.xml 和 CMakeLists.txt 文件。然后返回至工作空间的根目录下进行编译，并设置环境变量，命令如下：

```
$ cd ~/catkin_ws/
$ catkin_make
$ source ~/catkin_ws/devel/setup.bash
```

以上便是创建功能包的基本流程。

注意：在同一个工作空间下，不允许存在同名功能包，否则在编译时会报错。

8.5.3 自定义软件包

本小节将剖析 catkin_create_pkg 命令生成的每个文件，并详细描述这些文件的组成部分，以及如何自定义这些文件。

自动生成的 package. xml 文件应该在新软件包目录中。现在，一起看看新生成的 package. xml 文件以及需要关注的元素。

1. 描述标签

描述(description)标签的内容是对这个软件包的功能描述，如下所示：

```
<description> The beginner_tutorials package </description>
```

可以将描述信息修改为任何喜欢的内容，但是按照惯例，第一行应该简短一些，因为它包括了软件包的概述。如果用一句话难以描述完全，则需要换行。

2. 维护者标签

维护者(maintainer)标签是 package. xml 文件中要求填写的一个重要标签，因为它能够让其他人联系到软件包的相关人员。这里要求至少填写一个维护者，也可以填写多个。除在标签里填写维护者的名字外，还应该在标签的 email 属性中填写电子邮件地址，具体如下：

```
<!-- One maintainer tag required, multiple allowed, one person per tag -->
<!-- Example: -->
<!-- <maintainer email = "jane.doe@example.com"> Jane Doe </maintainer> -->
<maintainer email = "user@todo.todo"> user </maintainer>
```

3. 许可证标签

许可证(license)标签同样也是必填项，应该选择一种许可证并将它填写到这里。一些常见的开源许可协议有 BSD、MIT、Boost Software License、GPL v2、GPL v3、LGPL v2.1 和 LGPL v3。本书使用 BSD 许可证，因为其他核心 ROS 组件已经在使用它，如下所示。

```
<license> BSD </license>
```

4. 依赖项标签

依赖项标签描述了软件包的依赖关系，这些依赖项分为 build_depend、buildtool_depend、run_depend、test_depend。在之前的操作中，因为将 roscpp、rospy 和 std_msgs 作为 catkin_create_pkg 命令的参数，其依赖关系如下所示：

```
<!-- The *_depend tags are used to specify dependencies -->
<!-- Dependencies can be catkin packages or system dependencies -->
<!-- Examples: -->
<!-- Use build_depend for packages you need at compile time: -->
<!-- <build_depend> genmsg </build_depend> -->
<!-- Use buildtool_depend for build tool packages: -->
<!-- <buildtool_depend> catkin </buildtool_depend> -->
<!-- Use exec_depend for packages you need at runtime: -->
<!-- <exec_depend> python-yaml </exec_depend> -->
<!-- Use test_depend for packages you need only for testing: -->
<!-- <test_depend> gtest </test_depend> -->
```

```
<buildtool_depend>catkin</buildtool_depend>
<build_depend>roscpp</build_depend>
<build_depend>rospy</build_depend>
<build_depend>std_msgs</build_depend>
```

除了 Catkin 中默认提供的 buildtool_depend，所有列出的依赖包均已被添加至 build_depend 标签中。在本例中，因为在编译和运行时均需要用到所有指定的依赖包，因此还要将每一个依赖包分别添加到 run_depend 标签中，如下所示：

```
<buildtool_depend>catkin</buildtool_depend>

<build_depend>roscpp</build_depend>
<build_depend>rospy</build_depend>
<build_depend>std_msgs</build_depend>

<exec_depend>roscpp</exec_depend>
<exec_depend>rospy</exec_depend>
<exec_depend>std_msgs</exec_depend>
```

5. 最终的 package.xml 文件

去掉注释和未使用标签后的 package.xml 文件显得更加简洁了，如下所示：

```
<?xml version="1.0"?>
<package format="2">
  <name>beginner_tutorials</name>
  <version>0.1.0</version>
  <description>The beginner_tutorials package</description>

  <maintainer email="you@yourdomain.tld">Your Name</maintainer>
  <license>BSD</license>
  <url type="website">http://wiki.ros.org/beginner_tutorials</url>
  <author email="you@yourdomain.tld">Jane Doe</author>

  <buildtool_depend>catkin</buildtool_depend>

  <build_depend>roscpp</build_depend>
  <build_depend>rospy</build_depend>
  <build_depend>std_msgs</build_depend>

  <exec_depend>roscpp</exec_depend>
  <exec_depend>rospy</exec_depend>
  <exec_depend>std_msgs</exec_depend>

</package>
```

自定义完成后，可按照 8.5.2 节的内容对软件包进行重新编译。

8.5.4 深入工作空间

ROS 允许多个工作空间并存，每个工作空间的创建、编译、运行方法均相同，用户可以在不同项目的工作空间中创建所需要的功能包。但有一种情况，即不同的工作空间中可能存在相同命名的功能包，如果这些工作空间的环境变量均已经设置好，那么在使用该功能包的时候，是否会发生冲突？如果不会，ROS又会帮我们选择哪一个功能包呢？

ROS的工作空间有一个机制——Overlaying，即工作空间的覆盖。所有工作空间的路径会依次在ROS_PACKAGE_PATH环境变量中记录，当设置多个工作空间的环境变量后，新设置的路径在ROS_PACKAGE_PATH中会自动放置在最前端。在运行时，ROS会优先查找最前端的工作空间中是否存在指定的功能包，如果不存在，则顺序向后查找其他工作空间，直至最后一个工作空间。

可以通过以下命令查看所有ROS相关的环境变量：

```
env | grep ros
```

其中包含最为关心的ROS_PACKAGE_PATH，如图8-21所示。

```
roser@roser-u16:~/catkin_ws$ env | grep ros
XDG_GREETER_DATA_DIR=/var/lib/lightdm-data/roser
GPG_AGENT_INFO=/home/roser/.gnupg/S.gpg-agent:0:1
ROS_ROOT=/opt/ros/kinetic/share/ros
ROS_PACKAGE_PATH=/home/roser/catkin_ws/src:/opt/ros/kinetic/share
OLDPWD=/home/roser/catkin_ws/src
USER=roser
LD_LIBRARY_PATH=/home/roser/catkin_ws/devel/lib:/opt/ros/kinetic/lib:/opt/ros/kinetic/lib/x86_64-linux
-gnu
SESSION_MANAGER=local/roser-u16:@/tmp/.ICE-unix/2285,unix/roser-u16:/tmp/.ICE-unix/2285
PATH=/opt/ros/kinetic/bin:/home/roser/bin:/home/roser/.local/bin:/usr/local/sbin:/usr/local/bin:/usr/s
bin:/usr/bin:/sbin:/bin:/usr/games:/usr/local/games:/snap/bin
PWD=/home/roser/catkin_ws
ROSLISP_PACKAGE_DIRECTORIES=/home/roser/catkin_ws/devel/share/common-lisp
HOME=/home/roser
PYTHONPATH=/opt/ros/kinetic/lib/python2.7/dist-packages
LOGNAME=roser
PKG_CONFIG_PATH=/home/roser/catkin_ws/devel/lib/pkgconfig:/opt/ros/kinetic/lib/pkgconfig:/opt/ros/kine
tic/lib/x86_64-linux-gnu/pkgconfig
CMAKE_PREFIX_PATH=/home/roser/catkin_ws/devel:/opt/ros/kinetic
ROS_ETC_DIR=/opt/ros/kinetic/etc/ros
XAUTHORITY=/home/roser/.Xauthority
```

图8-21 ROS相关的环境变量

下面，将描述一个工作空间覆盖的例子。

例如，通过以下命令安装ros-melodic-ros-tutorials功能包：

```
sudo apt-get install ros-melodic-ros-tutorials
```

安装完成后使用rospack命令查看功能包所放置的工作空间，如图8-22所示。

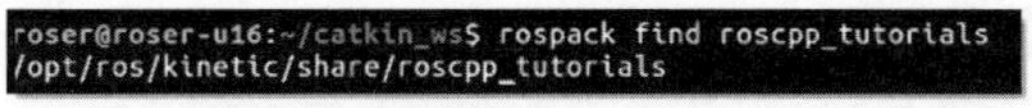

```
roser@roser-u16:~/catkin_ws$ rospack find roscpp_tutorials
/opt/ros/kinetic/share/roscpp_tutorials
```

图8-22 ROS功能包所放置的工作空间

roscpp_tutorials是ros-tutorials中的一个功能包，此时该功能包存放于ROS的默认工作空间。接下来，在自己的catkin_ws工作空间也放置一个同名的功能包，可以在GitHub上下载ros-tutorials功能包的源码，如下所示：

```
cd ~/catkin_ws/src
git clone git://github.com/ros/ros_tutorials.git
```

然后，编译catkin_ws工作空间并设置环境变量，如下所示：

```
cd ~/catkin_ws/
catkin_make
```

```
source devel/setup.bash
```

环境变量设置成功后，再来查看 roscpp_tutorials 功能包的位置，如图 8-23 所示。现在，ROS 查找到的 roscpp_tutorials 功能包在创建的 catkin_ws 工作空间下，这是因为在 ROS_PACKAGE_PATH 环境变量中，catkin_ws 工作空间路径在系统工作空间路径之前。

```
roser@roser-u16:~/catkin_ws$ rospack find roscpp_tutorials
/home/roser/catkin_ws/src/ros_tutorials/roscpp_tutorials
```

图 8-23　roscpp_tutorials 功能包的位置

这种覆盖机制可以在开发过程中轻松替换系统或其他工作空间中原有的功能包，但是也存在一些潜在的风险。例如，在如下结构的 2 个工作空间中：

```
catkin_ws/
    src/
        package_a
        package_b #依赖于 package_a
    devel/
        ...
overlay_ws/
    src/
        package_a
    devel/
        ...
```

如果工作空间 overlay_ws 中的 package_a 功能包覆盖了 catkin_ws 中的 package_a，由于 package_b 功能包是唯一的，而且无法知晓所依赖的 package_a 是否发生变化，从而会导致 package_b 功能包产生潜在的风险。

8.5.5　创建自定义的 ROS 消息和服务

1. MSG 和 SRV 简介

它们均用于将不同编程语言编写的消息生成源代码。MSG 文件是文本文件，用于描述 ROS 消息的字段，存放在软件包的 msg 目录下。

一个 SRV 文件描述一个服务，它由请求(request)和响应(response)两部分组成。SRV 文件则存放在 srv 目录下。

MSG 文件是简单的文本文件，每一行均有一个字段类型和字段名称，可以使用的数据类型如下。

(1) int8、int16、int32、int64 (以及 uint *)。

(2) float32、float64。

(3) string。

(4) time、duration。

(5) 其他 MSG 文件。

(6) variable-length array[](非定长数组)和 fixed-length array[C](定长数组)。

ROS 中还有一个特殊的数据类型——Header，它包含时间戳和 ROS 中广泛使用的坐标帧信息。在 MSG 文件的第一行经常可以看到 Header header。

以下是一个 MSG 文件的示例，它使用了 Header、string 和其他另外 2 个消息类型，如下所示：

```
Header header
string child_frame_id
geometry_msgs/PoseWithCovariance pose
geometry_msgs/TwistWithCovariance twist
```

SRV 文件和 MSG 文件一样，只是它包含两个部分——请求和响应。这两部分用一条分割线进行分割，以下是一个 SRV 文件的示例。

```
int64 A
int64 B
---
int64 Sum
```

在上面的示例中，A 和 B 是请求，Sum 是响应。

2. 创建 msg 服务

在之前创建的软件包里定义一个新的消息，如下所示：

```
roscd beginner_tutorials
mkdir msg
echo "int64 num" > msg/Num.msg
```

上面是最简单的示例，MSG 文件只有一行。当然，可以通过添加更多元素（每行一个元素）来创建更复杂的文件，如下所示：

```
string first_name
string last_name
uint8 age
uint32 score
```

不过还有关键的一步，即要确保 MSG 文件能被转换为 C++、Python 和其他语言的源代码。

打开功能包的 package.xml 文件，确保它包含以下 2 行且没有被注释。如果文件中没有此内容，则需要手动添加进去，如下所示：

```
<build_depend>message_generation</build_depend>
  <exec_depend>message_runtime</exec_depend>
```

注意，在构建时其实只需要 message_generation 依赖项，而在运行时只需要 message_runtime 依赖项。

然后，在文本编辑器中打开功能包的 CMakeLists.txt 文件。在 CMakeLists.txt 文件中，为已经存在的 find_package 调用项目添加 message_generation 依赖项，这样就能生成消息了。直接将 message_generation 依赖项添加至 COMPONENTS 列表中即可，如下所示：

```
# 不需要全部复制，只需将 message_generation 依赖项加在小括号闭合前即可 find_package
(catkin REQUIRED COMPONENTS
   roscpp
   rospy
```

```
    std_msgs
    message_generation
)
```

有时，即使没有使用全部依赖项调用 find_package，项目也可以构建，这是因为 Catkin 把所有项目整合在一起了。因此，如果之前的项目调用了 find_package，则此项目的依赖关系也被配置成与之一样的值。但是，忘记调用此项则意味着项目在单独构建时很容易崩溃。

另外，还要确保导出消息的运行时依赖关系，如下所示：

```
catkin_package(
  ...
  CATKIN_DEPENDS message_runtime ...
  ...)
```

找到如下代码块：

```
# add_message_files(
#   FILES
#   Message1.msg
#   Message2.msg
# )
```

删除代码块前的#符号，取消注释，然后将 Message*.msg 替换为正在使用的 MSG 文件的文件名，具体代码如下所示：

```
add_message_files(
  FILES
  Num.msg
)
```

手动添加 MSG 文件后，要确保 CMake 知道何时需要重新配置项目。

必须确保调用 generate_messages()函数，需要取消以下几行的注释：

```
  # generate_messages(
#   DEPENDENCIES
#   std_msgs
# )
```

现在，可以从 MSG 文件定义中生成源代码文件了，稍后将展示如何生成 ROS 消息的代码。

3. 使用 rosmsg 命令

上述是创建消息的所有步骤，通过 rosmsg show 命令查看 ROS 能否识别它。

rosmsg show 的用法如下：

```
$ rosmsg show [message type]
```

其中，参数 message type 用于定义消息的软件包和消息的名称。查看消息的示例如下。

```
$ rosmsg show beginner_tutorials/Num
```

上述示例中,beginner_tutorials 为定义消息的软件包,Num 为消息的名称。此命令运行后的结果如下:

```
int64 num
```

如果不记得 MSG 文件在哪个包中,也可以省略包名称。例如:

```
$ rosmsg show Num
```

此命令运行后的结果如下:

```
[beginner_tutorials/Num]:
int64 num
```

4. 创建 srv 服务

使用之前创建的包来创建服务,并先创建一个目录:

```
$ roscd beginner_tutorials
$ mkdir srv
```

从另一个包复制现有的 srv 定义,而不是手动创建新的 srv。roscp 是一个非常实用的命令行工具,其作用是将文件从一个包复制到另一个包。

roscp 的用法具体如下:

```
$ roscp [package_name] [file_to_copy_path] [copy_path]
```

现在,可以从 roscpp_tutorials 包中复制一个服务。

```
$ roscp roscpp_tutorials AddTwoInts.srv srv/AddTwoInts.srv
```

除了以上步骤,还有关键的一步——要确保 MSG 文件能被转换为 C++、Python 和其他语言的源代码。

先打开 package.xml 文件,确保它包含以下 2 行且没有被注释。如果没有这 2 行内容,则需要手动添加进去,如下所示:

```
<build_depend>message_generation</build_depend>
<exec_depend>message_runtime</exec_depend>
```

如前所述,在构建时其实只需要 message_generation,而在运行时只需要 message_runtime。

如果还没有实现上面的教程,则还需要在 CMakeLists.txt 文件中,为已经存在的 find_package 调用项目添加 message_generation 依赖项,这样就能生成消息了。直接将 message_generation 添加至 COMPONENTS 列表中即可,如下所示。

```
# 不要全部复制,只需将 message_generation 加在小括号闭合前即可
find_package(catkin REQUIRED COMPONENTS
   roscpp
   rospy
   std_msgs
   message_generation
)
```

（别被名字迷惑，message_generation 对 msg 和 srv 都适用）

此外，还需要像之前对 rosmsg 那样，在 package.xml 文件中修改服务字段，文件中描述的所需附加的依赖项如下：

```
# add_service_files(
#   FILES
#   Service1.srv
#   Service2.srv
# )
```

删除上述代码块前的 # 符号，取消注释，然后将 Service *.srv 替换为正在使用的 SRV 文件名即可。

现在，可以从 MSG 文件定义中生成源代码文件了，稍后将展示如何生成 ROS 服务的代码。

5. 使用 rossrv 命令

完成创建服务的所有步骤后，可以通过 rossrv show 命令看 ROS 能否识别它，如下所示：

```
$ rossrv show <service type>
```

其中，参数 service type 用于定义服务的软件包和服务名称，示例如下：

```
$ rossrv show beginner_tutorials/AddTwoInts
```

此命令运行后的结果如下所示：

```
int64 a
int64 b
---
int64 sum
```

跟 rosmsg 类似，也可以在不指定包名的情况下找到如下所示的服务：

```
$ rossrv show AddTwoInts
```

此命令运行后的结果如下所示：

```
[beginner_tutorials/AddTwoInts]:
int64 a
int64 b
---
int64 sum

[roscpp_tutorials/AddTwoInts]:
int64 a
int64 b
---
int64 sum
```

这里显示了 2 个服务，第一个是在 beginner_tutorials 包中创建的；第二个是之前在 roscpp_tutorials 包中已经存在的。

6. 生成 msg 代码和 srv 代码

如果没做过上述教程，请先修改下述 CMakeLists. txt 文件中的代码块：

```
# generate_messages(
#   DEPENDENCIES
# # std_msgs # Or other packages containing msgs
# )
```

取消注释，然后添加所有自定义的消息用到的包含 MSG 文件的软件包(本例中为 std_msgs)，如下所示：

```
generate_messages(
  DEPENDENCIES
  std_msgs
)
```

现在，已经创建了一些新消息，所以需要重新对软件包进行编译，如下所示：

```
# In your catkin workspace
$ roscd beginner_tutorials
$ cd ../..
$ catkin_make
$ cd -
```

功能包中 msg 目录下的任何 MSG 文件都将生成所支持语言的代码。C++消息的头文件将生成在～/catkin_ws/devel/include/beginner_tutorials/目录中。Python 脚本将创建在～/catkin_ws/devel/lib/python2. 7/dist-packages/beginner_tutorials/msg 目录中。而 LISP 文件则出现在～/catkin_ws/devel/share/common-lisp/ros/beginner_tutorials/msg/目录中。

类似地，srv 目录中的任何 SRV 文件均将生成所支持语言的代码。对于 C++，其头文件将生成在消息的头文件的同一目录中。对于 Python 和 LISP，其相关脚本、文件则会出现在 msg 目录旁的 srv 目录中。

8.5.6 话题通信的开发

1. 小乌龟例程的话题

本小节将先通过对 8.5.1 节介绍的小乌龟例程进行话题分析，然后再进行话题通信的开发。

1）小乌龟例程的节点

首先按照 8.5.1 节介绍的方法将小乌龟例程运行起来，然后通过 rqt_graph 工具观察其节点间的关系。

rqt_graph 是 ROS 提供的用于调试的基础工具，它以动态图的形式展示了当前 ROS 系统中的节点关系。rqt_graph 是 RQT 程序包中的一部分，可使用以下命令安装：

```
$ sudo apt - get install ros - melodic - rqt
$ sudo apt - get install ros - melodic - rqt - common - plugins
```

打开一个新终端，使用以下命令运行 rqt_graph 工具：

```
$ rosrun rqt_graph rqt_graph
```

此命令还可以查看系统中的节点关系图。小乌龟例程中的节点关系如图 8-24 所示。

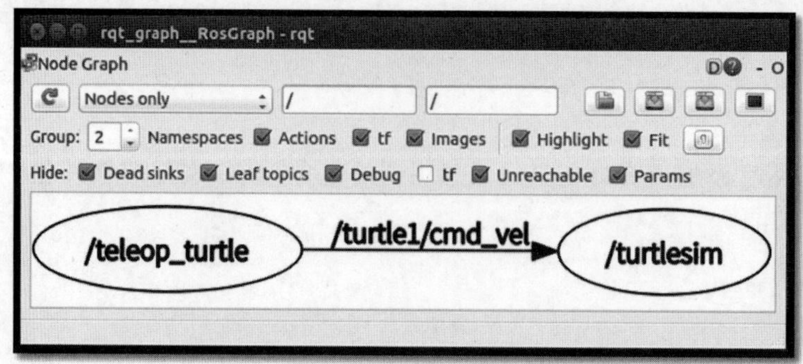

图 8-24 小乌龟例程中的节点关系

当前系统中存在 2 个节点：teleop_turtle 和 turtlesim，其中 teleop_turtle 节点创建了一个发布者，用于发布键盘控制的速度指令；turtlesim 节点创建了一个订阅者，用于订阅速度指令，实现小乌龟在界面上的运动。这里的话题是/turtle1/cmd_vel。

如果把鼠标光标放在/turtle1/cmd_vel 上，相应的 ROS 节点和话题则会高亮显示。可以看到，turtle_teleop_key 和 turtlesim_node 节点正通过一个名为/turtle1/cmd_vel 的话题来相互通信，如图 8-25 所示。

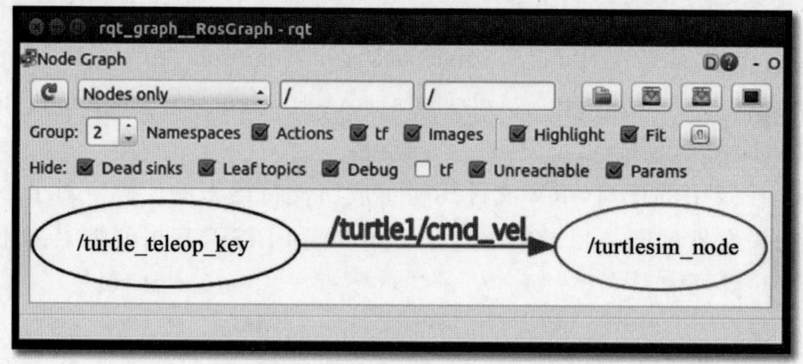

图 8-25 节点间通过话题进行通信

2）使用 rostopic 命令

使用 rostopic 命令可以获取 ROS 的话题信息，如下所示：

```
$ rostopic -h
```

可以使用帮助选项查看可用的 rostopic 的子命令，如下所示：

```
rostopic is a command - line tool for printing information about ROS Topics.

Commands:
    rostopic bw           显示该话题的带宽使用情况
    rostopic delay        显示该话题头文件中的时间戳时间至现在的延迟
    rostopic echo         将话题消息打印在屏幕上
    rostopic find         通过类型寻找话题
```

```
    rostopic hz          显示该话题的发布速度
    rostopic info        打印活跃话题的信息
    rostopic list        列出所有活跃的话题
    rostopic publish     发布数据至该话题
    rostopic type        打印话题或字段类型

Type rostopic <command> -h for more detailed usage, e.g. 'rostopic echo -h'
```

或者在输入 rostopic 命令后双击 Tab 键输出可选的子命令，如下所示：

```
$ rostopic
bw echo find hz info list pub type
```

3）使用 rostopic echo 命令

rostopic echo 命令可以显示在某个话题上发布的数据，其用法如下：

```
$ rostopic echo [topic]
```

例如，可以使用 turtle_teleop_key 节点发布的指令及速度相关的数据，如下所示：

```
$ rostopic echo /turtle1/cmd_vel
```

因为现在还没有数据发布至该话题，所以使用该命令后可能无法得到有用信息。可按键盘上的方向键让 turtle_teleop_key 节点发布数据。如果发现不能控制乌龟，选中 turtle_teleop_key 的终端窗口以确保按键输入能够被捕获。此时，应该可以看到如下所示的内容：

```
linear:
  x: 0.0
  y: 0.0
  z: 0.0
angular:
  x: 0.0
  y: 0.0
  z: 2.0
---
linear:
  x: 0.0
  y: 0.0
  z: 0.0
angular:
  x: 0.0
  y: 0.0
  z: 2.0
---
```

现在，再查看一下 rqt_graph。先按左上角的刷新按钮以显示新节点，此时可以看到 rostopic echo 命令也订阅了 turtle1_cmd_vel 话题，如图 8-26 所示。

4）使用 rostopic list 命令

rostopic list 命令能够列出当前已被订阅和发布的所有话题。打开一个新终端，输入命令查看 list 子命令需要的参数，如下所示：

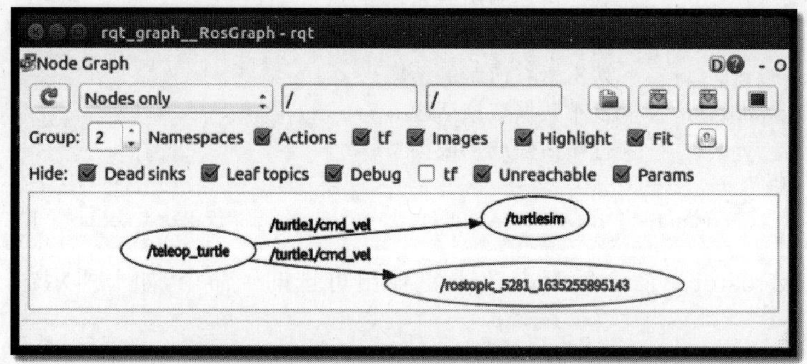

图 8-26 显示话题 turtle1_cmd_vel

```
$ rostopic list -h
```

命令运行后可看到如下输出。

```
Usage: rostopic list [/topic]

Options:
  -h, --help              显示此帮助信息并退出
  -b BAGFILE, --bag=BAGFILE
                          列出话题到.bag文件中
  -v, --verbose           列出每一个话题的信息
  -p                      只列出发布者
  -s                      只列出订阅者
```

在 rostopic list 命令中使用 verbose 选项会列出所有发布和订阅的主题及其类型的详细信息，如下所示：

```
$ rostopic list -v
```

命令运行后可看到如下输出：

```
Published topics:
* /turtle1/color_sensor [turtlesim/Color] 1 publisher
* /turtle1/cmd_vel [geometry_msgs/Twist] 1 publisher
* /rosout [rosgraph_msgs/Log] 3 publishers
* /rosout_agg [rosgraph_msgs/Log] 1 publisher
* /turtle1/pose [turtlesim/Pose] 1 publisher

Subscribed topics:
* /turtle1/cmd_vel [geometry_msgs/Twist] 2 subscribers
* /rosout [rosgraph_msgs/Log] 1 subscriber
```

2. 小乌龟例程中的消息

话题的通信是通过节点间发送 ROS 消息实现的。为了使发布者(turtle_teleop_key)和订阅者(turtulesim_node)进行通信，发布者和订阅者必须发送和接收相同类型的消息。这意味着话题的类型是由发布在它上面消息的类型决定的。使用 rostopic type 命令可以查看发布在话题上的消息类型。

1）使用 rostopic type 命令

rostopic type 命令用来查看所发布话题的消息类型，其用法如下：

```
$ rostopic type [topic]
```

在小乌龟例程中，输入以下命令查看其消息类型：

```
$ rostopic type /turtle1/cmd_vel
```

运行后得到如下输出结果：

```
$ geometry_msgs/Twist
```

还可以使用 rosmsg 命令查看消息的详细信息，如下所示：

```
$ rosmsg show geometry_msgs/Twist
```

运行后得到如下输出结果：

```
geometry_msgs/Vector3 linear
  float64 x
  float64 y
  float64 z
geometry_msgs/Vector3 angular
  float64 x
  float64 y
  float64 z
```

2）使用 rostopic pub 命令

rostopic pub 命令可以把消息发布至当前某个正在广播的话题，其用法如下：

```
$ rostopic pub [topic] [msg_type] [args]
```

现在，发布一个消息给小乌龟，告诉它以 2.0 的线速度和 1.8 的角速度移动，具体命令如下：

```
$ rostopic pub -1 /turtle1/cmd_vel geometry_msgs/Twist -- '[2.0, 0.0, 0.0]' '[0.0, 0.0, 1.8]'
```

仿真器中会出现如图 8-27 所示小乌龟的移动轨迹。

3）使用 rostopic hz 命令

rostopic hz 命令报告话题发布的速度，其用法如下：

```
$ rostopic hz [topic]
```

现在，使用此命令告诉 turtlesim_node 节点发布/turtle/pose 话题的速率有多快，如下所示：

```
$ rostopic hz /turtle1/pose
```

运行后得到如下输出结果：

```
• subscribed to [/turtle1/pose]
• average rate: 59.354
•       min: 0.005s max: 0.027s std dev: 0.00284s window: 58
```

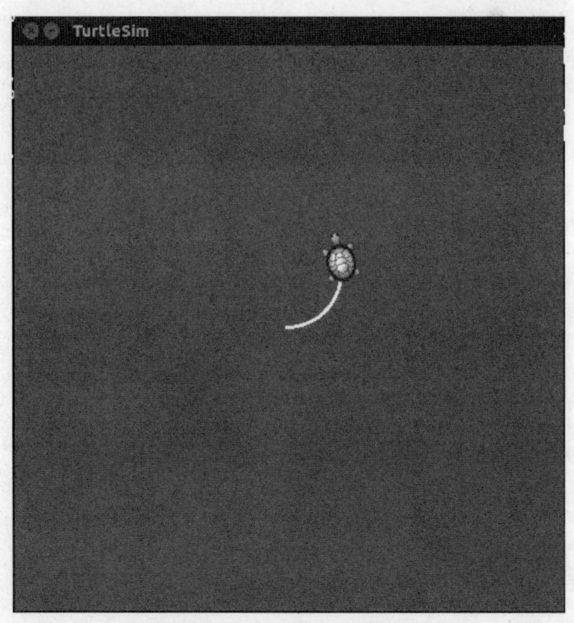

图 8-27 小乌龟的移动轨迹

```
• average rate: 59.459
•       min: 0.005s max: 0.027s std dev: 0.00271s window: 118
• average rate: 59.539
•       min: 0.004s max: 0.030s std dev: 0.00339s window: 177
• average rate: 59.492
•       min: 0.004s max: 0.030s std dev: 0.00380s window: 237
• average rate: 59.463
•       min: 0.004s max: 0.030s std dev: 0.00380s window: 290
```

通过输出可以知道，turtlesim_node 节点正以大约 60Hz 的速率发布有关乌龟运动的数据。还可以结合 rostopic type 和 rosmsg show 命令获取关于某个话题的更深层次信息，如下所示：

```
$ rostopic type /turtle1/cmd_vel | rosmsg show
```

3. 编写开发者节点

接下来编写发布者节点，这里将创建 Talker 节点，该节点将不断广播消息。将当前目录切换至之前教程中创建的 beginner_tutorials 包中，如下所示：

```
$ roscd beginner_tutorials
```

1）代码

首先，创建一个 src 目录存放源代码文件，如下所示：

```
$ mkdir src
$ cd src
```

在 src 目录下创建 talker.cpp 文件并复制以下内容进去：

```
#include "ros/ros.h"
```

```
#include "std_msgs/String.h"
#include <sstream>
/** * This tutorial demonstrates simple sending of messages over the ROS system. */
int main(int argc, char **argv)          //第1行
{
  /**
 * The ros::init() function needs to see argc and argv so that it can perform
 * any ROS arguments and name remapping that were provided at the command line.
 * For programmatic remappings you can use a different version of init() which takes
 * remappings directly, but for most command-line programs, passing argc and argv is
 * the easiest way to do it. The third argument to init() is the name of the node.
 *
 * You must call one of the versions of ros::init() before using any other
 * part of the ROS system.
 */
ros::init(argc, argv, "talker");

/**
 * NodeHandle is the main access point to communications with the ROS system.
 * The first NodeHandle constructed will fully initialize this node, and the last
 * NodeHandle destructed will close down the node.
 */
  ros::NodeHandle n;
/**
 * The advertise() function is how you tell ROS that you want to
 * publish on a given topic name. This invokes a call to the ROS
 * master node, which keeps a registry of who is publishing and who
 * is subscribing. After this advertise() call is made, the master
 * node will notify anyone who is trying to subscribe to this topic name,
 * and they will in turn negotiate a peer-to-peer connection with this
 * node. advertise() returns a Publisher object which allows you to
 * publish messages on that topic through a call to publish(). Once
 * all copies of the returned Publisher object are destroyed, the topic
 * will be automatically unadvertised.
 *
 * The second parameter to advertise() is the size of the message queue
 * used for publishing messages. If messages are published more quickly
 * than we can send them, the number here specifies how many messages to
 * buffer up before throwing some away.
 */
  ros::Publisher chatter_pub = n.advertise<std_msgs::String>("chatter", 1000);

  ros::Rate loop_rate(10);

/**
 * A count of how many messages we have sent. This is used to create
 * a unique string for each message.
 */
  int count = 0;
  while (ros::ok())
  {
```

```
    /**
     * This is a message object. You stuff it with data, and then publish it.
     */
    std_msgs::String msg;

    std::stringstream ss;
    ss << "hello world " << count;
    msg.data = ss.str();

    ROS_INFO("%s", msg.data.c_str());
    /**
     * The publish() function is how you send messages. The parameter
     * is the message object. The type of this object must agree with the type
     * given as a template parameter to the advertise<>() call, as was done
     * in the constructor above.
     */
    chatter_pub.publish(msg);
    ros::spinOnce();
    loop_rate.sleep();
    ++count;
  }
  return 0;
}
```

2）代码解释

下面逐行分析代码的作用。

(1) 读入文件 ros/ros.h：

```
#include "ros/ros.h"
```

ros/ros.h 是一个方便使用的头文件，包括使用 ROS 系统中最常见的公共部分所需的全部头文件。

(2) 引入 std_msgs 包里的 std_msgs/String 消息：

```
#include "std_msgs/String.h"
```

这是从 std_msgs 包里的 String.msg 文件中自动生成的头文件。

(3) 初始化 ROS：

```
ros::init(argc, argv, "talker");
```

ROS 可以通过此命令行进行名称重映射，即为节点指定名称。节点名在运行的 ROS 系统中必须是唯一的，且必须是基本名称，不能包含任何斜杠/。

(4) 创建资源句柄：

```
ros::NodeHandle n;
```

创建的第一个 NodeHandle 将执行节点的初始化，而最后一个被销毁的 NodeHandle 将清除节点所使用的所有资源。

(5) 告诉主节点将要在 chatter 话题上发布类型为 std_msgs/String 的消息：

```
ros::Publisher chatter_pub = n.advertise< std_msgs::String >("chatter", 1000);
```

这将会让主节点监听 chatter 所有的节点，且将在这一话题上发布数据。第二个参数是发布队列的大小。在本例中，如果数据发布得太快以至于出现消息阻塞，则它将最多缓存 1000 条消息，超出后会丢弃旧的消息。

NodeHandle::advertise()返回一个 ros::Publisher 对象，它有 2 个目的：其一，它包含一个 publish()方法，可以将消息发布到创建它的话题上；其二，当超出范围时，它将自动取消 advertise 操作。

(6) 指定循环频率：

```
ros::Rate loop_rate(10);
```

记录从上次调用 Rate::sleep()至现在已经过了多长时间，并按指定的时长休眠。在本例中，我们希望以 10Hz 的速率运行。

(7) SIGINT 信号处理程序。

默认情况下，roscpp 将安装一个 SIGINT 信号处理程序，它能够处理 Ctrl+C 操作，让 ros::ok()返回 false：

```
int count = 0;
while (ros::ok())
{
```

ros::ok()在以下情况会返回 false：①收到 SIGINT 信号(Ctrl+C)；②被另一个同名的节点踢出网络；③ ros::shutdown()被程序的其他部分调用；④所有的 ros::NodeHandles 均已被销毁。一旦 ros::ok()返回 false，所有的 ROS 调用均会失败。

(8) 在 ROS 上广播消息。

使用一种消息自适应的类在 ROS 上广播消息，该类通常由 MSG 文件生成：

```
std_msgs::String msg;
std::stringstream ss;
ss << "hello world " << count;
msg.data = ss.str();
```

更复杂的数据类型也可以，不过现在使用的是标准的 String 消息，它有一个成员 data。

(9) 将此信息广播给任何已连接的节点：

```
chatter_pub.publish(msg);
```

(10) 使用 ROS_INFO 取代 printf 或 cout 打印信息：

```
ROS_INFO(" %s", msg.data.c_str());
```

(11) 调用 ros::spinOnce()函数：

```
ros::spinOnce();
```

此处调用 ros::spinOnce()函数对这个简单程序来说没必要，因为没有接收任何回调。然而，如果要在这个程序中添加订阅功能，但是此处没有添加 ros::spinOnce()函数的情况下，回调函数将永远不会被调用，所以最好加上此行代码。

(12) 使用 ros::Rate 在剩下的时间内进行睡眠，从而达到 10Hz 的发布速率：

```
loop_rate.sleep();
```

对代码解释内容进行总结，代码主要完成了以下任务：

(1) 初始化 ROS 系统。

(2) 向主节点宣告将要在 chatter 话题上发布 std_msgs/String 类型的消息。

(3) 以每秒 10 次的频率向 chatter 话题循环发布消息。

4. 编写订阅者节点

1) 代码

在 src 目录下创建 talker.cpp 文件并复制以下内容：

```
#include "ros/ros.h"
#include "std_msgs/String.h"

/**
 * This tutorial demonstrates simple receipt of messages over the ROS system.
 */
void chatterCallback(const std_msgs::String::ConstPtr& msg)
{
  ROS_INFO("I heard: [%s]", msg->data.c_str());
}

int main(int argc, char **argv)
{
  /**
   * The ros::init() function needs to see argc and argv so that it can perform
   * any ROS arguments and name remapping that were provided at the command line.
   * For programmatic remappings you can use a different version of init() which takes
   * remappings directly, but for most command-line programs, passing argc and argv is
   * the easiest way to do it. The third argument to init() is the name of the node.
   *
   * You must call one of the versions of ros::init() before using any other
   * part of the ROS system.
   */
  ros::init(argc, argv, "listener");

  /**
   * NodeHandle is the main access point to communications with the ROS system.
   * The first NodeHandle constructed will fully initialize this node, and the last
   * NodeHandle destructed will close down the node.
   */
  ros::NodeHandle n;

  /**
   * The subscribe() call is how you tell ROS that you want to receive messages
   * on a given topic. This invokes a call to the ROS
   * master node, which keeps a registry of who is publishing and who
   * is subscribing. Messages are passed to a callback function, here
```

```
   * called chatterCallback. subscribe() returns a Subscriber object that you
   * must hold on to until you want to unsubscribe. When all copies of the Subscriber
   * object go out of scope, this callback will automatically be unsubscribed from
   * this topic.
   *
   * The second parameter to the subscribe() function is the size of the message
   * queue. If messages are arriving faster than they are being processed, this
   * is the number of messages that will be buffered up before beginning to throw
   * away the oldest ones.
   */
  ros::Subscriber sub = n.subscribe("chatter", 1000, chatterCallback);

  /**
   * ros::spin() will enter a loop, pumping callbacks. With this version, all
   * callbacks will be called from within this thread (the main one). ros::spin()
   * will exit when Ctrl-C is pressed, or the node is shutdown by the master.
   */
  ros::spin();
  return 0;
}
```

2）代码解释

下面逐行解释代码，前面已提到的代码，此处不再赘述。

（1）回调函数：

```
void chatterCallback(const std_msgs::String::ConstPtr& msg)
{
  ROS_INFO("I heard: [%s]", msg->data.c_str());
}
```

当有新消息到达 chatter 话题时，会调用此函数。该消息使用智能指针 boost shared_ptr 进行传递，所以可以根据需要进行存储，而不必担心它被删除，也不必复制底层(underlying)数据。

（2）通过主节点订阅 chatter 话题：

```
ros::Subscriber sub = n.subscribe("chatter", 1000, chatterCallback);
```

每当有新消息到达，ROS 将调用 chatterCallback()函数。第二个参数是队列大小，以防处理消息的速度不够快。在本例中，如果队列消息达到 1000 条，再有新消息到达时旧消息会被丢弃。

NodeHandle::subscribe()返回一个 ros::Subscriber 对象，必须一直保持它，除非想取消订阅。当 Subscriber 对象被析构，它将自动从 chatter 话题取消订阅。

（3）ros::spin()函数启动自循环：

```
ros::spin();
```

该函数会尽可能快地调用消息回调函数，但若无异常事件，它不会占用太多 CPU 资源。另外，一旦 ros::ok()函数返回 false，就会退出，这意味着调用了 ros::shutdown()函数，需要关闭主节点(或是因为按下组合键 Ctrl+C)。

还有其他的方法可以进行回调，但是此处不再赘述。感兴趣的读者可以自行研究roscpp_tutorials包中的一些示例程序。

最后对代码解释内容进行总结，代码主要完成了以下任务。

(1) 初始化ROS系统。

(2) 订阅chatter话题。

(3) 开始启动自循环，等待消息的到达。

(4) 当消息到达后，调用chatterCallback()函数。

5. 构建节点

前面使用catkin_create_pkg命令创建了package.xml文件和CMakeLists.txt文件，生成的CMakeLists.txt文件内容如下：

```
cmake_minimum_required(VERSION 2.8.3)
project(beginner_tutorials)
## Find catkin and any catkin packages
find_package(catkin REQUIRED COMPONENTS roscpp rospy std_msgs genmsg)
## Declare ROS messages and services
add_message_files(DIRECTORY msg FILES Num.msg)
add_service_files(DIRECTORY srv FILES AddTwoInts.srv)
## Generate added messages and services
generate_messages(DEPENDENCIES std_msgs)
## Declare a catkin package
catkin_package()
```

不要担心修改注释示例，只需将以下几行内容添加到CMakeLists.txt文件的底部：

```
add_executable(talker src/talker.cpp)
target_link_libraries(talker ${catkin_LIBRARIES})
add_dependencies(talker beginner_tutorials_generate_messages_cpp)

add_executable(listener src/listener.cpp)
target_link_libraries(listener ${catkin_LIBRARIES})
add_dependencies(listener beginner_tutorials_generate_messages_cpp)
```

最终的CMakeLists.txt文件将创建2个可执行文件talker和listener。默认情况下，它们将被放至软件包目录下的devel工作空间中，即~/catkin_ws/devel/lib/<package name>。

注意，必须为消息生成目标中的可执行目标添加依赖项，如下所示：

```
add_dependencies(talker beginner_tutorials_generate_messages_cpp)
```

这确保了在使用此包之前生成该包的ROS消息头文件。如果需要使用来自Catkin工作空间中其他包中的ROS消息，则还需要将依赖项添加到各自的生成目标中，因为Catkin将所有项目并行构建。在ROS Groovy Galapagos及更新版本中，还可以使用以下变量来依赖所有必需的目标：

```
target_link_libraries(talker ${catkin_LIBRARIES})
```

最后，可以直接调用可执行文件，也可以使用rosrun命令来运行它们。因为在将软件包安装到系统时会“污染”PATH环境变量，所以这些文件没有存放在<prefix>/bin中。但如果希望在安装时将可执行文件放在 PATH 中，可以配置安装目标，参见 CMakeLists. txt 文件。

现在编译文件，运行 catkin_make 命令：

```
# 在 Catkin 工作空间下
$ cd ~/catkin_ws
$ catkin_make
```

注意：如果添加了新的包，可能需要通过指定 force-cmake 参数让 Catkin 强制生成。

6. 检验简单的发布者和订阅者

1）运行发布者

确保 roscore 已经开启：

```
$ roscore
```

在运行程序前，确保在调用 catkin_make 后已经使工作空间的 setup. * sh 文件生效，如下所示：

```
# 在 Catkin 工作空间中
$ cd ~/catkin_ws
$ source ./devel/setup.bash
```

运行前面制作的发布者 talker：

```
$ rosrun beginner_tutorials talker
```

得到的输出信息如下：

```
[INFO] [WallTime: 1314931831.774057] hello world 1314931831.77
[INFO] [WallTime: 1314931832.775497] hello world 1314931832.77
[INFO] [WallTime: 1314931833.778937] hello world 1314931833.78
[INFO] [WallTime: 1314931834.782059] hello world 1314931834.78
[INFO] [WallTime: 1314931835.784853] hello world 1314931835.78
[INFO] [WallTime: 1314931836.788106] hello world 1314931836.79
```

现在发布者节点已启动并运行，还需要订阅者接收来自发布者的消息。

2）运行订阅者

运行前面制作的订阅者 listener：

```
$ rosrun beginner_tutorials listener
```

得到的输出信息如下：

```
[INFO] [WallTime: 1314931969.258941] /listener_17657_1314931968795I heard hello world 1314931969.26
[INFO] [WallTime: 1314931970.262246] /listener_17657_1314931968795I heard hello world 1314931970.26
[INFO] [WallTime: 1314931971.266348] /listener_17657_1314931968795I heard hello world 1314931971.26
[INFO] [WallTime: 1314931972.270429] /listener_17657_1314931968795I heard hello world 1314931972.27
```

```
[INFO] [WallTime: 1314931973.274382] /listener_17657_1314931968795I heard hello world 1314931973.27
[INFO] [WallTime: 1314931974.277694] /listener_17657_1314931968795I heard hello world 1314931974.28
[INFO] [WallTime: 1314931975.283708] /listener_17657_1314931968795I heard hello world 1314931975.28
```

运行完成后,按组合键 Ctrl+C 停止 listener 和 talker。

8.5.7 服务通信的开发

1. 编写服务节点

创建简单的服务节点 add_two_ints_server,该节点将接收两个整数,并返回它们的和。将当前目录切换至之前教程中创建的 beginner_tutorials 包中:

```
$ roscd beginner_tutorials
```

确保已经按照教程创建了需要的服务 AddTwoInts.srv。

在 beginner_tutorials 包中创建 src/add_two_ints_server.cpp 文件并复制以下内容进去,得到如下所示的服务节点的完整代码:

```
#include "ros/ros.h"
#include "beginner_tutorials/AddTwoInts.h"

bool add(beginner_tutorials::AddTwoInts::Request &req,
         beginner_tutorials::AddTwoInts::Response &res)
{
  res.sum = req.a + req.b;
  ROS_INFO("request: x=%ld, y=%ld", (long int)req.a, (long int)req.b);
  ROS_INFO("sending back response: [%ld]", (long int)res.sum);
  return true;
}

int main(int argc, char **argv)
{
  ros::init(argc, argv, "add_two_ints_server");
  ros::NodeHandle n;

  ros::ServiceServer service = n.advertiseService("add_two_ints", add);
  ROS_INFO("Ready to add two ints.");
  ros::spin();

  return 0;
}
```

逐行解析代码。

(1) 在 SRV 文件中生成的头文件:

```
#include "ros/ros.h"
#include "beginner_tutorials/AddTwoInts.h"
```

(2) add()函数：

```
bool add(beginner_tutorials::AddTwoInts::Request &req,
         beginner_tutorials::AddTwoInts::Response &res)
```

该函数提供了 AddTwoInts 服务，它接受 SRV 文件中定义的请求(request)和响应(response)类型，并返回一个布尔值。

(3) 2 个整数相加，其和存储在定义的响应中：

```
{
  res.sum = req.a + req.b;
  ROS_INFO("request: x= %ld, y= %ld", (long int)req.a, (long int)req.b);
  ROS_INFO("sending back response: [ %ld]", (long int)res.sum);
  return true;
}
```

然后，将有关请求和响应的信息记录到日志中。完成后，服务返回 true。

(4) 创建服务，并在 ROS 中声明：

```
ros::ServiceServer service = n.advertiseService("add_two_ints", add);
```

2. 编写客户端节点

接下来为客户端节点的完整代码，在 beginner_tutorials 包中创建 src/add_two_ints_client.cpp 文件并复制以下内容：

```
#include "ros/ros.h"
#include "beginner_tutorials/AddTwoInts.h"
#include <cstdlib>
int main(int argc, char **argv)
{
  ros::init(argc, argv, "add_two_ints_client");
  if (argc != 3)
  {
    ROS_INFO("usage: add_two_ints_client X Y");
    return 1;
  }
  ros::NodeHandle n;
  ros::ServiceClient client = n.serviceClient<beginner_tutorials::AddTwoInts>("add_two_
ints");
  beginner_tutorials::AddTwoInts srv;
  srv.request.a = atoll(argv[1]);
  srv.request.b = atoll(argv[2]);
  if (client.call(srv))
  {
    ROS_INFO("Sum: %ld", (long int)srv.response.sum);
  }
  else
  {
    ROS_ERROR("Failed to call service add_two_ints");
    return 1;
  }
```

```
  return 0;
}
```

逐行分析代码。

(1) 为 add_two_ints 服务创建客户端:

```
ros::ServiceClient client = n.serviceClient<beginner_tutorials::AddTwoInts>("add_two_ints");
```

ros::ServiceClient 对象的作用是调用服务。

(2) 实例化一个自动生成的服务类,并为它的 request 成员赋值:

```
beginner_tutorials::AddTwoInts srv;
  srv.request.a = atoll(argv[1]);
  srv.request.b = atoll(argv[2]);
```

一个服务类包括 2 个成员变量,即 request 和 response,以及 2 个类定义,即 Request 和 Response。

(3) 调用服务。

```
if (client.call(srv))
```

如果服务调用成功,call()函数将返回 true,并且 srv.response 中的值将是有效的。如果调用不成功,则 call()函数将返回 false 且 srv.response 中的值将是不可用的。

3. 构建节点

编辑 beginner_tutorials 包中的 CMakeLists.txt 文件,该文件位于~/catkin_ws/src/beginner_tutorials 目录下,并将下面的代码添加至文件末尾。

```
add_executable(add_two_ints_server src/add_two_ints_server.cpp)
target_link_libraries(add_two_ints_server ${catkin_LIBRARIES})
add_dependencies(add_two_ints_server beginner_tutorials_gencpp)
add_executable(add_two_ints_client src/add_two_ints_client.cpp)
target_link_libraries(add_two_ints_client ${catkin_LIBRARIES})
add_dependencies(add_two_ints_client beginner_tutorials_gencpp)
```

这将创建 2 个可执行文件 add_two_ints_server 和 add_two_ints_client。默认情况下,它们将被放至软件包目录下的 devel 空间中,即~/catkin_ws/devel/lib/<package name>。可以直接调用可执行文件,也可以使用 rosrun 命令进行调用。它们没有被放在<prefix>/bin 中,因为将软件包安装到系统时会“污染”PATH 环境变量。

现在可以运行 catkin_make 命令,如下所示:

```
# 在 Catkin 工作空间下
cd ~/catkin_ws
catkin_make
```

如果构建过程因为某些原因而失败了,要进一步确保已按照之前教程中的说明进行了操作。

4. 检验服务端和客户端

首先,启动 roscore:

```
$ roscore
```

然后，运行服务端：

```
$ rosrun beginner_tutorials add_two_ints_server
```

输出内容如下：

```
Ready to add two ints.
```

接下来运行客户端。注意，运行客户端必须附带参数，如下所示：

```
$ rosrun beginner_tutorials add_two_ints_client 1 3
```

输出内容如下：

```
Requesting 1 + 3
1 + 3 = 4
```

至此，已经成功运行了第一个服务端和客户端。

第9章

ROS常用组件

9.1 rosbag 数据记录与回放

本节内容描述如何将正在运行的 ROS 系统中的数据记录到.bag 文件中，然后通过回放这些数据重现相似的运行过程。

9.1.1 录制数据（创建.bag 文件）

本节展示如何从正在运行的 ROS 系统中记录话题数据。目标话题数据将被累积存储到一个.bag 文件中。首先，在不同的终端中分别执行命令。

（1）终端 1 执行命令：

```
$ roscore
```

（2）终端 2 执行命令：

```
$ rosrun turtlesim turtlesim_node
```

（3）终端 3 执行命令：

```
$ rosrun turtlesim turtle_teleop_key
```

执行命令后，将启动两个节点：turtlesim 可视化工具；一个可以用键盘方向键控制 turtlesim 的节点。如果选中了启动 turtle_teleop_key 的终端窗口，显示信息如图 9-1 所示。

```
Reading from keyboard
---------------------------
Use arrow keys to move the turtle. 'q' to quit.
```

图 9-1 启动 turtle_teleop_key 终端窗口后的显示信息

接下来，按下键盘上的方向键就可以使小乌龟在屏幕上移动。

注意：移动小乌龟，必须选中启动 turtle_teleop_key 的终端窗口，而不是 turtlesim 窗口。

9.1.2 录制所有发布的话题

首先使用 rostopic 工具检查当前系统中发布的所有话题。打开一个新终端，执行下面的命令：

```
$ rostopic list - v
```

执行命令后输出的内容类似图 9-2 所示。

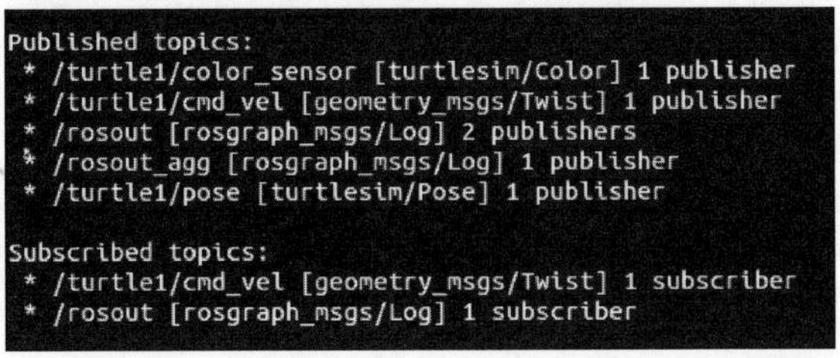

```
Published topics:
 * /turtle1/color_sensor [turtlesim/Color] 1 publisher
 * /turtle1/cmd_vel [geometry_msgs/Twist] 1 publisher
 * /rosout [rosgraph_msgs/Log] 2 publishers
 * /rosout_agg [rosgraph_msgs/Log] 1 publisher
 * /turtle1/pose [turtlesim/Pose] 1 publisher

Subscribed topics:
 * /turtle1/cmd_vel [geometry_msgs/Twist] 1 subscriber
 * /rosout [rosgraph_msgs/Log] 1 subscriber
```

图 9-2　rostopic 工具检查后的显示信息

已经发布过的话题列表(published topics)是唯一能被记录在数据日志文件中的消息类型，因为只有发布的消息才能被录制。由 teleop_turtle 发布的/turtle1/cmd_vel 话题是指令消息，作为 turtlesim 进程的输入。消息/turtle1/color_sensor 和/turtle1/pose 是 turtlesim 发布的输出消息。

现在记录发布的数据。再打开一个新终端，执行以下命令：

```
$ mkdir ~/bagfiles
$ cd ~/bagfiles
$ rosbag record - a
```

这里只是创建了一个临时目录来记录数据，然后运行 rosbag record 并带选项-a，表明当前所有发布的话题都被累积存储在一个. bag 文件中。

回到 turtle_teleop 节点所在的终端窗口并控制乌龟随意移动 10s 左右。最后，在运行 rosbag record 的窗口中按组合键 Ctrl+C 退出。现在查看~/bagfiles 目录中的内容，可以看到一个以年份、日期和时间开头并且扩展名为. bag 的文件，它包含了在 rosbag record 运行期间所有节点发布的所有话题数据。

9.1.3 检查并回放. bag 文件

在使用 rosbag record 命令录制了一个. bag 文件后，接下来使用 rosbag info 命令查看文件内容，或使用 rosbag play 命令回放。

首先，在. bag 文件所在的目录执行 info 命令查看. bag 文件记录的内容：

```
$ rosbag info <your bagfile>
```

执行命令后可以看到如图 9-3 所示的输出内容。

这些信息描述了. bag 文件中所包含话题的名称、类型和消息数量。在之前使用 rostopic 命令查看到的 5 个已发布的话题中，其实只有 4 个在录制期间发布了消息。因为运行 rosbag record 命令带-a 参数选项时，系统会录制下所有节点发布的所有消息，如果某

```
path:        2024-09-04-16-45-40.bag
version:     2.0
duration:    1:05s (65s)
start:       Sep 04 2024 16:45:40.07 (1725493540.07)
end:         Sep 04 2024 16:46:45.98 (1725493605.98)
size:        574.4 KB
messages:    8250
compression: none [1/1 chunks]
types:       geometry_msgs/Twist [9f195f881246fdfa2798d1d3eebca84a]
             rosgraph_msgs/Log   [acffd30cd6b6de30f120938c17c593fb]
             turtlesim/Color     [353891e354491c51aabe32df673fb446]
             turtlesim/Pose      [863b248d5016ca62ea2e895ae5265cf9]
topics:      /rosout                   4 msgs    : rosgraph_msgs/Log   (2 conne
ctions)
             /turtle1/cmd_vel         39 msgs    : geometry_msgs/Twist
             /turtle1/color_sensor  4103 msgs    : turtlesim/Color
             /turtle1/pose          4104 msgs    : turtlesim/Pose
```

图 9-3 .bag 文件记录内容

个话题未发布数据，则不会被录制进来。

下一步是回放.bag 文件以再现系统运行过程。首先用组合键 Ctrl+C 关闭之前运行的 turtle_teleop_key，但是保持 turtlesim 继续运行。在终端中.bag 文件所在目录下执行以下命令：

```
$ rosbag play < your bagfile >
```

在输出窗口中会立即看到如图 9-4 所示的信息。

```
[ INFO] [1725496235.848268653]: Opening 2024-09-04-16-45-40.bag

Waiting 0.2 seconds after advertising topics... done.

Hit space to toggle paused, or 's' to step.
 [RUNNING]  Bag Time: 1725493540.068279   Duration: 0.000000 / 65.914772
 [RUNNING]  Bag Time: 1725493540.069049   Duration: 0.000770 / 65.914772
 [RUNNING]  Bag Time: 1725493540.169499   Duration: 0.101220 / 65.914772
 [RUNNING]  Bag Time: 1725493540.270453   Duration: 0.202175 / 65.914772
 [RUNNING]  Bag Time: 1725493540.326489   Duration: 0.258210 / 65.914772
 [RUNNING]  Bag Time: 1725493540.336181   Duration: 0.267902 / 65.914772
 [RUNNING]  Bag Time: 1725493540.352162   Duration: 0.283883 / 65.914772
 [RUNNING]  Bag Time: 1725493540.367633   Duration: 0.299354 / 65.914772
 [RUNNING]  Bag Time: 1725493540.383574   Duration: 0.315295 / 65.914772
 [RUNNING]  Bag Time: 1725493540.399607   Duration: 0.331328 / 65.914772
 [RUNNING]  Bag Time: 1725493540.415683   Duration: 0.347404 / 65.914772
 [RUNNING]  Bag Time: 1725493540.431503   Duration: 0.363224 / 65.914772
 [RUNNING]  Bag Time: 1725493540.447382   Duration: 0.379104 / 65.914772
 [RUNNING]  Bag Time: 1725493540.463918   Duration: 0.395639 / 65.914772
 [RUNNING]  Bag Time: 1725493540.479851   Duration: 0.411572 / 65.914772
 [RUNNING]  Bag Time: 1725493540.494765   Duration: 0.426486 / 65.914772
 [RUNNING]  Bag Time: 1725493540.511734   Duration: 0.443455 / 65.914772
 [RUNNING]  Bag Time: 1725493540.527736   Duration: 0.459457 / 65.914772
```

图 9-4 输出窗口信息

默认模式下，rosbag play 命令在公告每条消息后会等待一段时间（0.2s）才真正开始发布.bag 文件中的内容。等待一段时间是为了通知订阅者，消息已经公告且数据可能会马上到来。如果 rosbag play 在公告消息后立即发布，订阅者可能会接收不到最先发布的几条消息。等待时间可以通过-d 选项来指定，并可根据需求自由调整。

最终/turtle1/cmd_vel 话题将会被发布，在 turtuelsim 中小乌龟应该会像之前用 turtle_teleop_key 控制它那样进行移动。从执行 rosbag play 命令到乌龟开始移动所经历时间应该近似等于 rosbag record 开始执行后到按下键盘发出结束命令时所经历时间。可以通过-s 参数选项让 rosbag play 不从.bag 文件的开头开始播放，而是从某个指定的时间开始播放。最后一个比较有趣的参数选项是-r 选项，它允许通过设定一个参数来改变消息发布速率。如果执行：

```
$ rosbag play -r 2 < your bagfile >
```

可以看到乌龟的运动轨迹有点不同了，这时的轨迹应该是相当于以两倍的通过按键发布控制命令时产生轨迹的速度。

9.1.4 录制数据子集

当运行一个复杂的系统时（比如 PR 2 机器人的软件套装），会有几百个话题被发布，有些话题会发布大量数据（比如包含摄像头图像流的话题）。在这种系统中，将包含所有话题的数据写入一个.bag 文件到磁盘通常是不切实际的。rosbag record 命令支持仅录制特定的话题到.bag 文件中，这样就可以只录制用户感兴趣的话题。

如果还有 turtlesim 节点在运行，先退出，然后重新启动键盘控制节点相关的启动文件，命令如下：

```
$ rosrun turtlesim turtlesim_node
$ rosrun turtlesim turtle_teleop_key
```

在.bag 文件所在目录下执行以下命令：

```
$ rosbag record -O subset /turtle1/cmd_vel /turtle1/pose
```

上述命令中，参数-O 表示将数据记录到名为 subset.bag 的文件中，而后面的参数话题告诉 rosbag record 命令只能订阅这两个指定的话题。通过键盘控制小乌龟随意移动几秒钟，最后按组合键 Ctrl+C 退出 rosbag record 命令。

现在查看.bag 文件中的内容（rosbag info subset.bag），会看到如图 9-5 所示的信息（只包含指定的话题）。

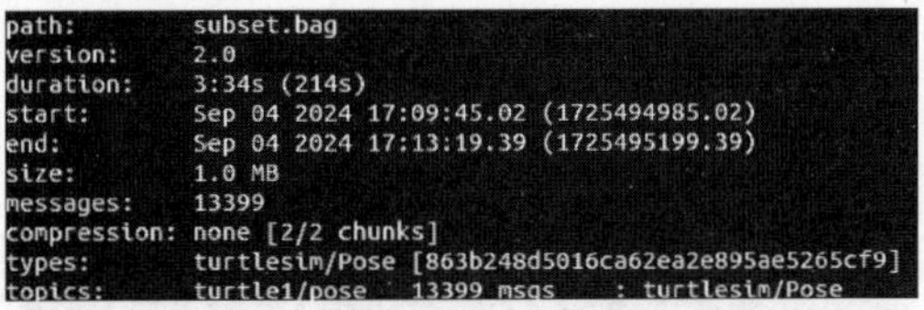

```
path:        subset.bag
version:     2.0
duration:    3:34s (214s)
start:       Sep 04 2024 17:09:45.02 (1725494985.02)
end:         Sep 04 2024 17:13:19.39 (1725495199.39)
size:        1.0 MB
messages:    13399
compression: none [2/2 chunks]
types:       turtlesim/Pose [863b248d5016ca62ea2e895ae5265cf9]
topics:      turtle1/pose   13399 msgs    : turtlesim/Pose
```

图 9-5 查看.bag 文件内容的结果

9.1.5 rosbag 录制和回放的局限性

rosbag 录制和回放乌龟的路径并没有完全映射到原先通过键盘控制时产生的路径上，整体形状应该是差不多的，但不完全一样。这是因为 turtlesim 的移动路径对系统定时精度的变化非常敏感。rosbag 受制于自身的性能无法完全复制录制时的系统运行行为，rosplay 也一样。对于像 turtlesim 这样的节点，当处理消息的过程中，系统定时发生极小变化时也会使其行为发生微妙变化。

9.2 launch 文件

9.2.1 介绍

roslaunch 是 ROS 提供的一个工具，可以通过 SSH 在本地和远程轻松启动多个 ROS

节点，并在参数服务器上设置参数。roslaunch 包括自动重新启动已经死亡的进程选项。如果系统之前没有启动 roscore，则 roslaunch 会自动启动它。

roslaunch 功能包中包含 roslaunch 工具，可以读取.roslaunch 和 XML 文件格式，这些文件指定要设置的参数和要启动的节点，以及它们应该在哪些机器上运行。此功能包还包含各种其他的支持工具，以帮助使用这些文件。简单来说，launch 文件就是一些节点和参数的集合，使用 launch 文件的目的是一键启动。

因为目前运行在机器人上的 ROS 系统一般都要同时运行多个节点，如果开机启动时，一个一个地输入命令来启动每个节点，十分的烦琐，所以 ROS 提供了 roslaunch 工具，以便将要启动的节点和对应的参数全部写到这个文件中，随后使用 roslaunch 命令一键启动。

9.2.2 命令用法

大部分 roslaunch 命令都需要启动文件的名称作为参数。可以指定启动文件的路径，也可以指定该软件包中的软件包名称和启动文件，例如启动 roslaunch 软件包中的 example.launch 文件，命令如下：

```
$ roslaunch roslaunch example.launch
```

或者

```
$ roscd roslaunch
$ roslaunch example.launch
```

roslaunch 命令同样提供了帮助信息，使用以下命令来查看此信息：

```
$ roslaunch --help
```

输出内容如图 9-6 所示。

```
Usage: roslaunch [options] [package] <filename> [arg_name:=value...]
       roslaunch [options] <filename> [<filename>...] [arg_name:=value...]

If <filename> is a single dash ('-'), launch XML is read from standard input.

Options:
  -h, --help            show this help message and exit
  --files               Print list files loaded by launch file, including
                        launch file itself
  --args=NODE_NAME      Print command-line arguments for node
  --nodes               Print list of node names in launch file
  --find-node=NODE_NAME
                        Find launch file that node is defined in
  -c NAME, --child=NAME
                        Run as child service 'NAME'. Required with -u
  --local               Do not launch remote nodes
  --screen              Force output of all local nodes to screen
  --required            Force all nodes to be required
  --log                 Force output of all local nodes to log
  -u URI, --server_uri=URI
                        URI of server. Required with -c
  --run_id=RUN_ID       run_id of session. Required with -c
  --wait                wait for master to start before launching
  -p PORT, --port=PORT  master port. Only valid if master is launched
  --core                Launch core services only
  --pid=PID_FN          write the roslaunch pid to filename
  -v                    verbose printing
  --no-summary          hide summary printing
  --dump-params         Dump parameters of all roslaunch files to stdout
  --skip-log-check      skip check size of log folder
  --ros-args            Display command-line arguments for this launch file
  --disable-title       Disable setting of terminal title
  -w NUM_WORKERS, --numworkers=NUM_WORKERS
                        override number of worker threads. Only valid for core
                        services.
  -t TIMEOUT, --timeout=TIMEOUT
                        override the socket connection timeout (in seconds).
                        Only valid for core services.
  --master-logger-level=MASTER_LOGGER_LEVEL
                        set rosmaster.master logger level ('debug', 'info',
                        'warn', 'error', 'fatal')
  --sigint-timeout=SIGINT_TIMEOUT
                        the SIGINT timeout used when killing nodes (in
                        seconds).
  --sigterm-timeout=SIGTERM_TIMEOUT
                        the SIGTERM timeout used when killing nodes if SIGINT
                        does not stop the node (in seconds).
```

图 9-6 roslaunch 命令的帮助信息

9.2.3 传递参数

如果要启动的文件指定了需要设置的参数,则可以使用与ROS重映射参数相同的语法进行设置,例如:

```
$ roslaunch my_file.launch arg: = value
```

9.2.4 解析 launch 文件

下面是一个简单的 launch 文件例子:

```
<launch>
  <!-- local machine already has a definition by default.
       This tag overrides the default definition with specific
        ROS_ROOT and ROS_PACKAGE_PATH values -->
  <machine name = "local_alt" address = "localhost" default = "true" ros-root = "/u/user/ros/
ros/" ros-package-path = "/u/user/ros/ros-pkg" />
  <!-- a basic listener node -->
  <node name = "listener-1" pkg = "rospy_tutorials" type = "listener" />
  <!-- pass args to the listener node -->
  <node name = "listener-2" pkg = "rospy_tutorials" type = "listener" args = "-foo arg2" />
  <!-- a respawn-able listener node -->
  <node name = "listener-3" pkg = "rospy_tutorials" type = "listener" respawn = "true" />
  <!-- start listener node in the 'wg1' namespace -->
  <node ns = "wg1" name = "listener-wg1" pkg = "rospy_tutorials" type = "listener" respawn =
"true" />
  <!-- start a group of nodes in the 'wg2' namespace -->
  <group ns = "wg2">
    <!-- remap applies to all future statements in this scope. -->
    <remap from = "chatter" to = "hello"/>
    <node pkg = "rospy_tutorials" type = "listener" name = "listener" args = "--test" respawn
= "true" />
    <node pkg = "rospy_tutorials" type = "talker" name = "talker">
      <!-- set a private parameter for the node -->
      <param name = "talker_1_param" value = "a value" />
      <!-- nodes can have their own remap args -->
      <remap from = "chatter" to = "hello-1"/>
      <!-- you can set environment variables for a node -->
      <env name = "ENV_EXAMPLE" value = "some value" />
    </node>
  </group>
</launch>
```

此例中包含了许多 roslaunch 的标签,包括 launch、node、param、remap、machine、rosparam、include、env、test、arg、group 等,下面对标签进行逐个分析。

1. launch

launch 标签是 launch 文件的根节点,它只作为其他子标签的容器,没有其他功能。其常见用法如下:

```
<launch>
...
</launch>
```

2. node

node 标签可指定一个将要运行的 ROS 节点，node 标签可以说是 launch 文件中最重要的标签，因为配置 launch 文件的目的就是一次启动多个 ROS 节点。

node 标签常见的用法如下：

```
< node name = "bar1" pkg = "foo_pkg" type = "bar" args = " -- test" respawn = "true" output = "sceen">
```

其中，name 定义节点名称 bar1；pkg 定义节点所在的包 foo_pkg；type 定义的是可执行文件(节点)名称的类型，项目中必须要有一个相同名称的可执行节点；args 定义命令行启动参数--test；respawn 定义是否自动重启，true 表示如果节点意外结束则自动重启，false 表示不重启，默认值为 false；output 定义是否将节点信息输出到屏幕，如果不设置该属性，则节点信息会被写入到日志文件。

在 node 标签下，也可以嵌套使用以下标签。

(1) env：为节点设置环境变量。

(2) remap：为节点设置重映射参数。

(3) rosparam：为节点加载.rosparam 文件。

(4) param：为节点设置参数。

3. param

在项目中，某些参数需要经常改变，如果在程序中写死了，以后每次修改参数都需要重新构建一遍程序，param 标签提供了一个传递参数的便利方法。

param 标签用于定义一个将要被设置到参数服务器的参数，它的参数值可以通过文本文件、二进制文件或命令等进行设置。另外，param 标签可以嵌入 node 标签中，作为该 node 标签的私有参数。

param 标签的常见用法如下：

```
< param name = "publish_frequency" type = "double" value = "10.0">
```

其中，name 定义参数名称 publish_frequency；type 定义参数类型，如 double、str、int、bool、yaml；value 定义参数值，此处为 10.0。

param 标签可以同时为一组 group 节点设置参数。

4. remap

remap 标签提供了一种节点名称的重映射方法，每个 remap 标签包含一个原始名称和一个新名称，在系统运行后原始名称会被替换为新名称。

remap 标签的常见用法如下：

```
< remap from = "chatter" to = "hello">
```

其中，from 定义原始名称；to 定义新名称。

可以这样理解这个替换标签：如果一个节点订阅了 chatter 主题，但是只有一个节点发布 hello 主题，而 hello 和 chatter 的类型相同，就可以将 chatter 简单地替换为 hello，从而实现订阅 hello 主题。

5. machine

machine 标签定义节点运行的服务器信息，如果只是在本地运行节点则不需要配置这个标签。它主要使用在 SSH 和远程服务器，不过也可以用 machine 标签配置本地服务器的相关信息。

machine 标签的常见用法如下：

```
<launch>
    <machine name = "foo" address = "foo - address" env - loader = "/opt/ros/melodic/env.sh"
user = "someone">
    <node machine = "foo" name = "footalker" pkg = "test_ros" type = "talker.py">
</launch>
```

其中，name 定义服务器名称；address 定义服务器的网络地址；env-loader 设置服务器的环境变量，必须是一个设置了所有要求变量的 SHELL 脚本；user 定义用户名称。

6. rosparam

rosparam 标签允许节点从参数服务器上加载（load）、丢弃（dump）和删除（delete）YAML 文件，也可以在远程服务器上使用，删除必须在加载或者丢弃之后进行。

rosparam 标签的常见用法如下：

```
# 参数较多使用 YAML 文件
<rosparam command = "load" file = " $ (find rosparam)/example.yaml">
<rosparam command = "delete" param = "my/param">
# 传递数组
<rosparam param = "a_list">[1, 2, 3, 4]</rosparam>
<rosparam>
    a: 1
    b: 2
</rosparam>
<arg name = "whitelist" default = "[3, 2]"/>
<rosparam param = "whitelist" subt_value = "True"> $ (arg whitelist)</rosparam>
```

其中，command 包括 load、dump、delete；file 定义了参数文件的路径；param 定义参数名称；subt_value 规定是否允许在 YAML 文件中替换参数。

YAML 文件仅用于存储启动参数，基本用法格式如下：

```
a: 1
str: hello
c: 2.0
```

其中，不需要指定变量类型，YAML 文件会自动确定类型。使用 YAML 文件的目的就是方便配置参数，如果有很多参数需要配置，不需要写很多 rosparam 命令。

7. include

include 标签类似编程语言中的 include 预处理，它可以把其他 roslaunch 命令的启动文件导入当前 include 标签所在的位置。

include 标签的常见用法如下：

```
<include file = " $ (find package_name)/launch_file_name">
```

项目中使用绝对路径不太方便，可以使用 find 命令来查找。

8. env

env 标签可以在启动的节点上设置环境变量，这个标签基本只会使用在 launch、

include、node、machine 这 4 个标签内部。当使用在 launch 标签内部时，env 标签设置的环境变量会应用到内部定义的节点。

env 标签的常见用法如下：

```
<env name="ENV_EXAMPLE" value="some value" />
```

其中，name 定义环境变量名称；value 定义环境变量值。

9. test

test 标签在语法上类似 node 标签，但在功能上只表示当前的节点作为测试节点去运行。

test 标签的常见用法如下：

```
<test test-name="test_1" pkg="my_pkg" type="test_1.py" time-limit="10.0" args=
"--test1">
```

其中，test-name 定义测试节点名称；pkg 定义测试节点所在的包；type 定义测试节点类型；time-limit 定义超时时间；args 定义测试节点启动的命令参数。

10. arg

arg 标签表示启动参数，该标签允许创建更多可重用和可配置的启动文件，其可以通过命令行、include 标签、定义在高级别的文件这 3 种方式配置值。

arg 标签声明的参数不是全局的，只能在声明的单个启动文件中使用。

arg 标签的常见用法有三种。

(1) 命令行传递启动参数，命令格式如下：

```
roslaunch my_file.launch my_arg:=my_value
```

(2) 定义时赋值，命令格式如下：

```
<arg name="arg_name" default="arg_name">
<arg name="arg_name" value="arg_name">
```

以上两个命令的区别为：命令行传递的 arg 参数可以覆盖 default 定义的参数，但不能覆盖 value 定义的参数。

(3) 通过 launch 文件传递，两个 launch 文件中的 arg 参数值必须相同，命令格式如下：

```
# my_file.launch
<include file="include.launch">
    <arg name="hoge" value="fuga">
</include>

# include.launch
<launch>
    <arg name="hoge" value="fuga">
</launch>
```

注意：arg 和 param 标签存在如下区别，即 arg 标签是启动时参数，只在启动文件 launch 中有意义；param 是运行时参数，存储在参数服务器中。

11. group

group 标签可以方便地将一组配置应用到组内的所有节点，它也具有命名空间 ns 特点，可以将不同的节点放入不同的命名空间。

group 标签的常见用法如下：

```
<group ns = "namespace">
    <node pkg = "pkg_name1" .../>
    <node pkg = "pkg_name2" .../>
    ...
</group>
```

group 标签需要配合 if 和 unless 使用。

(1) if=value：value 为 true 则包含内部信息。

(2) unless=value：value 为 false 则包含内部信息。

例如，当 foo1 == true 时，包含其标签内部信息：

```
<group if = " $ (arg foo1)">
    <node pkg = "pkg_name1" .../>
</group>
```

当 foo2 == false 时，包含其标签内部信息：

```
<group unless = " $ (arg foo2)">
    <node pkg = "pkg_name2" .../>
</group>
```

9.3 TF

TF 是一个让用户随时间跟踪多个参考系的功能包，它使用一种树形数据结构，根据时间缓冲并维护多个参考系之间的坐标变换关系，可以帮助用户在任意时间，将点、向量等数据的坐标在两个参考系中完成坐标变换。

9.3.1 TF 的作用

一个机器人系统通常有很多三维的参考系，而且会随着时间的推移发生变化，例如全局参考系(world frame)、机器人中心参考系(base frame)、激光雷达参考系(laser frame)、相机参考系(camera frame)等。TF 可以以时间为轴跟踪这些参考系(默认是 10s 内)，用户可以查询以下信息。

(1) 5s 之前，机器人参考系相对于全局参考系的关系。

(2) 机器人上的激光雷达相对于机器人参考系的位置。

(3) 机器人的相机参考系相对于全局参考系的位置。

TF 可以在分布式系统中进行操作，也就是说，一个机器人系统中所有的参考系变换关系，对于所有节点组件都是可用的，所有订阅 TF 消息的节点都会缓冲一份所有参考系的变换关系数据，所以这种结构不需要中心服务器存储任何数据。

9.3.2 TF 示例

例如，图 9-7 所示的小车有两个坐标系，一个是 base_laser，另一个是 base_link。机器人在运动过程中通过 laser 传感器感知周围的障碍物，小车车身和 laser 传感器之间的相对位置存在偏差。在这个例子中，因为传感器就在小车的上方，所以误差还不是太大的问题，但是如果在精度要求比较高的环境中，就会产生障碍物碰撞的问题。

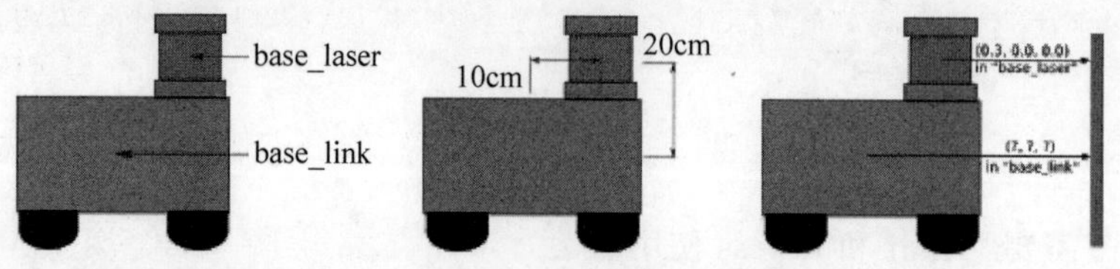

图 9-7　小车与雷达坐标系

这里就需要进行坐标系的变换。当获取激光数据后，采用(x：0.1m，y：0.0m，z：0.2m)的坐标变换，就可以将数据从 base_laser 参考系变换到 base_link 参考系了。ROS 提供了 TF 框架，可以简化这些坐标系中的转换工作，这样就不需要去记坐标之间的关系了。

9.3.3　TF 的使用方法

想要使用 TF 功能包，总体来讲可以分为以下两个步骤。

(1) 监听 TF 变换：接收并缓存系统中发布的所有参考系变换，并从中查询所需要的参考系变换。

(2) 广播 TF 变换：向系统中广播参考系之间的坐标变换关系。系统中更可能会存在多个不同部分的 TF 变换广播，每个广播都可以直接将参考系变换关系直接插入 TF 树中，不需要再进行同步，一个典型的 TF 树如图 9-8 所示。

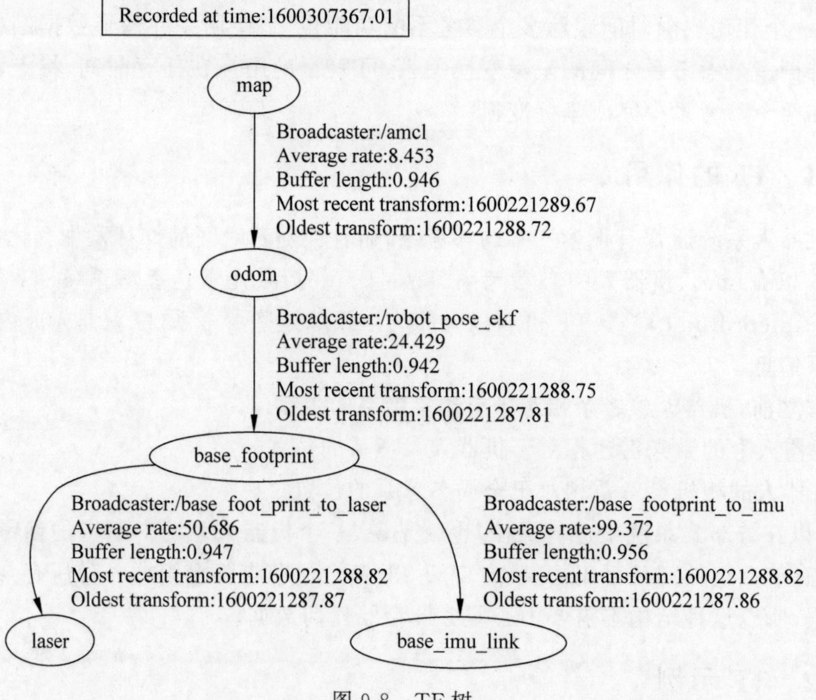

图 9-8　TF 树

9.4 rqt 工具箱

为了方便可视化调试和显示，ROS 提供了一个 Qt 架构的后台图形工具套件 rqt_common_plugins，其中包含不少实用工具。在使用之前，需要使用以下命令安装该 Qt 工具箱：

```
$ sudo apt - get install ros - melodic - rqt
$ sudo apt - get install ros - melodic - rqt - common
```

9.4.1 日志输出工具(rqt_console)

rqt_console 工具用来图像化显示和过滤 ROS 系统运行状态中的所有日志消息，包括 info、warn、error 等级别的日志。使用以下命令即可启动该工具：

```
$ rqt_console
```

启动成功后可以看到图 9-9 所示的可视化界面。

当系统中有不同级别的日志消息时，rqt_console 的界面中会依次显示这些日志的相关内容，包括日志内容、时间戳、级别等。当日志较多时，也可以使用该工具进行过滤显示。

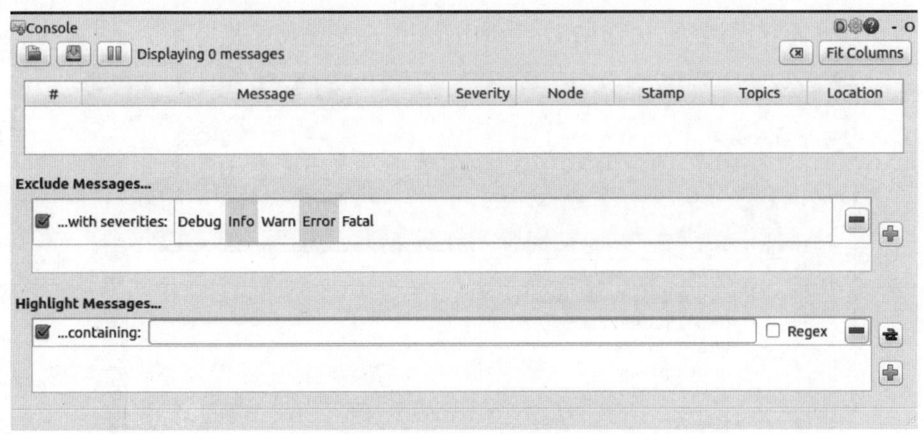

图 9-9 rqt_console 工具界面

9.4.2 计算图可视化工具(rqt_graph)

rqt_graph 工具可以图形化显示当前 ROS 系统中的计算图。在系统运行时，使用如下命令即可启动该工具：

```
$ rqt_graph
```

启动成功后的计算图显示如图 9-10 所示。

9.4.3 数据绘图工具(rqt_plot)

rqt_plot 是一个二维数值曲线绘制工具，可以将需要显示的数据在 x-y 坐标系中使用

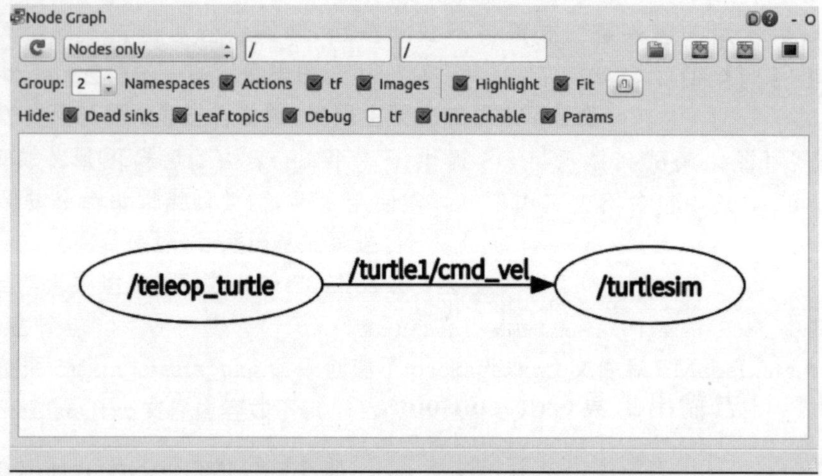

图 9-10 rqt_graph 工具界面

曲线描绘。使用如下命令即可启动该工具：

```
$ rqt_plot
```

在界面上方的 Topic 输入框中输入需要显示的话题消息，如果不确定话题名称，可以在终端中使用 rostopic list 命令查看。

例如在乌龟例程中，通过 rqt_plot 工具描绘乌龟 x、y 坐标变化的效果如图 9-11 所示。

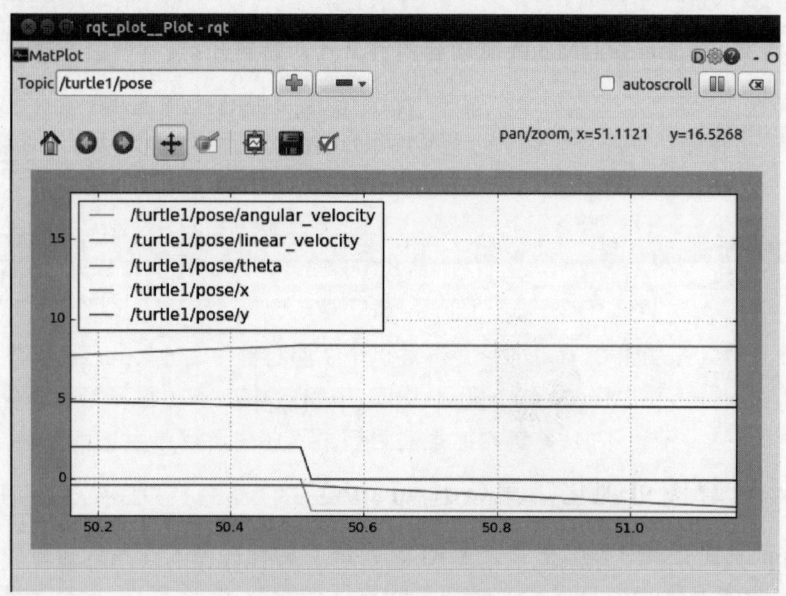

图 9-11 rqt_plot 工具界面

9.4.4 参数动态配置工具

参数动态配置工具 rqt_reconfigure 可以在不重启系统的情况下，动态配置 ROS 系统中的参数，但是使用该功能需要在代码中设置参数的相关属性，从而支持动态配置。使用如下命令即可启动该工具：

```
$ rosrun rqt_reconfigure rqt_reconfigure
```

启动后的界面将显示当前系统中所有可动态配置的参数(图 9-12)，在界面中使用输入框、滑动条或下拉列表进行设置即可实现参数的动态配置。

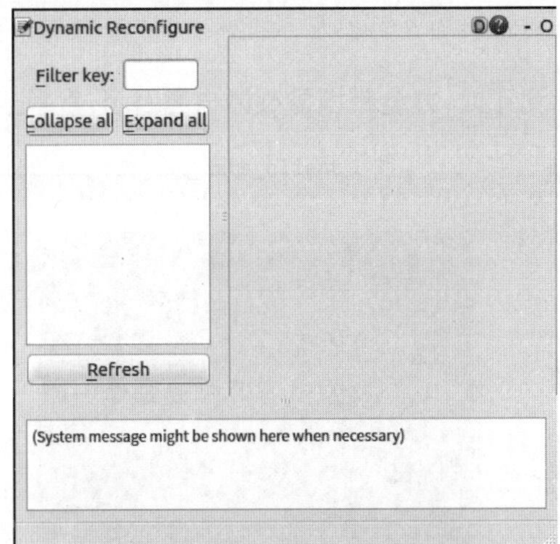

图 9-12　rqt_reconfigure 工具界面

9.5　RViz 三维可视化工具

机器人系统中存在大量数据，这些数据在计算过程中往往都处于数据形态，比如图像数据中 0～255 的 RGB 值。但是这种数据形态的值往往不利于开发者去感受数据所描述的内容，所以常常需要将数据可视化显示，例如机器人模型的可视化、图像数据的可视化、地图数据的可视化等。ROS 针对机器人系统的可视化需求，为用户提供了一款可显示多种数据的三维可视化工具 RViz。

RViz 很好地兼容了各种基于 ROS 软件框架的机器人平台。在 RViz 中，可以使用 XML 对机器人、周围物体等任何实物进行尺寸、质量、位置、材质、关节等属性的描述，并且在界面中呈现出来。同时，RViz 还可以通过图形化的方式实时显示机器人传感器的信息、机器人的运动状态、周围环境的变化等。

总而言之，RViz 可帮助开发者实现所有可监测信息的图形化显示，开发者也可以在 RViz 的控制界面下，通过按钮、滑动条、数值等，控制机器人的行为。

9.5.1　安装并运行 RViz

RViz 已经集成在桌面完整版的 ROS 系统中，如果已经成功安装了桌面完整版的 ROS，可以直接跳过这一步骤，否则请使用如下命令进行安装：

```
$ sudo apt - get install ros - melodic - RViz
```

安装完成后，在终端中分别运行如下命令即可启动 ROS 系统和 RViz 工具：

```
$ roscore
$ rosrun RViz RViz
```

启动成功的 RViz 主界面如图 9-13 所示。该界面主要包含以下几个部分。

① 三维视图区：用于可视化显示数据，目前没有任何数据，所以显示黑色。

② 工具栏：提供视角控制、目标设置、发布地点等工具。

③ 显示项列表：用于显示当前选择的显示插件，可以配置每个插件的属性。

④ 视角设置区：可以选择多种观测视角。

⑤ 时间显示区：显示当前的系统时间和 ROS 时间。

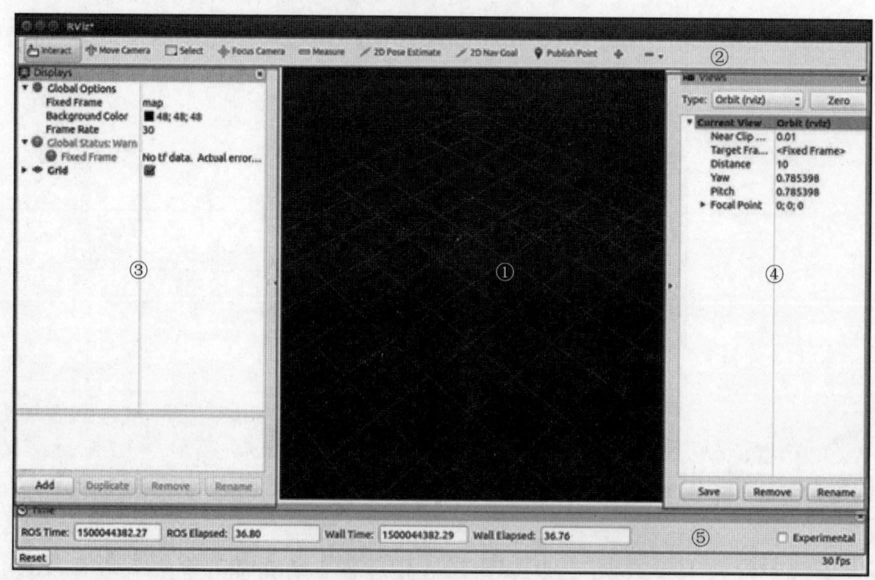

图 9-13 RViz 的主界面

9.5.2 数据可视化

数据以适当的消息类型被发布之后，可在 RViz 中进行数据可视化显示。通过选择相应的 RViz 插件来订阅这些消息，即可直观地展示数据。

首先，需要添加显示数据的插件。单击 RViz 主界面左侧下方的 Add 按钮，RViz 会将默认支持的所有数据类型的显示插件罗列出来，如图 9-14 所示。

在列表中选择需要的数据类型插件，然后在 DisplayName 处填入一个唯一的名称，用来识别显示的数据。例如显示两个激光传感器的数据，可以分别添加两个 LaserScan 类型的插件，并分别命名为 Laser_base 和 Laser_head 进行显示。

添加完成后，RViz 左侧的 Dispaly 列表中会列出已经添加的显示插件；点击插件列表前的加号，可以打开一个属性列表，根据需求设置属性即可。一般情况下，Topic 属性较为重要，它用来声明该显示插件所订阅的数据来源，如果订阅成功，在中间的显示区应该会出现可视化后的数据；如果显示有问题，需检查属性区域的 Status 状态。Status 有 4 种状态：OK、Warning、Error 和 Disabled，如果显示的状态不是 OK，则查看错误信息，并检查数据发布是否正常。

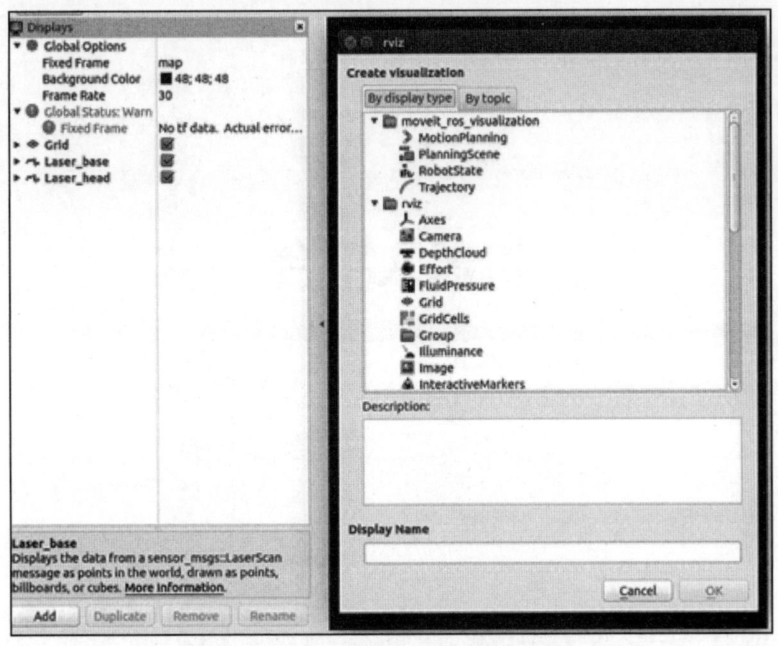

图 9-14　RViz 的添加插件界面

9.5.3　插件扩展机制

如图 9-15 所示，RViz 默认可以显示下表所示的通用类型数据，其中包含坐标轴、摄像头图像、地图、激光等数据。RViz 可以显示的数据不止如此。RViz 同时也支持插件扩展机制，以上这些数据的显示均基于默认提供的相应插件。如果需要添加其他数据的显示，也可以通过编写插件的形式进行添加。

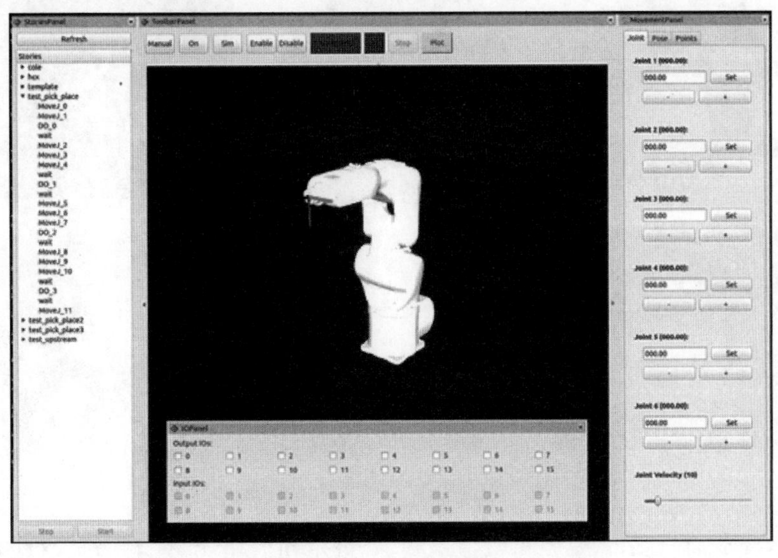

图 9-15　RViz 三维可视化工具

第10章

机器人平台

10.1 机器人的定义与组成

10.1.1 机器人的定义

通常,想象中的机器人可能类似于如图 10-1 所示的样子。但实际上,"理想很丰满,现实很骨感",目前的机器人不完全类似于人的外形,而是如图 10-2 所示的样子。

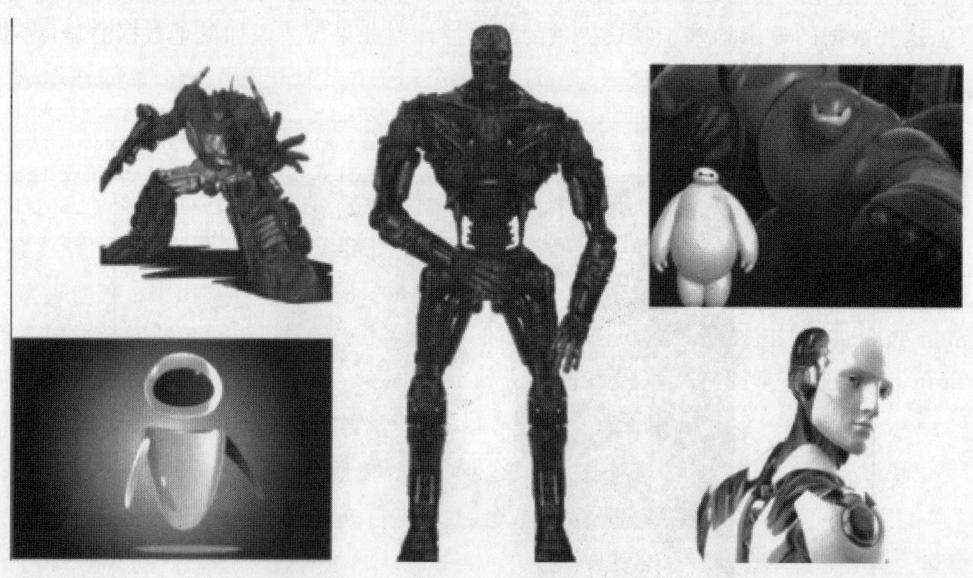

图 10-1 想象中的机器人外观

"机器人"这个词的诞生,最早可以追溯到 20 世纪初。1920 年,捷克斯洛伐克作家卡雷尔·恰佩克在他的科幻小说《罗萨姆的机器人万能公司》中,根据 Robota(捷克文,原意为"劳役、苦工")和 Robotnik(波兰文,原意为"工人")创造出"机器人(Robot)"这个词。

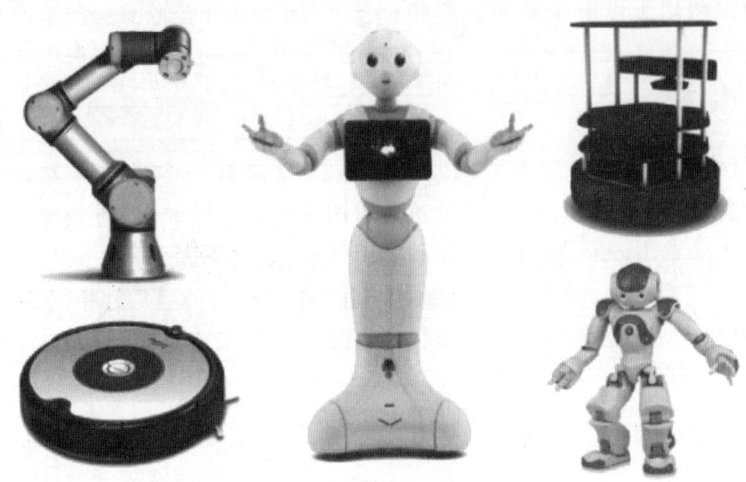

图 10-2　实际的机器人外观

百度百科关于机器人的解释是："机器人是自动执行工作的机器装置。它既可以接受人类指挥，又可以运行预先编排的程序，也可以根据以人工智能技术制定的原则纲领行动。它的任务是协助或取代人类工作，如生产业、建筑业，或是危险的工作。"

美国机器人协会(the Robot Institute of America，RIA)关于机器人的定义是："机器人是用以搬运材料、零件、工具的可编程序的多功能操作器或是通过可改变程序动作来完成各种作业的特殊机械装置。"

我国科学家对机器人的定义是："机器人是一种自动化的机器，所不同的是，这种机器具备一些与人或生物相似的智能能力，如感知能力、规划能力、动作能力和协同能力，是一种具有高级灵活性的自动化机器。"

国际标准化组织(International Organization for Standardization，ISO)对机器人的描述如下。

(1) 机器人的动作机构具有类似于人或其他生物体的某些器官(肢体、感受等)的功能。

(2) 机器人具有通用性，其工作种类多样，动作程序灵活易变。

(3) 机器人具有不同程度的智能性，如记忆、感知、推理、决策、学习等。

(4) 机器人具有独立性，完整的机器人系统在工作中可以不依赖于人的干预。

随着数字化的进展，云计算等网络平台的不断充实，以及人工智能技术的进步，很多机器人仅仅通过智能控制系统就能够应用于社会的各个场景之中。如此一来，机器人的定义将有可能发生改变，下一代机器人将会涵盖更广泛的概念。以往并未定义成机器人的物体也将机器人化，如无人驾驶汽车、智能家电、智能手机、智能住宅等。

10.1.2　机器人的组成

机器人是一个机电一体化的设备，从控制角度来看，机器人系统可以分成四大部分，即执行机构、驱动系统、传感系统和控制系统，如图 10-3 所示。

机器人各部分之间的控制关系如图 10-4 所示。

执行机构是直接面向工作对象的机械装置，相当于人体的手和脚。根据不同的工作对

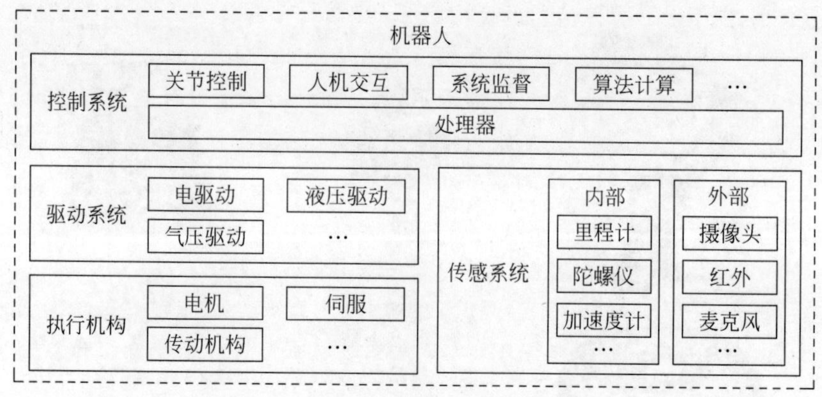

图 10-3 机器人系统

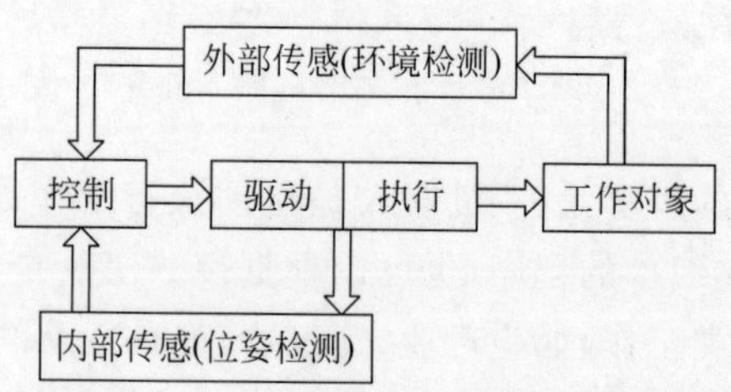

图 10-4 机器人各部分之间的控制关系

象,适用的执行机构也各不相同。例如,常用的室内移动机器人一般采用直流电机作为移动的执行机构;而机械臂一般采用位置控制或力矩控制,需要使用伺服作为执行机构。

驱动系统负责驱动执行机构,将控制系统下达的命令转换成执行机构需要的信号,这一过程相当于人体的肌肉和筋络将大脑的命令转化为实际动作。不同的执行机构所使用的驱动系统也不相同,如直流电机采用较为简单的 PWM(Pulse Width Modulation,PWM,即脉冲宽度调制)驱动板,而伺服则需要专业的伺服驱动器,工业上也常用气压、液压驱动执行机构。

传感系统主要完成信号的输入和反馈,包括内部传感系统和外部传感系统,相当于人体的感官和神经。内部传感系统包括常用的里程计、陀螺仪等,可以通过自身信号反馈检测位姿状态;外部传感系统包括摄像头、红外、声呐等,可以检测机器人所处的外部环境信息。

控制系统实现对信息的处理,输出控制命令信号,类似于人的大脑。机器人的控制系统需要基于处理器实现,一般常用的有 ARM、x86 等架构的处理器,其性能不同,可以根据机器人的应用选择。在处理器之上,控制系统需要完成机器人的算法处理、关节控制、人机交互等丰富的功能。

10.2 激光雷达

10.2.1 激光雷达简介

激光雷达是一种用于获取精确位置信息的传感器,犹如人类的眼睛,可以确定物体的位置、大小等,由发射系统、接收系统及信息处理组成。其工作原理是,向目标探测物发送探测信号(激光束),然后将目标发射回来的信号(目标回波)与发射信号进行比较,进行适当处理后,便可获取目标的相关信息,例如目标距离、方位、高度、速度、姿态甚至形状等参数,从而对目标进行探测、跟踪和识别。

机器人所用的激光雷达主要用于环境探测和地图构建,按原理可分为三角雷达测距和飞行时间(Time Of Flying,TOF)雷达测距。

1. 三角雷达测距

三角雷达测距原理如图 10-5 所示,激光器发射激光,在照射到物体后,反射光由线性 CCD(Charge-Coupled Device,CCD,即一种数字式成像器件)接收,由于激光器和探测器间隔了一段距离,所以依照光学路径,不同距离的物体将会成像在 CCD 的不同位置上。按照三角公式进行计算,就能推导出被测物体的距离。

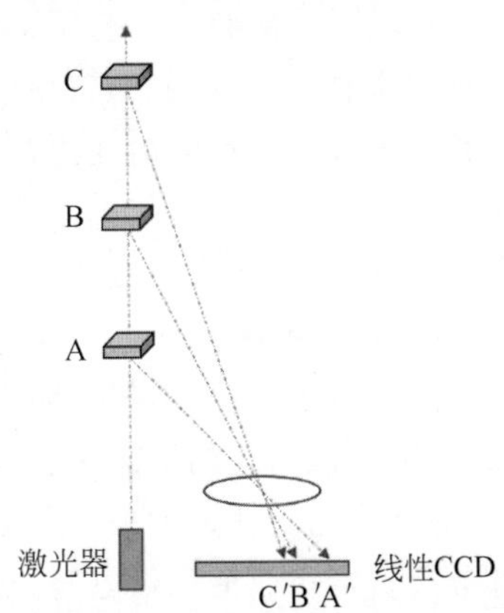

图 10-5 三角雷达测距原理

2. TOF 雷达测距

如图 10-6 所示,激光器发射一个调制激光脉冲,并由计时器记录下出射的时间,回返光经接收器接收,并由计时器记录下回返的时间。两个时间相减即可得到光的“飞行时间”,而光速是一定的,因此在已知速度和时间后很容易就可以计算出距离。

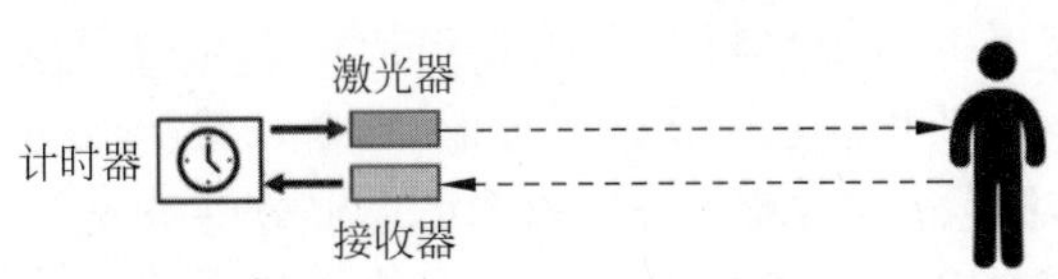

图 10-6 TOF 雷达测距原理

10.2.2 激光雷达的参数

激光雷达通常有 4 个性能衡量指标:测距分辨率、扫描频率、角分辨率及视场角(Field Of View,FOV)。测距分辨率衡量给定距离下测距的精确程度,通常与距离真实值相差 5~20mm;扫描频率衡量激光雷达完成一次完整扫描的快慢,通常在 10Hz 及以上;角度分辨率直接决定激光雷达一次完整扫描能返回多少个样本点;视场角指激光雷达能够有效探测的范围,视场角外即为盲区,如图 10-7 所示。

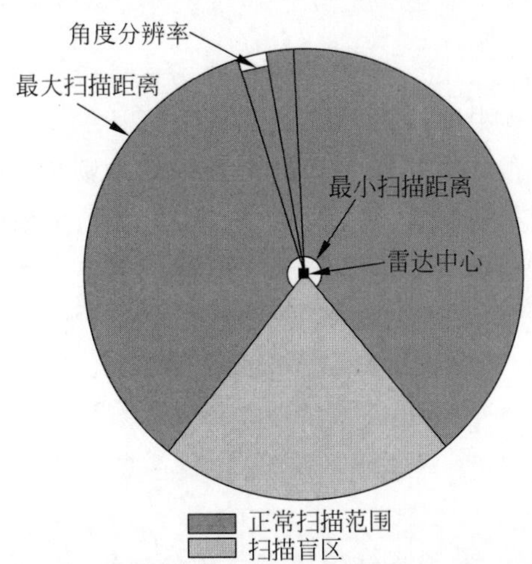

图 10-7 激光雷达正常扫描范围和扫描盲区

1. 测距分辨率

激光雷达本质上是个测距设备,因此测量距离和精度是毫无疑问的核心指标。从原理上来说,TOF 雷达可以测量的距离比三角雷达更长,测距分辨率更高。实际上,在一些要求测量距离的场合(如无人驾驶汽车应用),几乎都是采用

TOF 雷达。三角雷达测距分辨率较低主要有几方面的原因。

(1) 原理上的限制。其实仔细观察不难发现,三角雷达测量的物体距离越远,在 CCD 上的位置差别就越小,在超过某个距离后,CCD 几乎无法分辨。

(2) 三角雷达没办法像 TOF 雷达那样获得较高的信噪比。TOF 激光雷达采用脉冲激光采样,并且还能严格控制视场以减少环境光的影响。这些都是长距离测量的前提条件。

(3) 测量精度。在近距离测量时,三角雷达的精度很高,随着测量距离加大,其测量的精度越来越差,这是因为三角雷达的测量和角度有关,随着距离增加,角度差异会越来越小。三角雷达在标注精度时往往都是采用百分比的标注,例如 1%的标注精度就表示测量距离为 20m 时最大误差为 20cm。TOF 雷达是依赖飞行时间,时间测量精度并不随着长度增加有明显变化,因此大多数 TOF 雷达在几十米的测量范围内都能保持几厘米的精度。

2. 扫描频率

在机械式雷达中,扫描频率就是由电机的转速决定的。就目前市面上的二维激光雷达而言,三角法雷达的最高转速通常在 20Hz 以下,TOF 雷达则可以做到 30～50Hz。究其原因,通常三角雷达通常采用上下分体的结构,即上面转的部分负责激光发射、接收和采集,下部分负责电机驱动和供电等,过重的运动组件限制了更高的转速。而 TOF 雷达通常采用一体化的半固态结构,电机仅需带动反射镜,因此电机的功耗很小,并且可以支持的转速也更高。

3. 角分辨率

激光雷达的角分辨率指的是相邻两个激光扫描点之间的角度间隔,一般以度(°)为单位。通常角分辨率是在水平和垂直视场中测量的,所以二维激光雷达的角分辨率参数只包括水平角分辨率,而三维激光雷达的角分辨率参数包括水平角分辨率和垂直角分辨率。常见车载激光雷达的水平角分辨率通常在 0.1°～0.4°,垂直角分辨率一般在 1°～2°。由于目前激光雷达有很多种扫描方式,每种方式在扫描点分布上的差异,导致扫描点并不绝对均匀,因此这里所述的激光雷达角分辨率是一个等效平均的概念。直观理解,角分辨率越小,单位空间角内分布的激光点数就越多,其对于物体的分辨能力就会越强。相同角分辨率下,对同一物体,距离越远探测到的激光点数越少。

4. 视场角

视场角定义为传感器覆盖的角度,一般以度(°)为单位。激光雷达的视场角是指传感器能够有效探测的区域范围,通常是在水平和垂直视场中测量的,所以二维激光雷达的视场角参数只包括水平视场角,而三维激光雷达的视场角参数包括水平视场角和垂直视场角。通常车载激光雷达的视场角大小为:水平视场角为 30°～120°,垂直视场角为 10°视场角 60°。增大视场角能够提高环境感知的范围,但在实际应用中需要权衡精度、复杂性、成本和数据处理能力等因素,由于光束发散、信号干扰、镜头设计、数据处理、机械限制等因素的限制,视场角不能无限制加大。

10.3 深度相机

随着机器视觉、自动驾驶等颠覆性技术逐步发展,采用三维相机进行物体识别、行为识别、场景建模的相关应用越来越多,可以说深度相机就是终端和机器人的眼睛,那么什么是深度相机呢,跟之前的普通相机(二维)相比较,又有哪些差别? 深度相机又称之为三维相机,顾名思义,就是通过该相机能检测出拍摄空间的景深距离,这也是与普通相机最大的区别。

10.3.1 深度相机简介

普通彩色相机拍摄到的图片能看到相机视角内的所有物体并记录下来,但是其所记录的数据不包含这些物体距离相机的距离。仅仅能通过图像的语义分析来判断哪些物体离我们比较远,哪些比较近,但是并没有确切的数据。而深度相机则恰恰解决了该问题,通过深度相机获取到的数据,能准确知道图像中每个点离摄像头的距离,这样加上该点在二维图像中的(x,y)坐标,就能获取图像中每个点的三维空间坐标。通过三维空间坐标就能还原真实场景,实现场景建模等应用。

10.3.2 深度相机分类

目前市面上的深度相机主要分为三种类型:结构光(structured-light)、双目立体视觉(binocular stereo vision)、TOF。

1. 结构光深度相机

结构光是通过近红外激光器,将具有一定结构特征的光线投射到被拍摄物体上,再由专业的红外摄像头进行采集。这种具备一定结构的光线,会因被摄物体的不同深度区域,而采集不同的图像相位信息,然后通过运算单元将这种结构的变化换算成深度信息,以此来获得三维结构。简而言之,通过光学手段获取被拍摄物体的三维结构,再将获取到的信息进行更深入的应用。通常采用特定波长不可见的红外激光作为光源,它发射出来的光经过一定的编码投射在物体上,通过一定算法来计算返回的编码图案的畸变来得到物体的位置和深度信息。根据编码图案不同,一般结构光可以分为三类,条纹结构光代表传感器 Enshape; 编码结构光代表传感器 Mantis Vision、RealSense(F200); 散斑结构光代表传感器奥比中光。

结构光深度相机具有如下优点。

(1) 方案成熟,相机基线可以做得比较小,更加小型化。

(2) 资源消耗较低,单帧 IR(Infrared Radiation,IR,即红外吸收光谱)图就可计算出深度图,且功耗低。

(3) 为主动光源,夜晚也可使用。

(4) 在一定范围内精度高,分辨率高,分辨率可达 1280 像素×1024 像素,帧率可达 60FPS。

结构光深度相机存在如下缺点。

(1) 容易受环境光干扰,室外体验差。

(2) 随检测距离增加,精度会变差。

2. 双目立体视觉深度相机

双目立体视觉(binocular stereo vision)是机器视觉的一种重要形式,主要基于视差原理并利用成像设备从不同位置获取被测物体的两幅图像,通过计算图像对应点间的位置偏差获取物体的三维几何信息。

完整的双目深度计算非常复杂,主要涉及左右相机的特征匹配,计算会非常消耗资源。

双目立体视觉深度相机具有如下优点。

(1) 硬件要求低,成本也低,普通 CMOS(Complementary Metal Oxide Semiconductor, CMOS,即互补金属氧化物半导体)相机即可。

(2) 只要光线合适,室内外都适用。

双目立体视觉深度相机还存在如下缺点。

(1) 对环境光照非常敏感。光线变化导致图像偏差大,进而会导致匹配失败或精度低。

(2) 不适用于单调缺乏纹理的场景。双目视觉根据视觉特征进行图像匹配,没有特征会导致匹配失败。

(3) 计算复杂度高。该方法是纯视觉方法,对算法要求高,计算量较大。

(4) 基线限制了测量范围。测量范围和基线(两个摄像头间距)成正比,导致无法小型化。

3. TOF 深度相机

顾名思义,TOF 是测量光飞行时间来获取距离。具体而言,就是通过给目标连续发射激光脉冲,然后用传感器接收反射光线,再通过探测光脉冲的飞行往返时间来得到确切的目标物距离。因为通过直接测光速激光飞行时间不可行,一般通过检测通过一定手段调制后的光波相位偏移来实现。TOF 雷达测距法根据调制方法的不同,一般可以分为两种:脉冲调制(Pulsed Modulation,PM)和连续波调制(Continuous Wave Modulation,CWM)。脉冲调制需要非常高精度时钟进行测量,且需要发出高频高强度激光,目前大多采用检测相位偏移办法来实现 TOF 功能。简单来说就是,发出一道经过处理的光,光碰到物体后会反射回来,捕捉光来回的时间,因为已知光速和调制光的波长,所以能快速准确计算出到物体的距离。

因为 TOF 并非基于特征匹配,因此在测试距离变远时,精度也不会下降很快。目前,无人驾驶以及一些高端的消费类 Lidar(一种束激光)基本都是采用该方法来实现。

TOF 深度相机具有如下优点。

(1) 检测距离远,在激光能量够的情况下可达几十米。

(2) 受环境光干扰比较小。

TOF 深度相机还存在如下缺点。

(1) 对设备要求高,特别是时间测量模块。

(2) 资源消耗大,在检测相位偏移时需要多次采样积分,运算量大。

(3) 边缘精度低。

(4) 限于资源消耗和滤波,帧率和分辨率都没办法做到较高。

10.4 机器人教学平台介绍

本书采用塔克创新(简称塔克)ABOT-MEC-K1S 机械臂机器人为教学平台进行学习,机器人的外观如图 10-8 所示。

ABOT-MEC-KIS 机器人采用模块化设计,底盘与机械臂相对独立,ROS(Robot Operating System,ROS,即机器人操作系统)主控制器为 Nvidia Jetson Nano,底盘运动控制器和机械臂控制器为两个独立的控制器,硬件组成如图 10-9 所示。激光雷达、高清相机、

图 10-8　塔克创新 ABOT-MEC-K1S 机械臂机器人

深度相机、触摸屏、音响、键盘手柄等模块通过 USB 接口与 Nano 主控连接，Nano 主控连接有 USB 3.0 HUB 扩展 USB 接口。

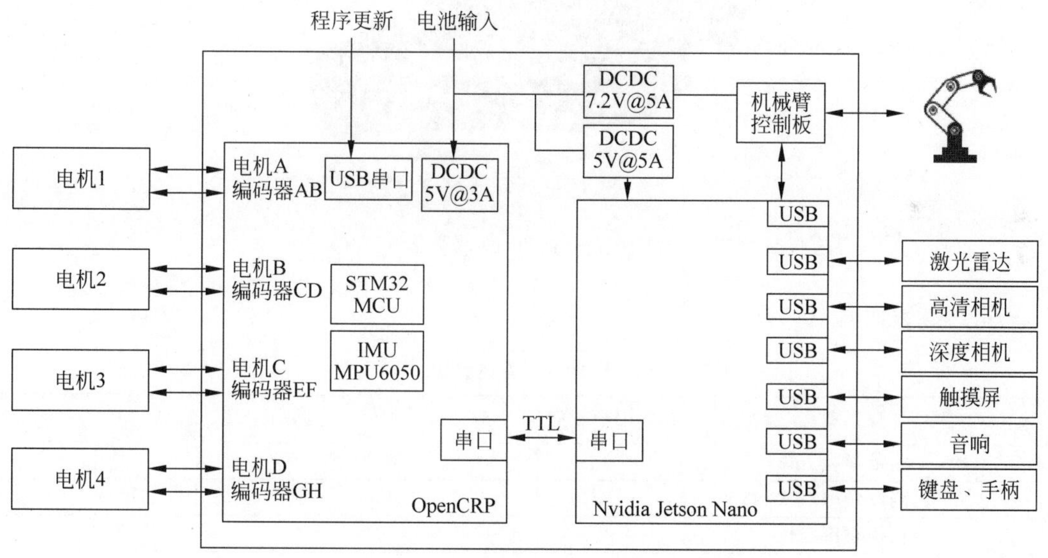

图 10-9　塔克创新 ABOT-MEC-KIS 机械臂机器人硬件组成

1. ROS 控制器

图 10-10 所示的 ROS 控制器采用 Nvidia Jetson Nano，运行系统为 Ubuntu 18.04 with JetPack，安装有 ROS 机器人操作系统，ROS 版本为 Melodic 版，作为机器人端 ROS 节点控制器。

2. 底盘运动控制器

底盘控制器为塔克的 OpenCRP 机器人运动控制器，采用 STM32F103 作为主控制，板载 IMU 加速度陀螺仪传感器，支持 4 路直流电机闭环控制，支持 USB 软件更新，如图 10-11 所示。

图 10-10 ROS 控制器

图 10-11 OpenCRP 机器人运动控制器

3. 激光雷达

激光雷达采用塔克 T1 激光雷达(图 10-12),此雷达原为扫地机器人商用雷达,稳定可靠,后针对 ROS 机器人应用进行了优化,更易用。

图 10-12 塔克 T1 激光雷达

雷达参数如表 10-1 所示。

表 10-1 雷达参数

参　数	数　值
测量半径/m	0.1～8
测量频率/(次/秒)	4000
扫描频率/Hz	10
角分辨率	0.9
持续工作寿命/hr	2500
供电通信方案	光磁融合
适用场地	一般家庭、实验室环境

4. 深度相机

深度相机(图 10-13)既有 1080P RGB 普通相机功能,又有深度相机功能,并且具有双立体声麦克风。深度相机一般配备高端 ISP(Internet Service Provider,ISP,即网络业务提供商)芯片,可自动根据环境光调节快门以优化图像,非常适合机器人视觉图像处理。

图 10-13　深度相机

5. 摄像头

在机械臂末端安装有 USB 接口 1080P 高清摄像头(图 10-14),120°广角,UVC(USB Video Class,UVC,即一种 USB 设备类别)格式免驱动,树莓派即插即用。内置降噪麦克风,可用于语音识别。摄像头下方具有云台,可实现摄像头水平和俯仰手动调节,方便进行不同视角的切换。

6. 机械臂

机器人具有 6 自由度机械臂,如图 10-15 所示。采用 6 个高精度舵机、全金属齿轮、进口双滚珠轴承、CNC(Computer Numerical Control,CNC,即计算机数控)铝合金中壳,且长久使用时散热好,转向精度高。机械臂采用 7.2V@5A 高压大电流供电,运行稳定可靠。

图 10-14　摄像头　　图 10-15　6 自由度机械臂

机械臂控制器为塔克的舵机专用控制板,采用 STM32F103 作为主控制,最多可支持 8 路舵机,支持 USB 接口控制,支持 USB 口程序固件更新。实物如图 10-16 所示。

图 10-16　舵机专用控制板

7. 电源接口

机器人搭载专用电源板，可以输出 12V、7.2V 和 5V 电压，方便用户进行机器人功能扩展。电源板输入输出如图 10-17 所示，正负引脚已通过丝印标注。

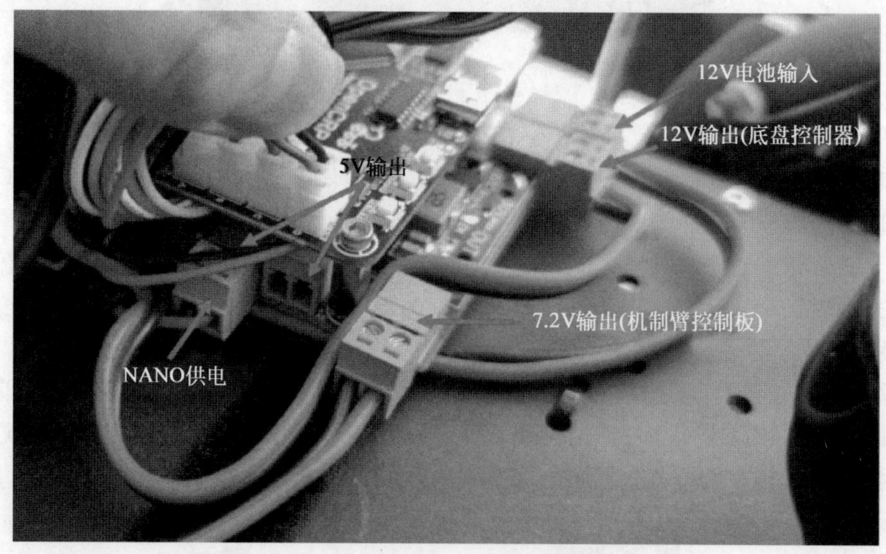

图 10-17 电源板

8. USB 端口

机器人对激光雷达 USB 通信端口和机械臂 USB 控制端口进行了端口绑定。具体绑定端口如图 10-18 所示，如果不了解绑定端口，则勿随便进行改动，否则某些功能将不可用。

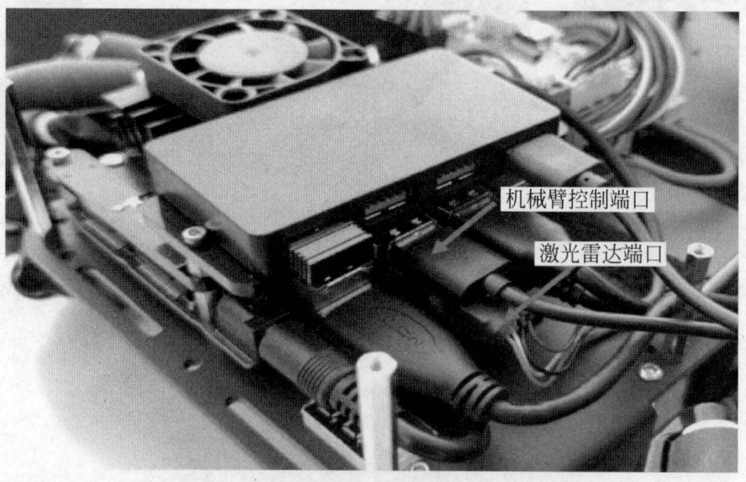

图 10-18 USB 端口

10.5 运行机器人

此机器人需要搭配配套的虚拟机使用，用户需要安装配套的虚拟机来学习此机器人，与虚拟机有关的资料请参阅机器人的使用说明书。

10.5.1 配置环境变量

由于ROS具有分布式的特性,所以可在多台计算机上进行协同工作,前提是已经在计算机上配置好了环境变量 ROS_MASTER_URI,且所有计算机处于同一个网络中。ROS_MASTER_URI 的值为运行 ROS MASTER 计算机的 IP(Internet Protocol,IP)地址,必须将所有要协同工作的计算机的 ROS_MASTER_URI 设为相同的值。除 ROS_MASTER_URI 外,还要配置环境变量 ROS_IP 为本机的 IP 地址。

1. 机器人的配置

机器人上的环境变量已经配置完毕,且配置都已写入~/.bashrc 文件中:

```
export ROS_IP='ifconfig $interface | grep -o 'inet [^]*' | cut -d " " -f2'
export ROS_MASTER_URI=http://$ROS_IP:11311
echo ""
echo -e "ROS_MASTER_URI: \033[32m$ROS_MASTER_URI\033[0m"
echo ""
echo -e "ROS_IP: \033[32m$ROS_IP\033[0m"
echo ""
```

此处 ROS_IP 的配置为自动检测到的 IP 地址,并且将 ROS_IP 作为 ROS_MASTER_URI。当用户打开终端时,终端中会显示配置好的环境变量。

在连接至网络后,再打开终端,终端会输出类似图 10-19 所示的内容。

图 10-19 终端输出 ROS_IP

建议将机器人的 IP 地址配置为手动(本例设置为 192.168.31.101),这样机器人的 IP 地址就不会每次都变化,其他计算机也不需要再重新配置环境变量了。

2. 虚拟机的配置

接下来修改虚拟机的环境变量,修改的内容与机器人类似,即把 ROS_MASTER_URI 修改为机器人的 IP 地址,命令如下:

```
export ROBOT_IP=192.168.31.101
```

~/.bashrc 文件中的 ROBOT_IP 环境变量即为机器人的 IP,且此文件使用机器人的 IP 作为 ROS_MASTER_URI。

执行下面的命令来更新配置:

```
$ source ~/.bashrc
```

10.5.2 远程连接机器人

计算机通过远程连接对机器人进行控制,主要通过以下两种方式。

1. SSH 远程连接

可以在终端中直接登录远程机器人系统，输入以下命令连接机器人：

```
$ ssh xtark@192.168.31.101
```

如果 10.5.1 节的 ROBOT_IP 已经配置好，也可以使用 SSH 命令的别名连接机器人，命令如下：

```
alias sshrobot = 'ssh xtark  SROBOT_IP'
```

首次连接会有如图 10-20 所示的提示，输入 yes 并按 Enter 键继续下一步。

```
u18@u18-pc:~$ ssh xtark@192.168.31.101
The authenticity of host '192.168.31.101 (192.168.31.101)' can't be established.
ECDSA key fingerprint is SHA256:/H+OAYdF5RHy0xHZXUYGq6IMzh34Lg0VXHdfyhE5azQ.
Are you sure you want to continue connecting (yes/no)?
```

图 10-20　首次连接提示

SSH 连接提示需要输入远程机器人的用户密码，输入密码(此机器人的用户名和密码默认都是 xtark)并按下 Enter 键即可登录到远程机器人，如图 10-21 所示。

```
u18@u18-pc:~$ ssh xtark@192.168.31.101
xtark@192.168.31.101's password:
Welcome to Ubuntu 18.04.5 LTS (GNU/Linux 4.9.201-tegra aarch64)

 * Documentation:  https://help.ubuntu.com
 * Management:     https://landscape.canonical.com
 * Support:        https://ubuntu.com/advantage
This system has been minimized by removing packages and content that are
not required on a system that users do not log into.

To restore this content, you can run the 'unminimize' command.

653 packages can be updated.
220 of these updates are security updates.
To see these additional updates run: apt list --upgradable

Last login: Sun Nov 21 18:39:44 2021 from 192.168.31.100
```

图 10-21　连接机器人界面

此时，终端就已经通过 SSH 连接到机器人所在的操作系统，在此终端执行命令等同于直接在机器人上执行。想要从此终端断开与远程机器人的连接，则只需要在终端中按下组合键 Ctrl+D 即可，如图 10-22 所示。

```
xtark@xtark-robot:~$ logout  <—— 按下了Ctrl+D
Connection to 192.168.31.101 closed.
u18@u18-pc:~$
```

图 10-22　断开与机器人的连接

2. VNC 远程桌面

ROS 机器人连接显示器，对于大多数应用场景来说是不方便的，如果需要用到 ROS 机器人的图形界面，可以采用远程桌面连接的方式进行机器人图形界面的远程连接。远程桌面软件和协议多种多样，Linux 内置的 VNC(Virtual Network Console，VNC)服务是较为方便的，因此采用 VNC 协议进行连接。在 Linux 下 VNC 服务可以采用 Ubuntu 内置的 Remmina，在 Windows 下则可以采用免费的 VNC Viewer。

此处以 VNC Viewer 为例，连接步骤如图 10-23 所示，确保机器人与计算机在同一局域网中且已经配置好 IP，机器人 VNC 服务器登录账号为 xtark，密码为 xtark。

(1) 新建连接：输入 IP 地址和 VNC 主机名称(用户自定义)，单击 OK 按钮。

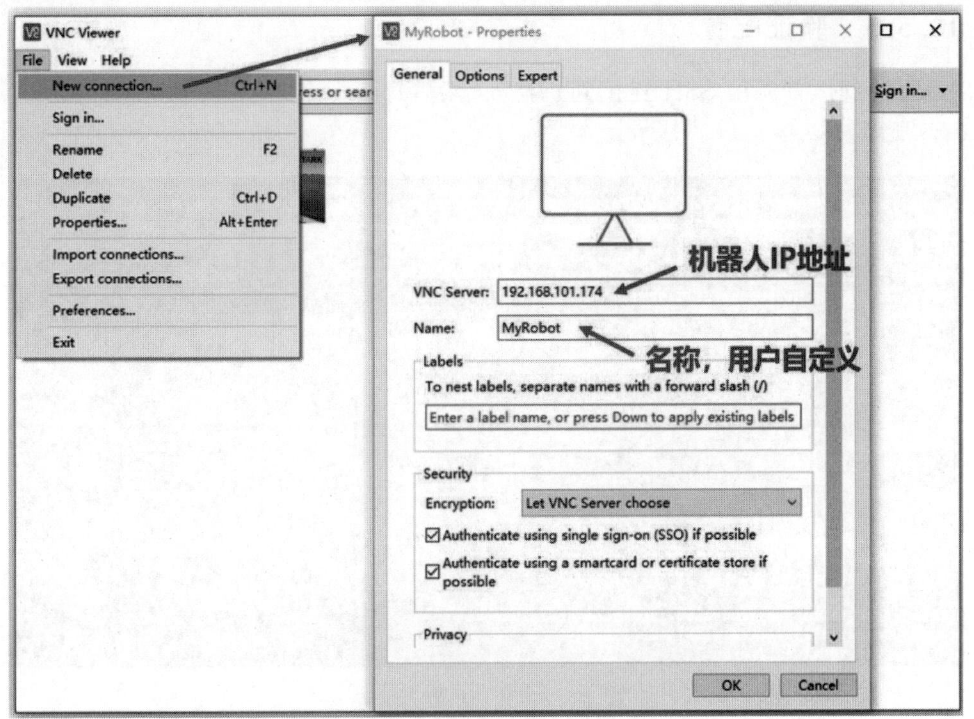

图 10-23　新建 VNC 连接

(2) 输入机器人 VNC 密码,单击 OK 按钮后连接到机器人远程桌面,如图 10-24 所示。

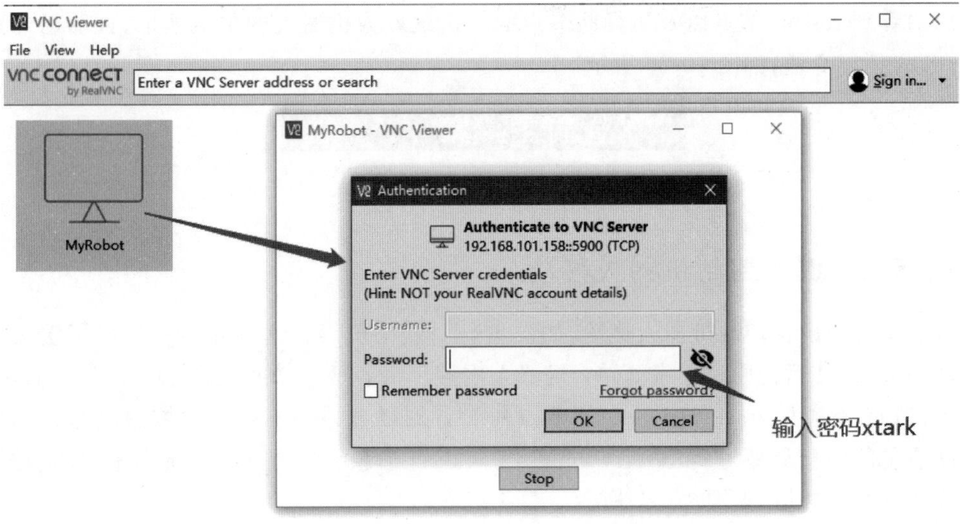

图 10-24　输入机器人 VNC 密码

10.5.3 验证配置

验证配置时，首先用 SSH 连接到机器人，然后打开一个终端并执行命令 roscore，如图 10-25 所示。

```
xtark@xtark-robot:~$ roscore
... logging to /home/xtark/.ros/log/98a112e4-4ab9-11ec-bcad-ac824732e443/roslaunch-xtark-robot-11848.log
Checking log directory for disk usage. This may take a while.
Press Ctrl-C to interrupt
Done checking log file disk usage. Usage is <1GB.

started roslaunch server http://192.168.31.101:43707/
ros_comm version 1.14.10


SUMMARY
========

PARAMETERS
 * /rosdistro: melodic
 * /rosversion: 1.14.10

NODES

auto-starting new master
process[master]: started with pid [11858]
ROS_MASTER_URI=http://192.168.31.101:11311/

setting /run_id to 98a112e4-4ab9-11ec-bcad-ac824732e443
process[rosout-1]: started with pid [11869]
started core service [/rosout]
```

图 10-25 验证机器人配置

然后在自己的虚拟机上执行以下命令：

```
$ rosnode list - a
```

成功看到 rosout 节点以及运行此节点的主机地址为机器人的主机地址，证明已经配置好 ROS 的环境变量，如图 10-26 所示。

```
u18@u18-pc:~$ rosnode list -a
http://192.168.31.101:34477/    /rosout
```

图 10-26 机器人节点

10.5.4 键盘控制机器人移动

可以用各种设备控制机器人移动，如键盘、手柄、手机等。这里介绍一种使用键盘来控制移动的方法，其运行原理非常简单：机器人内置了底盘驱动节点，存放在 xtark_driver 功能包中，节点名称为 xtark_driver。此节点通过订阅话题 cmd_vel 获取控制底盘移动的命令。此话题的消息类型为 geometry_msgs/Twist，此消息类型为两个三维向量，分别控制底盘的线速度和角速度，如图 10-27 所示。

```
xtark@xtark-robot:~/Desktop$ rosmsg show geometry_msgs/Twist
geometry_msgs/Vector3 linear
  float64 x
  float64 y
  float64 z
geometry_msgs/Vector3 angular
  float64 x
  float64 y
  float64 z
```

图 10-27 geometry_msgs/Twist 话题消息

想要控制机器人移动，只需要向此话题发布 Twist 类型的消息即可。机器人内置了通过键盘来发布消息的节点，存放在 xtark_ctl 包中，名称为 xtark_twist_keyboard. py。

此外，这个功能包中还有一个 launch 文件 xtark_bringup_keyboard. launch，可以集成启动底盘驱动节点和键盘控制节点，此文件内容如图 10-28 所示。

```
xtark@xtark-robot:~/Desktop$ roscat xtark_ctl xtark_bringup_keyboard.launch
<launch>
    <param name="use_sim_time" value="false"/>
    <include file="$(find xtark_driver)/launch/xtark_driver.launch"/>
    <!-- 启动键盘遥控节点 -->
    <node name="xtark_twist_keyboard" pkg="xtark_ctl" type="xtark_twist_keyboard.py" output="screen" respawn="false"/>
```

图 10-28　xtark_bringup_keyboard. launch 文件内容

只需要运行此 launch 文件即可用键盘来控制底盘移动，因为机器人会到处乱跑，所以最好是以远程方式控制它。首先在自己的虚拟机上执行 SSH 命令连接到机器人，命令如下：

```
$ ssh xtark@192.168.31.101
```

输入正确的密码后，输出内容如图 10-29 所示则表示已经连接上了。

```
PS C:\Users\XY Roser> ssh xtark@192.168.31.101
xtark@192.168.31.101's password:
Welcome to Ubuntu 18.04.5 LTS (GNU/Linux 4.9.201-tegra aarch64)
```

图 10-29　连接到机器人

然后运行上述 launch 文件，命令如下：

```
$ roslaunch xtark_ctl xtark_bringup_keyboard.launch
```

运行成功后，可看到如图 10-30 所示的提示，按照提示内容按下对应的键即可控制机器人移动。

```
Reading from the keyboard  and Publishing to Twist!
---------------------------
Moving around:
   u    i    o         ^
   j    k    l       < v >
   m    ,    .

For Holonomic mode (strafing), hold down the shift key:
---------------------------
   U    I    O
   J    K    L
   M    <    >

t : up (+z)
b : down (-z)

anything else : stop

q/z : increase/decrease max speeds by 10%
w/x : increase/decrease only linear speed by 10%
e/c : increase/decrease only angular speed by 10%

CTRL-C to quit

currently:      speed 0.5       turn 1.0
```

图 10-30　机器人移动键盘控制键

第11章

SLAM建图与自主导航

机器人技术的迅猛发展,促使机器人逐渐走进了人们的生活,服务型室内移动机器人更是获得了广泛关注。但室内机器人的普及还存在许多亟待解决的问题,定位与导航是其中的关键问题之一。在这类问题的研究中,需要把握3个重点:一是地图精确建模;二是机器人准确定位;三是路径实时规划。在近几十年的研究中,对以上3个重点提出了多种有效的解决方法。室外定位与导航可以使用GPS,但在室内这个问题就变得比较复杂。

为了实现室内的定位定姿,一大批技术不断涌现,其中即时定位与地图构建(Simultaneous Localization and Mapping,SLAM)技术脱颖而出。SLAM最早由Smith、Self和Cheeseman于1988年提出。作为一种基础技术,SLAM的应用从最早的军事到今天的扫地机器人,吸引了一大批研究者和爱好者,同时也使这项技术逐步走入普通消费者的视野。使用ROS实现机器人的SLAM和自主导航等功能是非常方便的,因为有较多现成的功能包可供开发者使用,如gmapping、hector_slam、cartographer、rgbdslam、ORB_SLAM、move_base、amcl等。

11.1 基础理论

11.1.1 SLAM简介

SLAM可以描述为:机器人在未知的环境中从一个未知位置开始移动,移动过程中根据位置估计和地图进行自身定位,同时建造增量式地图,实现机器人的自主定位和导航。

想象一个盲人在一个未知的环境里,如果想感知周围的大概情况,那么他需要伸展双手作为他的"传感器",不断探索四周是否有障碍物。当然,这个"传感器"有量程范围,他还需要不断移动,同时在心中整合已经感知到的信息。当感觉新探索的环境好像是之前遇到过的某个位置,他就会校正心中整合好的地图,同时也会校正自己当前所处的位置。当然,作为一个盲人,感知能力有限,所以他探索的环境信息会存在误差,而且他会根据自己的确定程度为探索到的障碍物设置一个概率值,概率值越大,表示这里有障碍物的可能性越大。

一个盲人探索未知环境的场景基本可以表示SLAM算法的主要过程。这里不详细讨论 SLAM 的算法实现，只对概念做基本解释，感兴趣的读者可查找相关资料进行深度学习。

家庭、商场、车站等场所是室内机器人的主要应用场景，在这些应用中，用户需要通过机器人移动完成某些任务，这就需要机器人具备自主移动、自主定位的功能，我们把这类应用统称为自主导航。自主导航往往与 SLAM 密不可分，因为 SLAM 生成的地图是机器人自主移动的主要蓝图。这类问题可以总结为：在服务机器人工作空间中，根据机器人自身的定位导航系统找到一条从起始状态到目标状态、可以避开障碍物的最优路径。

11.1.2 传感器简介

要完成机器人的 SLAM 和自主导航，机器人首先要有感知周围环境的能力，尤其要有感知周围环境深度信息的能力，因为这是探测障碍物的关键数据。用于获取深度信息的传感器主要有以下几种类型。

1. 激光雷达

激光雷达是研究最多、使用最成熟的深度传感器，常见的激光雷达如图 11-1 所示。激光雷达可以提供机器人本体与环境障碍物之间的距离信息，很多常见的扫地机器人就配有高性价比的激光雷达。激光雷达的优点是精度高，响应快，数据量小，可以完成实时的 SLAM 任务；缺点是成本高，一款进口的高精度激光雷达价格在一万元以上。现在很多国内企业专注高性价比的激光雷达，也有不少优秀的产品已经推向市场。

图 11-1 激光雷达示例

2. 摄像头

SLAM 所用到的摄像头可以分为单目摄像头和双目摄像头。

(1) 单目摄像头是用一个摄像头完成 SLAM。这种方案的传感器简单，适用性强，但是实现的复杂度较高，而且单目摄像头在静止状态下无法测量距离，只有在运动状态下才能根据三角测量等原理感知距离。

(2) 相比单目摄像头，无论是在运动状态下还是在静止状态下，双目摄像头都可以感知距离信息，但是两个摄像头的标定较为复杂，产生的大量图像数据也会导致较大的运算量。常见的双目摄像头如图 11-2 所示。

3. RGB-D 摄像头

如图 11-3 所示的 RGB-D(RGB Depth，即图像深度)摄像头是近年来兴起的一种新型传感器，不仅可以像摄像头一样获取环境的 RGB 图像信息，也可以通过红外结构光、TOF 等获取每像素的深度信息。丰富的数据让 RGB-D 摄像头不仅可用于 SLAM，还可用于图像

图 11-2　双目摄像头示例

处理、物体识别应用；更重要的一点是，RGB-D 摄像头成本较低，是目前室内服务机器人的主流传感器方案。常见的 RGB-D 摄像头有 Kinectv1/v2、华硕 Xtion Pro 等。当然，RGB-D 摄像头也存在测量视野窄、盲区大、噪声大等缺点。

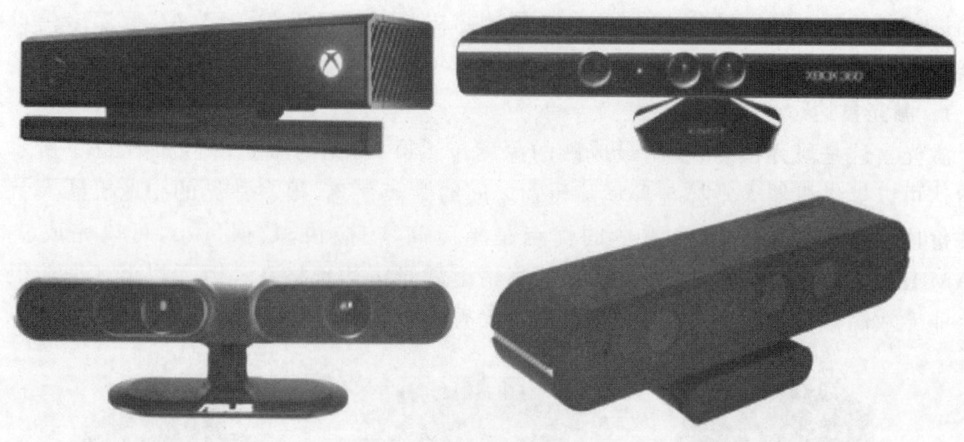

图 11-3　RGB-D 摄像头示例

11.2　准备工作

ROS 中 SLAM 和自主导航的相关功能包可以通用于各种移动机器人平台，但是为了达到最佳效果，对机器人的硬件仍然有以下 3 个要求。

(1) 导航功能包对差分、轮式机器人的效果好，并且假设机器人可直接使用速度指令进行控制。其中，线性机器人(Linear robot)定义机器人在 x-y-z 方向上的线速度，单位是 m/s；Angular 定义机器人在 x-y-z 方向上的角速度，单位是 rad/s。

(2) 导航功能包要求机器人必须安装激光雷达等测距设备，以获取环境深度信息。

(3) 导航功能包以正方形和圆形机器人为模板进行开发，对于其他外形的机器人，虽然可以正常使用，但是效果可能不佳。

11.3　传感器信息

11.3.1　环境深度信息

无论是 SLAM 还是自主导航，获取周围环境的深度信息都是至关重要的。要获取深度信息，首先要清楚 ROS 中的深度信息是如何表示的。针对激光雷达，ROS 在 sensor_msgs

包中定义了用于存储激光消息的专用数据结构——LaserScan，该结构包含的信息如图 11-4 所示。LaserScan 的参数具体定义如下。

（1）angle_min：可检测范围的起始角度。

（2）angle_max：可检测范围的终止角度，与 angle_min 组成激光雷达的可检测范围。

（3）angle_increment：采集到相邻数据帧之间的角度步长。

（4）time_increment：采集到相邻数据帧之间的时间步长，当传感器处于相对运动状态时进行补偿使用。

（5）scan_time：采集一帧数据所需要的时间。

（6）range_min：最近可检测深度的阈值。

（7）range_max：最远可检测深度的阈值。

（8）ranges：一帧深度数据的存储数组。

```
xtark@xtark-vmpc:~$ rosmsg show sensor_msgs/LaserScan
std_msgs/Header header
  uint32 seq
  time stamp
  string frame_id
float32 angle_min
float32 angle_max
float32 angle_increment
float32 time_increment
float32 scan_time
float32 range_min
float32 range_max
float32[] ranges
float32[] intensities
```

图 11-4　LaserScan 消息

激光雷达节点将机器人的激光雷达数据进行可视化，机器人的雷达驱动 launch 文件存放在 xtark_driver 功能包中，其内容如图 11-5 所示。

```
xtark@xtark-robot:~$ roscat xtark_driver xtark_lidar.launch
<launch>
 <arg name="lidar_type" value="$(env LIDAR_TYPE)"/>

 <group if="$(eval arg('lidar_type') == 'XAS')">
        <include file="$(find rplidar_ros)/launch/rplidar_filtered.launch"/>
        <node pkg="tf" type="static_transform_publisher" name="base_foot_print_to_laser" args="0.1
0 0.1 3.1415926 0 0 base_footprint laser 20"/>
 </group>


 <group if="$(eval arg('lidar_type') == 'XT1')">
        <include file="$(find sc_mini)/launch/start_withfilter.launch"/>
        <node pkg="tf" type="static_transform_publisher" name="base_foot_print_to_laser" args="0.1
0 0.1 -1.57 0 0 base_footprint laser 20"/>
 </group>

 <group if="$(eval arg('lidar_type') == 'YT1')">
        <include file="$(find sc_mini)/launch/start_withfilter.launch"/>
        <node pkg="tf" type="static_transform_publisher" name="base_foot_print_to_laser" args="0.0
0 0.1 3.1415926 0 0 base_footprint laser 20"/>
 </group>
   <node pkg="laser_filters" type="scan_to_scan_filter_chain" output="log" name="laser_filter">
        <rosparam command="load" file="$(find xtark_driver)/config/xtark_laserfilter.yaml"/>
        <remap from="/scan" to="/scan_raw"/>
        <remap from="/scan_filtered" to="/scan"/>
   </node>

</launch>
```

图 11-5　xtark_lidar. launch 文件

此 launch 文件依据不同的激光雷达类型启动了不同的驱动节点，机器人出厂时已经配

置好了雷达类型的环境变量,可以用以下命令查看此环境变量:

```
$ echo $ LIDAR_TYPE
```

远程连接机器人,启动此 launch 文件,驱动雷达,如图 11-6 所示。

```
xtark@xtark-robot:~$ roslaunch xtark_driver xtark_lidar.launch
... logging to /home/xtark/.ros/log/49fae25c-5a4d-11ec-8c95-ac
3.log
Checking log directory for disk usage. This may take a while.
Press Ctrl-C to interrupt
Done checking log file disk usage. Usage is <1GB.

started roslaunch server http://192.168.31.101:41147/

SUMMARY
========

PARAMETERS
 * /laser_filter/scan_filter_chain: [{'type': 'laser_...
 * /rosdistro: melodic
 * /rosversion: 1.14.10
 * /sc_mini/baud_rate: 115200
 * /sc_mini/frame_id: laser
 * /sc_mini/port: /dev/lidar

NODES
  /
    base_foot_print_to_laser (tf/static_transform_publisher)
    laser_filter (laser_filters/scan_to_scan_filter_chain)
    sc_mini (sc_mini/sc_mini)
```

图 11-6 启动 xtark_lidar. launch 文件

然后在计算机端(注意:非机器人端)启动 RViz,按照图 11-7 所示添加雷达数据的话题。添加完成后,按图 11-8 所示将 Global Options→Fixed Frame 的选项修改为 laser,即可在三维界面中看到雷达扫描出的环境深度信息数据,如图 11-9 所示。

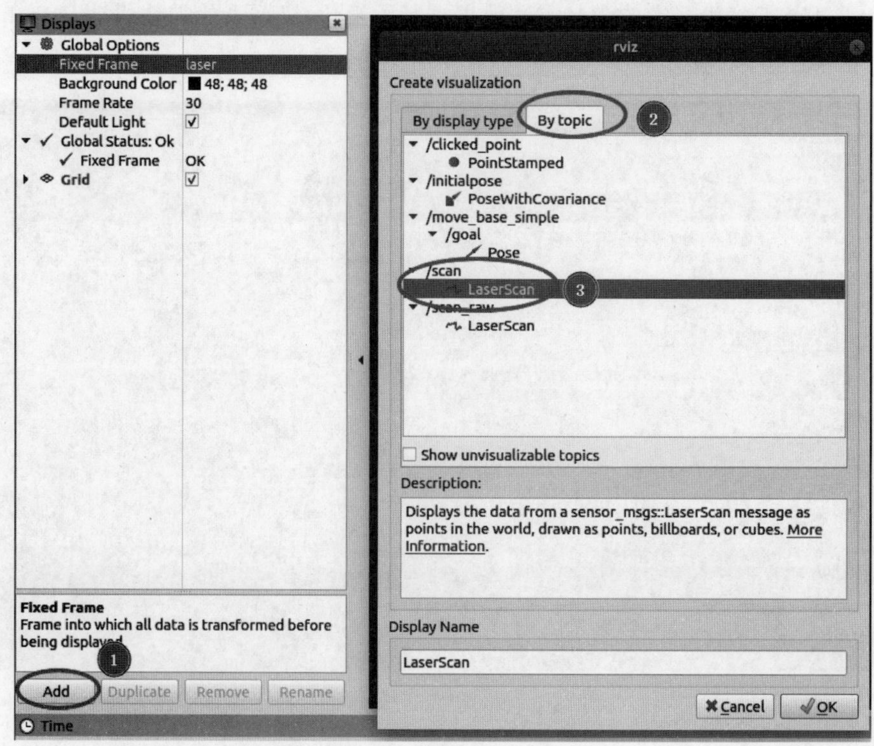

图 11-7 添加雷达数据的话题

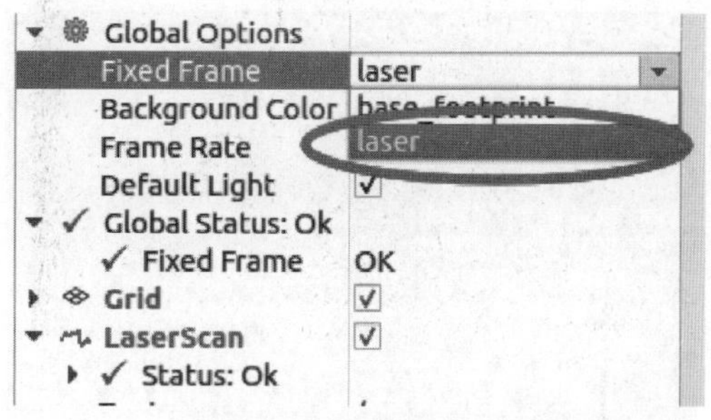

图 11-8 将 Fixed Frame 修改为 laser

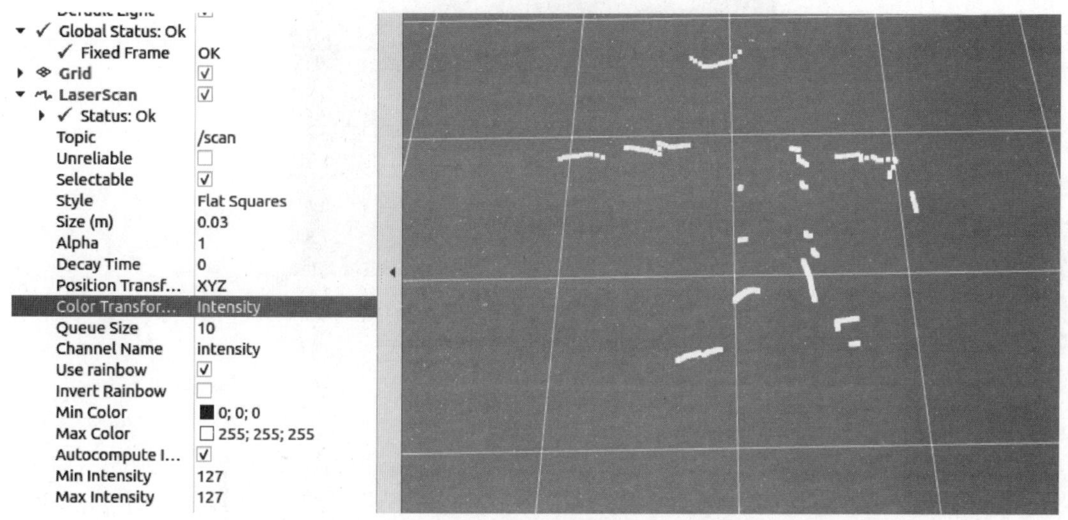

图 11-9 雷达扫描出的环境深度信息数据

11.3.2 里程计信息

里程计根据传感器获取的数据来估计机器人随时间发生的位置变化。在机器人平台中，较为常见的里程计是编码器。例如机器人驱动轮配备的旋转编码器，当机器人移动时，借助旋转编码器可以测量出轮子旋转的圈数，如果知道轮子的周长，便可以计算出机器人单位时间内的速度以及一段时间内的移动距离。里程计根据速度对时间的积分求得位置这种方法对误差十分敏感，所以采取如精确的数据采集、设备标定、数据滤波等措施是十分必要的。导航功能包要求机器人能够发布里程计 nav_msgs/Odometry 消息。如图 11-10 所示，nav_msgs/Odometry 消息包含机器人在自由空间中的位置和速度估算值，pose 为机器人当前位置坐标，包括机器人的 x、y、z 位置与方向参数以及用于校正误差的协方差矩阵。twist 为机器人当前的运动状态，包括 x、y、z 的线速度与角速度以及用于校正误差的协方差矩阵。

上述数据结构中，除速度与位置的关键信息外，还包含用于滤波算法的协方差矩阵。在精度要求不高的机器人系统中，可以使用默认的协方差矩阵；而在精度要求较高的系统中，需要先对机器人精确建模后，再通过仿真、实验等方法确定该矩阵的具体数值。

```
→ ~ rosmsg show nav_msgs/Odometry
std_msgs/Header header
  uint32 seq
  time stamp
  string frame_id
string child_frame_id
geometry_msgs/PoseWithCovariance pose
  geometry_msgs/Pose pose
    geometry_msgs/Point position
      float64 x
      float64 y
      float64 z
    geometry_msgs/Quaternion orientation
      float64 x
      float64 y
      float64 z
      float64 w
  float64[36] covariance
geometry_msgs/TwistWithCovariance twist
  geometry_msgs/Twist twist
    geometry_msgs/Vector3 linear
      float64 x
      float64 y
      float64 z
    geometry_msgs/Vector3 angular
      float64 x
      float64 y
      float64 z
  float64[36] covariance
```

图 11-10　里程计 nav_msgs/Odometry 消息

11.4　SLAM 建图算法

ROS 是一个广泛使用的开源框架，ROS 开源社区中汇集了多种 SLAM 建图算法，并提供了多种算法的实现，可以满足不同应用场景的需求。

11.4.1　GMapping 算法

ROS 开源社区提供的 SLAM 建图算法中，最为常用和成熟的是 GMapping 算法，这是应用最为广泛的二维 SLAM 算法。

1. GMapping 算法的优缺点

GMapping 算法具有如下优点。

(1) 可以实时构建室内地图，在构建小场景地图所需的计算量较小且精度较高。

(2) 相比 Hector 算法，对激光雷达频率要求低、鲁棒性高。

(3) 相比 Cartographer 算法，在构建小场景地图时，GMapping 算法不需要太多的粒子并且没有回环检测，因此计算量小于 Cartographer，而精度并没有差太多。

(4) GMapping 算法有效利用了车轮里程计信息，这也是 GMapping 算法对激光雷达频率要求低的原因，里程计可以提供机器人的位姿。

GMapping 算法存在如下缺点。

(1) 随着场景增大，所需的粒子增加，因为每个粒子都携带一幅地图，因此在构建大地图时，所需内存和计算量都会增加。

(2) 没有回环检测，因此在回环闭合时可能会造成地图错位，虽然增加粒子数目可以使地图闭合，但是以增加计算量和内存为代价。

(3) GMapping 算法牺牲空间复杂度来保证时间复杂度，这就造成 GMapping 算法不适合构建大场景地图。

2. GMapping 算法功能包

GMapping 集成了 Rao-Blackwellized 粒子滤波算法，为开发者隐去了复杂的内部实现。图 11-11 所示的是 GMapping 算法功能包的总体框架。

GMapping 算法功能包可以订阅机器人的深度信息、IMU(Inertial measurement unit，IMU，惯性测量单元)信息和里程计信息，同时完成一些必要参数的配置，创建并输出基于概率的二维栅格地图。GMapping 算法基于 OpenSLAM 社区的开源 SLAM 算法，有兴趣的读者可以阅读 OpenSLAM 社区中 GMapping 算法的相关文章。

GMapping 算法流程如图 11-12 所示。

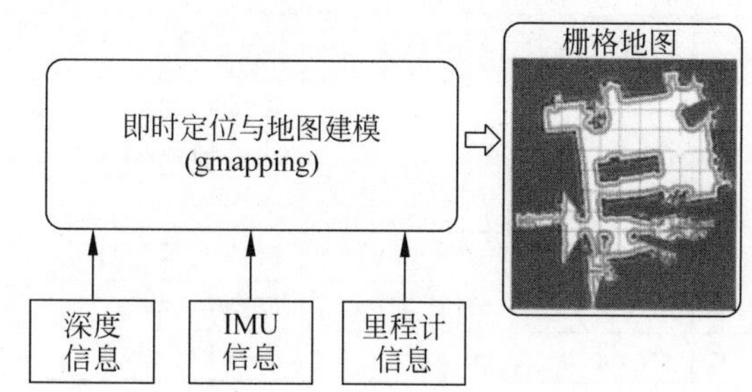

图 11-11 GMapping 算法总体框架

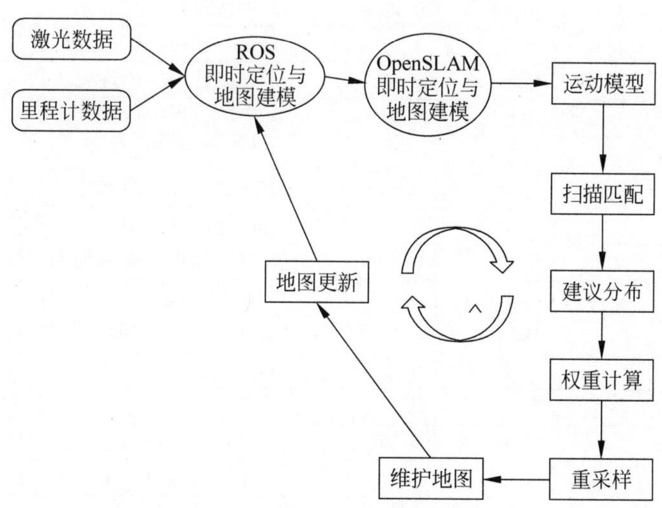

图 11-12 GMapping 算法流程图

在 ROS 的软件源中已经集成了 GMapping 算法功能包的二进制安装文件，可以使用如下命令进行安装(机器人和虚拟机中都已经安装并配置好了 GMapping，无须重复安装)：

```
$ sudo apt - get install ros - melodic - gmapping
```

GMapping 算法功能包向用户开放的接口如下。

(1) 话题和服务 GMapping 算法功能包中发布/订阅的话题和提供的服务见表 11-1。

表 11-1 GMapping 算法功能包中发布/订阅的话题和提供的服务

	名　称	类　型	描　述
Topic 订阅	tf	tf/tfMessage	用于激光雷达坐标系、基坐标系、里程计坐标系之间的变换
	scan	senor_msgs/LaserScan	激光雷达扫描数据
Topic 发布	map_metadata	nav_msgs/MapMetaData	发布地图 Meta 数据
	map	Nav_msgs/OccupancyGrid	发布地图栅格数据
	~entropy	std_msgs/Float64	发布机器人姿态分布熵的估计
Servic	dynamic_map	nav_msgs/GetMap	获取地图数据

（2）GMapping 算法功能包中可供配置的参数见表 11-2。

表 11-2 GMapping 算法功能包中可供配置的参数

参　数	类型	默认值	描　述
~throttle_scans	int	1	每接收到该数量帧的激光数据后只处理其中的一帧数据，默认每接收到一帧数据就处理一次
~base_frame	string	"base_link"	机器人基坐标系
~map_frame	string	"map"	地图坐标系
~odom_frame	string	"odom"	里程计坐标系
~map_update_interval	float	5.0	地图更新频率。该值越低，计算负载越大
~maxUrange	float	80.0	激光可探测的最大范围
~sigma	float	0.05	端点匹配的标准差
~kernelSize	int	1	在对应的内核中进行查找
~lstep	float	0.05	平移过程中的优化步长
~astep	float	0.05	旋转过程中的优化步长
~iterations	int	5	扫描匹配的迭代次数
~lsigma	float	0.075	似然计算的激光标准差
~ogain	float	3.0	似然计算时用于平滑重采样效果
~lskip	int	0	每次扫描跳过后的光束数
~minimumScore	float	0.0	扫描匹配结果的最低值。当使用有限范围(例如 5m)的激光扫描仪时，可以避免在大开放空间中跳跃姿势估计
~srr	float	0.1	平移函数(rho/rho)，平移时的里程误差
~srt	float	0.2	旋转函数(rho/theta)，平移时的里程误差
~str	float	0.1	平移函数(theta/rho)，旋转时的里程误差
~stt	float	0.2	旋转函数(theta/theta)，旋转时的里程误差
~linearUpdate	float	1.0	机器人每平移该距离后处理一次激光扫描数据
~angularUpdate	float	0.5	机器人每旋转该弧度后处理一次激光扫描数据
~temporalUpdate	float	−1.0	如果最新扫描处理的速度比更新的速度慢，则处理一次扫描。该值为负数时关闭基于时间的更新

续表

参　　数	类型	默认值	描　　述
～resampleThreshold	float	0.5	基于 Neff 的重采样阈值
～particles	int	30	滤波器中的粒子数目
～xmin	float	－100.0	地图 x 向初始最小尺寸
～ymin	float	－100.0	地图 y 向初始最小尺寸
～xmax	float	100.0	地图 x 向初始最大尺寸
～ymax	float	100.0	地图 y 向初始最大尺寸
～delta	float	0.05	地图分辨率
～llsamplerange	float	0.01	似然计算的平移采样距离
～llsamplestep	float	0.01	似然计算的平移采样步长
～lasamplerange	float	0.005	似然计算的角度采样距离
～lasamplestep	float	0.005	似然计算的角度采样步长
～transform_publish_period	float	0.05	TF 变换发布的时间间隔
～occ_thresh	float	0.25	栅格地图占用率的阈值
～maxRange(float)	float	—	传感器的最大范围

(3) GMapping 算法功能包提供的坐标变换见表 11-3。

表 11-3　GMapping 算法功能包提供的坐标变换

	TF 变换	描　　述
必需的 TF 转换	<scan frame>→base_link	激光雷达坐标系与基坐标系之间的变换，一般由 robot_state_publisher 或者 static_transform_publisher 发布
	base_link→odom	基坐标系与里程坐标系之间的变换，一般由里程计节点发布
发布的 TF 变换	map→odom	地图坐标系与机器人里程坐标系之间的变换，估计机器人在地图中的位姿

3. 在机器人中使用 GMapping

在塔克机器人中，GMapping 建图算法的启动文件位于机器人端路径为～/ros_ws/src/xtark_nav/launch/xtark_mapping_gmapping.launch，具体内容如下：

```
<launch>
    <arg name="resolution",default="480p"/>
    <! -启动底盘及激光雷达、手柄驱动包>
    <include file="$(find xtark_driver)/launch/xtark_bringup.launch"/>

    <!--启动 USB 摄像头驱动包>
    <include file="$(find xtark_driver)/launch/xtark_camera.launch">
        <arg name="resolution"value="$(arg resolution)"/>
    </include>

    <!--启动 GMapping 建图算法包-->
    <include file="$(find xtark_nav)/launch/include/gmapping_base.launch"/>

    <!--启动 APP 相关接口服务->
    <include file="$(find rosbridge_server)/launch/rosbridge_websocket.launch"/>
```

```
    < node nane = " Irobot _ pose _ publisher" pkg = " robot _ pose _ publisher" type = " robot _ pose _
publisher"/>
    < arg name = "debug"default = "false"/>
    < node pkg = " world _ canvas _ server" type = " world _ canvas _ server" nane = " world _ canvas _
server"args = " $ (arg debug)">
        < param name = "start_map_manager"value = "true"/>
        < paran name = "auto_save_ap"value = "false"/>
    </node >
    < node pkg = "world_canvas_server"type = "map_manager. py"name = "map_anager"l >
</launch >
```

有关 GMapping 算法的文件 gmapping_base. launch 的内容如下：

```
< lauch >
    < arg name = "scan_topic" default = "scan" />
    < arg name = "base_frame" default = "base_footprint" />
    < arg name = "odom_frame" default = "odom" />
    < node pkg = "gmapping" type = "slam_gmapping" name = "slam_gmapping" output = "screen"
respawn = "true" >
    < param name = "base_frame" value = " $ (arg base_frame)" />
    < param name = "odom_frame" value = " $ (arg odom_frame)" />
    <!-- param name = "map_update_interval" value = "1" />
    < param name = "map_update_interval" value = "0.4" />
    < param name = "maxUrange" value = "8.0" />
    < param name = "maxRange" value = "12.0" />
    < param name = "sigma" value = "0.05" />
    <!-- param name = "kernelSize" value = "3" />
    < param name = "kernelSize" value = "1" />
```

gmapping_base. launch 文件中参数的详细解析参照 11. 2 节，用户可自行调整算法参数，以达到自己想要的效果。

启动 GMapping 建立一张地图，首先远程连接机器人并启动 GMapping 的文件 xtark_mapping_gmapping. launch，如图 11-13 所示。此文件启动了包括机器人驱动节点在内的所有 GMapping 建图需要的节点，文件里启动的控制机器人的节点为手柄节点。这里使用键盘而非手柄控制机器人，所以还需要启动一个键盘控制节点，具体如图 11-14 所示。

```
xtark@xtark-robot:~$ roslaunch xtark_nav xtark_mapping_gmapping.launch
... logging to /home/xtark/.ros/log/ef70a692-5a69-11ec-967a-ac824732e44
Checking log directory for disk usage. This may take a while.
Press Ctrl-C to interrupt
Done checking log file disk usage. Usage is <1GB.

started roslaunch server http://192.168.31.101:45081/
```

图 11-13　启动 xtark_mapping_gmapping. launch 文件

```
xtark@xtark-robot:~$ roslaunch xtark_ctl xtark_keyboard.launch
... logging to /home/xtark/.ros/log/ef70a692-5a69-11ec-967a-ac8
Checking log directory for disk usage. This may take a while.
Press Ctrl-C to interrupt
Done checking log file disk usage. Usage is <1GB.
```

图 11-14　启动键盘控制节点

如图 11-15 所示，在计算机端启动 RViz，并加载配置好的 RViz 配置文件，此文件存放路径为~/ros_ws/xtark_viz/RViz/xtark_mapping.rviz,如图 11-16 所示。加载完成后即可在 RViz 中看到雷达扫描出的地图信息以及机器人所在的位置,如图 11-17 所示。

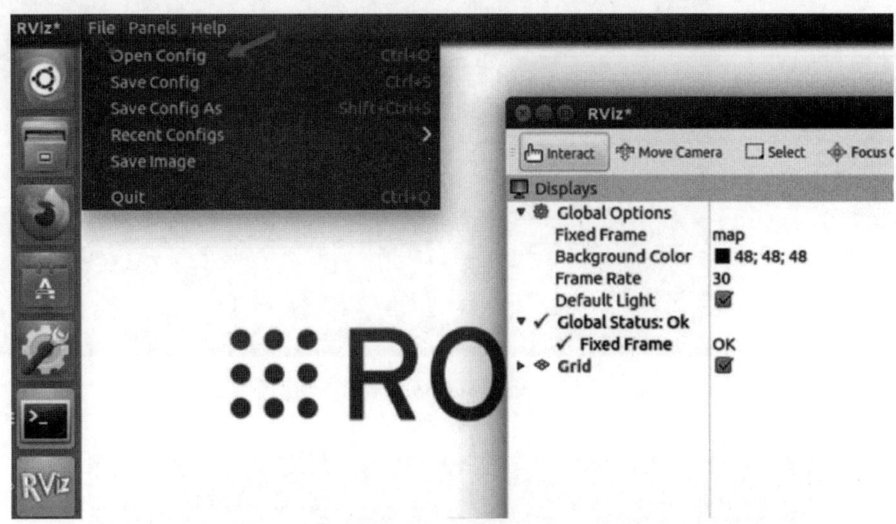

图 11-15 在计算机端启动 RViz

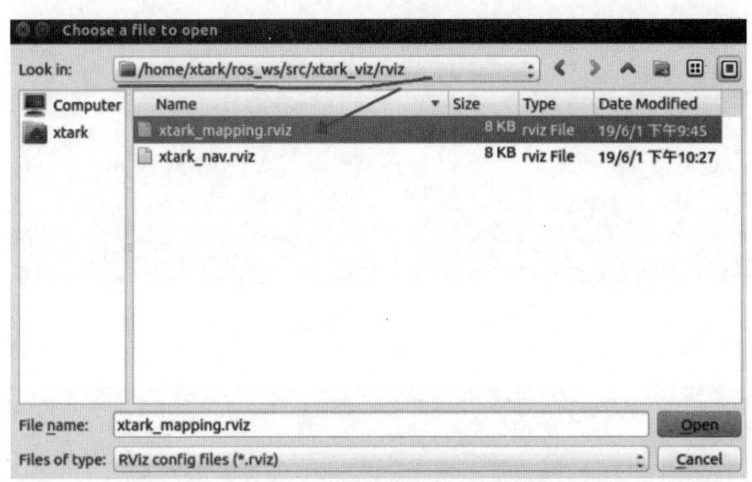

图 11-16 加载配置好的 RViz 配置文件

把启动键盘控制的终端移动到前台,并将光标定位进去,然后使用键盘控制机器人来回移动,以构建出完整的地图,如图 11-18 所示。

当用户认为地图已经构建完成后,需要将当前地图保存下来。使用 map_server 包中的 map_saver 节点保存地图。此节点不能跨终端保存,所以需要保存在哪台终端上就在哪台终端上运行此节点。这里将地图保存在机器人端的主目录下,并命名为 MyFirstMap,如图 11-19 所示。保持当前节点运行的情况下,再打开一个终端,远程连接到机器人并执行保存命令。

保存地图后,使用 ls 命令查看地图是否已经写入文件。至此,GMapping 算法建图就结束了,结束后请关闭所有节点。

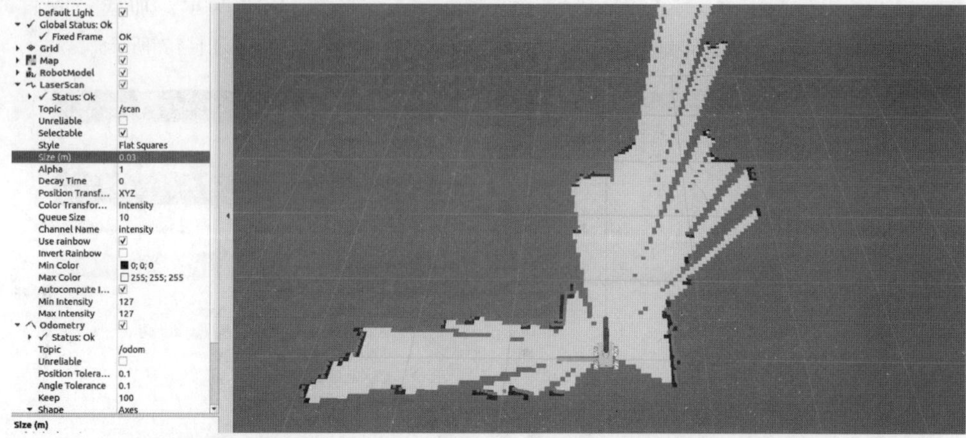

图 11-17 RViz 中显示雷达扫描出的地图信息

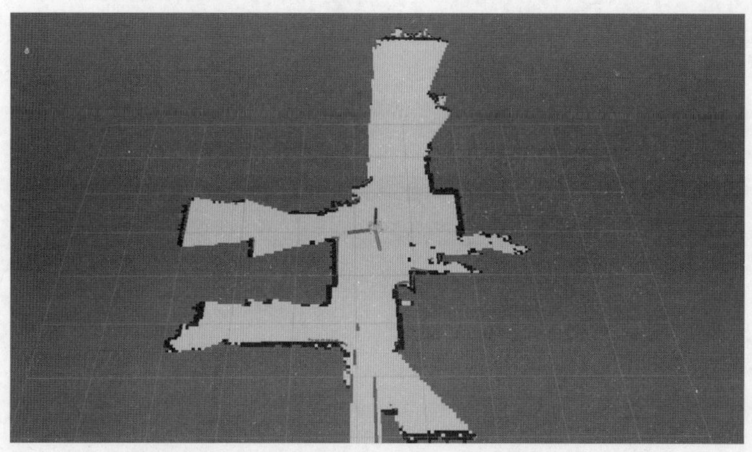

图 11-18 构建完整的地图

```
xtark@xtark-robot:~$ rosrun map_server map_saver -f ~/MyFirstMap
[ INFO] [1639218834.303777546]: Waiting for the map
[ INFO] [1639218834.541053653]: Received a 1984 X 1984 map @ 0.050 m/pix
[ INFO] [1639218834.541155477]: Writing map occupancy data to /home/xtark/MyFirstMap.pgm
[ INFO] [1639218834.869320611]: Writing map occupancy data to /home/xtark/MyFirstMap.yaml
[ INFO] [1639218834.869628844]: Done

xtark@xtark-robot:~$ ls
cartographer_ws  dl_ws      Music           MyFirstMap.yaml  ros_ws    user_maps
Desktop          Downloads  MyFirstMap.pgm  oled_demo        Software
xtark@xtark-robot:~$
```

图 11-19 MyFirstMap 地图文件

11.4.2 Hector 算法

Hector 算法使用高斯牛顿方法，不需要里程计数据，只根据激光信息便可构建地图。因此，该功能包可以很好地在空中机器人、手持构图设备及特种机器人中运行。

1. Hector 算法的优缺点

Hector 算法具有以下优点。

(1) 不需要使用里程计,空中无人机及地面小车在不平坦区域建图存在运用的可行性。

(2) 利用已经获得的地图对激光束点阵进行优化,估计激光点在地图中的表示和占据网格的概率。

(3) 利用高斯牛顿方法解决扫描匹配问题,获得激光点集映射到已有地图的刚体变换。

(4) 为避免局部最小而非全局最优,使用多分辨率地图;导航中的状态估计加入惯性测量单元(Inertial Measurement Unit,IMU),利用扩展卡尔曼滤波(Extended Kalman Filter,EKF)。

Hector算法也有很大的局限性,存在以下缺点。

(1) 需要雷达的更新频率较高,测量噪声小。

(2) 在制图过程中,需要机器人速度控制在比较低的情况下,建图效果才会比较理想,这也是它没有回环(loop close)的一个后遗症。

(3) 在里程计数据比较精确的时候,无法有效利用里程计信息。

2. Hector算法功能包

Hector算法的核心节点是hector_mapping,它通过订阅"/scan"话题获取SLAM所需的激光数据。与GMapping算法相同的是,hector_mapping节点也会发布map话题,提供构建完成的地图信息。但是,hector_mapping节点还会发布slam_out_pose和poseupdate话题,提供当前估计的机器人位姿。

Hector算法流程如图11-20所示。在ROS的软件源中已经集成了Hector算法相关的功能包,可以使用如下命令安装(机器人和虚拟机中都已经安装配置GMapping,无须重复安装):

```
$ sudo apt - get install ros - melodic - hector - slam
```

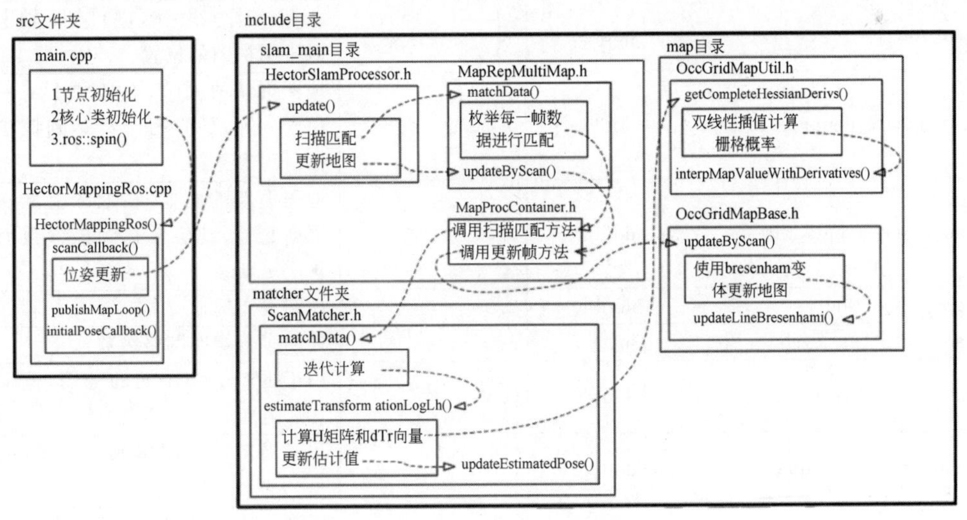

图11-20 Hector算法流程

首先,了解Hector算法功能包的各种接口。

(1) Hector算法功能包中发布/订阅的话题和提供的服务见表11-4。

表 11-4 Hector 算法功能包中发布/订阅的话题和提供的服务

	名　　称	类　　型	描　　述
话题订阅	scan	sensor_msgs/LaserScan	激光雷达扫描的深度数据
	syscommand	std_msgs/String	系统命令。如果字符串等于 reset，则地图和机器人姿态重置为初始状态
话题发布	map_metadata	nav_msgs/MapMetaData	发布地图的 Meta 数据
	map	nav_msgs/OccupancyGrid	发布地图栅格数据
	slam_out_pose	geometry_msgs/PoseStamped	估计的机器人位姿(没有协方差)
	poseupdate	geometry_msgs/PoseWithCovarianceStamped	估计的机器人位姿(具有高斯估计的不确定性)
服务	dynamic_map	nav_msgs/GetMap	获取地图数据

(2) Hector 算法功能包中可供配置的参数见表 11-5。

表 11-5 Hector 算法功能包中可供配置的参数

参　　数	类　型	默认值	描　　述
~base_frame	String	"base_link"	机器人基坐标系,用于定位和激光扫描数据的变换
~map_frame	String	"map"	地图坐标系
~odom_frame	String	"odom"	里程计坐标系
~map_resolution	Double	0.025(m)	地图分辨率,网格单元的边缘长度
~map_size	Int	1024	地图的大小
~map_start_x	double	0.5	/map 的原点[0.0,1.0]在 x 轴上相对于网格图的位置
~map_start_y	double	0.5	/map 的原点[0.0,1.0]在 y 轴上相对于网格图的位置
~map_update_distance_thresh	double	0.4(m)	地图更新的阈值,在地图上从一次更新起算,到直行距离达到该参数值后再次更新
~map_update_angle_thresh	double	0.9(rad)	地图更新的阈值,在地图上从一次更新起算,到旋转达到该参数值后再次更新
~map_pub_period	double	2.0	地图发布周期
~map_multi_res_levels	int	3	地图多分辨率网格级数
~update_factor_free	double	0.4	用于更新空闲单元的地图,范围是[0.0,1.0]
~update_factor_occupied	double	0.9	用于更新被占用单元的地图,范围是[0.0,1.0]
~laser_min_dist	double	0.4(m)	激光扫描点的最小距离,小于此值的扫描点将被忽略
~laser_max_dist	double	30.0(m)	激光扫描点的最大距离,超出此值的扫描点将被忽略

续表

参数	类型	默认值	描述
~laser_z_min_value	double	-1.0(m)	相对于激光雷达的最小高度，低于此值的扫描点将被忽略
~laser_z_max_value	double	1.0(m)	相对于激光雷达的最大高度，高于此值的扫描点将被忽略
~pub_map_odom_transform	bool	true	是否发布 map 与 odom 之间的坐标交换
~output_timing	bool	false	通过 ROS_INFO 处理每个激光扫描的输出时序信息
~scan_subscriber_queue_size	int	5	扫描订阅者的队列大小
~pub_map_scanmatch_transform	bool	true	是否发布 scanmatcher 与 map 之间的坐标交换
~tf_map_scanmatch_transform_frame_name	String	"scanmatcher_frame"	scanmatcher 的坐标系命名

（3）Hector 算法功能包提供的坐标变换见表 11-6。

表 11-6 Hector 算法功能包提供的坐标变换

	TF 变换	描述
必需的 TF 转换	<scan frame>→base_link	激光雷达坐标系与基坐标系之间的变换，一般由 robot_state_publisher 或者 static_transform_publisher 发布
发布的 TF 变换	map→odom	地图坐标系与机器人里程计坐标系之间的变换，用于估计机器人在地图中的位姿

3. 在机器人中使用 Hector 算法功能包

在塔克机器人中，Hector 算法的启动文件位于机器人端，路径为~/ros_ws/src/xtark_nav/launch/xtark_mapping_hector.launch，内容如下：

```
<launch>
    <arg name="resolution" default="480p"/>
    <!-- 启动底盘及激光雷达等驱动包 -->
    <param name="robot_description" textfile="$(find xtark_driver)/urdf/xtart_akmx1.
    urdf" />
    <include file="$(find xtark_driver)/launch/xtark_driver.launch" />
    <include file="$(find xtark_driver)/launch/xtark_lidar.launch" />

    <!-- 启动 USB 摄像头驱动包 -->
    <include file="$(find xtark_driver)/launch/xtark_camera.launch">
        <arg name="resolution" value="$(arg resolution)"/>
    </include>


    <!-- 启动 hector 建图算法包 -->
    <include file="$(find hector_mapping)/launch/xtark_mapping.launch"/>

    <!-- 启动 APP 相关接口服务 -->
    <include file="$(find rosbridge_server)/launch/rosbridge_websocket.launch"/>
    <node name="robot_pose_publisher" pkg="robot_pose_publisher" type="robot_pose_
```

```
        publisher"/>
20      <arg name = "debug" default = "false"/>
21      <node pkg = "world_canvas_server" type = "world_canvas_server" name = "world_canvas_
        server" args = " $ (arg debug)">
22          <param name = "start_map_manager" value = "true"/>
23          <param name = "auto_save_map" value = "false"/>
24      </node>
25      <node pkg = "world_canvas_server" type = "map_manager.py" name = "map_manager" />
26      <node name = "robot_state_publisher" pkg = "robot_state_publiser" type = "robot_state_
        publiser" />
27
28
29  </launch>
```

启动文件的核心内容解释如下。

(1) 第 5 行：启动 xtark_driver. launch 文件，该文件为塔克机器人底层 ROS 驱动包，以方便遥控机器人移动建图。

(2) 第 6 行：启动 xtark_lidar. launch 文件，该文件为塔克机器人雷达 ROS 驱动包，提供了激光雷达数据的发布。

(3) 第 15 行：启动 hector_mapping 软件包中的 xtark_mapping. launch 文件，该 launch 文件启动了核心的 hector_mapping 算法包并对 hector_mapping 算法的参数进行初始化。

接下来用 Hector 算法构建一张地图，首先远程连接到机器人并启动建图的集成文件 xtark_mapping_hector. launch。启动此文件后的结果如图 11-21 所示。

```
xtark@xtark-robot:~$ roslaunch xtark_nav xtark_mapping_hector.launch
... logging to /home/xtark/.ros/log/fa1c2096-5b43-11ec-bca0-ac824732
Checking log directory for disk usage. This may take a while.
Press Ctrl-C to interrupt
Done checking log file disk usage. Usage is <1GB.
```

图 11-21　启动 xtark_mapping_hector. launch 文件

为了控制机器人移动，还需要再启动一个键盘控制节点，SSH 远程连接到机器人，启动键盘控制节点，如图 11-22 所示。

```
xtark@xtark-robot:~$ roslaunch xtark_ctl xtark_keyboard.launch
... logging to /home/xtark/.ros/log/ef70a692-5a69-11ec-967a-ac8
Checking log directory for disk usage. This may take a while.
Press Ctrl-C to interrupt
Done checking log file disk usage. Usage is <1GB.
```

图 11-22　启动键盘控制节点

最后在虚拟机上启动 RViz，并加载配置好的 RViz 配置文件，此文件存放路径为～/ros_ws/xtark_viz/RViz/xtark_mapping. RViz，此步骤与 11. 3. 1 节相同，这里不再赘述。

由于 Hector 算法对雷达帧率要求较高，此机器人搭载的激光雷达帧率相对较低(最大只有 10Hz)，因此在使用键盘控制机器人建图时，需要调低机器人的运行速度，使其小于 0. 3m/s。首先进入键盘控制界面，按 Z 键减小行驶速度，直至速度小于 0. 3 为止，如图 11-23 所示。如果不降低机器人行驶速度，则建图效果会非常差，构建出的地图可能无法使用。

最后不要忘记使用命令 map_saver 保存地图。至此，Hector 算法建图结束，可关闭所有节点及 RViz。

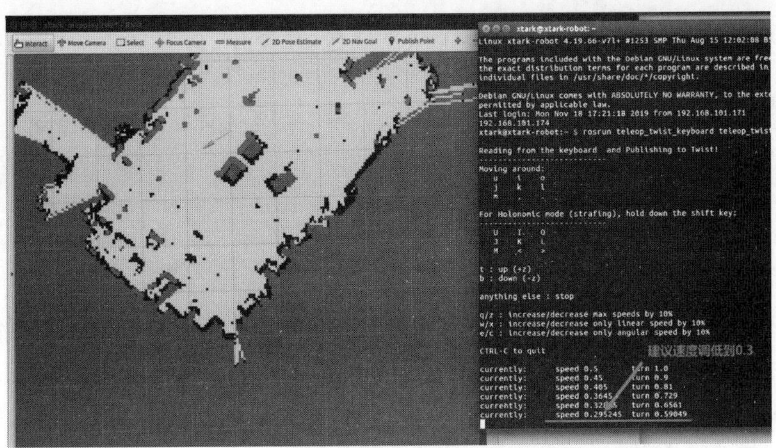

图 11-23　RViz 建图

11.4.3　cartographer

2016 年 10 月 5 日，谷歌宣布开放一个名为 cartographer 的即时定位与地图建模库，开发人员可以使用该库实现机器人在二维或三维条件下的定位及建图功能。cartograhper 的设计目的是，在计算资源有限的情况下，实时获取相对较高精度的二维地图。考虑基于模拟策略的粒子滤波方法在较大环境下对内存和计算资源的需求较高，cartographer 采用基于图网络的优化方法。目前，cartographer 主要基于激光雷达实现 SLAM，谷歌希望通过后续开发及社区贡献支持更多的传感器和机器人，同时不断增加新的功能。

1．cartographer 的优缺点

cartographer 采用基于图网络的优化方法，占用计算资源少，同时可以有效避免建图过程中环境中移动物体的干扰，对大环境的支持较好；但是 cartographer 占用内存较多。

2．cartographer 功能包

cartographer 功能包已经与 ROS 集成，但是还未提供二进制安装包，所以需要采用源码编译的方式进行安装。为了不与已有功能包冲突，最好为 cartographer 单独创建一个工作空间，这里新创建了一个工作空间 catkin_google_ws，然后使用如下步骤下载源码并完成编译（机器人已经安装配置好 cartographer，无须重复安装配置，机器人端可跳过此步骤）。

（1）安装工具，命令如下：

```
$ sudo apt-get update
$ sudo apt-get install -y python-wstool python-rosdep ninja-build
```

（2）初始化工作空间，命令如下：

```
$ cd catkin_google_ws
$ wstool init src
```

（3）加入 cartographer_ros.rosinstall 并更新依赖，命令如下：

```
$ wstool merge -t src https://raw.githubusercontent.com/googlecartog
rapher/cartographer_ros/master/cartographer_ros.rosinstall
$ wstool update -t src
```

（4）安装依赖并下载 cartographer 相关功能包，命令如下：

```
$ rosdep update
$ rosdep install --from-paths src --ignore-src --rosdistro=${ROS_DISTRO} -y
```

（5）编译并安装，命令如下：

```
$ catkin_make_isolated --install --use-ninja
$ source install_isolated/setup.bash
```

修改完成后重新运行编译安装的命令，如果未出错，则表示 cartographer 的相关功能包安装成功。

3. 在机器人中使用 cartographer

在机器人教学平台中，cartographer 建图算法的启动文件位于机器人端的路径为～/ros_ws/src/xtark_nav/launch/xtark_mapping_cartographer.launch，具体内容如下：

```
1  <launch>
2    <param name="/use_sim_time" value="false"/>
3    <arg name="resolution" default="480p"/>
4
5    <include file="$(find xtark_driver)/launch/xtark_bringup.launch"/>
6    <include file="$(find xtark_driver)/launch/xtark camera.launch">
7       <arg name="resolution" value="$(arg resolution)"/>
8    </include>
9    <node name="cartographer_node" pkg="cartographer_ros"
10           type="cartographer_node" args="
11               -configuration_directory $(find cartographer_ros)/configuration_files
12               -configuration_basename xtark_robot.lua"
13           output="screen">
14       <remap from="scan" to=" /scan" />
15   </node>
16
17   <node name="cartographer_occupancy_grid_node" pkg="cartographer_ros"
18        type="cartographer_occupancy_grid_node" args="-resolution 0.05"/>
19
20 </launch>
```

启动文件的核心内容解释如下。

（1）第 5 行：启动 xtark_bringup.launch 文件，该文件为塔克机器人底层 ROS 驱动包，提供了 cartographer 算法所需要的里程计(odom)消息。

（2）第 9～15 行：启动 cartographer 算法核心节点，并导入了 xtark_robot.launch 参数配置文件。

（3）第 17～18 行：启动 cartographer_occupancy_grid_node 节点，该节点将 cartographer 算法生成的 submap 转换成 ROS 通用的 map 格式话题消息。

用 cartographer 构建地图，首先采用 SSH 连接到机器人并启动 cartographer 集成启动文件 xtark_mapping_cartographer.launch，如图 11-24 所示。

```
xtark@xtark-robot:~$ roslaunch xtark_nav xtark_mapping_cartographer.launch
... logging to /home/xtark/.ros/log/a4680f94-5b47-11ec-b9eb-ac824732e443/ro
13420.log
Checking log directory for disk usage. This may take a while.
Press Ctrl-C to interrupt
Done checking log file disk usage. Usage is <1GB.

started roslaunch server http://192.168.31.101:39831/
```

图 11-24　启动 xtark_mapping_cartographer.launch 文件

此时节点正在启动，终端会输出启动信息，等待至出现图 11-25 所示的启动完成界面，输出中可能包含一些黄色字体的警告信息，这是因为有些传感器数据未就位，不影响启动，忽略即可。

```
_3d.lua'.
[ INFO] [1587951435.800652764]: I20200427 09:37:15.000000  3313 submap_2d.cc:187
] Added submap 1
[ INFO] [1587951435.801710253]: I20200427 09:37:15.000000  3313 map_builder_brid
ge.cc:130] Added trajectory with ID '0'.
[ WARN] [1587951435.977544639]: W20200427 09:37:15.000000  3313 tf_bridge.cc:52]
 Lookup would require extrapolation at time 1587951435.961228500, but only time
1587951435.931832106 is in the buffer, when looking up transform from frame [las
er] to frame [base_footprint]
[ INFO] [1587951436.064306971]: I20200427 09:37:16.000000  3313 ordered_multi_qu
eue.cc:172] All sensor data for trajectory 0 is available starting at '637235482
360629322'.
[ WARN] [1587951436.093895754]: W20200427 09:37:16.000000  3313 pose_extrapolato
r.cc:168] Queue too short for velocity estimation. Queue duration: 0 ms
[ INFO] [1587951450.810586408]: I20200427 09:37:30.000000  3313 collated_traject
ory_builder.cc:72] scan rate: 9.97 Hz 1.00e-01 s +/- 1.46e-03 s (pulsed at 100.0
1% real time)
[ INFO] [1587951465.854401732]: I20200427 09:37:45.000000  3313 collated_traject
ory_builder.cc:72] scan rate: 9.97 Hz 1.00e-01 s +/- 1.44e-03 s (pulsed at 99.99
% real time)
[ INFO] [1587951480.945144781]: I20200427 09:38:00.000000  3313 collated_traject
ory_builder.cc:72] scan rate: 9.94 Hz 1.01e-01 s +/- 1.42e-03 s (pulsed at 100.0
0% real time)
```

图 11-25　启动信息

在虚拟机启动键盘控制节点和 RViz，并在 RViz 中载入配置文件 xtark_mapping_cartographer.RViz(cartographer 建图的配置文件跟其他建图配置文件不同)，即可进行建图操作，如图 11-26 所示。

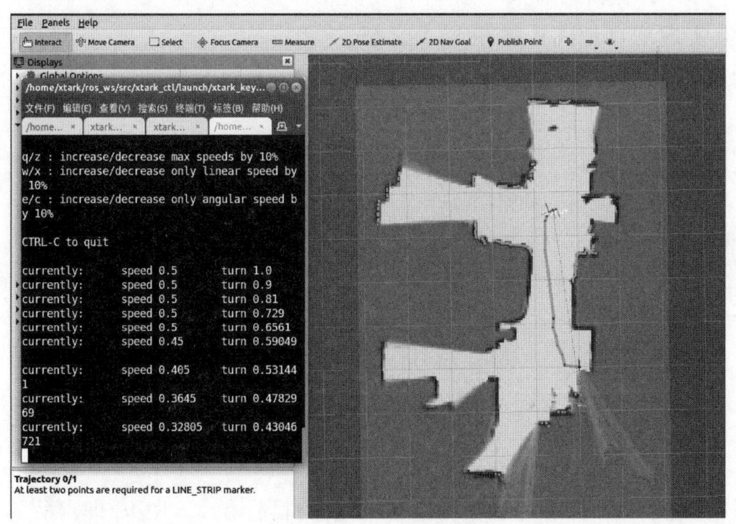

图 11-26　建图

当完成建图后，即可保存地图。cartographer 的地图保存方法与其他算法不同，首先需要新建一个终端，通过 SSH 命令连接到机器人并运行地图保存脚本，并输入地图名称，如图 11-27 所示。当显示图 11-28 所示信息时地图保存完成，地图保存路径为～/ros_ws/src/xtark_nav/maps/地图名称，地图保存完成后，关闭建图算法及 RViz 显示终端。

图 11-27　保存地图

```
xtark@xtark-robot:~ $ rosrun xtark_nav xtark_saveMap_carto.sh testmap
Save Map File: testmap
status:
  code: 0
  message: "Finished trajectory 0."
status:
  code: 0
  message: "State written to '/home/xtark/ros_ws/src/xtark_nav/maps/pbstream/tes
tmap.pbstream'."
I20200427 11:15:24.098318  3783 pbstream_to_ros_map_main.cc:50] Loading submap s
lices from serialized data.
I20200427 11:15:24.115710  3783 pbstream_to_ros_map_main.cc:70] Generating combi
ned map image from submap slices.
xtark@xtark-robot:~ $
```

图 11-28　地图保存完成

11.5　机器人导航

11.5.1　导航功能包

前面使用多种功能包完成了 SLAM 建图，接下来就可以在构建的地图上开始导航了。

1. 导航框架

导航的关键是机器人定位和路径规划。针对这两个核心，ROS 提供了以下两个功能包。

（1）move_base：实现机器人导航中的最优路径规划。

（2）amcl：实现二维地图中的机器人定位。

在上述两个功能包的基础上，ROS 还提供一套完整的导航功能框架，如图 11-29 所示。

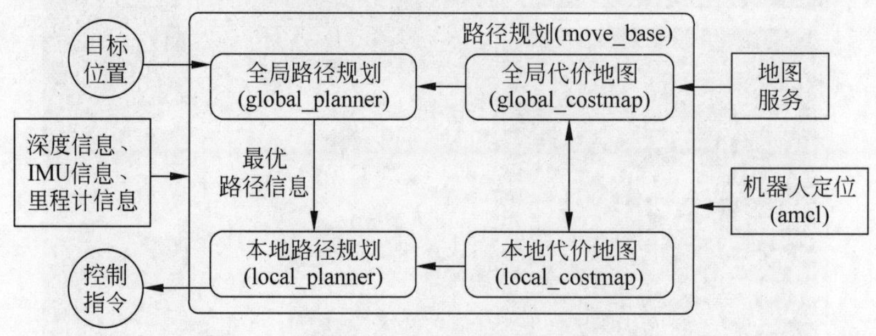

图 11-29　导航功能框架

机器人只需要发布必要的传感器信息和导航的目标位置，ROS 即可完成导航功能。在该框架中，move_base 功能包提供导航的主要运行、交互接口。为了保障导航路径的准确性，机器人还要对自己所处的位置进行精确定位，这部分功能由 amcl 功能包实现。

首先，导航功能包需要采集机器人的传感器信息，以达到实时避障的效果。这就要求机器人通过 ROS 发布 sensor_msgs/LaserScan 或者 sensor_msgs/PointCloud 格式的消息，也就是二维激光信息或者三维点云信息。

其次，导航功能包要求机器人发布 nav_msgs/Odometry 格式的里程计信息，同时也要发布相应的 TF 变换。

最后，导航功能包的输出是 geometry_msgs/Twist 格式的控制指令，这就要求机器人控制节点具备解析控制指令中线速度、角速度的能力，并最终通过这些指令控制机器人完成相应的运动。

导航框架所包含的功能包很多，可以直接使用如下命令安装：

```
$ sudo apt - get install ros - melodic - navigation
```

2. move_bases 功能包

move_base 是 ROS 中完成路径规划的功能包，主要包括两大规划器：全局路径规划和本地实时规划。

全局路径规划(global_planner)是根据给定的目标位置和全局地图进行总体路径的规划。在导航中，使用 Dijkstra 或 A＊算法进行全局路径的规划，计算出机器人到目标位置的最优路线，作为机器人的全局路线。

在实际情况中，机器人往往无法严格按照全局路线行驶，所以需要针对地图信息和机器人附近随时可能出现的障碍物规划机器人每个周期内应该行驶的路线，使之尽量符合全局最优路径。本地实时规划由 local_planner 模块实现，使用 Dynamic Window Approaches 算法搜索躲避和行进的多条路径(local_planner)，综合各评价标准(是否会撞击障碍物，所需要的时间等)来选取最优路径，并计算行驶周期内的线速度和角速度，避免与随时出现的障碍物发生碰撞。

首先了解 move_base 功能包的各种接口。

(1) 话题和服务。move_base 功能包发布/订阅的动作、话题以及提供的服务见表 11-7。

表 11-7 move_base 功能包发布/订阅的动作、话题以及提供的服务

	名 称	类 型	描 述
动作订阅	move_base/goal	move_base_msgs/MoveBaseActionGoal	move_base 的运动规划目标
	move_base/cancel	actionlib_msgs/GoalID	取消特定目标的请求
动作发布	move_base/feedback	move_base_msgs/MoveBaseActionFeedback	反馈信息，含有机器人底盘的坐标
	move_base/status	actionlib_msgs/GoalStatusArray	发送到 move_base 的目标状态信息
	move_base/result	move_base_msgs/MoveBaseActionResult	此处 move_base 的操作结果为空
话题订阅	move_base_simple/goal	geometry_msgs/PoseStamped	为无须追踪目标执行状态的用户提供一个非动作接口
话题发布	cam_vel	geometry_msgs/Twist	输出到机器人底盘的速度命令
服务	～make_plan	nav_msgs/GetPlan	允许用户从 move_base 获取给定目标的路径规划，但不会执行该路径规划
	～clear_unknown_space	std_srvs/Empty	允许用户直接清除机器人周围的未知空间。适合 costmap 停止很长时间后，在一个全新环境中重新启动时使用
	～clear_costmaps	std_srvs/Empty	允许用户命令在 move_base 节点清除 costmap 中的障碍。这可能会导致机器人撞上障碍物，请谨慎使用

（2）move_base 功能包中可供配置的参数见表 11-8。

表 11-8　move_base 功能包中可供配置的参数

参　数	类型	默认值	描　述
～base_global_planner	string	"navfn/NavfnROS"	设置 move_base 全局路径规划器的插件名称
～base_local_planner	string	"base_local_planner/TrajectoryPlannerROS"	设置 move_base 局部路径规划器的插件名称
～recovery_behaviors	list	[{name：conservative _ resct，type：clear _ costmap_recovery/ClearCostmapRecovery}，{name：rotatc _ recovery，type：rotatc _ recovery/Rotate_Recovery}，{name：aggressive _ reset，type：clear _ costmap_recovery/ClearCostmapRecovery}]	设置 move_base 的恢复操作插件列表，当 move_base 不能找到有效的路径规划时，将按照这里指定的顺序执行操作
～controller_frequency	double	20.0(HZ)	发布控制指令的循环周期，以该周期向机器人底盘发送命令
～planner_patience	double	5.0(s)	空间清理操作执行前，路径规划器等待有效规划的时间
～controller_patience	double	15.0(s)	空间清理操作执行前，控制器等待有效控制命令的时间
～cinservative_reset_dist	double	3.0(m)	在地图中清理空间时，距机器人该范围的障碍将从 costmap 中清除
～recovery_behavior_enabled	bool	true	是否启用 move_base 恢复机制来清理空间
～clearing_rotation_allowed	bool	true	清理空间时，机器人是否采用原地旋转的运动方式
～shutdown_costmaps	bool	false	当 move_base 进入 inactive 状态时，是否停用节点的 costmap
～oscillation_timeout	double	0.0(s)	执行恢复操作之前允许的振荡时间，0 表示永不超时
～oscillation_distance	double	0.5	机器人需要移动该距离才可当作没有振荡。移动完毕后重置定时器参数～oscillation_timeout
～planner_frequency	double	0.0	全局路径规划器循环频率。如果设置为 0.0，当收到新目标点或者局部路径规划器上报路径不通时，全局路径规划器才会启动

续表

参　　数	类型	默认值	描　　述
~max_planning_retries	int	−1	恢复操作之前尝试规划的次数，−1 表示无上限地不断尝试

3. amcl 功能包

自主定位即机器人在任意状态下都可以推算出自己在地图中所处的位置。ROS 为开发者提供了一种自适应(或 kld 采样)的蒙特卡罗定位方法(amcl)，这是一种概率统计方法，针对已有地图使用粒子滤波器跟踪一个机器人的姿态。

先来了解 amcl 功能包的各种接口。

(1) amcl 功能包订阅/发布的话题和提供的服务见表 11-9。

表 11-9　amcl 功能包订阅/发布的话题和提供的服务

	名称	类　　型	描　　述
话题订阅	Scan	sensor_msgs/LaserScan	激光雷达数据
	Tf	tf/tfMessage	坐标变换信息
	initialpose	geometry_msgs/PoseWithCovarianceStamped	用来初始化粒子滤波器的均值和协方差
	map	nav_msgs/OccupanyGrid	设置 use_map_topic 参数时，amcl 订阅 map 话题以获取地图数据，用于激光定位
话题发布	amcl_pose	geometry_msgs/PoseWithCovarianceStamped	机器人在地图中的位姿估计，带有协方差信息
	particlecloud	geometry_msgs/PoseArray	粒子滤波器维护的位姿估计集合
	Tf	tf/tfMessage	发布从 odom(可以使用参数~odom_frame_id 进行重映射)到 map 的转换信息
服务	global_localization	std_srvs/Empty	初始化全局定位，所有粒子被随机撒在地图上的空闲区域
	request_nomotion_update	std_srvs/Empty	手动执行更新并发布更新的例子
服务调用	static_map	nav_msgs/GetMap	amcl 调用该服务来获取地图数据

(2) amcl 功能包中可供配置的参数较多，详见表 11-10。

表 11-10　amcl 功能包中可供配置的参数

参　　数	类型	默认值	描　　述
总体过滤器参数			
~min_particles	int	100	允许的最少粒子数
~max_particles	int	5000	允许的最多粒子数
~kld_err	double	0.01	真实分布与估计分布之间的最大误差

续表

参　　数	类型	默认值	描　　述
总体过滤器参数			
～kld_z	double	0.99	(1－p)的上标准正常分位数,其中 p 是估计分布误差小于 kld_err 的概率
～update_min_d	double	0.2(m)	执行一次滤波器更新所需的平移距离
～update_min_a	double	π/6.0(rad)	执行一次滤波器更新所需的旋转角度
～resample_interval	int	2	重采样之前滤波器的更新次数
～transform_tolerance	double	0.1(s)	发布变换的时间,以指示此变换在未来有效
～recovery_alpha_slow	double	0.0	慢速平均权重滤波器的指数衰减率,用于决定何时通过添加随机姿态进行恢复操作,0.0 表示禁用
～recovery_alpha_fast	double	0.0	快速平均权重滤波器的指数衰减率,用于决定何时通过添加随机姿态进行恢复操作,0.0 表示禁用
～initial_pose_x	double	0.0(m)	初始姿态平均值(x),用于初始化高斯分布滤波器
～initial_pose_y	double	0.0(m)	初始姿态平均值(y),用于初始化高斯分布滤波器
～initial_pose_a	double	0.0(m)	初始姿态平均值(yaw),用于初始化高斯分布滤波器
～initial_cov_xx	double	0.5×0.5(m)	初始姿态平均值($x \times x$),用于初始化高斯分布滤波器
～initial_cov_yy	double	0.5×0.5(m)	初始姿态平均值($y \times y$),用于初始化高斯分布滤波器
～initial_cov_aa	double	(π/12)×(π/12)(rad)	初始姿态协方差(yaw×yaw),用于初始化高斯分布滤波器
～gui_publish_rate	double	－1.0(Hz)	可视化时,发布信息的最大速率,－1.0 表示禁用
～save_pose_rate	double	0.5(Hz)	参数服务器中的存储姿态估计(～initial_pose_)和协方差(～initial_cov_)的最大速率,用于后续初始化过滤器。－1.0 表示禁用
～use_map_topic	bool	false	当设置为 true 时,amcl 将订阅地图话题,而不是通过服务调用接收地图
～first_map_only	bool	false	当设置为 true 时,amcl 将只使用它订阅的第一个地图,而不是每次更新接收到的地图
激光模型参数			
～laser_min_range	double	－1.0	最小扫描范围
～laser_max_range	double	－1.0	最大扫描范围

续表

参　　数	类型	默认值	描　　述
		激光模型参数	
~laser_max_beams	int	30	更新过滤器时，要在每次扫描中使用多少均匀间隔的光束
~laser_z_hit	double	0.95	模型 z_hit 部分的混合参数
~laser_z_short	double	0.1	模型 z_short 部分的混合参数
~laser_z_max	double	0.05	模型 z_max 部分的混合参数
~laser_z_rand	double	0.05	模型 z_rand 部分的混合参数
~laser_sigma_hit	double	0.2(m)	模型 z_hit 部分中使用的高斯模型的标准偏差
~laser_lambda_short	double	0.1	模型 z_short 部分的指数衰减参数
~laser_likelihood_max_dist	double	2.0(m)	地图上测量障碍物膨胀的最长距离
~laser_model_type	string	"likelihood_field"	模型选择，beam、likelihood _ field 或 likelihood_field_prob
		里程计模型参数	
~odom_model_type	string	"diff"	模型选择，diff、omni、diff-corrected 或 omni-corrected
~odom_alpha1	double	0.2	根据机器人运动的旋转分量，指定里程计旋转估计中的预期噪声
~odom_alpha2	double	0.2	根据机器人运动的平移分量，指定里程计旋转估计中的预期噪声
~odom_alpha3	double	0.2	根据机器人运动的平移分量，指定里程计平移估计中的预期噪声
~odom_alpha4	double	0.2	根据机器人运动的旋转分量，指定里程计平移估计中的预期噪声
~odom_alpha5	double	0.2	平移相关的噪声参数(仅在模型 omni 中使用)
~odom_frame_id	string	"odom"	里程计的坐标系
~base_frame_id	string	"base_link"	机器人底盘的坐标系
~global_frame_id	string	"map"	定位系统发布的坐标
~tf_broadcast	bool	true	设置为 false 时，amcl 不会发布 map 与 odom 之间的坐标变换

(3) 坐标变换。在机器人运动过程中，里程计信息可以帮助机器人定位，amcl 也可以实现机器人定位，二者的区别如图 11-30 所示。里程计定位只是通过里程计的数据来处理/base 和/odom 之间的 TF 变换。amcl 定位可以估算机器人在地图坐标系/map 下的位姿信息，提供/base、/odom、/map 之间的 TF 变换。

4. 代价地图的配置

导航功能包使用两种代价地图存储周围环境中的障碍信息：一种用于全局路径规划(global_costmap)，另一种用于本地路径规划和实时避障(local_costmap)。两种代价地图

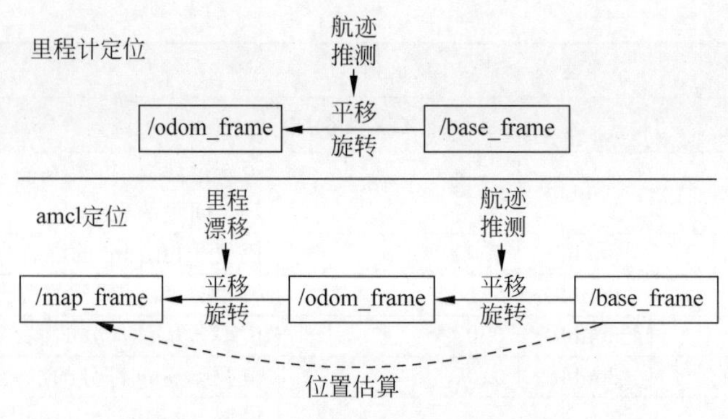

图 11-30　里程计定位与 amcl 定位

需要使用一些共用或独立的配置文件：通用配置文件、全局规划配置文件和本地规划配置文件。下面详细介绍这 3 种配置文件的具体内容。

1）通用配置文件（Common Configuration，local_costmap&global_costmap）

代价地图用来存储周围环境的障碍信息，其中需要声明地图关注的机器人传感器消息，以便于地图信息的更新。针对两种代价地图通用的配置选项，创建名为 costmap_common_params.yaml 的配置文件，具体代码如下：

```
obstacle_range: 2.5
raytrace_range: 3.0
# footprint: [[0.165, 0.165], [0.165, -0.165], [-0.165, -0. 165], [-0.165, 0. 165]]
robot_radius: 0.165
inflation_radius: 0.1
max_obstacle_height: 0.6
min_obstacle_height: 0.0
observation_sources: scan
scan: {data_type: LaserScan, topic: /scan, marking: true, clearing: true, expected_update_
rate: 0}
```

配置文件的参数具体如下。

(1) 参数 obstacle_range 和 raytrace_range 用来设置代价地图中障碍物的相关阈值。参数 obstacle_range 用来设置机器人可检测障碍物的最大范围，若设置为 2.5，则表示在 2.5m 范围内检测到障碍信息才会在地图中进行更新。参数 raytrace_range 用来设置机器人检测自由空间的最大范围，若设置为 3.0，则表示在 3m 范围内，机器人将根据传感器的信息清除范围内的自由空间。

(2) 参数 footprint 用来设置机器人在二维地图上的占用面积，参数以机器人的中心作为坐标原点。如果机器人的外形是圆形，则需要设置机器人的外形半径 robot_radius。

(3) 参数 inflation_radius 用来设置障碍物的膨胀参数，也就是机器人应该与障碍物保持的最小安全距离，这里设置为 0.1，表示为机器人规划的路径应该与障碍物保持 0.1m 以上的安全距离。

(4) 参数 max_obstacle_height 和 min_obstacle_height 描述障碍物的最大高度和最小高度。

(5) 参数 observation_sources 列出了代价地图需要关注的所有传感器信息，每个传感器信息都会在后面列出详细内容。以激光雷达为例，sensor_frame 表示传感器的参考系名称，data_type 表示激光数据或者点云数据使用的消息类型，topic_name 表示传感器发布的话题名称，而 marking 和 clearing 参数用来表示是否需要使用传感器的实时信息来添加或清除代价地图中的障碍物信息。

2）全局规划配置文件（Global Configuration，global_costmap）

全局规划配置文件用于存储配置全局代价地图的参数，命名为 global_costmap_params.yaml，代码如下：

```
global_costmap:
        global_frame: /map
        robot_base_frame: /base_footprint
        update_frequency: 1.0
        publish_frequency: 0
        static_map: true
        rolling_window: false
        resolution: 0.01
        transform_tolerance: 1.0
    map_type: costmap
```

其中，参数 global_frame 表示全局代价地图需要在哪个参考系下运行，这里选择了 map 参考系。参数 robot_base_frame 表示代价地图可以参考的机器人本体的坐标系。update_frequency 参数用来决定全局地图信息更新的频率，单位是 Hz。参数 static_map 决定代价地图是否需要根据 map_server 提供的地图信息进行初始化，如果不需要使用已有的地图或者 map_server，最好将该参数设置为 false。

3）本地规划配置文件（Local Configuration，local_costmap）

本地规划配置文件用来存储本地代价地图的配置参数，命名为 local_costmap_params.yaml，代码如下：

```
local_costmap:
    global_frame: map
    robot_base_frame: base_footprint
    update_frequency: 3.0
    publish_frequency: 1.0
    static_map: true
    rolling_window: false
    width: 6.0
    height: 6.0
    resolution: 0.01
    transform_tolerance: 1.0
```

参数 global_frame、robot_base_frame、update_frequency 和 static_map 的意义与全局规划配置文件中的参数相同。参数 publish_frequency 用于设置代价地图发布可视化信息的频率，单位是 Hz。参数 rolling_window 用来设置在机器人移动过程中是否需要滚动窗口，以保持机器人处于中心位置。参数 width、height 和 resolution 用于设置代价地图的长（m）、高（m）和分辨率（m/格）。虽然分辨率的设置与静态地图不同，但是一般情况下两者是相同的。

5. 本地规划器配置

本地规划器 base_local_planner 的主要作用是，根据规划的全局路径计算发布给机器人的速度控制指令。该规划器要根据机器人的规格配置相关参数，创建名为 base_local_planner_params. yaml 的配置文件，代码如下：

```
controller_frequency: 3.0
recovery_behavior_enabled: false
clearing_rotation_allowed: false

TrajectoryPlannerROS:
    max_vel_x: 0.3
    min_vel_x: 0.05
    max_vel_y: 0.0 # zero for a differential drive robot
    min_vel_y: 0.0
    min_in_place_vel_theta: 0.5
    escape_vel: - 0.1
    acc_lim_x: 2.5
    acc_limy: 0.0 # zero for a differential drive robot
    acc_lim_theta: 3.2

    holonomic_robot: false
    yaw_goal_tolerance: 0.1 # about 6 degrees
    xy_goal_tolerance: 0.1 # 10 cm
    latch_xy_goal_tolerance: false
    pdist_scale: 0.9
    gdist_scale: 0.6
    meter_scoring: true

    heading_lookahead: 0.325
    heading_scoring: false
    heading_scoring_timestep: 0.8
    occdist_scale: 0.1
    oscillation_reset_dist: 0.05
    publish_cost_grid_pc: false
    prune_plan: true

    sim_time: 1.0
    sim_granularity: 0.025
    angular_sim_granularity: 0.025
    vx_samples: 8
    vy_samples: 0 # zero for a differential drive robot
    theta_samples: 20
    dwa: true
    simple_attractor: false
```

该配置文件声明机器人本地规划采用 Trajectory Rollout 算法，并设置算法中需要用到的机器人速度、加速度阈值等参数。

11.5.2 机器人的导航配置

机器人中的 move_base 基础参数配置(move_base_params. yaml)代码如下：

```
shutdown_costmaps:false
 controller_frequency:4.04
 controller_patience:3.0#3.0

 planner_frequency:1.0
  planner_patience:3.0

 oscillation_timeout:5.0
oscillation_distance:0.1
#Planner selection
 base_global_planner:"global_planner/GlobalPlanner"
 base_local_planner:"teb_locai_planner/TebLocalPlannerROS"

 max_planning_retries:1

 recovery_behavior_enabled:true
  clearing_rotation_allowed:true

 recovery_behaviars:
     - name:'conservative_reset'
      type:'clear_costmap_recovery/ClearCostmapRecovery'
      #type:'move_slow_and_clear/MoveSloWAndclear
       # - name:'aggressive_reset
      #type:'clear_costnap_recovery/ClearcostmapRecovery
      - nane:'clearing_rotation
      type:'rotate_recovery/RotateRecovery'
 conservative_reset:
      reset_distance:1.0
      #layer_na es:[static_layer,obstacle_Layer,inflation_layer]
      layer_names:[obstacle_layer]
 aggressive_reset:
      reset_distance:3.0
      #Layer_names:[static_layer,obstacle_layer,inflation_layer]
      layer_nanes:[obstacle_layer]
 super_reset:
      reset_distance:5.0
      #layer_names:[static_layer,obstacle_layer,inflation_layer]
      Layer_names:[obstacle_layer]
move_slow_and_clear
      cearing_distance:0.5
      linited_trans_speed:0.1
      limited_rot_speed:0.4
          limited_distance:0.3
```

在塔克机器人中，分别用代价地图基础配置文件(costmap_common_params. yaml)和局部代价地图配置文件(local_costmap_params. yaml)初始化 move_base 功能的 local costmap 部分。

代价地图基础配置文件(costmap_common_params. yaml)中的代码如下：

```
footprint: [[ - 0.12,  - 0.12], [ - 0.12, 0.12],[0.12, 0.12], [0.12,  - 0.12]]
```

```
#robot_radius: 0.12
obstacle_layer:
    enabled: true
    max_obstacle_height: 0.6
    min_obstacle_height: 0.0
    obstacle_range: 2.0
    raytrace_range: 5.0
    inflation_radius: 0.10
    combination_method: 1
    observation_sources: laser_scan_sensor
    track_unknown_space: true

    origin_z: 0.0
    z_resolution: 0.1
    z_voxels: 10
    unknown_threshold: 15
    mark_threshold: 0
    publish_voxel_map: true
    footprint_clearing_enabled: true

    laser_scan_sensor:
        data_type: LaserScan
        topic: /scan
        marking: true
        clearing: true
        expected_update_rate: 0
        min_obstacle_height: 0.00
        max_obstacle_height: 0.30

    laser_scan_sensor_2:
        data_type: LaserScan
        topic: /scan_2
        marking: true
        clearing: true
        expected_update_rate: 0
        min_obstacle_height: 0.01
        max_obstacle_height: 0.1

    sonar_scan_sensor:
        data_type: PointCloud2
        topic: /sonar_cloudpoint
        marking: true
        clearing: true
        min_obstacle_height: 0.11
        max_obstacle_height: 0.2
        observation_persistence: 0.0

inflation_layer:
    enabled:              true
    cost_scaling_factor: 10.0
    inflation_radius:     0.20
```

```
static_layer:
    enabled:            true
    map_topic:          "/map"
```

局部代价地图配置文件(local_costmap_params.yaml)中的代码如下：

```
local_costmap:
    global_frame: odom
    robot_base_frame: base_footprint
    update_frequency: 3.0
    publish_frequency: 1.0
    rolling_window: true
    width: 3.0
    height: 3.0
    resolution: 0.05
    transform_tolerance: 1.2

    plugins:
    - {name: static_layer,        type: "costmap_2d::StaticLayer"}
    - {name: obstacle_layer,      type: "costmap_2d::VoxelLayer"}
    - {name: inflation_layer,     type: "costmap_2d::InflationLayer"}
```

全局代价地图配置文件(global_costmap_params.yaml)中的代码如下：

```
global_costmap:
    global_frame: map
    robot_base_frame: base_footprint
    update_frequency: 1.5
    publish_frequency: 1.0
    static_map: true
    rolling_window: false
    resolution: 0.05
    transform_tolerance: 1.2
    map_type: costmap

GlobalPlanner:
    allow_unknown: true
```

在塔克机器人中，全局路径规划器使用的是 global_planner 算法插件，此全局路径规划器的参数文件为塔克机器人 xtark_nav 软件包 config 目录中的 base_global_planner_param.yaml 文件，参数内容具体如下：

```
GlobalPlanner:
  old_navfn_behavior: false
  use_quadratic: true
  use_dijkstra: true
  use_grid_path: false
  allow_unknown: true
  planner_window_x: 0.0
  planner_window_y: 0.0
  default_tolerance: 0.0
```

各项参数描述如表 11-11 所示。

表 11-11　全局路径规划器的参数

名　称	描　述
old_navfn_behavior	是否使用旧版 navfn 规划器的路径规划行为，一般设置为 false
use_quadratic	如果设置为 true，则使用二次概率逼近算法，否则使用一般算法
use_dijkstra	是否使用 D 算法，如果设置为 false，则使用 A＊算法
use_grid_path	如果设置为 true，则创建一个遵循网格边界的路径；否则使用梯度下降法
allow_unknown	是否允许路径规划器规划未知区域的路径

在塔克机器人中，局部路径规划器使用的是 teb_local_planner 算法插件，该局部路径规划器的参数文件为塔克机器人 xtark_nav 软件包 config 目录中的 teb_local_planner_params.yaml 文件。

因 TEB local planner 算法参数较多，表 11-12 只对部分重要参数进行解释，详细参数定义及解释请参考 TEBLocalPlanner 的官方网站。

表 11-12　TEB local planner 算法的部分参数

参数名称	参数描述
odom_topic	里程计话题消息
map_frame	地图坐标系名称
max_vel_x	机器人的最大 x 轴线速度
max_vel_y	机器人的最大 y 轴线速度
max_vel_x_backwards	机器人倒车的最大 x 轴线速度
max_vel_theta	机器人最大旋转速度
acc_lim_x	机器人 x 轴最大线加速度
acc_lim_y	机器人 y 轴最大线加速度
acc_lim_theta	机器人最大旋转角加速度
min_turning_radius	机器人最小转弯半径
footprint_model	机器人形状类型，可选项包括 point、circular、line、polygon 等，默认为 polygon
vertices	通过点集描述矩形机器人的形状
xy_goal_tolerance	机器人到达目标点的 x、y 坐标容差，机器人实际坐标与目标坐标小于这个值，则规划器认为机器人已到达目标点
yaw_goal_tolerance	机器人到达目标姿态的 yaw 轴朝向容差，机器人实际朝向与目标姿态朝向小于这个值，则规划器认为机器人已经到达目标姿态
free_goal_vel	消除目标速度限制，使机器人可以以最大速度到达目标
min_obstacle_dist	与障碍物的最小期望距离
weight_max_vel_x	满足最大允许 x 轴线速度的优化权重
weight_max_vel_y	满足最大允许 y 轴线速度的优化权重
weight_max_vel_theta	满足最大允许 yaw 轴角速度的优化权重
weight_acc_lim_x	满足最大允许 x 轴线加速度的优化权重
weight_acc_lim_y	满足最大允许 y 轴线加速度的优化权重
weight_acc_lim_theta	满足最大允许 yaw 轴角加速度的优化权重
weight_kinematics_nh	用于满足非完整运动学的优化权重（此参数必须很高，因为运动学方程构成了一个等式约束，即使值为 1000，也不意味着由于与其他成本相比较小的“原始”成本值而导致矩阵条件不佳）

续表

参数名称	参数描述
weight _ kinematics _ forward_driver	优化权重，用于迫使机器人仅选择前进方向（正向速度）。设置为较小的值（例如1.0）表示仍然允许向后行驶，设置为大约1000的值几乎可以防止向后驱动（但不能保证）

11.5.3　机器人导航实践

教学平台机器人支持自主避障导航。首先，通过SSH远程连接至机器人，准备好之前构建的任意一张地图，启动导航集成文件（将地图文件换成自己的绝对路径文件名称），命令如下：

```
$ roslaunch xtark_nav xtark_nav.launch map_file: = 地图文件.yaml
```

此时节点正在启动，终端会输出启动信息，等待出现如图11-31所示的启动完成界面。

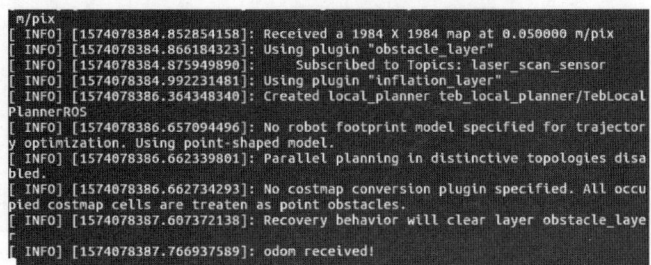

```
m/pix
[ INFO] [1574078384.852854158]: Received a 1984 X 1984 map at 0.050000 m/pix
[ INFO] [1574078384.866184323]: Using plugin "obstacle_layer"
[ INFO] [1574078384.875949890]:     Subscribed to Topics: laser_scan_sensor
[ INFO] [1574078384.992231481]: Using plugin "inflation_layer"
[ INFO] [1574078386.364348340]: Created local_planner teb_local_planner/TebLocal
PlannerROS
[ INFO] [1574078386.657094496]: No robot footprint model specified for trajector
y optimization. Using point-shaped model.
[ INFO] [1574078386.662339801]: Parallel planning in distinctive topologies disa
bled.
[ INFO] [1574078386.662734293]: No costmap conversion plugin specified. All occu
pied costmap cells are treaten as point obstacles.
[ INFO] [1574078387.607372138]: Recovery behavior will clear layer obstacle_laye
r
[ INFO] [1574078387.766937589]: odom received!
```

图11-31　导航集成文件启动完成界面

再新建一个终端，在虚拟机端运行RViz可视化工具，并加载导航配置文件xtark_nav.RViz，如图11-32所示。

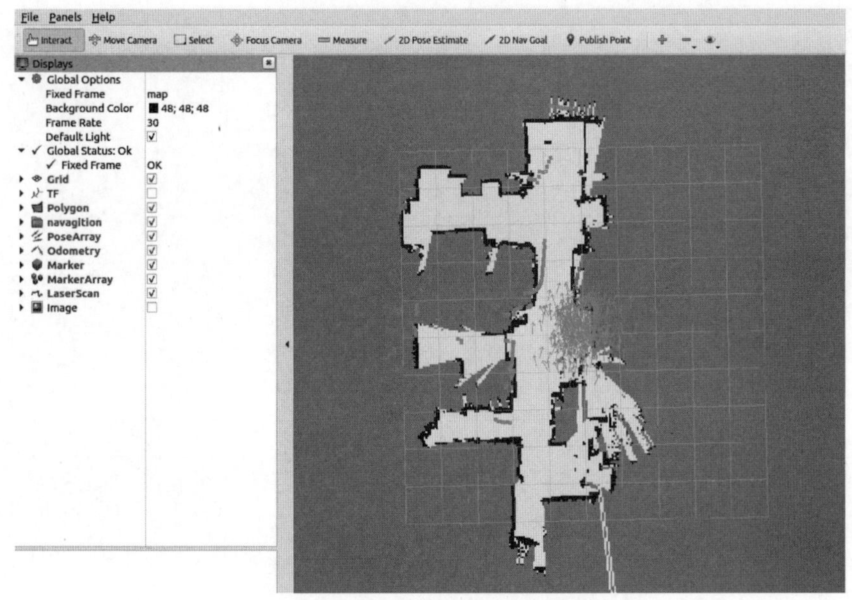

图11-32　启动RViz并加载导航配置文件

接下来需要标定机器人的当前位置和朝向，单击工具栏中的2D Pose Estimate按钮，将机器人的大概位置和朝向在地图中标出，箭头的尾部为ROS机器人的位置，箭头的方向为ROS机器人的朝向，如图11-33所示。

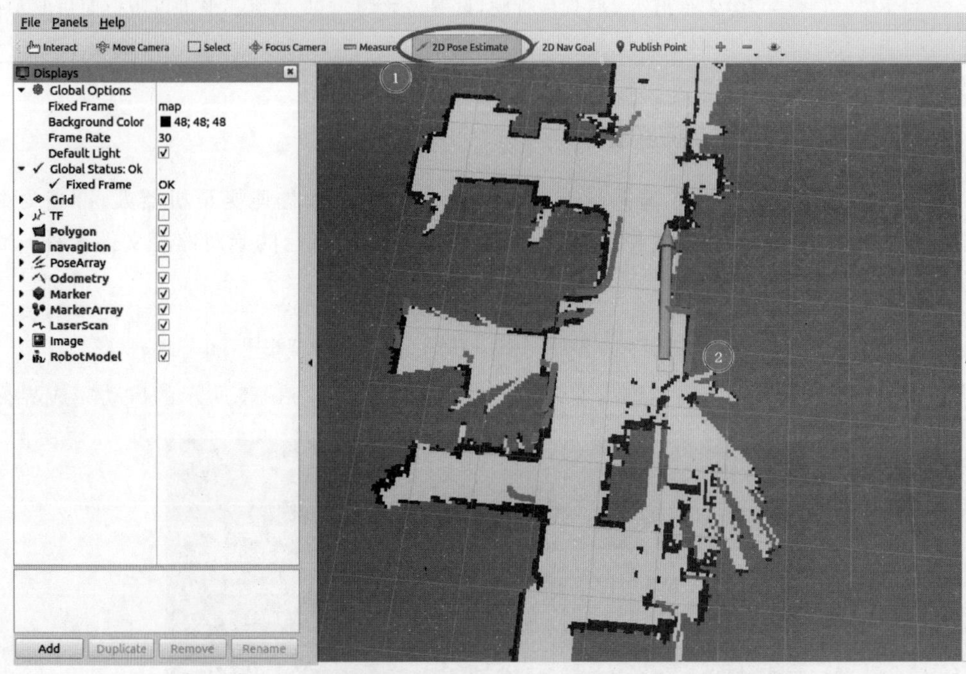

图11-33　标定机器人的当前位置和朝向

接下来就可以让机器人进行导航了，利用工具栏中的2D Nav Goal选项发布一个目标位置，ROS机器人即可自动避障导航到达目标位置，如图11-34所示。

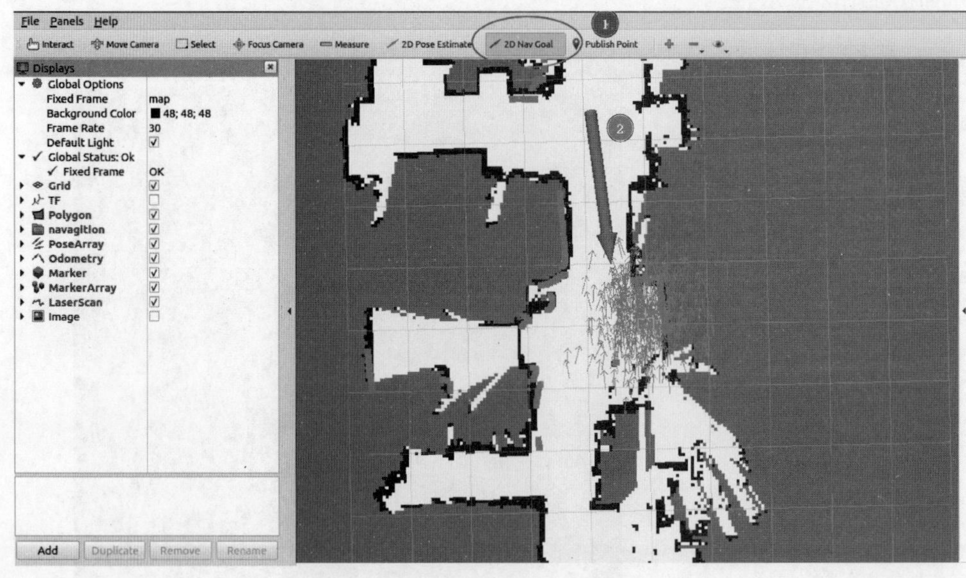

图11-34　发布目标位置进行导航

11.5.4　多点连续导航

在前文所提到的单点导航基础上，还可实现 ROS 机器人的多点连续导航，操作方法如下：首先确保机器人已按照上一节所述步骤，启动了 xtark_nav. launch 文件并已经标定好机器人的位置和朝向，如图 11-35 所示。

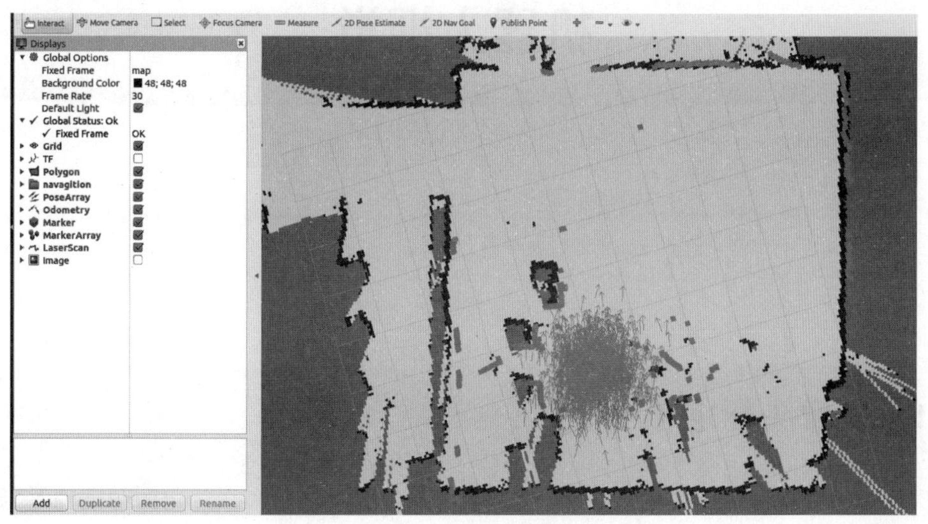

图 11-35　标定机器人的位置和朝向

利用 RViz 中的 Publish Point 工具，即可发布多个目标点，如图 11-36 所示。单击 Publish Point 按钮后，再单击地图上的期望目标点位置，机器人将会依次前往标定的多个目标点。

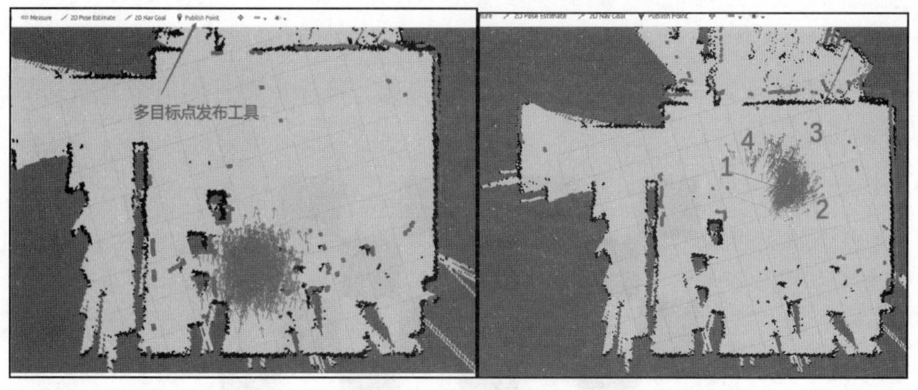

图 11-36　发布多个目标位置

机器人视觉

12.1 摄像头标定

摄像头对光学器件的要求较高，由于摄像头与传感器之间存在一定的角度偏差，导致图像在传感器上的投影不均匀，生成的物体图像往往会发生畸变。为了避免数据源造成的误差，需要先针对摄像头的参数进行标定。ROS 官方提供了用于双目和单目摄像头标定的功能包 camera_calibration。

机器人出厂时是已经标定完成的状态，这里介绍如何对摄像头进行标定。书中配套的虚拟机已标定完成。如果需要手动标定，请使用下列命令进行功能包的安装：

```
$ sudo apt - get install ros - melodic - camera - calibration
```

标定需要用到图 12-1 所示的棋盘格图案标定靶。将标定靶打印出来并贴到平面硬纸板上以备使用。

图 12-1　棋盘格图案标定靶

打印时需要注意：因为标定时需要原始标定板的大小，所以标定板打印时需要按原始尺寸打印,打印时选择“实际大小”,如图 12-2 所示。

接下来对机器人的摄像头进行标定,首先通过 SSH 远程连接到机器人并启动摄像头节点,命令如下:

```
$ roslaunch xtark_driver xtark_camera.launch
```

再打开一个终端,在虚拟机上运行如下命令以启动标定程序:

```
$ rosrun camera_calibration cameracalibrator.py -- size 5x7 -- square 0.03 image: = /camera/
image_raw
```

其中,--size 参数定义棋盘格的内部角点个数,这里使用的棋盘一共有 5 行,每行有 7 个内部角点,注意是字母 x; --square 参数定义棋盘正方形小格的边长,单位为 m; image 参数可设置摄像头发布的图像话题。

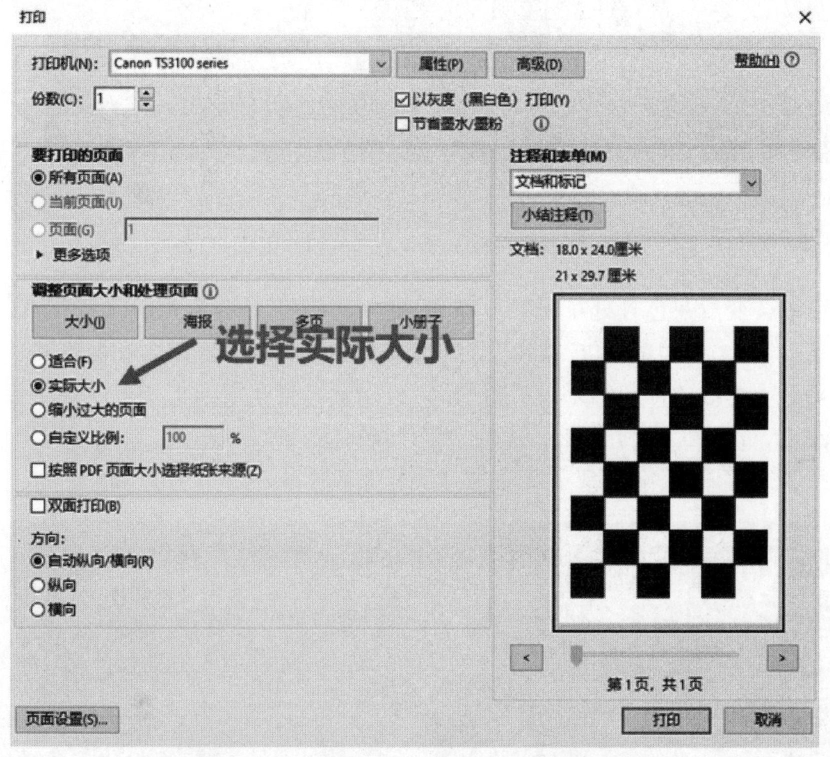

图 12-2 打印标定板时选择“实际大小”选项

标定程序启动成功后,将标定靶放置在摄像头视野范围内,可以看到如图 12-3 所示的界面。界面中的元素定义如下。

(1) X: 表示标定板在视野中的左右位置。

(2) Y: 表示标定板在视野中的上下位置。

(3) Size: 表示标定板占视野尺寸的大小,也可以理解为标定板离摄像头的远近。

(4) Skew: 表示标定板在视野中的倾斜转动。

最初开始标定时 CALIBRATE 按钮是灰色的,标定完成后变为绿色。单击 CALIBRATE 按钮,标定程序开始自动计算摄像头的标定参数,这个过程需要等待一段时

图 12-3 通过摄像头看到的标定板

间。界面可能会变成灰色且处于无响应状态，此时注意千万不要关闭。需要不断在视野中移动标定靶，直到 CALIBRATE 按钮变色，此时表示标定程序的参数采集完成。

为了得到一个好的标定结果，应该使标定板尽量出现在摄像头视野的各个位置，如出现在视野的左边、右边、上边和下边。标定板既有倾斜的，也有水平的。

参数计算完成后，终端显现标定结果，如图 12-4 所示。

```
xtark@xtark-vmpc: ~
*** Added sample 50, p_x = 0.632, p_y = 0.228, p_size = 0.529, skew = 0.194
('D = ', [0.1668730488940398, -0.3871158678859281, -0.0024458035261572665, 0.00030203658695207266, 0.0])
('K = ', [1138.3916071254912, 0.0, 640.679269050121, 0.0, 1136.501307645638, 340.72451365412707, 0.0, 0.0, 1.0])
('R = ', [1.0, 0.0, 0.0, 0.0, 1.0, 0.0, 0.0, 0.0, 1.0])
('P = ', [1155.2161865234375, 0.0, 641.0436353826153, 0.0, 0.0, 1156.7202148375, 339.60435978700116, 0.0, 0.0, 0.0, 1.0, 0.0])
None
# oST version 5.0 parameters


[image]

width
1280

height
720

[narrow_stereo]

camera matrix
1138.391607 0.000000 640.679269
0.000000 1136.501308 340.724514
0.000000 0.000000 1.000000

distortion
0.166873 -0.387116 -0.002446 0.000302 0.000000

rectification
1.000000 0.000000 0.000000
0.000000 1.000000 0.000000
0.000000 0.000000 1.000000

projection
1155.216187 0.000000 641.043635 0.000000
0.000000 1156.720215 339.604360 0.000000
0.000000 0.000000 1.000000 0.000000
```

图 12-4 标定结果

单击界面中的 SAVE 按钮，标定图片数据将被保存到默认的目录下，可以解压查看标定用到的图片，如图 12-5 所示。

```
0.000000 0.000000 1.000000

projection
1155.216187 0.000000 641.043635 0.000000
0.000000 1156.720215 339.604360 0.000000
0.000000 0.000000 1.000000 0.000000


^[^A('Wrote calibration data to', '/tmp/calibrationdata.tar.gz')
```

图 12-5　保存标定图片数据

最后，单击 COMMIT 按钮将标定参数结果保存到机器人的默认目录。在摄像头启动的终端窗口中可以看到如图 12-6 所示的信息，说明标定结果文件已经保存到配置目录下，下次启动相机节点时会自动调用。完成后，相机标定工具会自动退出并关闭。

```
文件(F)  编辑(E)  查看(V)  搜索(S)  终端(T)  帮助(H)

NODES
  /
    camera (cv_camera/cv_camera_node)
    web_video_server (web_video_server/web_video_server)

auto-starting new master
process[master]: started with pid [18224]
ROS_MASTER_URI=http://192.168.101.158:11311

setting /run_id to 6a3c0c44-56d4-11eb-b758-dca632a232db
process[rosout-1]: started with pid [18304]
started core service [/rosout]
process[camera-2]: started with pid [18320]
process[web_video_server-3]: started with pid [18322]
[ INFO] [1610675595.425349400]: Waiting For connections on 0.0.0.0:8080
[ INFO] [1610675596.396798771]: camera calibration URL: file:///home/xtark/ros_w
s/src/xtark_driver/config/camera_calib/cam_480p.yaml
[ INFO] [1610675732.621579503]: Handling Request: /stream?topic=/camera/image_ra
w
[ INFO] [1610675787.902285690]: Removed Stream: /camera/image_raw
[ INFO] [1610675927.232435248]: writing calibration data to /home/xtark/ros_ws/s
rc/xtark_driver/config/camera_calib/cam_480p.yaml
```

图 12-6　标定结果文件保存到配置目录下

12.2　ROS 图像数据

无论是 USB 摄像头还是 RGB-D 摄像头，发布的图像数据格式多种多样，在处理这些数据之前，首先需要了解这些数据的格式。

12.2.1　机器人的二维图像数据

机器人上装有两个摄像头：一个机械臂末端的高清摄像头和一个深度相机自带的 RGB 摄像头。目前仅支持单摄像头启动，使用前先根据具体需要设置需要启动的摄像头，设置方式有如下几种。

(1) 动态选择启动的摄像头，通过 SSH 命令连接到机器人，运行摄像头节点，在启动摄像头节点命令后，以添加参数的方式选择启动的摄像头，/dev/rgbcamera 是指机械臂上方的 1080P 高清相机，/dev/depthcamera 为深度相机，启动命令如下所示：

```
$ roslaunch xtark_driver xtark_camera.launch device: = /dev/depthcamera
```

(2) 通过修改摄像头启动文件 xtark_camera.launch,修改默认启动的摄像头。修改后,后面涉及启动摄像头的例程均会调用修改后的摄像头(深度相机部分功能除外)。修改方法为:通过 SSH 连接到机器人,并运行如下命令:

```
$ rosed xtark_driver xtark_camera.launch
```

命令执行完会出现如图 12-7 所示的编辑页面。其中箭头指示的部分可以用来修改切换启动的相机,/dev/rgbcamera 是指机械臂上方的 1080P 高清相机,/dev/depthcamera 为深度相机,默认为机械臂上方的相机。要修改为深度相机,可将此项修改为深度相机的设备,保存并关闭文件即可切换到深度相机。

```
xtark@xtark-robot: ~/ros_ws/src/xtark_driver/launch
文件(F) 编辑(E) 查看(V) 搜索(S) 终端(T) 帮助(H)
<?xml version="1.0"?>
<launch>
    <arg name="device" default="/dev/rgbcamera" />
    <arg name="resolution" default="480p"/>


    <group if="$(eval arg('resolution') == '480p')">
            <include file="$(find xtark_driver)/launch/include/xtark_camera_driv
er.launch">
                <arg name="pixel_width" value="640"/>
                <arg name="pixel_height" value="480"/>
                <arg name="device" value="$(arg device)"/>
                <arg name="camera_info_url" value="file://$(find xtark_driver)/c
onfig/camera_calib/cam_480p.yaml"/>
        </include>
    </group>
    <group if="$(eval arg('resolution') == '720p')">
            <include file="$(find xtark_driver)/launch/include/xtark_camera_driv
er.launch">
                <arg name="pixel_width" value="1280"/>
                <arg name="pixel_height" value="720"/>
                <arg name="device" value="$(arg device)"/>
@@@
                                                          1,1           Top
```

图 12-7　xtark_camera.launch 文件中的内容

接下来启动相机,远程连接至机器人并启动摄像头 launch 文件,命令如下:

```
$ roslaunch xtark_driver xtark_camera.launch
```

启动成功后,使用命令查看图像数据,如下所示:

```
$ rqt_image_view
```

如图 12-8 所示,打开后在圆圈处选择要查看图像的话题即可显示该话题的图像。

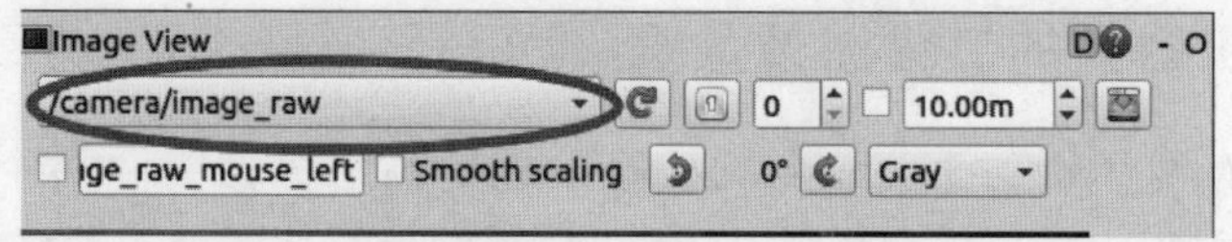

图 12-8　选择话题以查看图像

使用命令

```
$ rostopic info /camera/image_raw
```

查看摄像头节点中的图像话题信息,如图 12-9 所示。

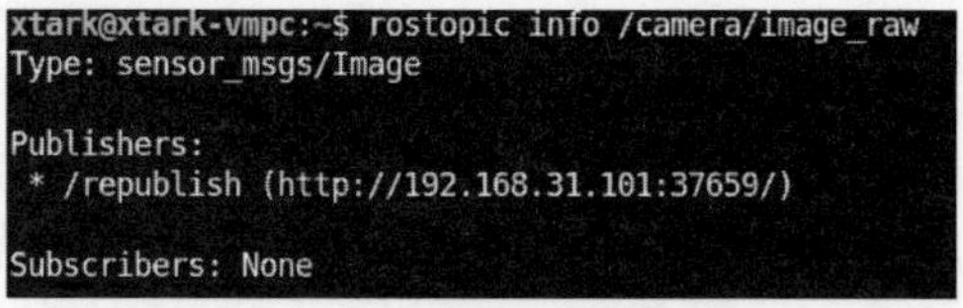

```
xtark@xtark-vmpc:~$ rostopic info /camera/image_raw
Type: sensor_msgs/Image

Publishers:
 * /republish (http://192.168.31.101:37659/)

Subscribers: None
```

图 12-9 查看摄像头话题信息

从图 12-9 所示的信息中可以看到，图像话题的消息类型是 sensor_msgs/Image，这是 ROS 定义的一种摄像头原始图像消息类型，可以使用命令

```
$ rosmsg show sersor_msgs/Image
```

查看该图像消息的详细定义，具体如图 12-10 所示。该类型图像数据的具体内容如下。

（1）header：消息头，包含图像的序号、时间戳和绑定坐标系。

（2）height：图像的纵向分辨率，即图像包含多少行的像素点，720P 的图像包含的像素点为 720 个。

（3）width：图像的横向分辨率，即图像包含多少列的像素点，720P 的图像包含的像素点为 1280 个。

（4）encoding：图像的编码格式，包含 RGB、YUV 等常用格式，不涉及图像压缩编码。

（5）is_bigendian：图像数据的大小端存储模式。

（6）step：一行图像数据的字节数，作为数据的步长参数，一般常用摄像头生成的图像大小为 width×3＝1280×3＝3840 字节。

（7）data：存储图像数据的数组，大小为 step×height 字节，根据该公式可以算出 720P 摄像头生成一帧图像的数据大小为 3840×720＝2764800 字节，即 2.7648MB。

一帧分辨率为 720×1280 的图像数据量就是 2.76MB，如果按照 30 帧/秒的帧率计算，那么摄像头一秒产生的数据量就高达 82.944MB。这个数据量在实际应用中是接受不了的，尤其是在远程传输图像的场景中，图像占用的带宽过大，会对无线网络造成很大压力。实际应用中，图像在传输前往往会进行压缩处理，ROS 也设计了压缩图像的消息类型 sensor_msgs/CompressedImage，该消息类型的定义如图 12-11 所示。

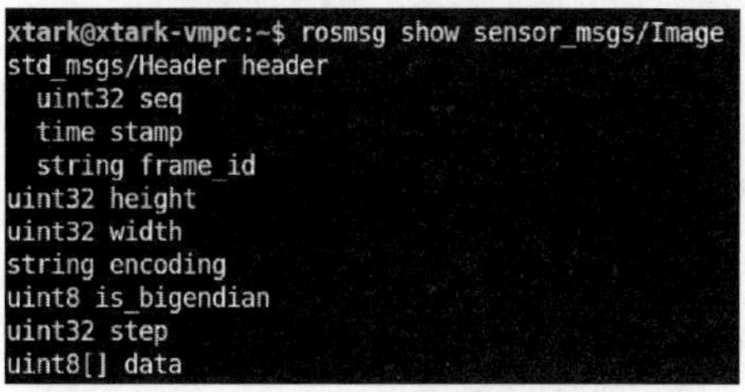

```
xtark@xtark-vmpc:~$ rosmsg show sensor_msgs/Image
std_msgs/Header header
  uint32 seq
  time stamp
  string frame_id
uint32 height
uint32 width
string encoding
uint8 is_bigendian
uint32 step
uint8[] data
```

图 12-10 查看 Image 消息描述

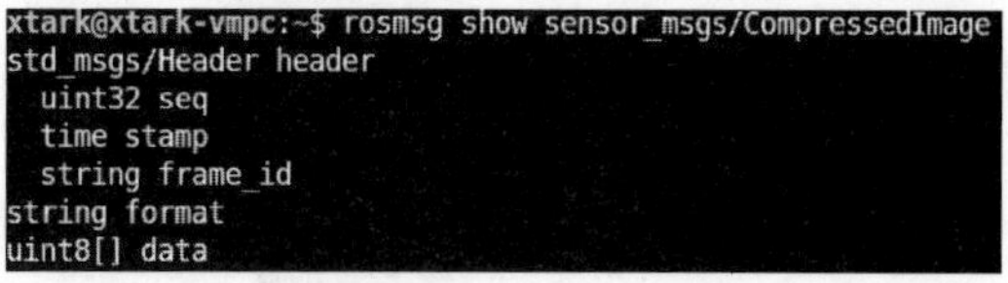

```
xtark@xtark-vmpc:~$ rosmsg show sensor_msgs/CompressedImage
std_msgs/Header header
  uint32 seq
  time stamp
  string frame_id
string format
uint8[] data
```

图 12-11 查看 CompressedImage 消息描述

这个消息类型相比原始图像的定义要简洁不少，除消息头外，只包含图像的压缩编码格式 format 和存储图像数据的数组 data。图像压缩编码格式包含 JPEG、PNG、BMP 等，每种编码格式对数据的结构已经进行了详细定义，所以在消息类型的定义中省去了很多不必要的信息。

12.2.2 三维点云数据

深度相机可以捕获三维点云数据，有关深度摄像头的功能都集成在 xtark_nav_depthcamera 功能包中，具体功能描述见表 12-1。

表 12-1 xtark_nav_depthcamera 功能包中的文件

文件名称	说明
xtark_ORBSLAM. launch	ORBSLAM 启动文件
xtark_ORBSLAM2. launch	ORBSLAM2 算法启动文件
xtark_RTABSLAM_Mapping. launch	RTAB-SLAM 深度相机建图启动文件
xtark_RTABSLAM_Mapping_UseLidar. launch	深度相机模拟激光雷达 GMapping 算法建图启动文件
xtark_RTABSLAM_Navigation. launch	RTAB-SLAM 深度相机融合激光雷达建图启动文件
xtark_RTAB_SLAM_Navigation_UseLidar. launch	RTAB-SLAM 深度相机导航启动文件
xtark_mapping_frontier. launch	RTAB-SLAM 深度相机融合激光雷达导航启动文件
xtark_mapping_gmapping. launch	深度相机模拟激光雷达自动探索建图启动文件
-xtark_mapping_karto. launch	深度相机模拟激光雷达 Karto 算法建图启动文件
xtark_nav. launch	深度相机模拟激光雷达导航算法启动文件
xtark_slam. launch	建图算法入口文件

使用深度摄像头捕获三维点云数据。远程连接至机器人并执行命令以启动深度相机，命令如下所示：

```
$ roslaunch xtark_nav_depthcamera xtark_depthcamera. launch
```

在虚拟机上打开一个终端，运行 RViz，显示三维点云，打开后按照图 12-12 所示的方法添加三维点云数据。

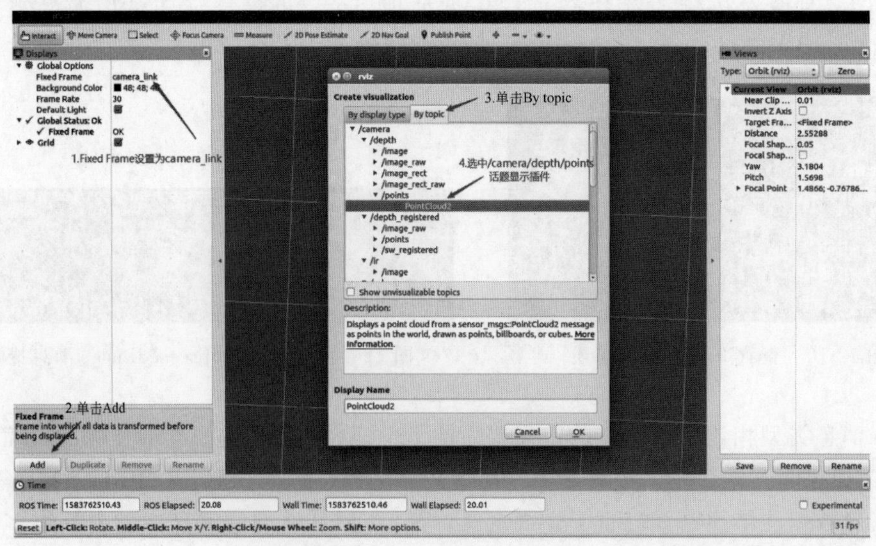

图 12-12 添加三维点云数据

添加后可以在显示区域看到三维点云数据，如图 12-13 所示。

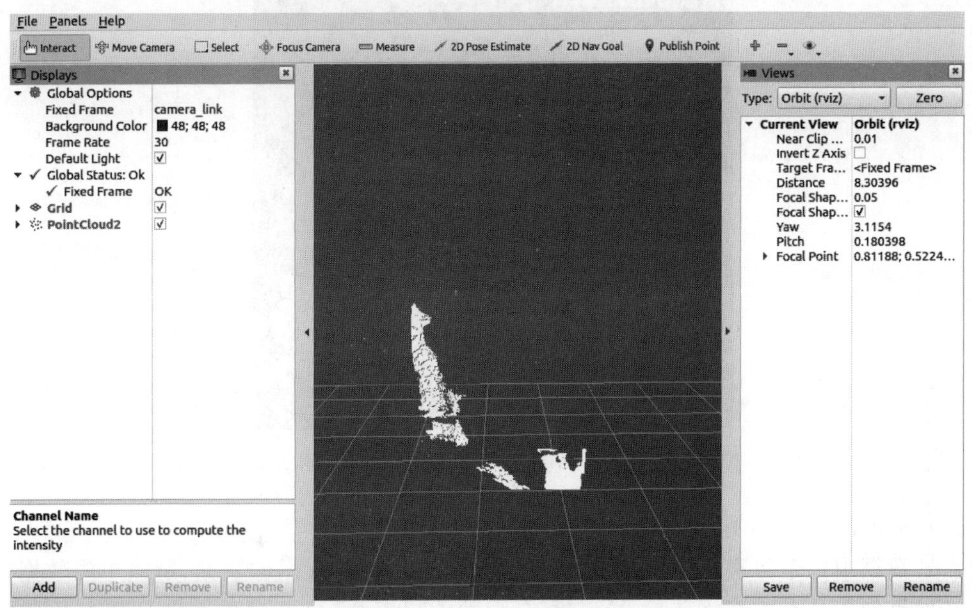

图 12-13 查看三维点云数据

可以使用命令

```
$ rostopic info /camera/depth_registered/points
```

查看三维点云数据的消息类型，如图 12-14 所示。

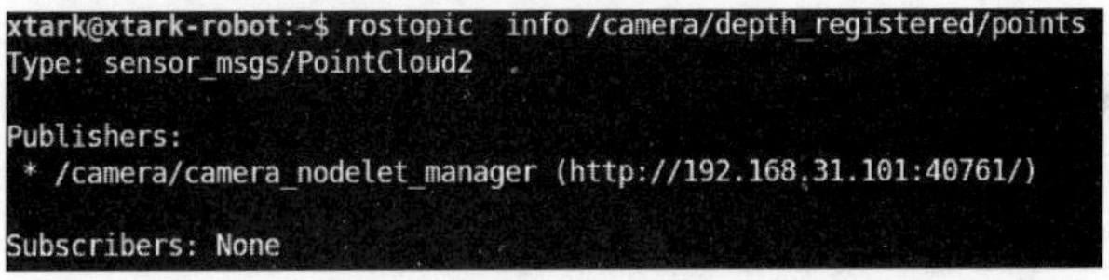

```
xtark@xtark-robot:~$ rostopic  info /camera/depth_registered/points
Type: sensor_msgs/PointCloud2

Publishers:
 * /camera/camera_nodelet_manager (http://192.168.31.101:40761/)

Subscribers: None
```

图 12-14 查看三维点云数据的消息类型

该消息类型对应于 RViz 中添加可视化插件时所选择的插件类型，使用命令

```
$ rosmsg show sensor_msgs/PointCloud2
```

查看该消息类型的具体结构，如图 12-15 所示。

三维点云的消息定义如下。

（1）height：点云图像的纵向分辨率，即图像包含多少行像素点。

（2）width：点云图像的横向分辨率，即图像包含多少列像素点。

（3）fields：每个点的数据类型。

（4）is_bigendian：数据的大小端存储模式。

（5）point_step：单点的数据字节步长。

（6）row_step：一列数据的字节步长。

（7）data：点云数据的存储数组，总字节大小为 row_step×height。

```
xtark@xtark-robot:~$ rosmsg show sensor_msgs/PointCloud2
std_msgs/Header header
  uint32 seq
  time stamp
  string frame_id
uint32 height
uint32 width
sensor_msgs/PointField[] fields
  uint8 INT8=1
  uint8 UINT8=2
  uint8 INT16=3
  uint8 UINT16=4
  uint8 INT32=5
  uint8 UINT32=6
  uint8 FLOAT32=7
  uint8 FLOAT64=8
  string name
  uint32 offset
  uint8 datatype
  uint32 count
bool is_bigendian
uint32 point_step
uint32 row_step
uint8[] data
```

图 12-15　查看 PointCloud2 消息类型的具体结构

(8) is_dense：是否有无效点。

点云数据中每个像素点的三维坐标都是浮点数，而且包含图像数据，所以单帧数据量也很大。如果使用分布式网络传输，在带宽有限的前提下，需要考虑能否满足数据的传输要求，或者针对数据进行压缩。

12.3　OpenCV 库

OpenCV 库（Open Source Computer Vision Library，OpenCV）是一个基于 BSD(Berkeley Software Distribution，BSD)许可发行的跨平台开源计算机视觉库，可以运行在 Linux、Windows 和 macOS 等操作系统上。OpenCV 由一系列 C 函数和少量 C++类构成，同时提供 C++、Python、Ruby、MATLAB 等语言的接口，实现了图像处理和计算机视觉方面的很多通用算法，而且对商业和非商业应用都是免费的。同时，OpenCV 可以直接访问硬件摄像头，并且还提供一个简单的 GUI(Graphical User Interface，GUI)系统——highgui。

ROS 为开发者提供了与 OpenCV 接口的功能包——cv_bridge。如图 12-16 所示，开发者可以通过该功能包将 ROS 中的图像数据转换成 OpenCV 格式的图像，并且调用 OpenCV 库进行各种图像处理；或者将 OpenCV 处理过后的数据转换成 ROS 图像，通过话题进行发布，实现各节点之间的图像传输。

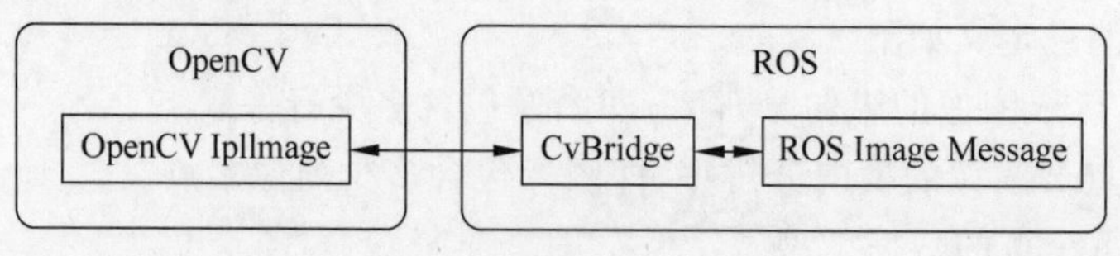

图 12-16　OpenCV 接口

12.3.1　OpenCV 安装

基于 OpenCV 库可以快速开发机器视觉方面的应用，而且 ROS 中已经集成了

OpenCV 库和相关的接口功能包,使用以下命令即可安装:

```
$ sudo apt-get install ros-melodic-vision-opencv libopencv-dev python-opencv
```

12.3.2 机器人中的文件结构

ROS 机器人图像处理相关功能包位于 xtark_cv 目录下,如图 12-17 所示。功能包描述见表 12-2。

xtark@xtark-robot:~/ros_ws/src/xtark_cv $ ls
xtark_ar_track xtark_line_follower xtark_opencv

图 12-17 ROS 机器人图像处理相关功能包

表 12-2 ROS 机器人图像处理相关功能包说明

文件名称	说明
xtark_opencv	OpenCV 基础例程
xtark_line_follower	机器人寻红线行驶
xtark_ar_track	二维码识别跟踪

12.3.3 OpenCV 图像处理示例

机器人可使用 OpenCV 进行图像处理,如人脸检测、边缘检测、光流等,具体清单如图 12-18 所示。示例在机器人上都经过了测试,用户可以运行对应的 launch 文件进行探索。

```
xtark@xtark-robot:~/ros_ws/src/xtark_cv/xtark_opencv/launch $ ls
xtark_camshift.launch                        xtark_hough_lines.launch
xtark_convex_hull.launch                     xtark_hsv_color_filter.launch
xtark_discrete_fourier_transform.launch      xtark_lk_flow.launch
xtark_edge_detection.launch                  xtark_people_detect.launch
xtark_face_detection.launch                  xtark_phase_corr.launch
xtark_fback_flow.launch                      xtark_pyramids.launch
xtark_find_contours.launch                   xtark_rgb_color_filter.launch
xtark_general_contours.launch                xtark_segment_objects.launch
xtark_goodfeature_track.launch               xtark_simple_flow.launch
xtark_hls_color_filter.launch                xtark_smoothing.launch
xtark_hough_circles.launch                   xtark_threshold.launch
```

图 12-18 OpenCV 图像处理示例

各项功能说明如表 12-3 所示。

表 12-3 示例功能说明

文件名称	功能描述
xtark_camshift.launch	Camshift 目标追踪算法
xtark_convex_hull.launch	Convex Hull 寻找凸多边形算法
xtark_discrete_fourier_transform.launch	离散傅里叶变换算法
xtark_edge_detection.launch	边缘检测算法
xtark_face_detection.launch	人脸检测算法
xtark_fback_flow.launch	OpenCV 光流算法
xtark_find_contours.launch	轮廓检测
xtark_general_contours.launch	一般轮廓检测
xtark_goodfeature_track.launch	特征点追踪算法
xtark_hls_color_filter.launch	HLS 颜色空间滤波

续表

文 件 名 称	功 能 描 述
xtark_hough_circles. launch	霍夫圆环检测
xtark_hough_lines. launch	霍夫直线检测
xtark_hsv_color_filter. launch	HSV 颜色空间滤波
xtark_lk_flow. launch	LK 光流算法
xtark_people_detect. launch	人体检测算法
xtark_phase_corr. launch	相位相关位移检测
xtark_pyramids. launch	图像金字塔采样算法
xtark_rgb_color_filter. launch	RGB 颜色空间滤波
xtark_segment_objects. launch	前景物体检测算法
xtark_simple_flow. launch	简单光流算法
xtark_smoothing. launch	图像平滑算法
xtark_threshold. launch	图像阈值滤波算法

本节以人脸检测为例，介绍使用 OpenCV 进行图像处理的步骤。

首先通过 SSH 远程连接到机器人，启动机器人摄像头驱动 launch 文件，命令如下：

```
$ roslaunch xtark_driver xtark_camera. launch
```

然后新建一个终端，SSH 远程连接到机器人并启动人脸识别 launch 文件，命令如下：

```
$ roslaunch xtark_opencv xtark_face_detection. launch
```

最后再打开一个终端，在虚拟机上运行 rqt_image_view 图像查看节点，命令：

```
$ rosrun rqt_image_view rqt_image_view
```

选择对应的话题，就可以查看到带有识别结果的图像了，具体如图 12-19 所示。

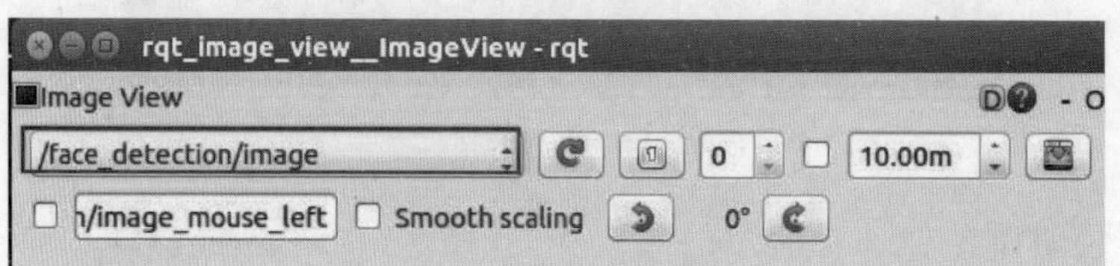

图 12-19 选择话题查看结果图像

12.4 二维码识别

二维码技术在生活和工业场景中的应用越来越广泛，无论是在商场购物还是使用共享单车，它都作为一种便捷的入口标志得到了广泛应用。

12.4.1 识别功能包

ROS 中提供了多种二维码识别的功能包，本节介绍二维码识别的功能包 ar_track_alvar。

ar_track_alvar 的主要功能是生成大小、分辨率和数据/ID 编码不同的 AR 标签，识别并跟踪各个 AR(Augmented Reality,AR)标签的姿态。识别和跟踪由多个标签组成的“捆绑包”的状态。这样可以实现更稳定的姿态估计，增强对遮挡的鲁棒性，以及提高对多边形物体的跟踪能力。使用相机图像自动计算“捆绑包”中标签之间的空间关系，用户不必手动测量和输入 XML 文件中的标签位置即可使用“捆绑包”功能。

此功能包具有自适应阈值的处理能力，可处理各种照明条件；基于光流的跟踪技术可以实现更稳定的姿态估计；它采用了一种改进的标签识别方法，该方法在标签数量增加时，速度不会显著降低。下面介绍 AR 标签的详细操作流程。

12.4.2 生成二维码标签

ar_track_alvar 功能包提供了二维码 AR 标签的生成功能，创建标号为 0 的二维码标签的命令为：

```
$ rosrun ar_track_alvar createMarker - s 5 0
```

其中，参数-s 用来设置生成二维码的尺寸，此处 5 是标签的尺寸参数；0 是标签的标号，可以是 0～65535 之间的任意数字。生成的标签保存在当前目录下，如图 12-20 所示。不仅可以使用数字标号生成二维码标签，也可以使用字符串、文件名、网址等。

```
xtark@xtark-robot:~ $ rosrun ar_track_alvar createMarker -s 5 0
ADDING MARKER 0
Saving: MarkerData_0.png
```

图 12-20 生成二维码 AR 标签

createMarker 工具还有很多可以进行配置的参数，查看使用帮助的命令如下：

```
$ rosrun ar_track_alval createMarker
```

输出内容显示了该命令各项参数的用法，如图 12-21 所示。

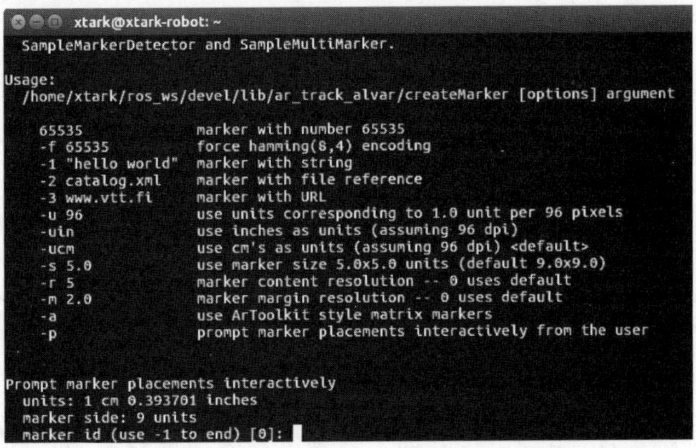

```
xtark@xtark-robot: ~
  SampleMarkerDetector and SampleMultiMarker.

Usage:
  /home/xtark/ros_ws/devel/lib/ar_track_alvar/createMarker [options] argument

    65535              marker with number 65535
    -f 65535           force hamming(8,4) encoding
    -1 "hello world"   marker with string
    -2 catalog.xml     marker with file reference
    -3 www.vtt.fi      marker with URL
    -u 96              use units corresponding to 1.0 unit per 96 pixels
    -uin               use inches as units (assuming 96 dpi)
    -ucm               use cm's as units (assuming 96 dpi) <default>
    -s 5.0             use marker size 5.0x5.0 units (default 9.0x9.0)
    -r 5               marker content resolution -- 0 uses default
    -m 2.0             marker margin resolution -- 0 uses default
    -a                 use ArToolkit style matrix markers
    -p                 prompt marker placements interactively from the user


Prompt marker placements interactively
  units: 1 cm 0.393701 inches
  marker side: 9 units
  marker id (use -1 to end) [0]:
```

图 12-21 createMarker 工具使用帮助命令

12.4.3 摄像头识别二维码

本节介绍使用机器人的摄像头对二维码进行识别，首先新建一个终端并 SSH 远程连接

到机器人,然后启动二维码识别程序,命令如下:

```
$ roslaunch xtark_ar_track xtark_ar_track.launch
```

等待其出现图 12-22 所示的界面即表示运行成功。

```
/home/xtark/ros_ws/src/xtark_cv/xtark_ar_track/launch/xtark_ar_track.launch http://19
SUMMARY
========

PARAMETERS
 * /ar_track_alvar/marker_size: 5.0
 * /ar_track_alvar/max_new_marker_error: 0.08
 * /ar_track_alvar/max_track_error: 0.2
 * /ar_track_alvar/output_frame: /usb_cam
 * /rosdistro: kinetic
 * /rosversion: 1.12.14

NODES
  /
    ar_track_alvar (ar_track_alvar/individualMarkersNoKinect)
    world_to_cam (tf/static_transform_publisher)

ROS_MASTER_URI=http://192.168.3.117:11311

process[world_to_cam-1]: started with pid [3116]
process[ar_track_alvar-2]: started with pid [3117]
[ INFO] [1581739093.843157444]: Subscribing to info topic
[ INFO] [1581739093.921179339]: AR tracker reconfigured: ENABLED 8.00 5.00 0.08
0.20
```

图 12-22　xtark_ar_track.launch 文件启动成功

新建一个终端,在虚拟机端运行 RViz 可视化工具查看识别的图像,启动后需要加载二维码识别的配置文件 xtark_ar_track.rviz,如图 12-23 所示。

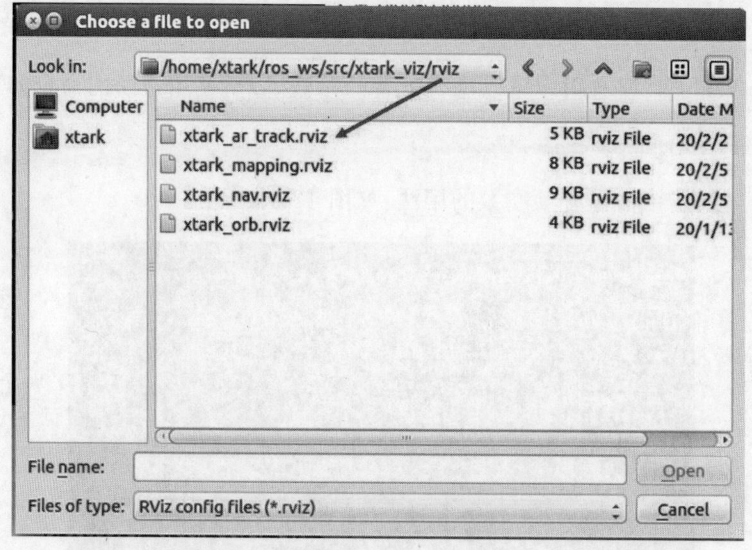

图 12-23　启动 RViz 并加载 xtark_ar_track.rviz 配置文件

运行成功后,可以在打开的 RViz 界面中看到摄像头图像,现在将二维码标签放置到摄像头的视野范围内,可以看到如图 12-24 所示的识别结果。

图像中的二维码上会出现坐标轴,表示识别到的二维码姿态。ar_track_alvar 功能包不仅可以识别图像中的二维码,还可以确定二维码的空间位姿。在使用摄像头的情况下,因为二维码的尺寸已知,所以根据图像变化可以计算二维码的姿态,还可以计算二维码相对摄像

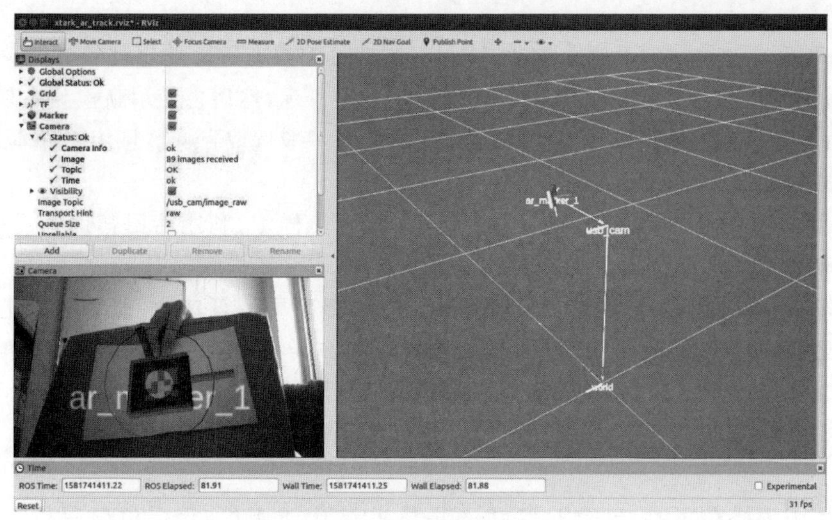

图 12-24　识别二维码

头的空间位置。此功能包还可以同时识别多个二维码图像。

二维码标签在机器人应用中使用较多，获取这些数据后就可以实现进一步的应用了，例如可以实现导航中的二维码定位、引导机器人跟随运动等功能。

12.5　视觉目标追踪

目标跟踪大致可分为单目标跟踪与多目标跟踪。目标跟踪解决的问题是：第一帧给出目标矩形框，然后从后续帧开始目标跟踪，算法能够跟踪该目标的边界矩形框。目标跟踪过程中会受到外观变形、光照变化、快速运动、运动模糊和背景相似等干扰，同时还可能出现平面外旋转、平面内旋转、尺度变化、遮挡和出视野等情况。

目标跟踪方法可分为生成类方法和判别类方法，目前比较流行的是判别类方法。

生成类方法是在当前帧对目标区域建模，下一帧寻找与模型最相似的区域就是预测位置，常见方法包括卡尔曼滤波、粒子滤波、Mean-shift 等。

判别类方法的经典套路是"图像特征＋机器学习"，当前帧以目标区域为正样本，背景区域为负样本，使用机器学习训练好的分类器来识别下一帧图像中的最优区域。常见方法包括 Struck、TLD 等。

判别类方法与生成类方法最大的区别是，判别类方法在分类器训练中用到了背景信息。这样，分类器专注区分前景和背景，判别类方法普遍比生成类方法好。判别类方法的最新发展就是相关滤波类方法和深度学习类方法。相关滤波方法包括 DCF、KCF、ECO 等；深度学习方法包括 MDNet、TCNN、SiamFC 等。本节重点介绍采用 KCF 算法进行目标追踪。

12.5.1　KCF 算法简介

核相关滤波(Kernel Correlation Filter，KCF)算法是由 Joao F. Henriques、Rui Caseiro、Pedro Martins 和 Jorge Batista 提出来的。这个算法不论是在跟踪效果还是跟踪速度上都有十分亮眼的表现，并引起了一大批学者的兴趣，工业界也陆续把此算法应用于实际场景当中。

KCF 算法是一种判别类跟踪方法，这类方法一般都是在跟踪的过程中训练一个目标检测器，使用目标检测器去检测下一帧预测位置是否是目标，然后再使用新检测结果去更新训练集，进而更新目标检测器。而在训练目标检测器时一般选取目标区域为正样本，目标周围区域为负样本。

KCF 算法使用目标周围区域的循环矩阵采集正负样本，利用岭回归训练目标检测器，并成功地利用循环矩阵在傅里叶空间可对角化的性质将矩阵的运算转化为向量的哈达玛(Hadamad)积，即元素的点乘，大大降低了运算量，提高了运算速度，使算法满足实时性要求。算法还将线性空间的岭回归通过核函数映射到非线性空间，在非线性空间通过求解一个对偶问题和某些常见的约束，同样可以使用循环矩阵傅里叶空间对角化简化计算。

12.5.2 KCF 物体跟踪算法使用

在机器人中搭载了基于 KCF 算法的物体追踪功能例程，程序包源码位于机器人端～/ros_ws/src/xtark_cv/xtark_kcf_tracker 路径下。使用程序包时，首先需要使用 VNC 远程连接机器人，因为 KCF 算法会打开显示窗口，用于跟踪目标框的拖选，所以需要通过桌面远程方式连接机器人并运行 KCF 算法。如果通过 SSH 方法连接并启动 KCF 算法，会出现无法打开可视化窗口的错误。

如图 12-25 所示，通过 VNC 远程桌面连接机器人并打开终端。

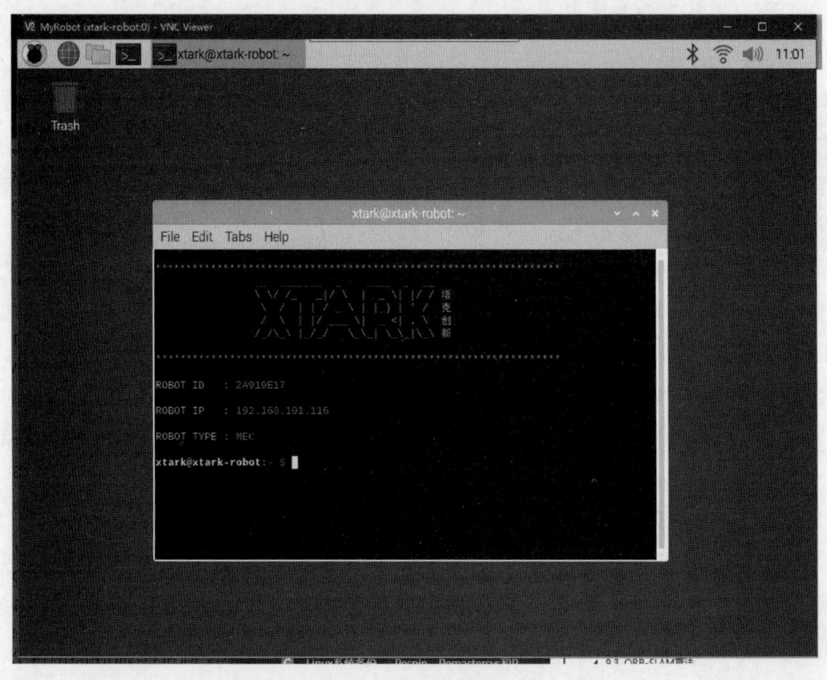

图 12-25　连接机器人

输入 KCF 跟踪算法的命令：

```
$ roslaunch xtark_kcf_tracker xtark_kcf_tracker.launch
```

启动成功后，会出现摄像头画面，如图12-26所示。

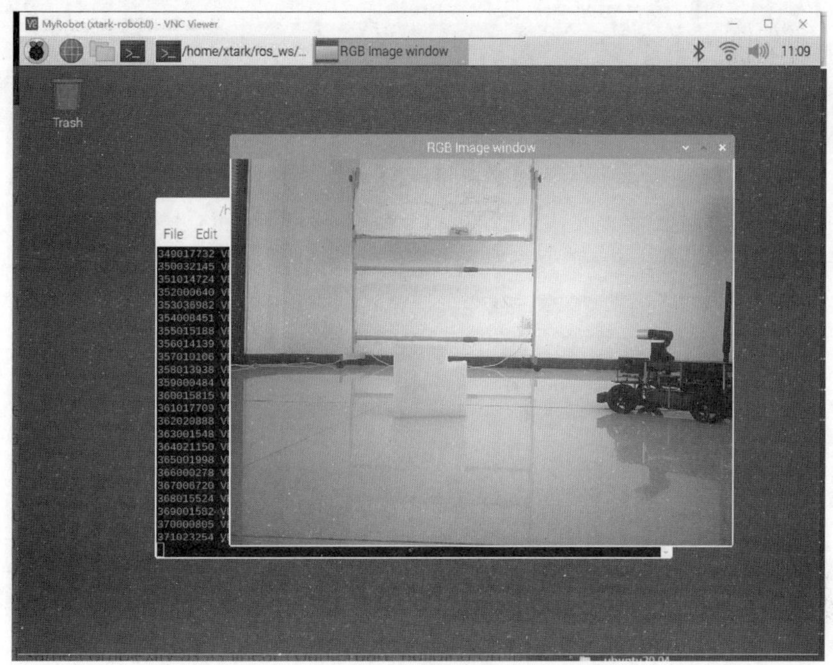

图12-26　摄像头画面

在此画面中，可以用鼠标框选想要跟踪的物体，KCF算法可以跟踪任意物体，目标特征越明显，表面越平整，其跟踪效果就越好。图12-27和图12-28分别显示了跟踪泡沫方块和行李箱的结果。

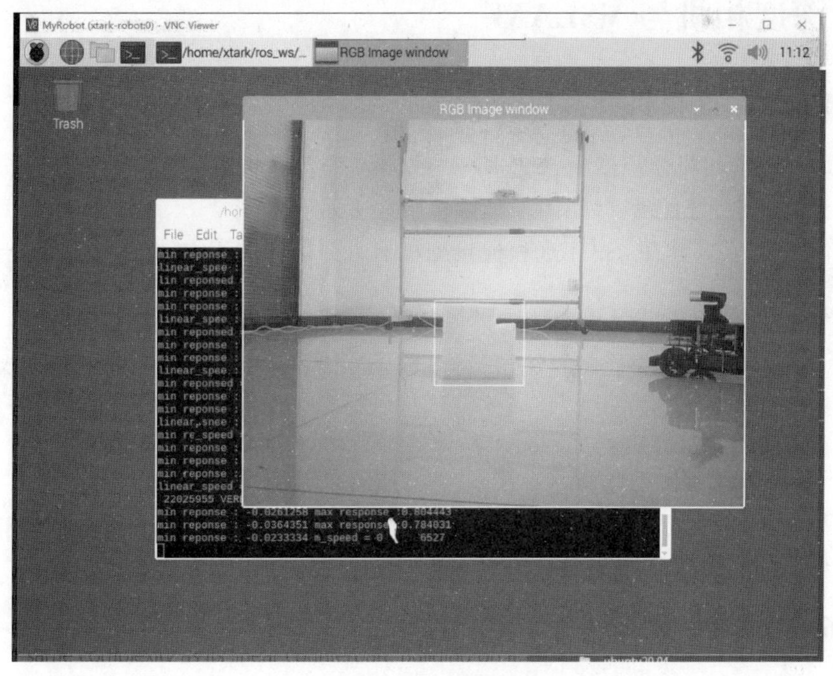

图12-27　跟踪泡沫方块

图 12-28　跟踪行李箱

选中要跟踪的目标之后，机器人将会利用深度相机来获取物体离机器人的距离，并利用KCF算法使物体保持在画面正中心，机器人将会跟物体保持1.5m左右距离以跟踪物体运动。KCF算法可以跟踪物体前进与转弯，但是无法跟踪其后退。

12.6　深度相机与VSLAM

12.6.1　深度相机模拟激光雷达

本节使用深度相机模拟激光雷达进行建图导航操作。将通过深度相机单行扫描获取到的数据作为二维平面扫描数据使用。具体使用方法如下。

首先使用SLAM建图，SSH远程连接到机器人并运行如下SLAM建图命令：

```
$ roslaunch xtark_nav_depthcamera xtark_slam.launch slam_methods: = karto
```

参数slam_methods为建图算法参数，可选gmapping、karto、frontier；其余操作与机器人的建图章节完全一致。

对于SLAM导航，在机器人端执行如下命令运行建图算法：

```
$ roslaunch xtark_nav_depthcamera xtark_nav.launch
```

其余操作与机器人的导航章节完全一致。

12.6.2　ORB-SLAM

ORB-SLAM是西班牙Zaragoza大学的Raúl Mur-Arta编写的视觉SLAM系统。它是

一个完整的SLAM系统，包括视觉里程计、跟踪、回环检测，也是一种完全基于稀疏特征点的单目SLAM系统，同时还有单目、双目、RGBD相机的接口。其核心是使用ORB(Orinted FAST and BRIEF)作为整个视觉SLAM系统的核心特征。

1. ORB-SLAM简介

ORB-SLAM基本延续了PTAM(Pickup Truck Access Method)的算法框架，但对框架中的大部分组件都做了改进，归纳起来主要有以下4点。

(1) ORB-SLAM选用了ORB特征，基于ORB描述量的特征匹配和重定位，均比PTAM具有更好的视角不变性。此外，新增三维点的特征匹配效率更高，因此能更及时地扩展场景。扩展场景及时与否决定了后续帧是否能稳定跟踪。

(2) ORB-SLAM加入了循环回路的检测和闭合机制，以消除误差累积。系统采用与重定位相同的方法来检测回路(匹配回路两侧关键帧上的公共点)，通过方位图(pose graph)优化来闭合回路。

(3) PTAM需要用户指定2帧来初始化系统，2帧间既要有足够的公共点，又要有足够的平移量。平移运动为这些公共点提供视差(parallax)，只有足够的视差才能三角化出精确的三维位置。ORB-SLAM通过检测视差来自动选择初始化的2帧。

(4) PTAM扩展场景时也要求新加入的关键帧提供足够的视差，这往往导致场景难以扩展。ORB-SLAM采用一种更具鲁棒性的关键帧和三维点的选择机制——先用宽松的判断条件尽可能及时地加入新的关键帧和三维点，以保证后续帧的鲁棒跟踪；再用严格的判断条件删除冗余的关键帧和不稳定的三维点，以保证捆集调整(Bundle Adjustment，BA)的效率和精度。

ORB-SLAM是由三大块、三个流程同时运行的。第一块是跟踪，第二块是建图，第三块是闭环检测。

(1) 跟踪(tracking)的主要工作是从图像中提取ORB特征，根据上一帧进行姿态估计，或者通过全局重定位来初始化位姿，然后跟踪已经重建的局部地图，优化位姿，再根据一些规则确定新关键帧。

(2) 建图主要是完成局部地图的构建，包括对关键帧的插入，验证最近生成的地图点并进行筛选；然后生成新的地图点，再使用局部捆集调整(local BA)；最后对插入的关键帧进行筛选，去除多余的关键帧。

(3) 闭环(loop closing)主要分为两个过程，分别是闭环探测和闭环校正。闭环检测是先使用WOB(Weight On Bit，WOB)进行探测，然后通过Sim3算法计算相似变换。闭环校正主要是闭环融合和EssentialGraph的图优化。

2. ORB-SLAM的优缺点

ORB-SLAM具有以下优点。

(1) 一个代码构造的优秀视觉SLAM系统非常适合移植到实际项目中。采用G2O(Gereral Graphic Optimization)作为后端优化工具，能有效地减少对特征点位置和自身位姿的估计误差。

(2) 采用DBOW(Distributed Bag of Words)减少了寻找特征的计算量，其回环匹配和重定位效果较好。比如，当机器人遇到一些意外情况之后，它的数据流突然被打断，在ORB-SLAM算法下，可以在短时间内重新将机器人在地图中定位。

(3) 使用了类似“适者生存”的方案进行关键帧的删选，提高了系统追踪的鲁棒性和系统的可持续运行。

(4) 提供了最著名的公共数据集(KITTI 和 TUM 数据集)的详尽实验结果，以显示其性能。

(5) 可以使用开源代码，并且还支持使用 ROS。

ORB-SLAM 的缺点如下。

(1) 构建出的地图是稀疏点云图，只保留了图像中特征点的一部分作为关键点，且固定在空间中进行定位，很难描绘地图中障碍物的存在。

(2) 初始化时最好保持低速运动，对准特征和几何纹理丰富的物体。

(3) 旋转时比较容易丢帧，特别是对于纯旋转；对噪声敏感，不具备尺度不变性。

(4) 如果使用纯视觉 SLAM 用于机器人导航，尽管可以使用 DBOW 词袋进行回环检测，但结果可能会精度不高或者产生累积误差、漂移。使用“VSLAM＋IMU”进行融合来提高精度，适用于实际应用中的机器人导航。

3. 机器人 ORB-SLAM 建图

通过 SSH 连接到机器人端，执行如下命令运行 ORB-SLAM 示例：

```
$ roslaunch xtark_nav_depthcamera xtark_ORBSLAM.launch
```

启动成功后，在虚拟机端再打开一个终端，运行 RViz 可视化界面，并打开 xtark_orb.rviz 配置文件，如图 12-29 所示。

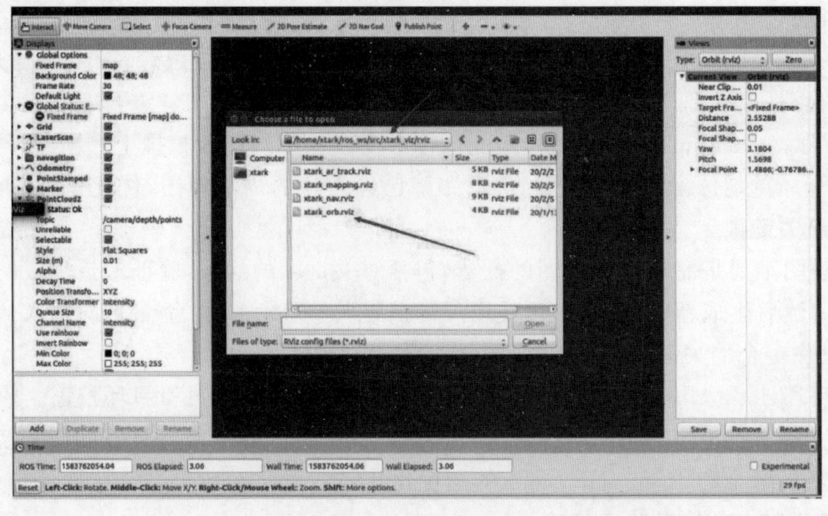

图 12-29　启动 RViz 并加载 xtark_orb.rviz 配置文件

此时可以看到 ORB-SLAM 算法界面，接下来在虚拟机端运行键盘控制节点以控制机器人移动。移动时，因为受制于处理器处理速度及相机帧率，需尽量降低移动速度，否则建图效果较差。建图效果如图 12-30 所示。

注意：最初启动时，ORB-SLAM 算法需要完成初始化步骤。在完成初始化之前，RViz 显示全白的画面，此时需要用户将机器人朝向一个方向，且多角度移动机器人，即让机器人从多个视角拍摄一个方向，最好选择纹理丰富的视角。完成初始化后即可看到 ORB-

图 12-30 建图效果

SLAM 算法图像。

12.6.3 ORB-SLAM 2

ORB-SLAM 2 是基于单目、双目和 RGB-D 相机的一套完整的 SLAM 方案。它能够实现地图重用、回环检测和重新定位的功能。无论是在室内的小型手持设备，还是室外的无人机和汽车，ORB-SLAM 2 都能够在标准的 CPU 上进行实时工作。

ORB-SLAM 2 后端采用的是基于单目和双目的光束法平差优化(如 BA)的方式，这个方法允许米制比例尺的轨迹精确度评估。此外，ORB-SLAM 2 还包含一个轻量级的定位模式，该模式能够允许在零点漂移的条件下，利用视觉里程计来追踪未建图的区域并且匹配特征点。

ORB-SLAM 2 算法与 ORB-SLAM 算法一个很大的不同点就是，ORB-SLAM 2 算法在设计时降低了对 ROS 的依赖，也就是说，ORB-SLAM 2 并不想对 ROS 进行很深的绑定与依赖。所以，相对于 ORB-SLAM 来说，ORB-SLAM 2 对 ROS 的支持与利用没有那么完善。比如，ORB-SLAM 2 没有通过 ROS 话题来发布算法中得到的数据。

为了方便机器人快速进行 ORB-SLAM 2 效果的验证与简单使用，其采用了 ORB-SLAM 2 的 ROS 启动方法来启动该算法。与 ORB-SLAM 不同的是，ORB-SLAM 2 与 ROS 之间的接口并不完善，所以无法利用 ROS 的 RViz 工具显示可视化数据，而是采用了 ORB-SLAM 2 自带的图像显示界面实现数据的可视化。所以在运行 ORB-SLAM 2 时，需要通过远程桌面的方式来进行。

首先通过 VNC 连接至机器人远程桌面，并打开终端以启动 ORB-SLAM 2 算法程序：

```
$ roslaunch xtark_nav_depthcamera xtark_ORBSLAM 2.launch
```

算法程序启动成功后，将出现如图 12-31 所示的界面。

程序打开了两个窗口，一个是算法当前处理视角的图片，包含了特征点信息；另一个是在后方的白色窗口，为机器人关键点地图与机器人的姿态显示。与 ORB-SLAM 算法相同的是：最初启动时，ORB-SLAM 2 算法程序需要完成初始化步骤；在完成初始化之前，窗口

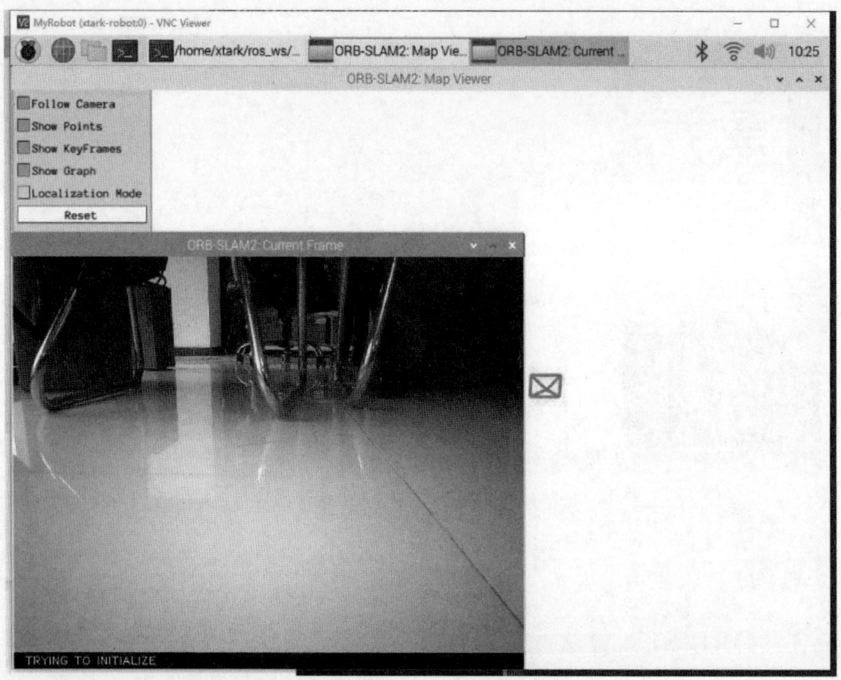

图 12-31　启动 ORB-SLAM 2 算法程序后的界面

显示全白，需要用户将机器人朝向一个方向，且多角度移动机器人，即让机器人从多个视角拍摄一个方向，并最好选择纹理丰富的视角。完成初始化后，即可看到 ORB-SLAM 2 算法程序对机器人的定位，如图 12-32 所示。

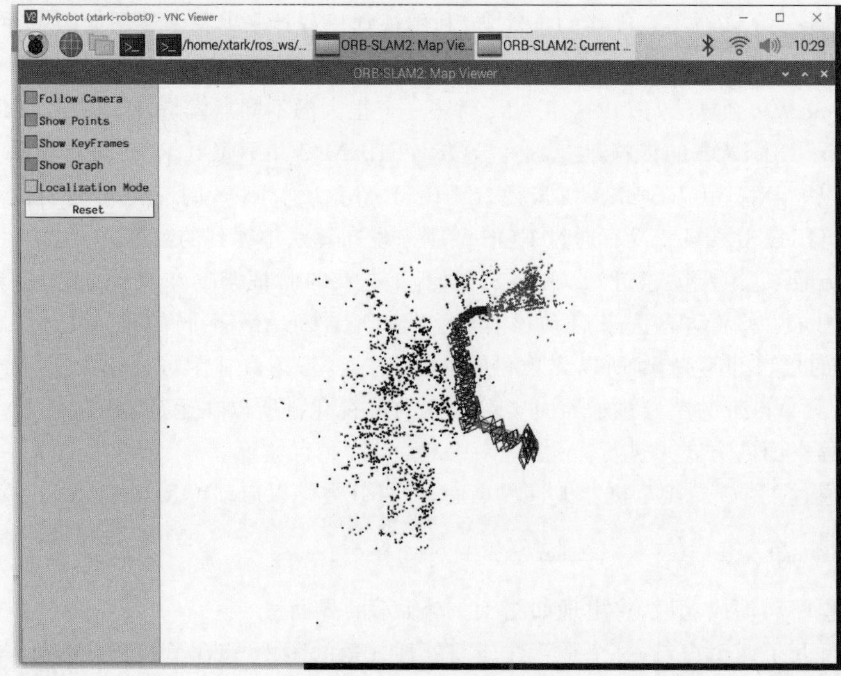

图 12-32　ORB-SLAM 2 算法程序对机器人的定位

12.7 RTAB-SLAM 三维建图

RTAB-Map(Real-Time Appearance-Based Mapping,RTAB-Map)用于基于外观的实时建图,是一个通过内存管理方法实现回环检测的开源库。限制地图的大小以使得回环检测始终在固定的限制时间内处理,从而满足长期和大规模环境在线建图需求。

从 2013 年作为开源库发布后,RTAB-Map 已经扩展到完整的基于图的 SLAM 方法,被用于各种设置和应用。并已经发展成为一个跨平台的独立 C++库和一个 ROS 包,且由以下实际需求驱动:在线处理、鲁棒而低漂移的里程计、鲁棒的目标定位、实用的地图生成和开发、多会话的建图(又称为机器人绑架问题或初始化状态问题)。

12.7.1 RTAB-SLAM 介绍

RTAB-Map ROS 节点必需的输入包括以下几种。

(1) TF:用于定义传感器相对于机器人底座的位置。

(2) 来自任何来源的里程计(可以是 3DOF 或 6DOF)。

(3) 相机输入(一个或多个 RGB-D 图像或双目立体图像),带有相应的校准消息。

同时,RTAB-Map ROS 节点还可以有以下可选择的输入。

(1) 二维激光的雷达扫描或三维激光的点云。来自这些输入的所有消息被同步并传递给 graph-SLAM 算法。输出的是地图数据(Map Data),包含最新添加的节点(带有压缩传感器数据)和图像。

(2) Map Graph,即没有任何数据的纯图。

(3) TF 矫正过的里程计。

(4) 三维占用栅格地图 OctoMap。

(5) 稠密点云地图。

(6) 二维占用栅格地图。

12.7.2 机器人 RTAB 建图

本节介绍机器人使用 RTAB-SLAM 算法进行建图。在建图中,激光雷达数据是可选的,加上激光雷达数据后算法会更精准,效果更好。

单独利用深度相机的 launch 文件为 xtark_RTABSLAM_Mapping. launch,使用"深度相机+激光雷达"的文件为 xtark_RTABSLAM_Mapping_UseLidar. launch。

通过 SSH 连接机器人,启动 RTAB-SLAM 深度相机建图的命令为:

```
$ roslaunch xtark_nav_depthcamera xtark_RTABSLAM_Mapping.launch
```

此处选择仅使用深度相机。如果要使用融合的方式,将 launch 文件切换为 xtark_RTABSLAM_Mapping_UseLidar. launch 即可,其余步骤完全一致。

启动成功后,在虚拟机端再打开一个终端,运行 RViz 可视化界面,并打开配置文件 xtark_rtabmapping. rviz,如图 12-33 所示。

RTAB-SLAM 算法建图界面如图 12-34 所示。

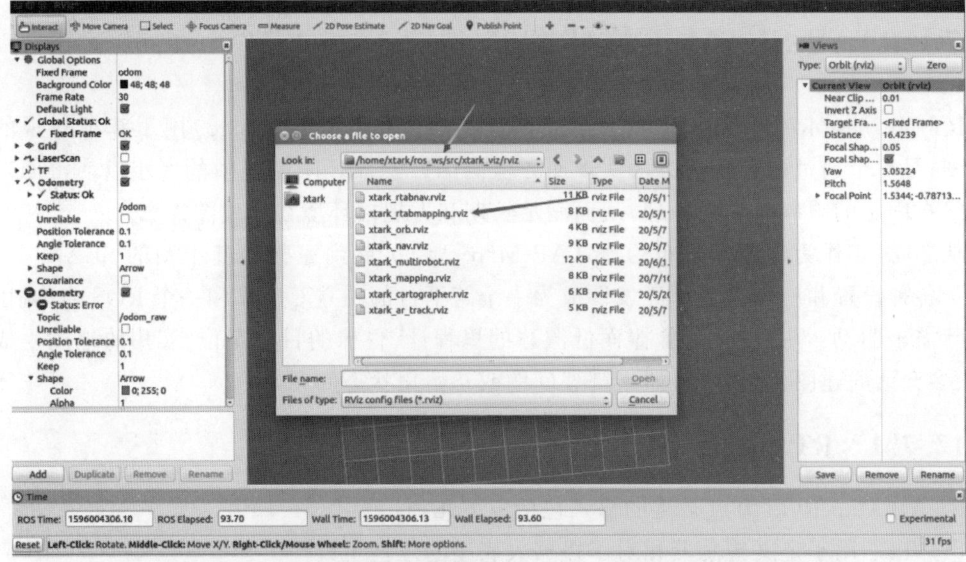

图 12-33　启动 RViz 并加载 xtark_rtabmapping.rviz 配置文件

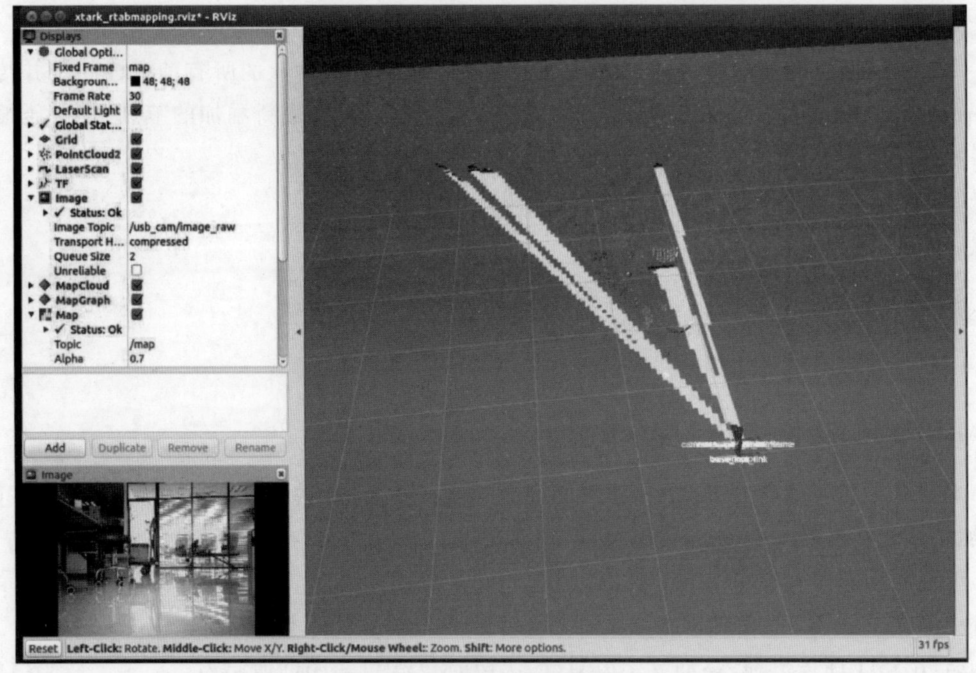

图 12-34　RTAB-SLAM 算法建图界面

此时可在虚拟机端运行键盘控制节点以控制机器人移动,建立场景三维地图。

RTAB-SLAM 建图带有闭环修正环节,如发现建图偏差较大,可控制机器人多“走”几遍,RTAB 算法可自动完成闭环修正。建图效果如图 12-35 所示。

当完成建图后,可以直接按组合键 Ctrl+C 退出建图节点,RTAB-SLAM 算法会自动将 RTAB-SLAM 算法地图保存为.db 格式,无须手动保存,如图 12-36 所示。

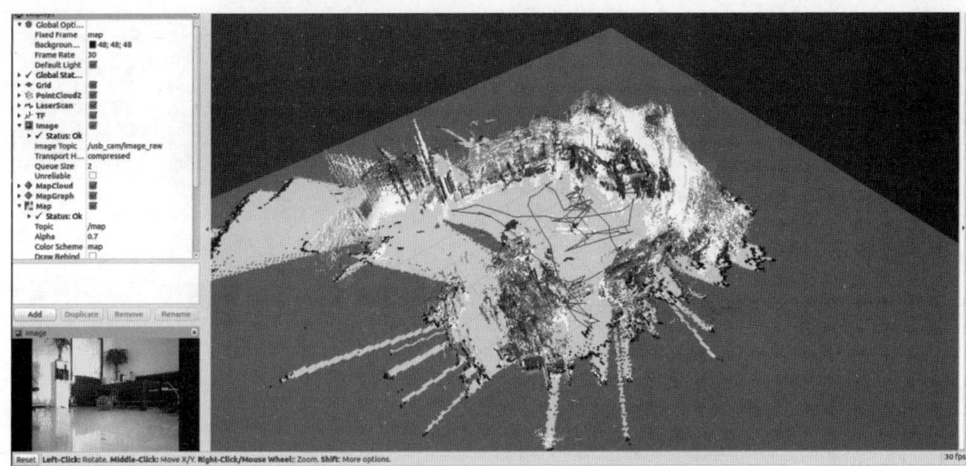

图 12-35 RTAB-SLAM 算法建图效果

```
[xtark_ros_wrapper-2] killing on exit
[INFO] [1596004850.069446]: Robot Stoping
rtabmap: Saving database/long-term memory... (located at /home/xtark/.ros/rtabma
p.db)
rtabmap: 2D occupancy grid map saved.
[INFO] [1596004852.081633]: Robot Stopped
rtabmap: Saving database/long-term memory...done! (located at /home/xtark/.ros/r
tabmap.db, 174 MB)
[camera/camera_nodelet_manager-5] escalating to SIGTERM
[rosout-1] killing on exit
[master] killing on exit
shutting down processing monitor...
... shutting down processing monitor complete
done
xtark@xtark-robot:~/ros_ws/src/xtark_nav_depthcamera/launch$ c
```

图 12-36 保存 RTAB-SLAM 算法地图

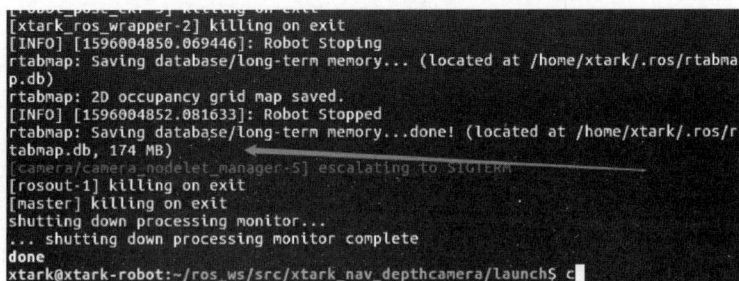

12.7.3 机器人 RTAB 导航

本节介绍机器人使用 RTAB-SLAM 算法进行导航，在导航中激光雷达数据是可选的，加入激光雷达数据后算法会更精准。

单独利用深度相机的.launch 文件为 xtark_RTABSLAM_Navigation.launch，使用“深度相机+激光雷达”的文件为 xtark_RTABSLAM_Navigation_UseLidar.launch。

单独使用深度相机进行 RTAB-SLAM 算法导航时，机器人不启动激光雷达，同时用深度相机模拟激光雷达数据提高算法效果。

在使用 RTAB-SLAM 算法导航时，算法会自动加载～/.ros/rtabmap.db 地图，无须手动设置。

首先通过 SSH 连接到机器人，启动 RTAB-SLAM 导航的命令为：

```
$ roslaunch xtark_nav_depthcamera xtark_RTABSLAM_Navigation.launch
```

启动成功后，在虚拟机端再打开一个终端，运行 RViz 可视化界面，并载入配置文件 xtark_rtabnav.rviz。载入后可以看到 RTAB-SLAM 导航界面，如图 12-37 所示。

启动导航后，RTAB-SLAM 算法可以自动匹配机器人当前位置，无须手动标定机器人位姿。

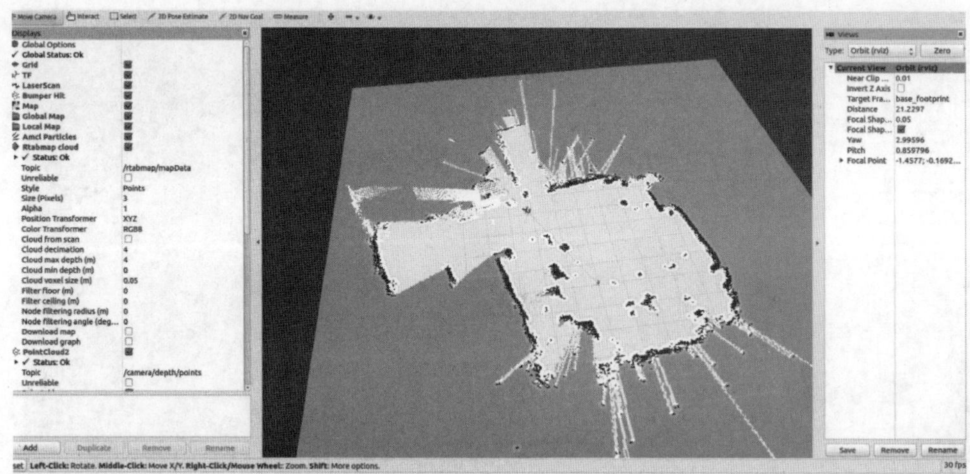

图 12-37　RTAB-SLAM 导航界面

在默认启动后，机器人所建立的三维地图因存放在机器人端，所以 RViz 没有显示建立的三维地图，可以单击 Download map 按钮，下载并显示三维地图，如图 12-38 所示。

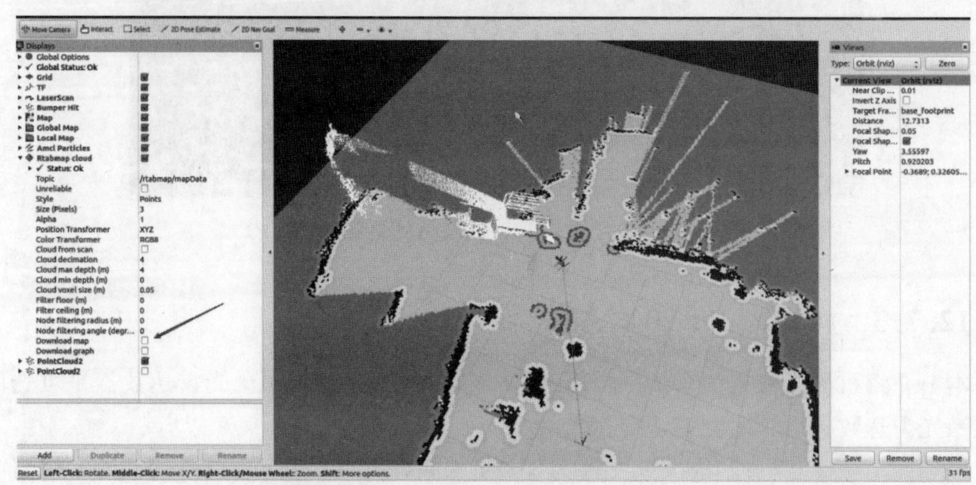

图 12-38　RViz 没有显示建立的三维地图

如图 12-39 所示，RViz 开始从机器人端下载三维地图文件，此过程需要一段时间，RViz 画面也有可能变灰，耐心等待下载完成。

图 12-39　从机器人端下载三维地图文件

下载完成后，RViz将自动加载并显示地图，如图12-40所示。

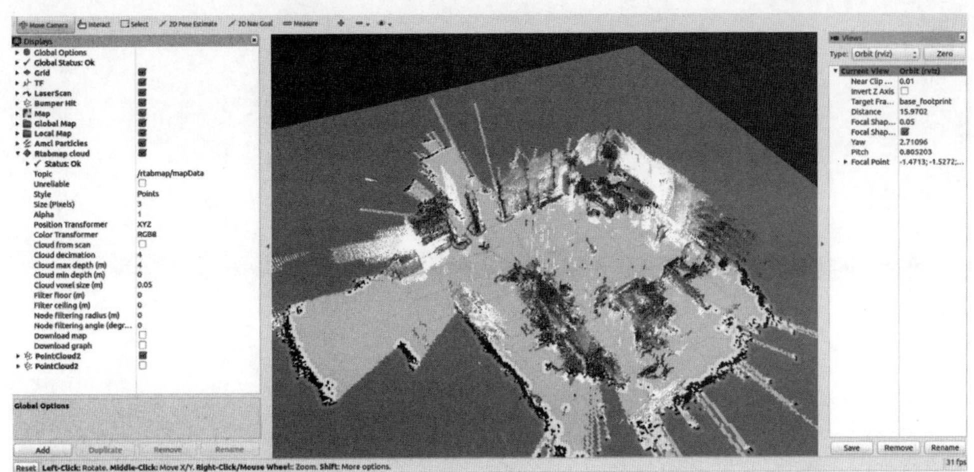

图12-40　RViz自动加载并显示三维地图

此时可利用RViz的2D Nav Goal工具指定目标点，机器人即可自动导航至目标点。

第13章

语音功能

13.1 语音识别框架

让机器人听懂人类的语言，是一件非常美妙的事情。

简单来说，机器语音就是让机器人能够和人通过语音进行沟通，以便更好地服务于人类。在机器人系统上增加语音接口，用语音代替键盘输入并进行人机对话，这是机器人智能化的重要标志之一。

机器语音的关键是语音识别，图 13-1 所示是语音识别的大致流程，主要可以分为两大步骤。

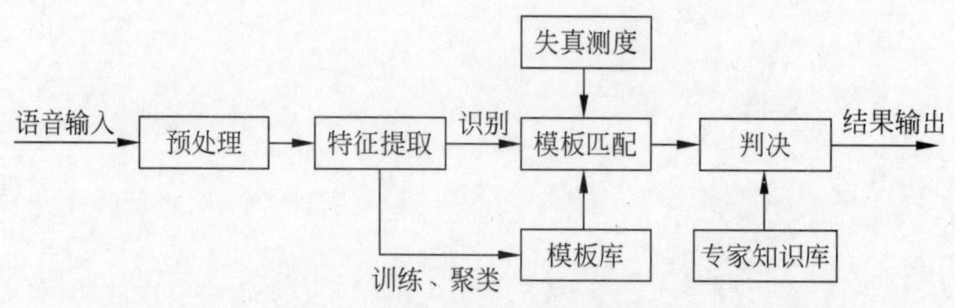

图 13-1　语音识别的大致流程

第一步是“学习”或“训练”。根据识别系统的类型选择能够满足要求的一种识别方法，并分析出这种识别所需的语音特征参数，作为标准模式存储起来。

第二步是“识别”或“检测”。根据实际需要选择语音特征参数，将这些特征参数的时间序列构成测试模板，再将其与已存在的参考模板逐一比较，并进行测度估计，最后经由专家知识库判断，最佳匹配的参考模板即为识别结果。

语音识别主要使用的硬件是麦克风阵列，麦克风阵列是由一定数目的声学传感器(一般为麦克风)组成，对声场的空间特性进行采样并处理的系统。语音识别可以进行有声源定位，抑制背景噪声、干扰、混响及回声，还可以进行信号提取与分离。

声源定位是指利用麦克风阵列计算声源距离阵列的角度，基于到达时间差(Time

Difference Of Arrival,TDOA)实现对目标声源的跟踪。

信号的提取与分离是指在期望方向上有效地形成一个波束,仅拾取波束内的信号,从而达到同时提取声源和抑制噪声的目的。

此外,利用麦克风阵列提供的信息基于深度神经网络可实现有效的混响去除,从而极大程度上提升真实应用场景中语音交互的效果。

书中使用的麦克风阵列采用平面式分布结构,包含 6 个麦克风,可实现 360°等效拾音,唤醒分辨率为 1°。可以使用麦克风阵列获取原始和降噪音频,以及唤醒角度和主麦编号。也可以设置主麦编号、灯光点亮和关闭。

麦克风阵列结构如图 13-2 所示,其各部分作用如下。

(1) USB 接口:用于与计算机或嵌入式设备连接。

(2) ADFU:用于刷机(暂不用)。

(3) 参考信号接口:用于回声消除。

(4) 麦克风编号:已标注在麦克风上,顺时针编号依次为 0~5,如图中内圈数字所示。

(5) LED 灯编号:从 0 号麦克风开始,LED 顺时针编号依次为 0~11,如图中外圈数字所示。

图 13-2　麦克风阵列结构

麦克风获取的音频类型及唤醒角度定义如下。

(1) 降噪音频:采样率 16kHz,16 位,为一通道。

(2) 原始音频:采样率 16kHz,32 位,为八通道,其中 1~6 通道对应 6 个麦克风,7~8 通道是参考信号。

(3) 唤醒角度:从 0 号麦克风开始,顺时针依次为 0°~359°。

13.2　TTS 文字转语音

语音合成功能基于科大讯飞公司的开放平台语音技术,实现了将文字信息转化为声音信息。机器人教学平台利用科大讯飞公司的语音 API,赋予机器人语音播报的功能。

13.2.1　获取科大讯飞公司授权 ID

由于借助了科大讯飞公司提供的接口,所以需要注册账号以获取授权 ID,与讯飞开放平台进行通信,步骤如下。

(1) 打开讯飞官网,注册讯飞开放平台账号,如图 13-3 所示。

图 13-3　注册讯飞开放平台账号

(2) 单击“创建新应用”按钮，按照提示输入自定义的应用信息，完成应用创建(图 13-4)。

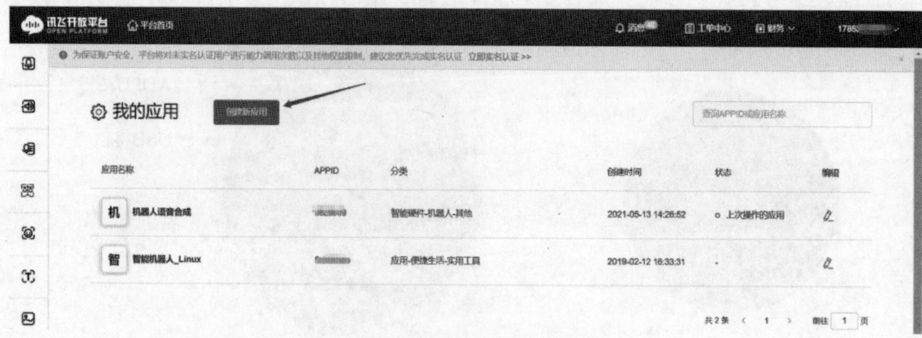

图 13-4　创建新应用

(3) 应用创建成功后，选择其中的一个应用(此处选择“机器人语音合成”)，选择图 13-5 所示的“语音合成”选项。

图 13-5　语音合成界面

记录下所创建应用的 APPID、APISecret 以及 APIKey 等信息，这 3 个信息即为功能包所需的授权信息。此时，即完成了语音应用的创建。

13.2.2　配置 xtark_audio 功能包

首先，需要配置调用语音合成 API 所需要的 APPID、APIKey 与 APISecret。通过 SSH 远程连接到机器人，切换到 xtark_audio/config/路径下，命令如下：

```
$ cd ros_ws/src/xtark_voice/xtark_audio/config
```

利用 Vim 编辑器打开此路径下的 xtark_audio.yaml 文件，如图 13-6 所示。

图 13-6　利用 Vim 编辑器打开 xtark_audio.yaml 文件

文件内容如图 13-7 所示，将 APPID、APIKey 与 APISecret 参数引号中的值替换为用户所创建的语音合成应用的 APPID、APIKey 与 APISecret 值。配置完成后，即可运行 xtark_audio 功能包。

图 13-7　xtark_audio.yaml 文件内容

13.2.3　运行 xtark_audio 功能包

首先通过 SSH 连接到机器人，启动语音合成.launch 格式启动文件：

```
$ roslaunch xtark_audio xtark_tts.launch
```

当显示图 13-8 所示信息时，表示语音合成节点启动成功。

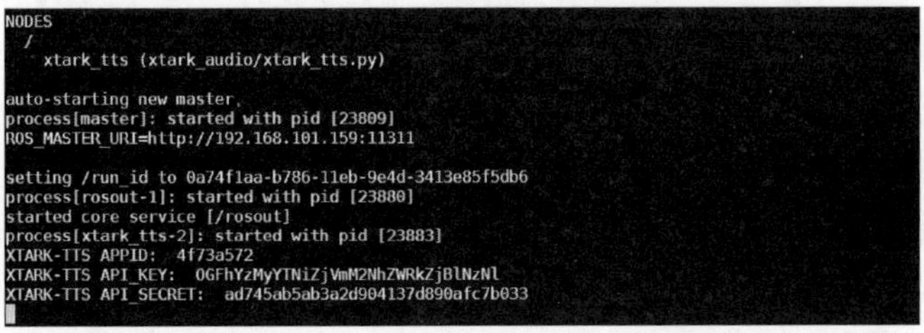

图 13-8　语音合成节点启动成功

新建一个终端，查看当前话题列表与话题消息类型。如图 13-9 所示，可以看到/speak 话题即为语音合成话题，话题消息类型为 std_msgs/String 类型。此时向/speak 话题发布字符串类型数据，机器人即可合成相应语音并播放。例如，直接用命令行发布“Hello, world”字符串，机器人即可播放合成的语音。语音合成支持中文与英文，可以直接发布中文语句，机器人即可朗读中文语句。

```
xtark@xtark-vmpc:~$ rostopic list
/rosout
/rosout_agg
/speak
xtark@xtark-vmpc:~$ rostopic
bw    echo  find  hz    info  list  pub   type
xtark@xtark-vmpc:~$ rostopic type /speak
std_msgs/String
xtark@xtark-vmpc:~$
```

话题名

话题消息类型

图 13-9　查看当前话题列表与话题消息类型

13.3　配置语音识别功能包

语音识别功能包的核心识别功能同样借助的是科大讯飞的开放平台接口，所以还需要在讯飞开放平台上获取一个语音识别的授权 SDK(Software Development Kit，SDK)给识别功能包使用。

13.3.1　下载 SDK

首先找到在讯飞开放平台创建的应用，并下载"离线命令词识别 SDK"——Linux MSC，如图 13-10 所示。

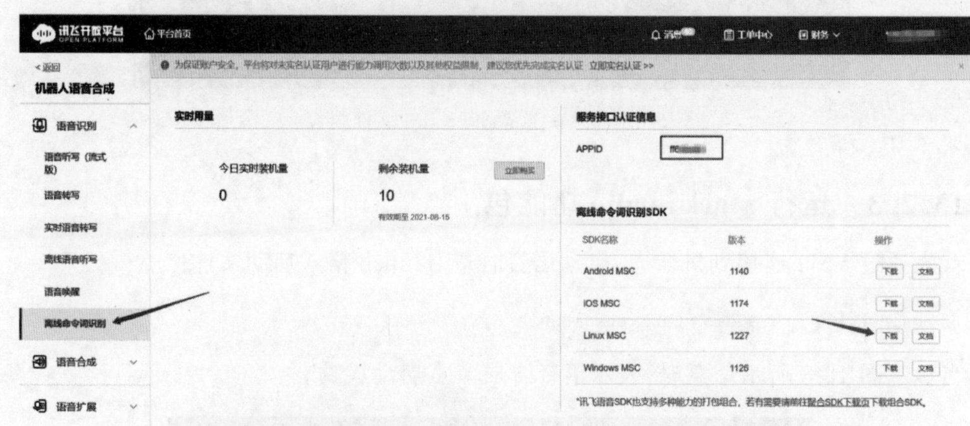

图 13-10　下载"离线命令词识别 SDK"——Linux MSC

创建新应用会生成一个 APPID，与 SDK 中离线语音资源文件匹配。创建的新应用的试用期为 90 天，若不购买服务，可以再次创建新应用重新替换 APPID 和离线语音资源文件以获得新的 90 天试用，每个实名制用户可以免费申请 5 个应用。

下载完成后会得到一个 SDK 压缩包，将此压缩包解压后可得到资源文件。

13.3.2　替换资源

接下来，需要将机器人中的离线语音资源和 ID 替换为自己下载的语音资源以及创建的 ID。在机器人中，默认的内置离线语音资源路径如图 13-11 所示。

将 common. jet 文件和 GrmBuilld 目录(存放语音识别生成的缓存数据)删掉，将在讯飞开放平台下载的 SDK 中的离线语音资源 common. jet 文件复制进去。

```
xtark@xtark-robot:~/ros_ws/src/xtark_voice/xf_mic_asr_offline/config/msc/res/asr$ ls
common.jet  GrmBuilld
xtark@xtark-robot:~/ros_ws/src/xtark_voice/xf_mic_asr_offline/config/msc/res/asr$
```

图 13-11　机器人中默认的内置离线语音资源路径

接下来要替换 APPID，机器人存放 APPID 的文件在图 13-12 所示的路径中。

```
xtark@xtark-robot:~/ros_ws/src/xtark_voice/xf_mic_asr_offline/config$ ls
appid_params.yaml  call.bnf  msc  recognition_params.yaml
xtark@xtark-robot:~/ros_ws/src/xtark_voice/xf_mic_asr_offline/config$
```

图 13-12　机器人存放 APPID 的文件路径

用 Vim 编辑器打开此文件，并将 APPID 修改为自己的 APPID，如图 13-13 所示。

```
xtark@xtark-robot: ~/ros_ws/src/xtark_voice/xf_mic_asr_offline/config
文件(F) 编辑(E) 查看(V) 搜索(S) 终端(T) 帮助(H)
confidence: 18
seconds_per_order: 15
appid: 5c6
~
~
```

图 13-13　修改 APPID

13.3.3　配置语音参数

如图 13-14 所示，用户参数文件放置在语音功能包的 config 目录中。

```
xtark@xtark-robot:~/ros_ws/src/xtark_voice/xf_mic_asr_offline/config$ ls
appid_params.yaml  call.bnf  msc  recognition_params.yaml
xtark@xtark-robot:~/ros_ws/src/xtark_voice/xf_mic_asr_offline/config$
```

图 13-14　语音参数文件

可以根据备注修改参数，修改后，不需要编辑即可直接运行.launch 格式文件，具体参数如图 13-15 所示。

```
confidence: 18  #语音识别结果自信度阈值，取值：0-100
seconds_per_order: 15  #每次语音指令录音长度，单位：秒

line_vel_x: 0.2 #语音控制小车移动的x轴线速度
ang_vel_z: 0.4 #语音控制小车移动的z轴角速度速度

radar_range: 0.3 #雷达自动避障障碍物阈值，单位：米
radar_count: 5 #雷达自动避障排除噪点次数
is_ackman: true  #车型，阿克曼车填true，其他车型填false

A_position_x: 2.3017  #语音导航A点坐标。
A_position_y: 0.3354
A_orientation_z: -0.141
A_orientation_w: 0.9899

B_position_x: 3.2556       #语音导航B点坐标。
B_position_y: 2.205
B_orientation_z: -0.1409
B_orientation_w: 0.99

C_position_x: 1.854       #语音导航C点坐标。
C_position_y: 0.2683
C_orientation_z: -0.8774
C_orientation_w: 0.4797
~
```

图 13-15　语音参数说明

13.4 语音识别功能包

本语音识别功能包利用科大讯飞6麦克风语音识别板,该语音识别板主要提供了以下功能。

(1) 语音唤醒:自动定位声源并设定主麦。

(2) 语音识别:识别已设定的有效指令。

(3) 语音控制:小车前进、后退、左转、右转、停。

(4) 寻找声源:小车移动到唤醒声源处。

(5) 语音导航:通过语音命令小车前往已标记的地图中的目标点。

(6) 主动休眠和被动休眠:等待下一次唤醒。

需要注意的是,下一条语音指令可以打断正在执行的语音动作。例如,小车正在左转时成功识别到"小克过来"指令,则小车将停止左转动,转去寻找声源(导航语音指令除外,因为控制节点不同,需要到达目标点后才能进行其他语音动作,但导航语音指令可以打断导航本身正在执行的动作。

13.4.1 功能介绍

1. 语音唤醒

语音识别功能包默认的唤醒词为"你好小克",在使用过程中,随时可以唤醒或再次唤醒小车,唤醒小车后自动完成唤醒声源定位,后续可以依赖该定位寻找声源。同时,功能包会根据唤醒方向设定主麦并点亮对应方向的LED灯,如图13-16所示。

图13-16 声源角度指示

若在语音唤醒的状态下进行再次唤醒,则会自动中断上次未完成的录音,转而重新开启一次录音。根据麦克风阵列的降噪原理,主麦方向的语音信号为有效信号,对其进行增强,其余5个麦克风语音信号作为噪声进行衰减,最后得到降噪音频。

注意:唤醒小车后,通过观察LED灯判断是否正确定位声源并设定主麦,若发现方向有偏差,请重新唤醒小车,否则后续语音指令的识别率会很低。并且小车靠近墙壁等障碍物时,由于声波反射等作用会导致声源方向识别率较低,尽量远离墙壁去唤醒。

2. 语音识别

语音识别分两种方式:一种方式是设定固定的录音时间,把固定时长的音频保存为文件,然后将整个文件送入识别引擎进行识别;另一种方式是不保存文件,将其直接送入识别引擎,实现边录音边识别。

此处采用的是边录音边识别的方式,这种方式的实时性相对较好,适用于移动机器人的语音交互。本程序也有音频端点检测功能(VAD),即识别静音0.8s,将自动判断为音频后端点,后续音频不再有效(本程序设定0.8s)。用户需要开发有关 VAD 的参数介绍等，可参考科大讯飞公司官网文档。若一直有音频输入（即用户一直对着主麦讲话），在无法检测到后端点的情况下，语音板会一直录音到最大时长 15s 后停止录音，并反馈识别结果。

最终是否成功准确识别指令也与置信度有关，置信度的含义是降噪音频与识别引擎中声学模型的匹配程度，其取值范围为 0～100。数值越大匹配程度越高，其识别结果越可信。本程序设定的置信度阈值为 18，大于或等于 18 则认为识别结果可信，可对识别结果进行发布。小于 18 则认为识别结果不可信，将显示识别失败。不讲话，录制空白音频时，识别结果置信度为 0。

录音最大时长 15s 和置信度阈值 18 的设置在功能包 config/recognition_params. yaml 文件中修改；VAD 音频后端点检测 0.8s 的设置，用户亦可修改，但需要在 liboffline_record_lib 库文件源码中修改，并需重新生成后缀为. SO 的库文件。

3. 语音控制

机器人被唤醒后，在录音时间内说出“小克前进”“小克后退”等 5 个语音指令即可控制机器人前进、后退、左转、右转和停止。语音指令识别成功后会发布在 voice_control. launch 的终端用户界面，如图 13-17 所示。

注意：*“小克左转”与“小克右转”两个语音指令声学模型相近，差别只在左/右一字，说指令时把重音放在左/右这个字上，识别正确率会提高。*

图 13-17 voice_control. launch 的终端用户界面

注意，在启动语音包之前要先启动导航节点来驱动底盘以及雷达，若只启动语音包，小车虽然可以识别语音，但是无法实际去执行左转、右转、前进等动作；启动雷达可以实现实时避障功能。

启动雷达可实时监测周围障碍物，当机器人距离最近障碍物小于 0.5m，并且机器人的运动趋势是靠近障碍物时，机器人会自动停下，用户界面也有相应提示；这时让机器人靠近障碍物的语音指令会无效，让机器人远离障碍物的语音指令则仍然有效。

注意：*在转向的时候，由于主麦刷新功能检测到机器人朝向相对于唤醒声源方位已经发生了变化，所以会实时主动刷新主麦方向，确保主麦方向与唤醒声源方向相同。*

4. 寻找声源

在录音时说出“小克过来”，则机器人执行寻找声源功能。机器人根据唤醒声源方向以及雷达检测来实现寻找声源，但机器人和声源处不能有障碍物阻挡。寻找声源功能存在一定的识别角度误差，收到“小克过来”指令后，小车会向识别到的声源方向一直前进，直到扫描到障碍物才会停下。

5. 语音导航

要使用语音导航相关功能，需先完成塔克机器人建图导航手册中所述的建图与地图替换步骤，使得文件 xtark_nav. launch 以当前所需的地图启动。完成建图与导航启动后，可以进行下一步获取目标点坐标的操作。

(1) 获取目标点坐标：运行文件 xtark_nav. launch 后打开 RViz，使用 2D 导航工具 2D Nav Goal 选取想要的目标点和方向后，RViz 终端会显示对应的坐标点，参数如图 13-18 所示。坐标点取 Position 中的 x 和 y 参数，方向取 Orientation 中的 z 和 w 参数。

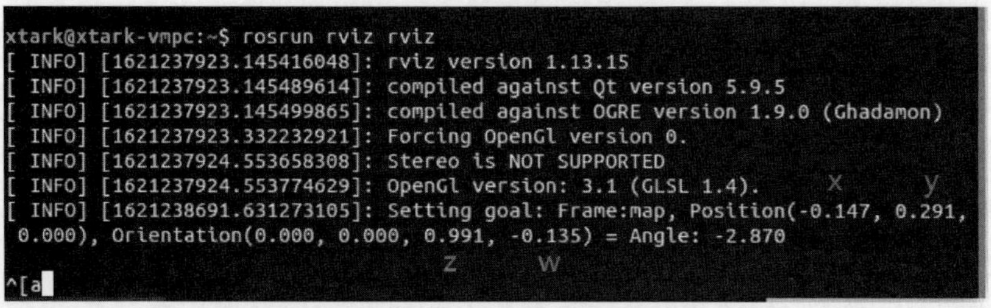

```
xtark@xtark-vmpc:~$ rosrun rviz rviz
[ INFO] [1621237923.145416048]: rviz version 1.13.15
[ INFO] [1621237923.145489614]: compiled against Qt version 5.9.5
[ INFO] [1621237923.145499865]: compiled against OGRE version 1.9.0 (Ghadamon)
[ INFO] [1621237923.332232921]: Forcing OpenGl version 0.
[ INFO] [1621237924.553658308]: Stereo is NOT SUPPORTED
[ INFO] [1621237924.553774629]: OpenGl version: 3.1 (GLSL 1.4).       x        y
[ INFO] [1621238691.631273105]: Setting goal: Frame:map, Position(-0.147, 0.291,
 0.000), Orientation(0.000, 0.000, 0.991, -0.135) = Angle: -2.870
                                        z       w
^[a
```

图 13-18 坐标点参数

(2) 设定目标点：得到目标坐标点后，在 config/recognition_params. yaml 文件中修改 x、y、z、w 参数即可，如图 13-19 所示。完成此步骤后即可使用语音导航功能。

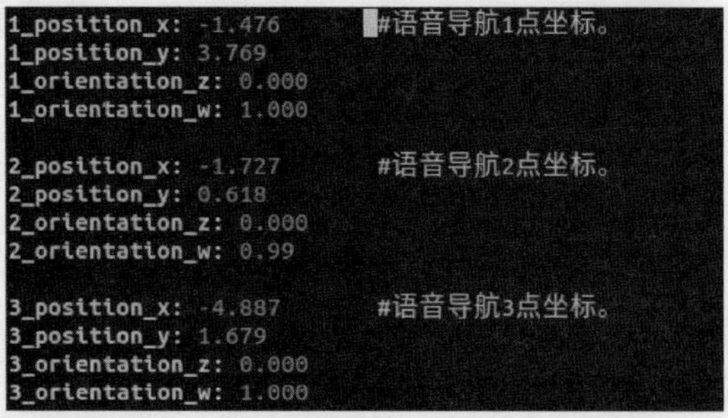

```
1_position_x: -1.476          #语音导航1点坐标。
1_position_y: 3.769
1_orientation_z: 0.000
1_orientation_w: 1.000

2_position_x: -1.727          #语音导航2点坐标。
2_position_y: 0.618
2_orientation_z: 0.000
2_orientation_w: 0.99

3_position_x: -4.887          #语音导航3点坐标。
3_position_y: 1.679
3_orientation_z: 0.000
3_orientation_w: 1.000
```

图 13-19 修改 recognition_params. yaml 文件中的 x、y、z、w 参数

6. 主动休眠和被动休眠

语音功能包提供了主动休眠和被动休眠两个休眠功能。

(1) 主动休眠：在录音时说出“小克休眠”，则小车停止运动并进入休眠状态，等待下一次唤醒，不再循环录音识别指令；若正在导航，则结束循环录音并在到达目标点后停止运动。

(2) 被动休眠：当连续 15 次语音指令识别失败或者输入空指令后，小车自动进入休眠状态；当累计 5 次和 10 次语音指令识别失败或者输入空指令时，终端界面会分别发出提醒。若有有效指令输入，则计数清零。

7. 辅助功能

除了以上 6 种功能，语音识别功能包还提供以下辅助功能。

(1) 雷达检测障碍：语音控制小车的同时雷达检测小车周围的障碍物，当小车距离最近障碍物小于 0.5m，并且是逐渐靠近障碍物的时候，小车会自动停下。这时使小车靠近障

碍物的语音指令无效,使小车远离障碍物的语音指令有效。例如,小车前进时遇到左前方障碍物被动停下,此时前进和左转指令无效,后退和右转指令仍有效。

(2) 主麦方向刷新：结合里程计记录小车偏航值,以 5Hz 采样率检测小车相对唤醒声源的方向,自动刷新主麦方向。

(3) LED 灯：通过 LED 灯指示主麦方向以及录音/识别状态,灯亮表示在当前方向的主麦被设定,并且正在录音,此时可以大声说出指令；循环识别状态下,灯灭表示正在处理音频中,时间约为 0.3s。

13.4.2　使用语音识别功能包

在运行语音控制功能包之前,要确保已经配置好机器人的网络,并已经根据上小节所述配置好语音控制功能包。

本小节所有命令均在机器人端运行,通过 SSH 连接到机器人,后面操作将不再重复描述。首先通过以下命令启动机器人底盘导航功能包,并加载自己构建好的地图,命令如下：

```
$ roslaunch xtark_nav xtark_nav.launch
```

在启动导航功能包之前,确保已按照建图导航教程完成对环境地图的建立。启动完成之后,如需使用语音导航功能,需在 RViz 中标定好机器人的位置,并将采集的点位按上文所述输入到语音控制包的配置文件中。

在启动语音控制软件包之前,必须要等待导航节点启动完毕,小车才可以运动。导航节点启动后,打开一个新终端,使用如下命令启动麦克风模块驱动节点：

```
$ roslaunch xf_mic_asr_offline mic_init.launch
```

当显示如图 13-20 所示界面时,即表示麦克风模块驱动启动成功。

```
/home/xtark/ros_ws/src/xtark_voice/xf_mic_asr_offline/launch/mic_init.launch http://192.168.101.159:11311
文件(F) 编辑(E) 查看(V) 搜索(S) 终端(T) 帮助(H)
 * /xf_asr_offline_node/source_path: /home/xtark/ros_w...

NODES
  /
    xf_asr_offline_node (xf_mic_asr_offline/voice_control)

auto-starting new master
process[master]: started with pid [10949]
ROS_MASTER_URI=http://192.168.101.159:11311

setting /run_id to 6682a568-b6ec-11eb-a457-3413e85f5db6
process[rosout-1]: started with pid [11023]
started core service [/rosout]
/opt/ros/melodic/lib/python2.7/dist-packages/roslib/packages.py:470: UnicodeWarning: Unicode equal c
omparison failed to convert both arguments to Unicode - interpreting them as being unequal
  if resource_name in files:
process[xf_asr_offline_node-2]: started with pid [11030]
-----confidence =18
-----time_per_order =15
source_path=/home/xtark/ros_ws/src/xtark_voice/xf_mic_asr_offline
appid=5c6284db
>>>>>成功打开麦克风设备
>>>>>麦克风正常工作,软件版本为:R-2.2,协议版本为:1.1.3
>>>>>开机成功!
唤醒词是:你好小克;nCM:600
>>>>>未设置主麦，请唤醒或设置主麦
```

图 13-20　麦克风模块驱动启动成功

因离线语音识别需要联网鉴权,在开机后第一次启动麦克风驱动时,可能会出现卡在

“开机中，请稍等！”的情况，如图 13-21 所示。出现该情况时，可以先按下组合键 Ctrl+C 终止节点，然后再运行启动功能包命令，重新启动节点。

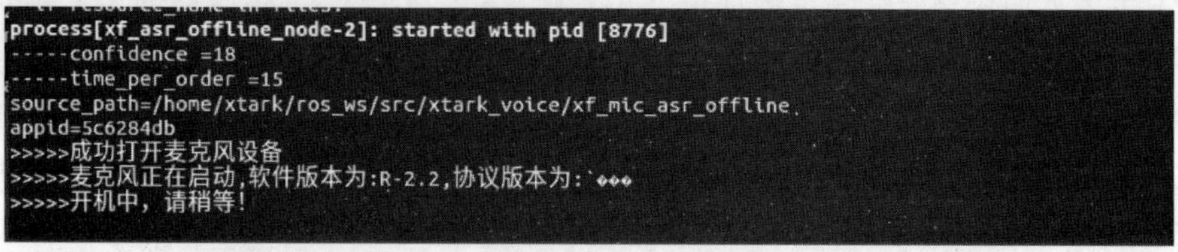

```
process[xf_asr_offline_node-2]: started with pid [8776]
-----confidence =18
-----time_per_order =15
source_path=/home/xtark/ros_ws/src/xtark_voice/xf_mic_asr_offline
appid=5c6284db
>>>>>成功打开麦克风设备
>>>>>麦克风正在启动,软件版本为:R-2.2,协议版本为:`◆◆◆
>>>>>开机中，请稍等!
```

图 13-21　卡在“开机中，请稍等！”的情况

接下来即可启动语音控制相关节点，重新打开一个新的终端，通过如下命令启动语音控制节点：

```
$ roslaunch xf_mic_asr_offline voice_control.launch
```

如图 13-22 所示，即表示启动成功，终端提示了各个语音命令词，用户在语音唤醒机器人后，即可使用命令词命令机器人移动。

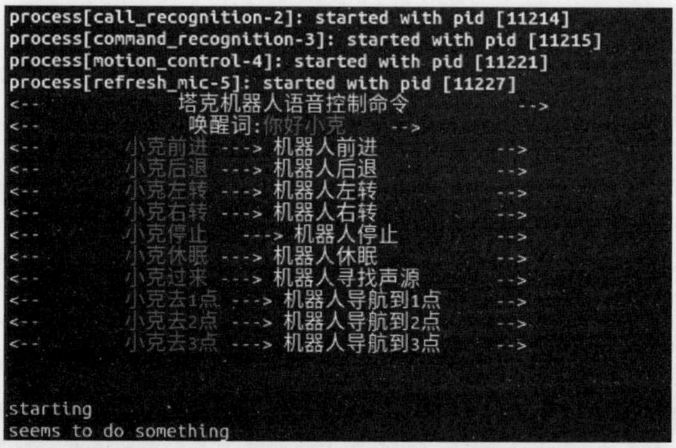

```
process[call_recognition-2]: started with pid [11214]
process[command_recognition-3]: started with pid [11215]
process[motion_control-4]: started with pid [11221]
process[refresh_mic-5]: started with pid [11227]
<--            塔克机器人语音控制命令                -->
<--            唤醒词:你好小克      -->
<--         小克前进 ---> 机器人前进           -->
<--         小克后退 ---> 机器人后退           -->
<--         小克左转 ---> 机器人左转           -->
<--         小克右转 ---> 机器人右转           -->
<--         小克停止  ---> 机器人停止          -->
<--         小克休眠 ---> 机器人休眠           -->
<--         小克过来 ---> 机器人寻找声源       -->
<--         小克去1点 ---> 机器人导航到1点     -->
<--         小克去2点 ---> 机器人导航到2点     -->
<--         小克去3点 ---> 机器人导航到3点     -->


starting
seems to do something
```

图 13-22　语音控制相关节点启动成功

如果已按照前文所述的 TTS(Text To Speech，TTS)配置将其配置完毕，则启动语音播报功能，命令如下：

```
$ roslaunch xtark_audio xtark_tts.launch
```

启动成功后，当机器人收到语音命令时，将会通过语音合成进行交互提示。

13.4.3　语音识别功能包使用技巧

1. 唤醒机器人

在距离小车 2m 以内，用“你好小克”唤醒机器人。若唤醒成功，会同时完成以下功能：捕获唤醒声源角度并发布 ROS 话题信息、根据角度设定主麦并点亮 LED、启动循环录音识别。

2. 循环录音识别

在这个过程中，若用户不讲指令，即静音状态下，可观察到主麦方向 LED 灯会点亮约 3.5s、接着熄灭约 0.3s，并循环执行。

此时,灯亮表示在 LED 灯方向的主麦被设定,并且正在录音;灯灭表示正在识别信息并输出到终端。

本功能包使用的是"边录音边识别+VAD(Voice Activity Detection)"方式,通过 VAD 来检测音频的前端点和后端点,后端点判定依据是 0.8s 静音。运行时有三种可能情况。

(1) 检测不到前端点,即全程静音(用户未给出指令),算法在 3.5s 内检测不到语音的前端点,会自动判断本次录音结束,并输出空结果,然后会重新启动一次录音识别。

(2) 能检测到前端点,但检测不到后端点。即用户在灯亮的情况下开始讲话以输入语音信号,一直滔滔不绝并且中间没有超过 0.8s 的停顿,这样程序会一直录音,LED 灯一直亮,直到录音时间达到最大值(15s),待判定超出最大识别时间,则灯灭并输出识别结果。

(3) 检测到前端点和后端点,用户在灯亮的情况下开始讲话,程序检测到前端点,待用户说完指令,程序检测到 0.8s 静音后判断语音指令已说完,接着灯灭并输出识别结果。在这种情况下,录音时间根据后端点自适应调整,既能在输入短语音情况下尽快结束录音,反馈结果并提高实时性,又能在输入长语音情况下避免只录音一部分的问题。

3. 输出结果

灯灭的 0.3s 内会完成识别结果的处理,包括 ROS 端的通信等。有效语音信息被识别后且结果置信度大于预设的阈值,则会被视为有效结果,发布 ROS 话题信息并打印到终端上。若未进入休眠状态,则程序会进入下一次录音识别的循环。

4. 注意事项

语音输入方向需要在主麦方向,即 LED 灯亮的方向,根据麦克风阵列的降噪原理,主麦方向的语音信号为有效信号,需要进行增强,其余 5 个麦克风语音信号作为噪声,对其进行衰减,最后对得到的降噪音频进行识别。若发现 LED 灯亮方向与说话方向有偏差,请重新唤醒小车,否则后续语音指令的识别成功率会很低。

启动语音模块之前需要先启动导航节点,以保证小车可以实现左右转,前进后退等运动以及避障效果。

用户可以通过 LED 灯指示主麦方向以及录音/识别状态,灯亮表示在当前方向的主麦被设定,并且正在录音,此时可以大声说出指令;循环识别状态下,灯灭表示正在处理音频识别中,时间约为 0.3s。

由于程序是多线程的,用户可以随时唤醒机器人。如在录音时再次从另一个方向唤醒小车,程序会中断上次录音,重新启动在新唤醒方向上的录音识别,即重新唤醒后,紧接着就可以输入语音命令,不必担心有效时间的问题。

麦克风阵列只识别声源方向,不能识别声源距离。刷新主麦方向的节点,可保持小车的相对坐标下的方向,并不能保持全局方向。

科大讯飞的麦克风阵列捕获声音的有效距离是在 3.5m 以内,若使用环境比较嘈杂,用户使用语音功能时,应适当靠近机器人并提高音量,避免有效音频淹没在噪声中。

首次使用的用户,建议在 1m 的近距离体验语音控制,并尽量排除一些噪声、小车结构、说指令的音量等各种因素干扰,这有助于用户适应语音控制的方法。

语音控制前后左右的移动更多的是入门体验,总的来说,实时性无法做到像手柄控制、App 控制等那样随心所欲的程度。而寻声源和语音导航等执行具体任务类的控制表现良好,其对实时性要求没有太严格。

第14章

综合应用——多机器人系统

在开始多机器人学习之前，首先要完成多机器人的网络配置。得益于ROS灵活的网络通信框架，可以通过以下步骤来完成多机器人的网络环境配置。

多机器人通信框架采用一主机多从机的方式，一般将主机或虚拟机配置为ROS主机，各机器人作为从机挂载到ROS网络中，网络拓扑如图14-1所示。

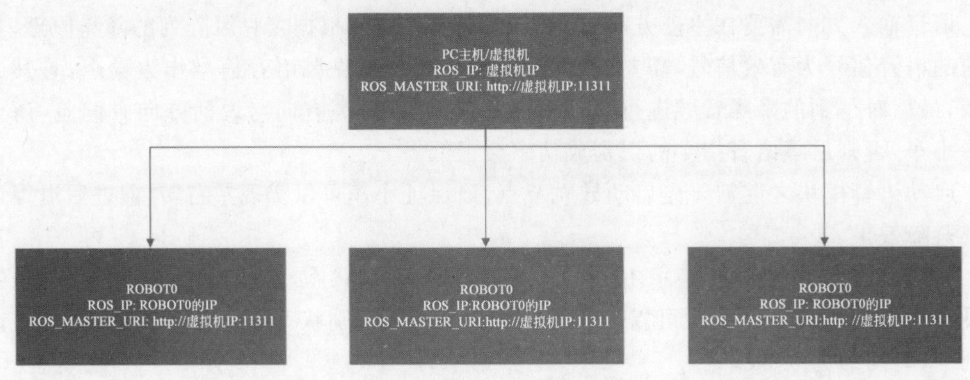

图14-1　多机器人通信网络拓扑简图

14.1　网络配置

多机器人通信网络的配置过程具体如下。

(1) 虚拟机网络配置。打开虚拟机端的～/.bashrc文件，将ROS_MASTER_URI环境变量改为如图14-2所示的变量。

(2) 机器人网络配置。连接到机器人端，修改机器人端的～/.bashrc文件，如图14-3所示。

(3) 多个机器人均参照此配置进行设置。配置完成后，运行命令

```
source  ~/.bashrc
```

即可生效配置。

```
将ROBOT_IP修改为获取到的机器人IP
xport ROBOT_IP=192.168.101.134

lias sshrobot='ssh xtark@$ROBOT_IP'
xport ROS_IP=$IPAddress
xport ROS_MASTER_URI=http://$IPAddress:11311
ash /home/xtark/xtark_exc/xtark_vmwareStartup.sh $ROS_MASTER_URI $ROS_IP
                                                    130,45        底端
```

图 14-2　ROS_MASTER_URI 环境变量

```
export ROS_IP=`ifconfig $interface | grep -o 'inet [^ ]*' | cut -d" " -f2`
#export ROS_HOSTNAME=$ROS_IP                          ← 注释掉这两行
#export ROS_MASTER_URI=http://$ROS_IP:11311

export ROS_MASTER_URI=http://192.168.101.209:11311 ← 添加ROS_MASTER_URI设置
                                                     并将中间IP设置为虚拟机IP

echo -e "ROBOT IP : \033[32m$ROS_IP\033[0m"
```

图 14-3　机器人端的～/.bashrc 文件

至此，多机器人通信网络配置完成。此时，ROS 网络的 Master 节点依赖于虚拟机端，所以在机器人端运行任意 ROS 功能时，必须在虚拟机端启动 roscore；否则，机器人端将找不到 ROS Master 节点。

14.2　软件包部署

1. 机器人端软件包部署

将提供的 xtark_multirobot 扩展包解压后(图 14-4)，按照用户使用的机器人型号来选择对应的多机器人目录，将型号目录下的 xtark_multirobot 目录复制到每台机器人的～/ros_ws/src 目录下(如果机器人端或虚拟机端已经存在该目录，则无须重新复制)：

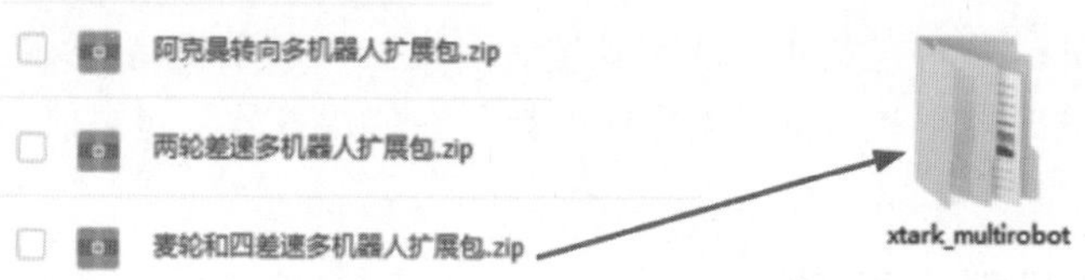

图 14-4　xtark_multirobot 扩展包

复制完之后，运行以下命令使软件包生效：

```
$ rospack profile
```

机器人端主要运行软件包中的算法及驱动部分，导航算法以及机器人驱动算法均运行在机器人端。

2. 虚拟机/计算机端软件包部署

同样，将提供的 xtark_multirobot 扩展包解压后复制到虚拟机端的～/ros_ws/src 目录下，然后运行以下命令使软件包生效：

```
$ rospack profile
```

虚拟机端作为主机以及显示界面终端，主要运行软件包中的 RViz 显示及控制部分。

14.3 文件说明

xtark_multirobot 软件包包含 4 个子软件包，如图 14-5 所示，软件包说明见表 14-1。

图 14-5 xtark_multirobot 软件包

表 14-1 xtark_multirobot 软件包说明

功能包	文　件	说　明
xtark_ctl_multirobot	xtark_keyboard. launch	单机器人键盘遥控启动文件(可分别控制单个机器人移动)
	xtark_keyboard_all. launch	多机器人键盘遥控启动文件(可控制多台机器人同时移动)
xtark_driver_multirobot	xtark_bringup_multirobot. launch	多机器人驱动启动文件
	xtark_camera. launch	多机器人摄像头驱动启动文件
	xtark_lidar. launch	多机器人雷达驱动启动文件
xtark_nav_multirobot	xtark_map_server. launch	多机器人导航 map_server 服务启动文件
	xtark_nav. launch	多机器人导航算法启动文件
xtark_talk_multirobot	listener. py	多机器人通信订阅者 Demo
	talker. py	多机器人通信发布者 Demo

14.4 软件包应用

xtark_multirobot 软件包提供了 4 大功能：多机器人驱动支持、多机器人通信示例、多机器人独立控制/同时控制和多机器人导航框架。在使用各软件包之前，务必确保已经完成多机器人的网络配置。

14.4.1 多机器人驱动

xtark_multirobot 扩展包中的 xtark_driver_multirobot 软件包实现了多机器人驱动在同一 ROS 网络中运行。各传感器及控制话题互不影响，并且可互相通信，为多机器人控制奠定了基础。多机器人驱动的具体实现步骤如下。

(1) 在虚拟机/计算机端启动 roscore，如图 14-6 所示。

```
xtark@xtark-vmpc:~$ roscore
... logging to /home/xtark/.ros/log/6308d096-9678-11ea-9f3b-000c292f3770/roslaun
ch-xtark-vmpc-8156.log
Checking log directory for disk usage. This may take awhile.
Press Ctrl-C to interrupt
Done checking log file disk usage. Usage is <1GB.
```

图 14-6 在虚拟机/计算机端启动 roscore

(2) 在机器人端启动多机器人启动文件，命令如下：

```
$ roslaunch xtark_driver_multirobot xtark_bringup_multirobot. launch namespace: = robot0
```

参数 namespace 为当前机器人的命名空间，可以自行设置；不同机器人应设置不同的命名空间,机器人即可以当前设置的命名空间启动。

(3) 机器人话题说明。机器人启动成功后,其发布以及接收的话题均以设置的命名空间为前缀,如图 14-7 所示。其里程计及 IMU 传感器的坐标系名称也均带有所设置的机器人命名空间,如图 14-8 所示。

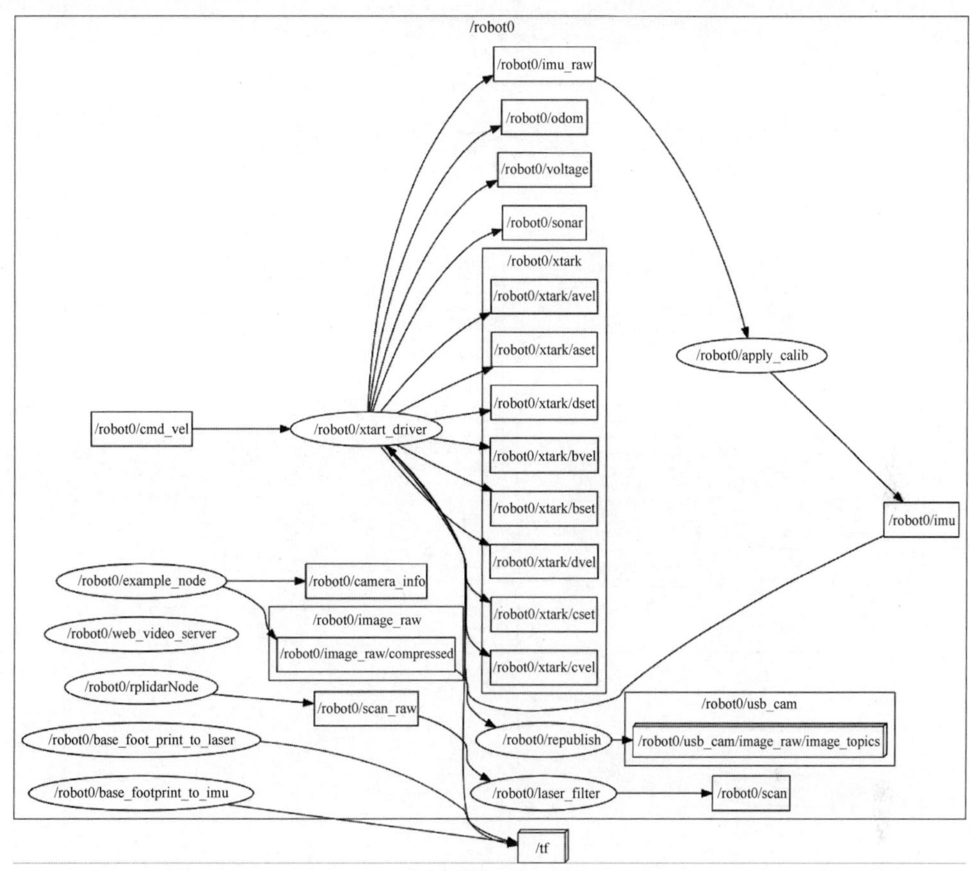

图 14-7 机器人发布以及接收话题

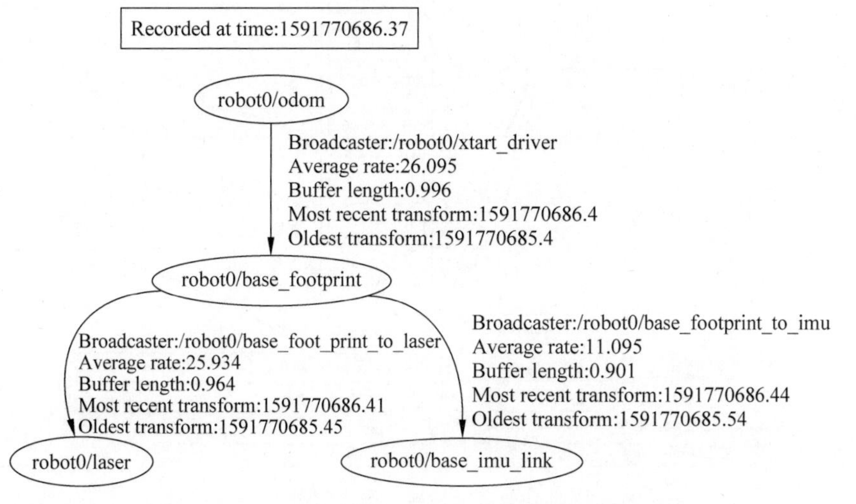

图 14-8 机器人里程计及 IMU 传感器的坐标系名称

若启动多个机器人，需注意在运行驱动启动文件时，需设置不同的机器人命名空间，如 robot0 与 robot1。同时启动多个机器人驱动时，ROS 节点如图 14-9 所示。

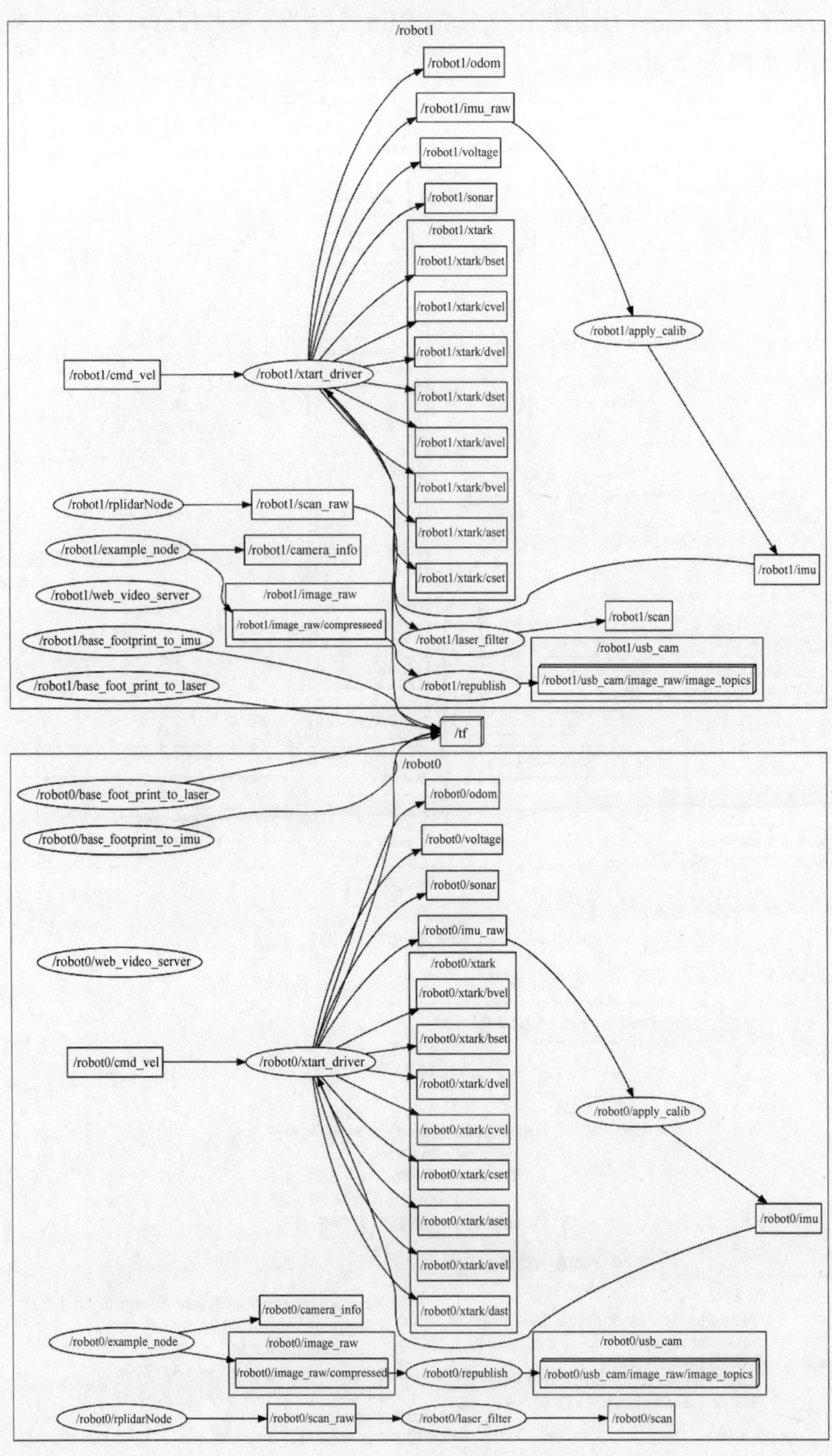

图 14-9　同时启动多个机器人驱动时的 ROS 节点图

14.4.2 多机器人通信示例

由图 14-9 可以看到,多个机器人相关话题均带有命名空间前缀,即可通过编写不同的话题来展示多机器人通信示例。

xtark_multirobot 扩展包中的 xtark_talk_multirobot 软件包提供了多机器人通信示例,包含了多机器人间通过 ROS 话题通信的示例代码。在运行此示例前,需确认已完成多机器人网络配置。

首先在虚拟机端(Master 节点)启动 roscore,如图 14-10 所示。

```
ros_comm version 1.14.5


SUMMARY
========

PARAMETERS
 * /rosdistro: melodic
 * /rosversion: 1.14.5

NODES

auto-starting new master
process[master]: started with pid [2738]
ROS_MASTER_URI=http://192.168.101.106:11311/

setting /run_id to 036afdc6-d13d-11ea-b04e-dca632154b62
process[rosout-1]: started with pid [2812]
started core service [/rosout]
```

图 14-10　虚拟机端(Master 节点)启动 roscore

然后在其中一机器人端启动 talk 节点,如图 14-11 所示。

```
xtark@xtark-robot:~$ rosrun xtark_talk_multirobot talker.py
[INFO] [1595987221.499200]: hello world 1595987221.5
[INFO] [1595987221.599701]: hello world 1595987221.6
[INFO] [1595987221.699397]: hello world 1595987221.7
[INFO] [1595987221.799594]: hello world 1595987221.8
[INFO] [1595987221.899557]: hello world 1595987221.9
[INFO] [1595987221.999473]: hello world 1595987222.0
[INFO] [1595987222.099799]: hello world 1595987222.1
[INFO] [1595987222.199406]: hello world 1595987222.2
[INFO] [1595987222.299615]: hello world 1595987222.3
[INFO] [1595987222.399648]: hello world 1595987222.4
[INFO] [1595987222.499640]: hello world 1595987222.5
[INFO] [1595987222.599580]: hello world 1595987222.6
[INFO] [1595987222.699658]: hello world 1595987222.7
```

图 14-11　在一台机器人端启动 talk 节点

此时,机器人将会在/chatter 话题上发布带有时间戳的 hello world 消息;在任一机器人上启动 listener 节点,可以收听机器人发出的 hello world 消息,如图 14-12 所示。

```
roxtark@xtark-robot:~$ rosrun xtark_talk_multirobot listener.py
[INFO] [1595987440.029285]: /listener_19767_1595987439630I heard hello world 159
5987440.02
[INFO] [1595987440.130229]: /listener_19767_1595987439630I heard hello world 159
5987440.12
[INFO] [1595987440.225835]: /listener_19767_1595987439630I heard hello world 159
5987440.22
[INFO] [1595987440.321632]: /listener_19767_1595987439630I heard hello world 159
5987440.32
[INFO] [1595987440.425330]: /listener_19767_1595987439630I heard hello world 159
5987440.42
[INFO] [1595987440.524777]: /listener_19767_1595987439630I heard hello world 159
5987440.52
[INFO] [1595987440.623724]: /listener_19767_1595987439630I heard hello world 159
5987440.62
[INFO] [1595987440.724996]: /listener_19767_1595987439630I heard hello world 159
5987440.72
```

图 14-12　在任一机器人上启动 listener 节点

此时可以看到机器人收到了另一机器人所发布的 hello world 消息,多机通信示例即完成。

14.4.3 多机器人独立控制/同时控制

xtark_multirobot 扩展包中的 xtark_ctl_multirobot 软件包可以实现利用键盘或者手柄来完成对多台机器人的单独控制或同时控制。

1. 单独控制

要进行机器人的控制,首先要根据上一章节内容(多机器人驱动)启动机器人的底层驱动程序,并设置好机器人的命名空间,如图 14-13 所示。然后在虚拟机端启动键盘操控节点,在启动时同样需要设置命名空间参数,以指定将要遥控哪一台机器人。

```
xtark@xtark-robot:~$ roslaunch xtark_driver_multirobot xtark_bringup_multirobot.
launch namespace:=robot0
... logging to /home/xtark/.ros/log/f3ca9da0-aae4-11ea-bf43-000c298ac7a5/roslaun
ch-xtark-robot-2220.log
Checking log directory for disk usage. This may take a while.
Press Ctrl-C to interrupt
Done checking log file disk usage. Usage is <1GB.

started roslaunch server http://192.168.101.194:33181/

SUMMARY
========
```

图 14-13 启动机器人的底层驱动程序

此时,即可使用键盘遥控 robot0 机器人移动。同时可以开启多个,键盘操控节点以通过不同终端控制不同机器人移动。运行节点图如图 14-14 所示。

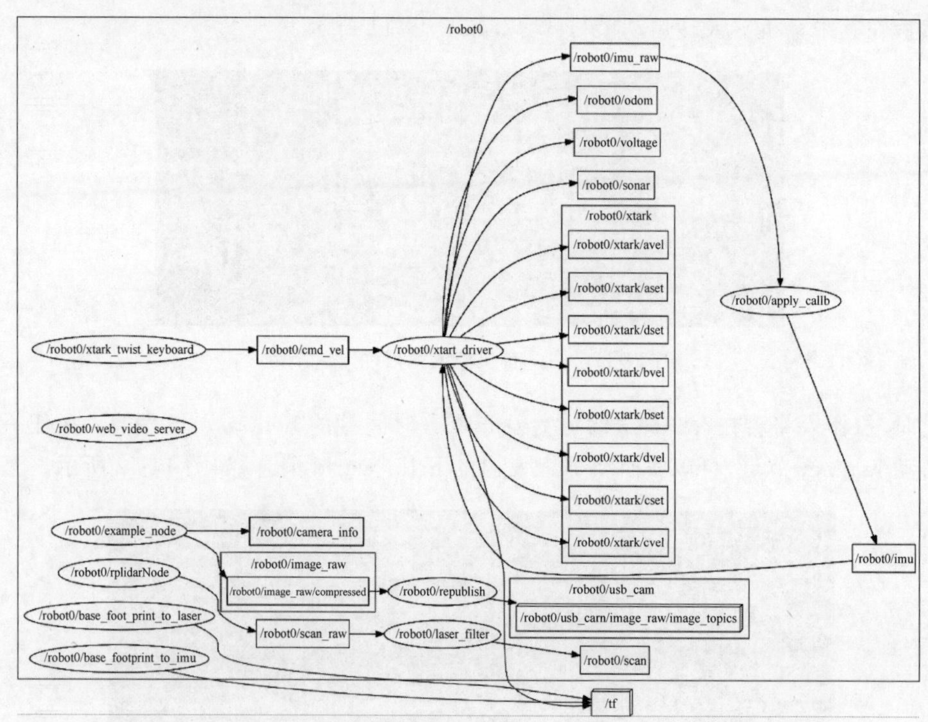

图 14-14 robot0 机器人节点图

2. 同时控制

要同时控制多台机器人运动,同样首先要启动多台机器人的底层驱动程序,并设置好机器人的命名空间。然后在虚拟机端启动键盘，同时遥控节点，此时不需要添加命名空间参数 namespace，命令如下：

```
$ roslaunch xtark_ctl_multirobot xtark_keyboard_all.launch
```

此时节点如图 14-15 所示。可以看到，键盘操控节点同时为两台机器人发布了 cmd_vel 控制话题，此时通过键盘可以同时操控两台机器人移动。

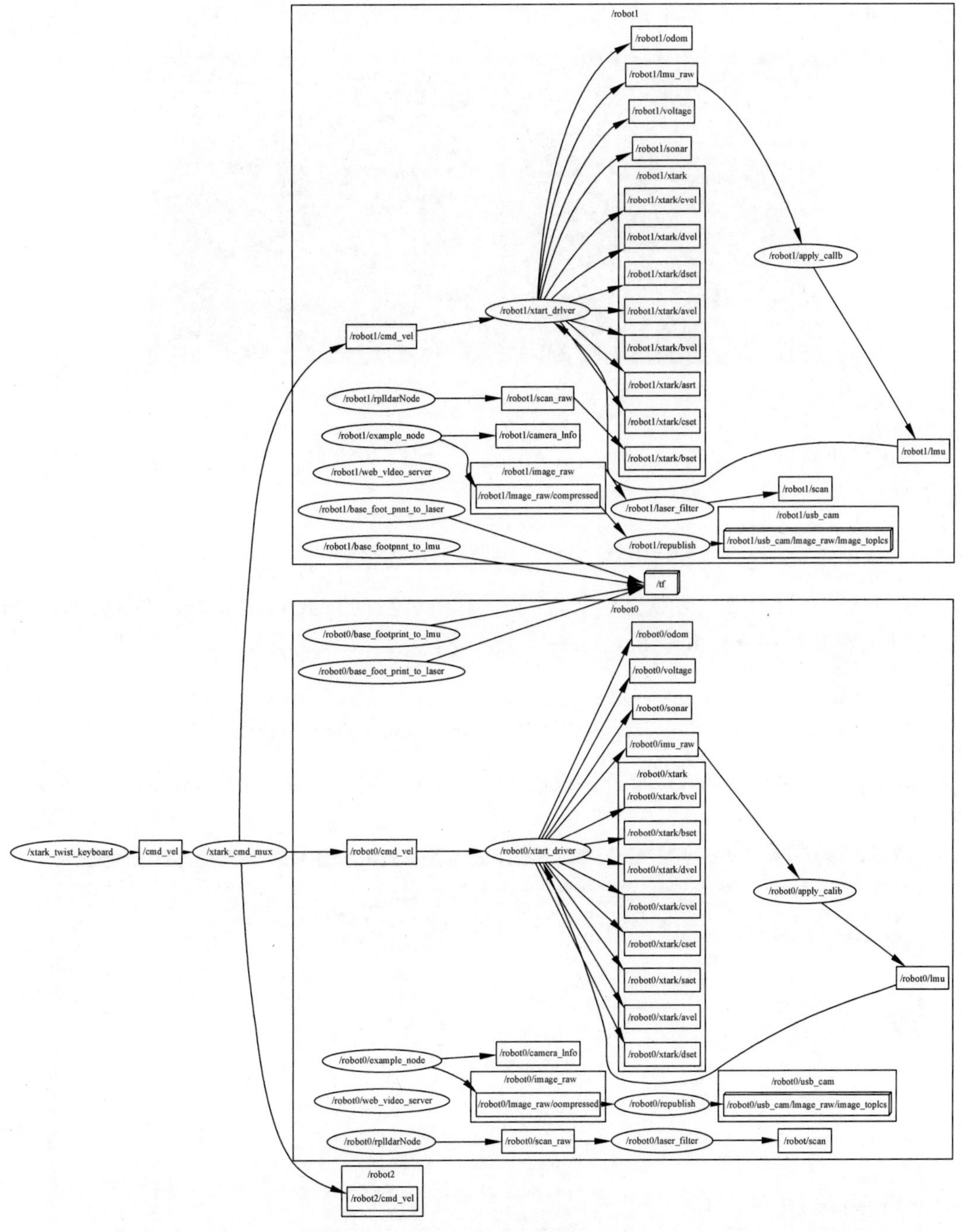

图 14-15　robot0 和 robot1 机器人节点图

14.4.4 多机器人导航框架

xtark_multirobot 扩展包中的 xtark_nav_multirobot 软件包提供了多机器人导航框架支持，可以实现多机器人导航的功能。

首先，用户需根据 SLAM 相关章节内容，使用机器人完成地图的构建，将地图放在虚拟机端的～/ros_ws/src/xtark_multirobot/xtark_nav_multirobot/maps 路径下，并修改 xtark_map_server.launch 文件中的 map_file 为所需的地图文件，如图 14-16 所示。

```
xtark@xtark-vmpc: ~/ros_ws/src/xtark_multirobot/xtark_nav_multirobot/launch
<?xml version="1.0" ?>
<launch>
        <arg name="namespace"  default="/"/>
        <arg name="map_file" default="$(find xtark_nav_multirobot)/maps/xtark_te
st.yaml"/>
        <group ns="$(arg namespace)">
                <node name="map_server" pkg="map_server" type="map_server" args=
"$(arg map_file)" />
        </group>

</launch>
```

路径

地图名

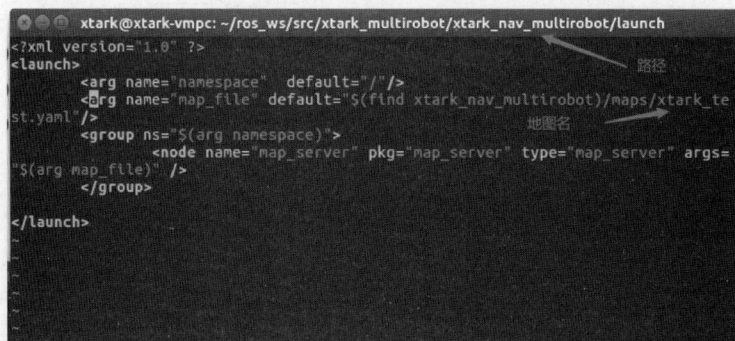

图 14-16　xtark_map_server.launch 文件内容

在虚拟机端启动 xtark_map_server.launch 文件，为机器人导航提供地图服务，命令如下：

```
$ roslaunch xtark_nav_multirobot xtark_map_server.launch
```

在多机器人端分别启动导航框架，并需带有命名空间参数 namespace 且不能重复，例如，启动机器人端 robot0 和 robot1 的命令分别为：

```
$ roslaunch xtark_nav_multirobot xtark_nav.launch namespace: = robot0
$ roslaunch xtark_nav_multirobot xtark_nav.launch namespace: = robot1
```

在虚拟机端启动 RViz，并打开多机器人导航 RViz 配置文件 xtark_multirobot.rviz，如图 14-17 所示。

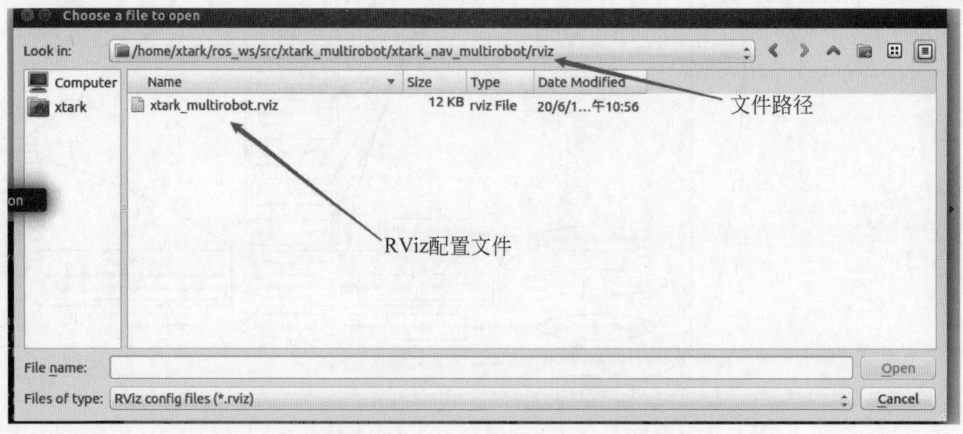

图 14-17　启动 RViz 并打开多机器人导航 RViz 配置文件

此时可以看到 RViz 中已显示两个机器人的数据图像，如图 14-18 所示。

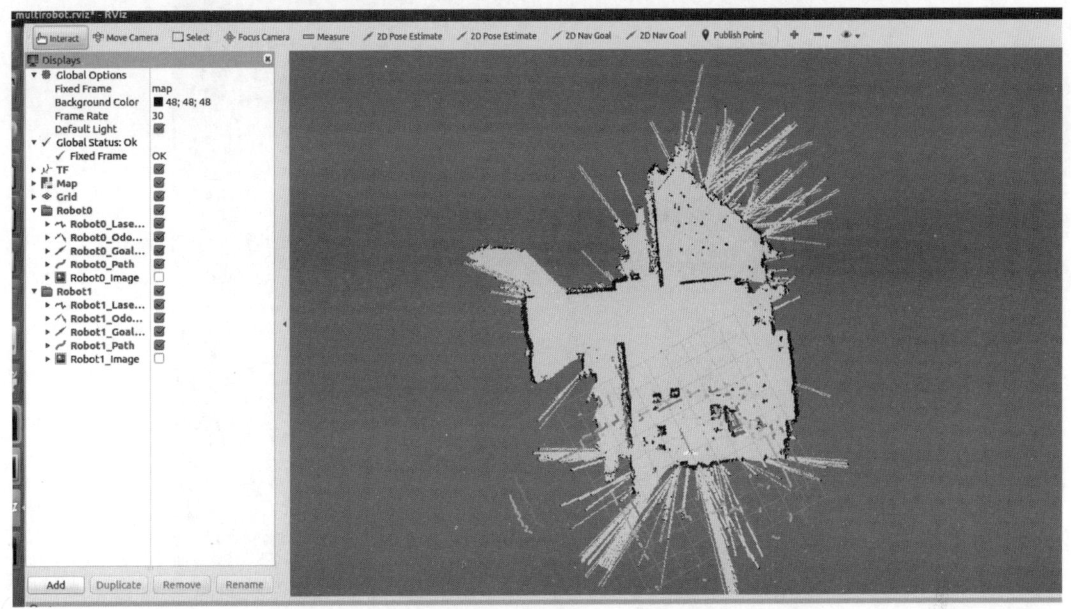

图 14-18　RViz 中显示两个机器人的数据图像

其中红色数据为 Robot0 机器人的雷达数据，绿色数据为 Robot1 机器人的雷达数据，其他数据如里程计以及导航路径等，均是 Robot0 对应红色，Robot1 对应绿色。

打开 RViz 后可以看到机器人位置与地图实际位置并不匹配，与单机器人导航流程类似，需要首先标定机器人的位置。

针对多机器人导航，在 RViz 工具栏上新添加了一组导航控制按钮，如图 14-19 所示。

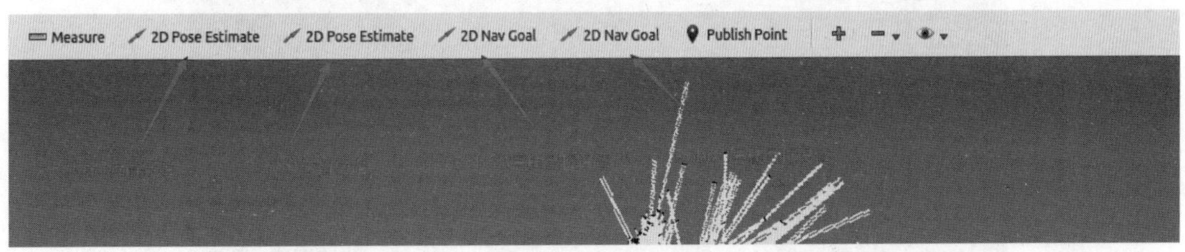

图 14-19　RViz 工具栏的导航控制按钮

利用位置标定按钮，将两个机器人在地图上的实际位置标定出来，使得两个机器人的雷达扫描数据与地图轮廓基本重合，如图 14-20 所示。此时，即可利用两个机器人的 2D Nav Goal 按钮控制两个机器人分别前往各自的目标点，如图 14-21 所示。

在机器人技术领域，单独控制每一个机器人是实现多机器人系统控制的基础。通过单独控制单个机器人，可以确保它们各自的基本操作和功能得到实现，这是进一步开发多机器人控制算法的前提。单独控制每个机器人的能力，包括对其运动、感知、决策等方面的精确控制，是构建多机器人系统的基础。在此基础上，可以通过编程和算法设计，实现多个机器人之间的协同工作，从而完成更复杂的任务。

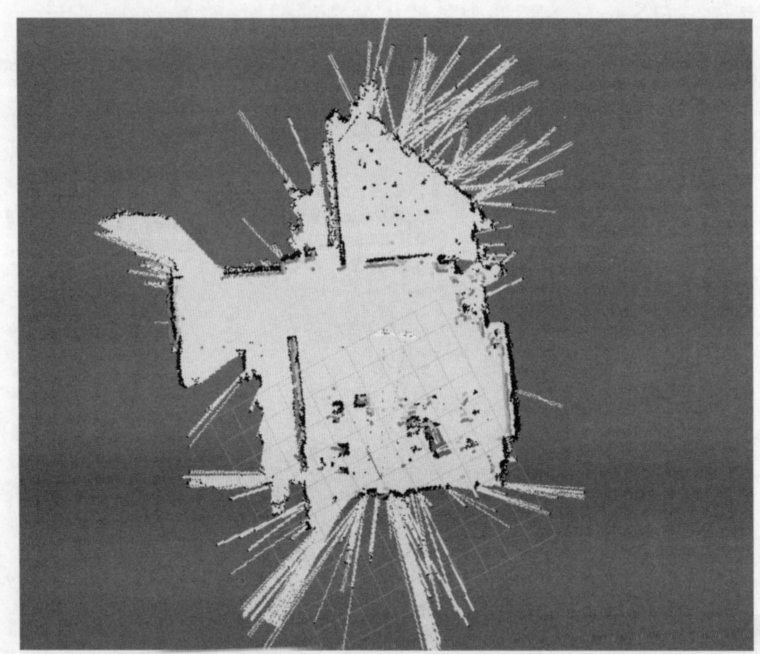

图 14-20　两个机器人的雷达扫描数据与地图轮廓基本重合

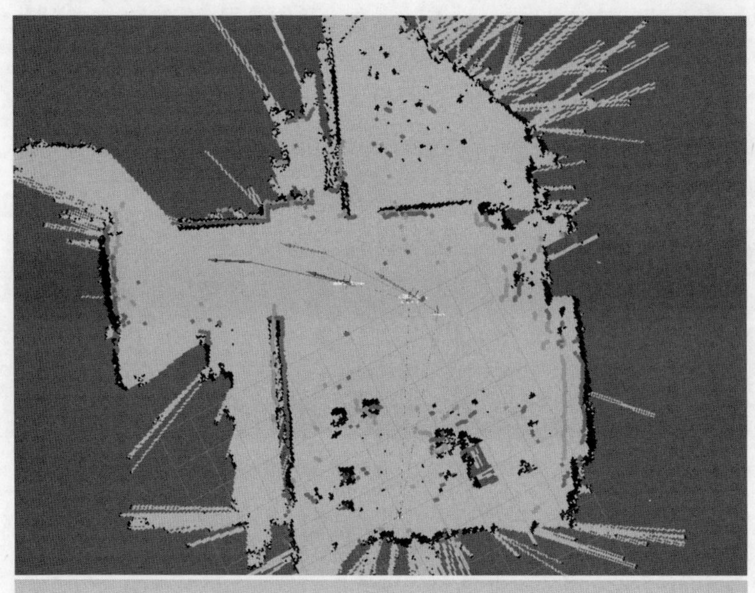

图 14-21　控制两个机器人分别前往各自的目标点

参考文献

[1] 李金洪.树莓派开发实战[M].北京：机械工业出版社，2018.

[2] 黄永春.树莓派 Python 编程入门与实战[M].北京：电子工业出版社，2019.

[3] 王晓波.树莓派项目实战[M].北京：人民邮电出版社，2017.

[4] 张华.树莓派应用开发从入门到精通[M].北京：清华大学出版社，2020.

[5] Monk S.树莓派开发实战[M].2 版.韩波.北京：人民邮电出版社，2020.

[6] 胡春旭.ROS 机器人开发实践[M].北京：机械工业出版社，2018.